全国中医药行业高等教育“十四五”规划教材
全国高等中医药院校规划教材（第十一版）

药用植物栽培学

（新世纪第二版）

（供中药学、中药资源与开发、中草药栽培与鉴定专业用）

主　编　张永清

中国中医药出版社
·北　京·

图书在版编目（CIP）数据

药用植物栽培学 / 张永清主编 . —2 版 . —北京：
中国中医药出版社，2021.6（2023.12 重印）
全国中医药行业高等教育“十四五”规划教材
ISBN 978-7-5132-6829-5

Ⅰ . ①药…　Ⅱ . ①张…　Ⅲ . ①药用植物—栽培技术—
中医学院—教材　Ⅳ . ① S567

中国版本图书馆 CIP 数据核字（2021）第 052694 号

融合出版数字化资源服务说明

全国中医药行业高等教育“十四五”规划教材为融合教材，各教材相关数字化资源（电子教材、PPT 课件、视频、复习思考题等）在全国中医药行业教育云平台“医开讲”发布。

资源访问说明

扫描右方二维码下载“医开讲 APP”或到“医开讲网站”（网址：www.e-lesson.cn）注册登录，输入封底“序列号”进行账号绑定后即可访问相关数字化资源（注意：序列号只可绑定一个账号，为避免不必要的损失，请您刮开序列号立即进行账号绑定激活）。

资源下载说明

本书有配套 PPT 课件，供教师下载使用，请到“医开讲网站”（网址：www.e-lesson.cn）认证教师身份后，搜索书名进入具体图书页面实现下载。

中国中医药出版社出版
北京经济技术开发区科创十三街 31 号院二区 8 号楼
邮政编码　100176
传真　010-64405721
三河市同力彩印有限公司印刷
各地新华书店经销

开本 889 × 1194　1/16　印张 22.75　字数 607 千字
2021 年 6 月第 2 版　2023 年 12 月第 4 次印刷
书号　ISBN 978-7-5132-6829-5

定价　85.00 元
网址　www.cptcm.com

服 务 热 线　010-64405510　微信服务号　zgzyycbs
购 书 热 线　010-89535836　微商城网址　https://kdt.im/LIdUGr
维 权 打 假　010-64405753　天猫旗舰店网址　https://zgzyycbs.tmall.com

如有印装质量问题请与本社出版部联系（010-64405510）

全国中医药行业高等教育“十四五”规划教材
全国高等中医药院校规划教材（第十一版）

《药用植物栽培学》
编委会

主　编

张永清（山东中医药大学）

副主编

董诚明（河南中医药大学）　　孙海峰（黑龙江中医药大学）
张寿文（江西中医药大学）　　尹海波（辽宁中医药大学）
彭华胜（安徽中医药大学）　　刘军民（广州中医药大学）
兰　卫（新疆医科大学）

编　委（以姓氏笔画为序）

王　乾（河北中医学院）　　王玲娜（山东中医药大学）
王海英（天津中医药大学）　　古　今（云南中医药大学）
闫　婕（成都中医药大学）　　李　明（广东药科大学）
李　斌（广西中医药大学）　　肖春萍（长春中医药大学）
张　丹（重庆医科大学）　　张明英（陕西中医药大学）
张春椿（浙江中医药大学）　　张景景（湖北中医药大学）
张新慧（宁夏医科大学）　　欧小宏（贵州中医药大学）
尚彩玲（山西中医药大学）　　赵玉成（中国药科大学）
姜　丹（北京中医药大学）　　童　丽（青海大学）
童巧珍（湖南中医药大学）　　温秀萍（福建中医药大学）
潘　坤（海南医学院）

《药用植物栽培学》
融合出版数字化资源编创委员会

全国中医药行业高等教育“十四五”规划教材
全国高等中医药院校规划教材（第十一版）

主　编
张永清（山东中医药大学）

副主编
董诚明（河南中医药大学）　孙海峰（黑龙江中医药大学）
张寿文（江西中医药大学）　尹海波（辽宁中医药大学）
彭华胜（安徽中医药大学）　刘军民（广州中医药大学）
兰　卫（新疆医科大学）

编　委（以姓氏笔画为序）
王　乾（河北中医学院）　王玲娜（山东中医药大学）
王海英（天津中医药大学）　古　今（云南中医药大学）
闫　婕（成都中医药大学）　李　明（广东药科大学）
李　斌（广西中医药大学）　肖春萍（长春中医药大学）
辛晓伟（山东药品食品职业学院）　张　丹（重庆医科大学）
张明英（陕西中医药大学）　张春椿（浙江中医药大学）
张景景（湖北中医药大学）　张新慧（宁夏医科大学）
欧小宏（贵州中医药大学）　尚彩玲（山西中医药大学）
赵玉成（中国药科大学）　姜　丹（北京中医药大学）
童　丽（青海大学）　童巧珍（湖南中医药大学）
温秀萍（福建中医药大学）　潘　坤（海南医学院）

专家指导委员会

全国中医药行业高等教育“十四五”规划教材
全国高等中医药院校规划教材（第十一版）

编审专家组

组　长

余艳红（国家卫生健康委员会党组成员，国家中医药管理局党组书记、局长）

副组长

张伯礼（天津中医药大学教授、中国工程院院士、国医大师）
秦怀金（国家中医药管理局党组成员、副局长）

组　员

陆建伟（国家中医药管理局人事教育司司长）
严世芸（上海中医药大学教授、国医大师）
吴勉华（南京中医药大学教授）
匡海学（黑龙江中医药大学教授）
刘红宁（江西中医药大学教授）
翟双庆（北京中医药大学教授）
胡鸿毅（上海中医药大学教授）
余曙光（成都中医药大学教授）
周桂桐（天津中医药大学教授）
石　岩（辽宁中医药大学教授）
黄必胜（湖北中医药大学教授）

前 言

为全面贯彻《中共中央 国务院关于促进中医药传承创新发展的意见》和全国中医药大会精神，落实《国务院办公厅关于加快医学教育创新发展的指导意见》《教育部 国家卫生健康委 国家中医药管理局关于深化医教协同进一步推动中医药教育改革与高质量发展的实施意见》，紧密对接新医科建设对中医药教育改革的新要求和中医药传承创新发展对人才培养的新需求，国家中医药管理局教材办公室（以下简称“教材办”）、中国中医药出版社在国家中医药管理局领导下，在教育部高等学校中医学类、中药学类、中西医结合类专业教学指导委员会及全国中医药行业高等教育规划教材专家指导委员会指导下，对全国中医药行业高等教育“十三五”规划教材进行综合评价，研究制定《全国中医药行业高等教育“十四五”规划教材建设方案》，并全面组织实施。鉴于全国中医药行业主管部门主持编写的全国高等中医药院校规划教材目前已出版十版，为体现其系统性和传承性，本套教材称为第十一版。

本套教材建设，坚持问题导向、目标导向、需求导向，结合“十三五”规划教材综合评价中发现的问题和收集的意见建议，对教材建设知识体系、结构安排等进行系统整体优化，进一步加强顶层设计和组织管理，坚持立德树人根本任务，力求构建适应中医药教育教学改革需求的教材体系，更好地服务院校人才培养和学科专业建设，促进中医药教育创新发展。

本套教材建设过程中，教材办聘请中医学、中药学、针灸推拿学三个专业的权威专家组成编审专家组，参与主编确定，提出指导意见，审查编写质量。特别是对核心示范教材建设加强了组织管理，成立了专门评价专家组，全程指导教材建设，确保教材质量。

本套教材具有以下特点：

1.坚持立德树人，融入课程思政内容

将党的二十大精神进教材，把立德树人贯穿教材建设全过程、各方面，体现课程思政建设新要求，发挥中医药文化育人优势，促进中医药人文教育与专业教育有机融合，指导学生树立正确世界观、人生观、价值观，帮助学生立大志、明大德、成大才、担大任，坚定信念信心，努力成为堪当民族复兴重任的时代新人。

2.优化知识结构，强化中医思维培养

在“十三五”规划教材知识架构基础上，进一步整合优化学科知识结构体系，减少不同学科教材间相同知识内容交叉重复，增强教材知识结构的系统性、完整性。强化中医思维培养，突出中医思维在教材编写中的主导作用，注重中医经典内容编写，在《内经》《伤寒论》等经典课程中更加突出重点，同时更加强化经典与临床的融合，增强中医经典的临床运用，帮助学生筑牢中医经典基础，逐步形成中医思维。

3.突出“三基五性”，注重内容严谨准确

坚持“以本为本”，更加突出教材的“三基五性”，即基本知识、基本理论、基本技能，思想性、科学性、先进性、启发性、适用性。注重名词术语统一，概念准确，表述科学严谨，知识点结合完备，内容精炼完整。教材编写综合考虑学科的分化、交叉，既充分体现不同学科自身特点，又注意各学科之间的有机衔接；注重理论与临床实践结合，与医师规范化培训、医师资格考试接轨。

4.强化精品意识，建设行业示范教材

遴选行业权威专家，吸纳一线优秀教师，组建经验丰富、专业精湛、治学严谨、作风扎实的高水平编写团队，将精品意识和质量意识贯穿教材建设始终，严格编审把关，确保教材编写质量。特别是对32门核心示范教材建设，更加强调知识体系架构建设，紧密结合国家精品课程、一流学科、一流专业建设，提高编写标准和要求，着力推出一批高质量的核心示范教材。

5.加强数字化建设，丰富拓展教材内容

为适应新型出版业态，充分借助现代信息技术，在纸质教材基础上，强化数字化教材开发建设，对全国中医药行业教育云平台“医开讲”进行了升级改造，融入了更多更实用的数字化教学素材，如精品视频、复习思考题、AR/VR等，对纸质教材内容进行拓展和延伸，更好地服务教师线上教学和学生线下自主学习，满足中医药教育教学需要。

本套教材的建设，凝聚了全国中医药行业高等教育工作者的集体智慧，体现了中医药行业齐心协力、求真务实、精益求精的工作作风，谨此向有关单位和个人致以衷心的感谢！

尽管所有组织者与编写者竭尽心智，精益求精，本套教材仍有进一步提升空间，敬请广大师生提出宝贵意见和建议，以便不断修订完善。

国家中医药管理局教材办公室
中国中医药出版社有限公司
2023年6月

编写说明

中医药学是一个伟大的宝库，几千年来为中华民族的繁衍昌盛做出了不可磨灭的贡献。在我国日益强大、发展中医药成为国家战略的今天，国际社会也更加重视中医药，中药市场需求量逐年递增。由于生态环境恶化、野生资源减少，需要人工栽培才能满足需要的药材种类越来越多。药用植物栽培学作为专门研究药用植物生长发育、产量与品质形成规律及其人工调控技术的应用科学，是中医药学的重要组成部分，在满足临床用药需求、促进中医药事业可持续健康发展方面发挥着越来越重要的作用。发展药用植物栽培，不仅可为中医药产业提供品种齐全、质量优良的药材，也是弘扬民族文化、促进中医药事业发展的重要内容。药材质量决定着各种中药产品的质量，药用植物栽培已经成为中药生产产业链的第一个环节，药用植物栽培学也就成为中药学及其相关专业的必修课程。

虽然我国药用植物栽培历史悠久，但其现代学科体系的建立仅有几十年的时间，目前仍然处于不断丰富发展与修正完善的阶段。药用植物栽培学的主要研究内容包括药用植物生长发育及其影响因素，药用植物生长发育调控措施，药用植物繁殖与良种选育，药用植物病虫害及其防治，药用植物产量与药材品质形成，采收与产地加工，重要药用植物栽培技术等。本教材作为全国中医药行业高等教育“十四五”规划教材之一，是在“十二五”规划教材的基础上经过调整、修订、完善而成的。全书分为总论和各论两部分：总论介绍药用植物栽培的基本理论与基本知识；各论介绍具体药用植物的栽培技术。本版教材将总论10章调整为8章，其中将“药用植物野生抚育与引种驯化”内容并入第四章药用植物繁殖与良种选育，将“药用植物栽培发展趋势”内容并入第一章绪论；将各论4章调整为6章，将原来以系统分类法排列药用植物修改为以药用部位进行排列，并根据实际生产情况调整了部分药用植物种类。通过上述调整，使得各章内容更加均衡协调，并便于讲授、学习。

参与本教材编写的共有28家院校、29位编者。在时间紧、任务重的情况下，为落实责任、保证编写进度和质量，由7位副主编负责各章的组织编写和质量把关，最后由主编汇总统稿。具体分工如下：第一章由张永清编写。第二章由尹海波负责，第一节由温秀萍、尚彩玲编写，第二节由尹海波编写。第三章由张寿文负责，第一节由童巧珍编写，第二节由潘坤编写，第三节由张寿文编写，第四节由张春椿、张寿文编写。第四章由刘军民负责，第一节由王海英、古今编写，第二节由闫婕、刘军民编写，第三节由赵玉成编写。第五章由张永清负责，由王玲娜编写。第六章由孙海峰编写。第七章由董诚明编写。第八章由兰卫编写。第九章由董诚明负责，人参由肖春萍编写，三七由古今编写，川芎、乌头、白芷由闫婕编写，天麻由欧小宏编写，丹参由张永清编写，甘草由兰卫编写，白术、浙贝母、延胡索由张春椿编写，半夏由王玲娜编写，地黄由董诚明编写，当归、党参由张明英编写，防风、北细辛由尹海波编写，柴胡由王乾编写，菘蓝由赵玉成编写，黄连由张丹编写，紫菀由姜丹编写，膜荚黄芪由尚彩玲编写。第十章由张寿文负责，白木香由潘坤编写，杜仲由欧小宏编写，牡丹由彭华胜编写，厚朴由童巧珍编写。第十一章由刘军民负责，广藿香、铁皮石斛由刘军民编写，艾由童丽编写，荆芥由王乾编写，穿心莲由李明编写，薄荷由赵玉成编写。第十二章由兰卫负责，红花由兰卫编写，忍冬由王玲娜编写，菊由姜丹编写，款冬由王乾编写，番红花由张景景编写。第十三章由孙海峰负责，山茱萸由董诚明编写，五味子由王海英编写，宁夏枸杞由张新慧编写，阳春砂由李明编写，连翘由张明英编写，吴茱萸由赵玉成编写，罗汉果由李斌编写，单叶蔓荆、栀子由张寿文编写，贴梗海棠由彭华胜编写，栝楼由王玲娜编写，蛇床由孙海峰编写，酸橙由温秀萍编写。第十四章由尹海波负责，赤芝由温秀萍编写，茯苓、猪苓由张景景编写。

本教材融合出版数字化资源编创工作由董诚明、彭华胜负责，全体编写人员共同参与。

本教材以培养适应中医药现代化和国际化发展的人才为目标，以满足中药产业发展和实现中药资源可持续利用为核心，强调中医思维与科学思维的密切结合，突出基本理论、基本知识、基本技能和思想性、科学性、先进性、启发性、适用性，力求理论系统性和技术实用性相统一，重点解决药材栽培生产中面临的各种问题，达到学以致用、提高药材产量与质量的目的。为体现新时代教育“立德树人”的根本任务，教材中还融入了课程思政内容。本教材既能满足中药学及其相关专业学生学习的需要，也可为从事相关研究、生产和管理的人员提供有价值的参考。

由于编者水平所限，加之时间仓促，书中如有遗漏与不妥之处，敬请各位老师、同学及读者提出宝贵意见，以便再版修订提高。

《药用植物栽培学》编委会

2021年4月

目 录

扫一扫，查阅本书数字资源

总 论

各 论

总　论

第一章

绪　论

扫一扫，查阅本章数字资源，含PPT、音视频、图片等

中医药学凝聚着深邃的哲学智慧和中华民族几千年的健康养生理念及其实践经验，是中国古代科学的瑰宝，也是打开中华文明宝库的钥匙，为中华民族的繁衍昌盛和文明进步做出了巨大贡献。“医无药不能扬其术，药无医不能奏其效”，中药材是中医药事业传承和发展的物质基础，是关系国计民生的战略性资源。随着人类疾病谱和国际社会医学模式的改变，中医药作为世界传统医药的一个最重要分支，受到了世界各国的高度关注，中药产品市场需求量日益增大。药用植物是传统中药的主要来源，在野生资源不断减少、需求量大幅度增加的情况下，供不应求的局面日趋严重。为满足市场需求，开展野生药用植物引种驯化和人工栽培势在必行。《中华人民共和国中医药法》颁布、院内制剂备案、促进科技成果转化等利好政策的助推，必将给药用植物栽培产业带来更大的发展空间。

第一节　药用植物栽培学概述

一、药用植物栽培学的概念

药用植物栽培学研究的对象是各种药用植物的群体。药用植物是指含有生物活性成分，具有防病、治病和保健作用的一类植物。随着科学技术的发展及综合开发利用的深入，药用植物的用途日益扩大，除加工成中药材或供作制药工业原料外，还广泛用于营养、保健、调味剂、香料、化妆品、植物性农药和禽畜用药等。药用植物所含的生物活性成分是其发挥治疗、保健作用的物质基础。

药用植物栽培学是研究药用植物生长发育、产量和品质形成规律及其人工调控技术的一门应用学科，它是中医药学的重要组成部分。虽然药用植物栽培历史悠久，但其与中医药学密切结合的现代学科体系的建立仅有几十年的时间，因此它是一门既古老又年轻、特色鲜明的学科。

二、药用植物栽培学的研究内容

药用植物栽培学是一门综合性很强的直接服务于中药材生产的应用学科，提高药材产量、保证药材质量是药用植物栽培的永恒主题。药用植物栽培学的最终目标是研究并建立植物药材生产优质、高产、低耗、高效的理论和技术体系，实现药材质量的“安全、有效、稳定、可控”，其主要任务包括如下几个方面。

（一）药用植物生长发育规律及其影响因素

药用植物生长与发育是药材产量与质量形成的基础。每种药用植物均具有自身的生物学特性和生长发育规律，又受多种环境因素如光照、温度、水分、土壤、空气和风等的影响，只有了解清楚这些环境因素是如何影响药用植物生长发育的，才能有目的地选择适宜种植区域、制订合理栽培措施，最终实现药用植物栽培高产优质的目的。例如，不了解种子的萌发特性，就不能确定适宜的种子处理方法及贮藏条件，就无法顺利实现种子繁殖；不了解药用植物对水分的需求，就不能实现合理的灌溉与排水管理以保证药用植物正常生长发育；不了解药用植物对营养元素的需求规律，就无法实现合理施肥，等等。

（二）药用植物生长发育调控措施

各种药用植物的生物学特性不同，其最适宜的生态环境有明显差异。同一药用植物在不同的生长发育时期对生态环境的要求也有不同。选择适宜的生态环境，保证药用植物的正常生长发育，是提高药材产量、保证药材质量的前提。在药用植物栽培过程中，环境条件适宜是相对的、暂时的。当环境条件不适宜时，就要采取一些人工措施来进行调控，使其尽量满足药用植物生长发育的需求，为实现高产优质奠定基础。常见的调控措施有间作轮作、土壤耕作、松土施肥、灌溉排水、修剪整形等。

（三）药用植物繁殖与良种选育

繁殖是药用植物栽培的基础。药用植物繁殖方法包括营养繁殖和种子繁殖，二者各有优点和缺点。选育优良品种是实现药材高产优质目标的有效途径。一些药用植物经过长期种植会发生遗传分化而形成不同的种质，收集和整理现有种质资源，通过药材产量与质量比较，优选出品种，是目前药用植物良种选育最为常用的方式。良种选育除需要重视药材产量、质量以外，还要重视抗逆性、农艺性状等，因此具体的选育目标应根据生产需求来确定，但高产优质是通常的追求目标。选育出的优良品种在推广之前需要进行繁育以扩大种苗数量，推广时需要制定种子、种苗质量标准，推广后随着时间延长种质会发生退化，需要建立良种提纯复壮技术体系等。

（四）药用植物病虫害及其综合防治技术

药用植物病虫害的发生、发展与流行取决于寄主、病原或虫源及环境因素三者之间的相互关系。由于药用植物生物学特性、生态环境的特殊性，决定了其病虫害的发生有着一般农作物所不具备的特点，如病虫害种类多、地下器官病虫害严重等。为有效控制药用植物病虫害的发生和发展，需要调查研究病虫害的种类、生活习性与发生发展规律，需要了解各种病虫害的防治措施，因地制宜地建立以预防为主、综合防治为主的药用植物病虫害防治技术体系。农药残留影响中药安全性，而所用农药的种类、使用数量、使用方法、使用时期等决定着药材中的农药残留量，因此农药合理使用也是药用植物栽培学需要研究的重要内容。

（五）药用植物产量与药材品质形成

产量与品质是药用植物栽培的关键。没有产量的品质与没有品质的产量均会导致药用植物栽培失去实际意义。任何作物的产量均来自光合作用，产量有生物产量与经济产量之分，经济产量是栽培所追求的，通常情况下经济产量只是生物产量的一部分，但生物产量高不一定经济产量也高，生产中需要采取措施在提高生物产量的同时尽量多地使生物产量转化为经济产量，方能达到药材高产的目的。品质是药材的生命，质量不合格的药材等于废草一堆。药材品质包括外在品质和内在品质，外在品质是指药材的外观性状，内在品质是指活性物质与有害物质含量。无论是外在品质还是内在品质均与栽培措施密切相关。一般来讲，产量与品质是相矛盾的，高产与优质很难同时达到，在栽培过程中需要我们合理调控尽量使二者达到统一。

（六）药材采收与产地加工技术

药材产量与质量变化与药用植物个体发育具有密切关系，通过研究确定合理的栽培年限和采收季节，是保证药材产量与质量的重要环节。采收后的鲜药材仍然具有生活力，在完全干燥之前仍然进行着各种生理生化代谢，从而使药材重量及其中的活性成分发生变化。药材采收后进行的产地加工影响着药材的干燥速度与干燥时间，因此对药材的产量与质量也会有影响。研究采收后、干燥前药材产量与质量的变化机理，确定合理的产地加工工艺，改进落后的产地加工方法，也是药用植物栽培过程中需要予以重视的问题。

三、药用植物栽培的特点

药用植物栽培作为一门新兴学科，具有独特的技术体系，在学习过程中注意把握其特点，将有助于正确理解和有效掌握其具体内容。

（一）药用植物栽培技术复杂多样

我国药用植物有 11000 多种，其中常用药用植物有 500 余种，大面积栽培的有 250 种左右。由于药用植物种类繁多，其习性、繁殖方法、采收加工、药用部位、栽培年限以及对环境要求的多变性，形成了药用植物栽培技术的多样性和复杂性。在实际生产中需要因地制宜地调整栽培措施才能达到预期目的，如种植人参、黄连等耐阴植物时需要搭设荫棚来提供一定的荫蔽条件；种植地黄、忍冬等喜阳植物时则需要选择阳光充足的地块；种植菊、红花等时需要打顶促进分枝，以增加头状花序数量、提高花的产量；种植浙贝母、白术等以根及根茎入药的药用植物时常于现蕾前剪掉花序或花蕾，可以起到终止生殖生长、提高根及根茎产量的作用。

（二）药用植物栽培更加注重产品质量

“医无药不能扬其术”，中药是中医治疗疾病的物质基础。药材是制作各种中药的原料，药材的质量决定着中药产品的质量，决定着中医临床的治疗效果。因此，在药用植物栽培过程中必须重视质量问题，如果药材质量不合格，不仅会影响经济收入，如果流入市场还会影响疗效贻误病情。从这个角度来看，药用植物栽培属于典型的质量农业范畴。稳定和提高药材质量才能保证中医临床配方剂量的准确、有效，这是中医药事业健康可持续发展的基础。

目前，药材质量评价技术体系尚不完善，虽然国家现行药典已对许多药材规定了活性成分限量标准，但一种或数种活性成分含量并不能全面体现药材质量状况。比较稳妥的方法是从传统的性状鉴别、检查，到现代的活性成分、重金属、农残含量测定甚至指纹图谱，来对药材质量进行全方位的综合评价。

（三）药用植物栽培强调药材道地性

药材多具有鲜明的区域性分布特性，即所谓“道地性”。传统意义上的道地药材是指经过中医临床长期应用优选出来的，产在特定地域，与其他地区所产同种药材相比，品质和疗效更好，且质量稳定、具有较高知名度的药材。良好的生态条件、悠久的栽培历史、独特的产地加工技术及优良的种质资源是道地药材形成的主要原因，遗传变异、环境饰变和人文作用（含生产技术等）是道地药材形成的基本条件。在中医药发展的早期，由于受科技水平的限制，缺乏有效的质量检测标准和手段，人们通常重视药材是否来自原产地，是以道地药材作为质优标志的。将药材与地理、生境和种植技术等特异性联系起来，形成了关药、北药、怀药、浙药、南药、云药及川药等道地药材类别。药材种类众多，有些药材道地性比较强，产量与质量受地理环境、气候条件等生态因素的影响大，如四川的川芎、重庆的黄连、甘肃的当归、吉林的人参等。也有一些药材的道地性是由技术、交通原因等造成的，异地引种后植株生长发育、药材品质与原产地并无明显差异，如芍药、菊、地黄等。在环境条件或用药习惯发生改变后，许多药材的道地产区发生了变迁，如泽泻、人参等。

（四）药用植物栽培现代研究起步较晚，理论体系与技术方法有待完善和提高

我国药用植物栽培历史悠久，甚至可追溯到2000多年前，但其栽培技术水平及生产规模化、集约化程度还远远落后于小麦、水稻等粮食作物。目前，很多药用植物种类尚处于半野生状态，已形成的栽培品种特别是具有推广价值的优良品种还很少；沿用传统种植技术或经验的现象还很普遍，生产管理比较粗放，栽培技术体系尚不健全，致使药材产量低、质量不稳定的现象较为突出。同时，药材重金属和农药残留问题凸显，已成为制约中医药国际化、现代化进程的主要瓶颈。

药用植物栽培学科建立时间尚短，从事药用植物栽培和研究的专业人员十分有限，许多领域的研究还处于初级阶段，有待进一步充实和完善。因此，必须加强药用植物物种生物学、生态学、生理学、生物化学等基础研究，综合运用现代生物技术、现代农学及其他相关学科知识与技术，强化药用植物栽培生产的规范化、标准化，加快药用植物栽培的理论创新和实践创新，逐步完善药用植物栽培学的理论体系与技术体系。

（五）药材市场的特殊性

开展药用植物栽培的目标产品是各种药材。药材市场与一般农产品市场不同，其特殊性主要体现在以下几个方面：①药材作为防病治病的物质，质量是其生命，每种药材质量最低要求是必须达到《中华人民共和国药典》规定的标准，为体现质量差异，市场药材通常有产地、规格、等级之分；②中医在利用中药治疗疾病时，需要辨证论治，多行复方配伍，不同中药的性、味、归经、功效、主治有异，相互之间不能随意替代，因此药材消费有品种齐全的特点；③药材种类繁多，最终是以各种中药产品的形式、在中医大夫或执业药师的指导下消费的，患者个体自主选择品种、质量的权限有限，因此大夫或药师等专业人士对中药的应用具有一定的导向性；④药材的主要功能是防病治病，而各种疾病的发生具有一定的规律性，使得每种药材的年需求量相对稳定，“少了是宝，多了是草”，因此在进行栽培时需要根据市场需求做好预测，尽量使品种、种植面积与市场需求量相适应；⑤在特殊疫情发生时往往导致某些药材的市场价格大幅度上涨甚至缺货断档，为满足市场需求、保障人们生命健康，除了加强市场管理外，也需要做好药材储备工作。

四、学习药用植物栽培学的意义

药用植物栽培属于农业生产的一部分，药材又是一种特殊商品，开展药用植物栽培，发展药

材生产具有多方面的重要意义。

（一）社会意义

1. 弘扬民族文化，促进中医药发展，丰富世界医药学宝库　中医药学是一个伟大的宝库，是中华民族长期防治疾病、养生保健实践经验的系统总结，是中华文明的瑰宝，几千年来为中华民族的繁衍昌盛做出了不可磨灭的贡献。药用植物栽培学是中医药学的重要组成部分，发展药材生产，为中医临床提供品种齐全、质量优良的中药产品，是弘扬民族文化，促进中医药事业发展的重要内容。

国际知名的传统医药体系有四个，即中国、埃及、罗马和印度。随着历史变迁，唯独中医药体系经受住了时间考验，至今长盛不衰，前途无限光明。目前，不仅14亿中国人及大量华裔应用中医药，而且包括欧美各国政府和人民都不约而同地把希望的目光投向中国传统医药。可以预见，中医药大踏步走向世界并成为医疗主流体系，已经是不可逆转的趋势。

2. 满足用药需求，助力“健康中国”　中医药是国家医疗保障体系中的重要组成部分，在防病治病过程中发挥着不可替代的巨大作用。中药是中医治疗疾病的基本原料，是临床疗效发挥的物质基础。随着中药需求量的逐年大幅度递增，需要人工种植才能满足需要的药用植物越来越多。2019年全国药材产量达到450.5万吨，茯苓、甘草、白芍、金银花、当归、川芎、地黄、人参、黄芪、黄连等大宗常用药材市售商品均主要来自人工栽培。由野生引为家种的天麻、黄芩、细辛、甘草、五味子、桔梗、半夏、山茱萸、栀子、铁皮石斛等，栽培技术越来越成熟，许多品种已实现规模化种植；由国外引种的西洋参、番红花、马钱、颠茄、洋地黄、蛔蒿、水飞蓟等，不仅适应了国内环境，而且逐步实现了国产化、替代了进口品。随着社会发展和生活水平提高，人们预防和治疗疾病的要求更加迫切，药材需求量大幅度增加；另一方面，由于环境破坏导致野生中药资源越来越少，开展药用植物栽培成为改变植物药材供不应求局面的唯一途径。

3. 调整农村产业结构，推动“精准扶贫”　进行药用植物栽培在耕耘、管理、病虫害防治、采收、加工等方面需要一些特殊的技术，并且比较费工费时，但这些工作往往可在农闲季节开展，在地少人多地区开展药用植物栽培，可以充分利用农村剩余劳动力，提高种植收益，促进地方经济发展。药用植物多分布在老、少、边、远的山区，也是发展药材生产的适宜地区。种植药用植物的经济效益相对较高，开展药用植物栽培可以调整农村产业结构，是精准扶贫、帮助农民脱贫致富的有效途径。事实上，许多比较贫穷的山区，正是通过发展药材生产，调整了农村产业结构，提高了农民收入，实现了“精准扶贫”，发挥了稳定农村社会的积极作用。

（二）经济意义

1. 合理利用土地，提高农业收入　药用植物种类繁多，生物学特性各异，生长发育所需要的自然条件各不相同。如有的根系浅，有的根系深；有的植株高大，有的植株较矮；有的喜肥，有的耐瘠薄；有的喜温，有的耐寒；有的喜光，有的耐阴；有的喜湿，有的耐旱，等等。这不仅便于因地、因时开展间混套种，合理利用地力、空间和时间，增加复种指数，提高单位面积产量，而且还可以充分利用荒山秃岭和闲散土地，大幅度增加农业收入。

2. 稳定药材质量，扩大产品出口　药材是我国对外贸易的传统出口物资，早在1980年我国药材就出口到五大洲85个国家和地区，出口总额达到1.74亿美元。近年来，由于人类社会疾病谱和医学模式的改变，“回归自然”呼声日高，国际天然药物市场不断扩大，由天然物质制成的药品约占国际药品市场的 30%，国际植物药市场份额已经达到了 270 亿美元。在这种形势下，我国药材出口量也不断加大，1995 年药材出口总额达到了 5.2 亿美元，2009 年上升到 5.5 亿美元。2018 年我国中药类商品出口额达到 39.09 亿美元，其中大部分为药材出口。因此，大力发展药用植物栽培，提高和稳定药材质量，扩大出口额，不仅可以增加外汇收入、支援国家建设，而且还可为世界医药事业做出我们应有的贡献。

3. 有助于建立完整的产业链，促进中药产业发展 药材生产是中药产业的第一个环节，开展药用植物栽培，建立稳定的药材生产基地，为各种中药产品提供产量足、质量优的药材原料，是整个中药产业健康发展的基础。中药饮片、中成药及中药保健品生产企业，建立自己的药材生产基地，不仅可以保证原料药材货源稳定，而且还能稳定市场价格、提高产品质量，有利于促进企业健康可持续发展。同时，由于产业链的向前延伸，也可进一步扩大企业的市场范围、提高企业的经济效益。

4. 稳定市场供求，降低经济损失 每种药材的年需求量是相对稳定的，供大于求时市场价格下跌，求大于供时市场价格上涨。供求不稳时，市场价格就会忽高忽低，我国历史上药材市场价格变化就证明了这一点。当某一药材紧缺时，市场价格提升，就会刺激生产发展、种植面积扩大，当种植面积扩大到一定程度，就有可能造成过剩、价格下跌。常用药材如此，贵重药材如西洋参、天麻等也是如此。因此，开展药用植物栽培需要做好市场预测。在农民自发种植、规模小的情况下，准确的市场预测很难实现。鼓励中药企业建立自己的药材生产基地，实现药材生产的规范化、规模化与产业化，不仅可以稳定药材市场供应，而且可以避免市场价格大起大落造成的经济损失。

5. 打造优质药材品牌，拓展市场 国家倡导在道地产区建设药用植物栽培基地。道地产区为药材产量与质量的提高提供了优良的环境条件，通过对栽培技术、加工方法等方面的深入研究和优化，可以达到大幅度地提高药材产量、稳定药材质量的目的。道地药材生产又是许多欠发达地区的特色产业和农民增收的主导产业，打造优质道地药材品牌有助于拓展国内外市场范围、促进产品销售，取得较高的经济效益。

（三）生态意义

1. 美化环境，保持水土，维护生态平衡 药用植物不仅种类多，而且千姿百态，许多品种茎叶优美、花朵鲜艳、气味芬芳，用来美化绿化庭院、村镇、街道、机关、学校、厂矿等场所，既能供人们观赏、调节情绪、陶冶情操，又能普及医药知识、增加经济收入，可谓一举多得。还有一些多年生药用植物，主根深长、须根发达、枝叶繁茂，种植在原野、山岭之上，具有良好的保持水土、涵养水源作用，长期种植有助于改善生态，让荒山秃岭变成金山银山。

2. 保护野生资源，维持生物多样性 药用植物栽培在保护药用植物野生资源、维护生物多样性方面发挥着非常重要的作用。开展药用植物栽培是保护、扩大、再生产药用植物资源的最有效手段。例如，对野生甘草、防风的恣意采挖造成了西北地区草原严重的沙漠化、荒漠化。通过引种驯化，实现了甘草、防风的人工栽培，在满足国内市场的同时还有大量出口。药材生产发展有力保护了野生资源与生物多样性，生态意义重大。

第二节 药用植物栽培历史与现状

我国药用植物栽培历史悠久。几千年来，劳动人民在生产、生活以及和疾病做斗争的过程中，对药物的认识不断深入，需求不断提高，对药材需求的满足逐渐从采挖野生资源转为人工栽培生产。在长期生产实践中积累的药用植物分类、品种鉴定、选育与繁殖、田间管理及加工贮藏等丰富经验，为近代药用植物栽培奠定了良好基础。在人类疾病谱与医疗模式发生巨变的今天，中医药学重新受到重视，中药需求量大幅度增加，药用植物栽培发展迅速，在保障人们身体健康、发展中医药产业方面发挥着重要作用。

一、药用植物栽培历史

我国劳动人民在与疾病做斗争的过程中，不断积累经验，建立和发展了中医药学。中药是中医药学的重要组成部分，是中医用于治疗疾病的物质基础。植物药材在中药中所占比重最大，在《神农本草经》记载的365种中药中，植物药材达239种。随着社会进步与中医药的发展，中药需求量不断增加。有些药用植物的野生资源非常有限，在供不应求的情况下，只有开展人工种植才能解决货源不足的问题，药用植物栽培从而逐渐得到发展。

中医药历史源远流长，药用植物栽培的历史也很悠久。我国有关药用植物的记载，最早见于4000多年前的甲骨文。从有文字记载的医药书籍中可知，至少在2600年以前就已有药用植物栽培。《诗经》（公元前11世纪～公元前6世纪中期）不仅记述了枸杞、白芷、甘草、蒿、芩、葛、芍药等50余种药用植物及其生长环境、采集季节、产地等，同时也记述了既供果用、亦可入药的枣、桃、梅等的栽培情况。《山海经》（公元前8世纪～公元前7世纪）收载中药120余种，其中植物药52种。《楚辞》收录了泽兰、辛夷、佩兰、花椒、杜衡、甘草、艾、葛、菊、白芷等药用植物，并对它们的形态、栽培、采集、应用等内容进行了吟咏。《管子·地员》记载了一些植物生态学方面的知识，如“凡草土之道，各有谷造，或高或下，各有草土”，意思是指植物的生长同土壤的性质有关，土壤质地不同，适宜生长的植物也不相同，并且植物的自然分布与地势高低有关。《论语》记载：“不撤姜食”，也说明战国时期，黄河流域已有姜的种植。

汉武帝于建元二年（公元前139年）和元狩四年（公元前119年）两次派张骞出使西域，开辟了从西安经宁夏、甘肃、新疆到达中亚各地的内陆大道，引入了红花、安石榴、胡桃、胡麻、大蒜等许多药用植物，并在长安建立了我国有史以来第一个药用植物引种园。《后汉书·马援传》记载：“初，援在交阯，常饵薏苡实，用能轻身省欲，以胜瘴气。南方薏苡实大，援欲以为种，军还，载之一车”，说明了引种薏苡的大体情况。《史记·货殖列传》称：“若千亩卮、茜，千畦姜、韭”，卮为栀子，茜为红花，可见当时药用植物的栽培规模。

隋代（581～618）在太医署下，专设了“主药”“药园师”等职，掌管药用植物种植事务，“以时种莳，收采诸药”，并出现了《种植药法》《种神草》等药用植物栽培专著。公元6世纪40年代，贾思勰所著的《齐民要术》中，曾记述了地黄、红花、吴茱萸、姜、栀子、桑、竹、胡麻、茨、莲、蒜等多种药用植物的具体栽培方法。

唐、宋时期（7～13世纪）医学、本草学均有长足进步，如唐代苏敬等编著的《新修本草》（657～659）全书载药850种，为我国历史上第一部药典，也是世界上最早的一部药典，它比世界上有名的欧洲《纽伦堡药典》要早800余年，流传达300年之久，直到宋代刘翰、马志等编著的《开宝本草》（973～974）问世以后，才替代了它在医药界的位置。药用植物栽培在此时也有相应发展。元丰年间（1078～1085），彰明知县杨天惠，通过对该县附子生产实际的考察，写出调查报告性质的《彰明附子记》一文，比较系统地叙述了该县种植附子的具体地域、面积、产量，以及有关耕作、播种、管理、收采加工、品质鉴定等成套经验。有关本草书籍，如宋代韩彦直《橘录》（1178）等记述了橘类、枇杷、通脱木、黄精等数十种药用植物栽培法;《千金翼方》收载了枸杞、牛膝、萱草、地黄等的栽培方法，详述了选种、耕地、灌溉、施肥和除草等一整套栽培技术，如百合种植法:“上好肥地加粪熟讫，春中取根大者，擘取瓣于畦中种，如蒜法，五寸一瓣种之，直作行，又加粪灌水，苗出，即锄四边，绝令无草，春后看稀稠所得，稠处更别移亦得，畦中干，即灌水，三年后其大小如芋然取食之。又取子种亦得，或一年以后二年以来始生，甚小，不如种瓣。”涉及了百合的有性繁殖和无性繁殖，并指出有性繁殖生长缓慢。元代（13～14世纪）的《王桢农书》，新增加了许多种药用植物的种植方法，如莲藕、芡、荔枝、银杏、橘、皂荚、枸杞等。

明、清时期（14～19世纪）有关本草学和农学名著，如明代王象晋《群芳谱》（1621）、徐光启《农政全书》（1639），清代吴其濬《植物名实图考》（1848）、陈扶摇《秘传花镜》（1688）等，都对多种药用植物的栽培法做了详细论述。特别是明代李时珍在《本草纲目》（1578）这部医药巨著中，记载了近200种栽培的药用植物（包括药用果蔬），并且较为系统地观察记载了一些药用植物的生长习性、种植和采收加工方法，其中川芎、附子、麦冬、牡丹等许多药用植物的种植方法沿用至今，为世界各国研究药用植物栽培提供了极其宝贵的科学资料。

民国时期中医药的发展受到抑制，抗战时期由于日本军国主义的侵略、封锁和掠夺，药用植物栽培的面积、产量以及种类全面锐减，但是药用植物栽培仍然有新的发展。为了防治疾病，打破日本军国主义的封锁，当时的国民政府农林部、军政部在南川三泉建立了常山种植场，专门进行黄常山野生变家种的研究，并且引种了不少药用植物。此后江苏省国立医政学院、广西省立医药研究所都建立起药物种植场，栽培药用植物上百种。四川省建设厅还组织有关专家进行了川芎、泽泻等药材的产地种植经验调查。另外还出版了两本药用植物栽培方面的书籍，一是李承祜、吴善枢的《药用植物的经济栽培》，二是梁光商的《金鸡纳树之栽培与用途》。

总之，我国古代医药书籍中记载了丰富的药用植物栽培经验，不仅满足了当时中医临床用药需求，而且对于我们今天开展药材生产，仍然具有非常重要的参考价值，我们应当努力发掘和继承，并使之不断完善和提高。

二、药用植物栽培现状

新中国成立后，药用植物栽培取得了突飞猛进的发展，已开展野生转家种或引种栽培的药用植物约有2000余种，其中家种成功的药用植物约有1000余种，大面积栽培生产的有250余种。目前主要依靠人工栽培满足需要的药材有人参、三七、附子、黄连、浙贝母、当归、麦冬、太子参、白芍、党参、生地黄、川芎、延胡索、砂仁、山楂、丹皮、红花、郁金、姜黄、莪术、天麻、菊花、玄参、泽泻、黄芪、白芷、巴戟天、云木香、广藿香、紫苏叶、枸杞子、瓜蒌、白扁豆、怀牛膝、百合、板蓝根、小茴香、丝瓜、佛手、薏苡仁、薄荷、金银花、玫瑰花等。部分来源于人工栽培的药材有大黄、甘草、细辛、五味子、桔梗、丹参、半夏、天南星、远志、徐长卿、何首乌、石斛、黄柏、诃子、王不留行、灵芝、蔓荆子等。从国外引种成功并种植的药用植物有西洋参、金鸡纳、古柯、丁香、白豆蔻、颠茄、洋地黄、水飞蓟、蛔蒿、狭叶番泻、胖大海、澳洲茄、小蔓长春花、印度萝芙木、催吐萝芙木，其中有不少种类已经开展大面积生产、逐步实现自给。正在由野生转为家种的药用植物有防风、龙胆、肉苁蓉、知母、冬虫夏草、猪苓、川贝母、紫草、柴胡、天门冬、蛇床、白薇等。另外，我国还对新发现的可治疗严重疾病的药用植物进行了野生转家种的驯化工作，如具有抗癌作用的喜树、美登木、长春花等，对心血管类疾病具有治疗作用的月见草、黄草、毒毛旋花等，具有抗衰老作用的小蔓长春花、牛皮消、红景天等，对肺脓疡有特殊疗效的金荞麦等。

根据实际发展情况，可将新中国成立后药用植物栽培历程划分为以下三个阶段。

（一）第一阶段（新中国成立后～ 1980 年）

中华人民共和国成立后，党和国家十分关心、重视中医药事业和药材生产的恢复与发展，采取了一系列积极有效的措施，制定了发展中医药事业的方针、政策。1955 年制订了全国药材产、供、销工作计划，对野生药材采取保护与管理措施，并将一部分野生药材逐步改为人工种植。1956 年提出了 346 种、1957 年又增加 100 种药材的生产计划。1958 年，国务院发出《关于发展中药材生产问题的指示》，提出“实行就地生产，就地供应”“积极地有步骤地变野生动物、植物药材为家养家种”等方针、措施。1977 年 12 月，党中央、国务院召开了第一次全国中药材生产会议，制定了发展中药材生产的近期目标和远景规划。该阶段药用植物栽培研究主要集中在传统栽培经验整理总结及重要药用植物引种驯化等方面，采用的技术手段比较单一，主要是沿用传统作物栽培方法，对药用植物活性成分监测不够完善和普遍。20 世纪 50 ～ 70 年代，广大科技人员通过长期深入产区基层蹲点，将大部分传统药材栽培生产经验总结升华成理论，建设了一批药用植物栽培生产基地，许多药用植物野生变家种成功，特别是一些进口药材及南药引种成功。如爪哇白豆蔻 1971 年从国外引种，生长发育良好，1980 年已开花结实，人工授粉成功率达 49%，挥发油含量为 5.4%，质量优于进口药材。至 20 世纪 80 年代初，新产区药材产量已占到栽培药材总量的 1/3 以上，有效解决了紧缺药材市场供应问题，大宗药材的生产供应日趋充足、稳定，在全国范围内初步建立了药材生产技术体系，大批科研成果、论文、专著问世，为药用植物栽培产业发展奠定了坚实基础。

（二）第二阶段（1980 ～ 1995 年）

1980 年卫生部召开“全国中医和中西医结合工作会议”，提出“中医中药要逐步实现现代化”，“保护与利用中药资源，发展中药事业”。自此，在药用植物栽培研究过程中，除了依靠现代农业技术完成药用植物栽培过程以外，开始注重运用现代化学测试手段来监控药用植物活性成分变化，从而改变了以往主要凭借外部形态特征与传统经验判断药材质量的方法，采取形态观察和成分分析测定相结合来评价药材质量。由于人们消费观念与医疗模式的转变，作为天然药物重要来源的中药材，其市场需求量大幅度增加，逐年快速递增，并且面临着国际市场的激烈竞争。在此新形势下，仅仅依靠传统经验和技术方法，已经难以解决药用植物栽培过程中的管理粗放、品种混杂、农药与重金属污染、重茬障碍、药材质量低而不稳等难题，这就要求我们必须综合利用生物技术、中药化学、现代农学等多学科技术手段，有所突破，有所创新，这就必然将药用植物栽培研究推上了一个新的发展阶段。此阶段药用植物栽培研究涉及药用植物的光合特性、肥水需求规律、活性成分积累变化规律、连作障碍、植物化感作用等。

（三）第三阶段（1996 年至今）

1996 年，按照中央“实现中医药现代化”的要求，国家科委启动了“中药现代化发展战略研究”软课题，1997 年课题完成时形成了“中药现代化科技产业行动计划”建议，同年 12 月向国务院和有关部委进行了汇报，得到了领导和各部门的大力支持。“九五”后期，开始实施中药现代化科技产业行动计划。其中，“中药材规范化种植研究”是“九五”“十五”期间重点攻关的课题之一。在“九五”期间，共立项支持了73种中药材的规范化种植研究，涉及22个省、直辖市、自治区，73种药材均按专题合同要求完成了SOP制定，建立、完善了73种中药材质量控制标准。“十五”期间，共立项支持了46种中药材的规范化种植研究，涉及26个省、直辖市、自治区，2002年3月国家药品监督管理局发布了《中药材生产质量管理规范（试行）》。自此，中药材规范化生产已经成为中药企业备受重视的领域。为了推进中药材规范化种植，国家食品药品监督管理局于2003年9月19日颁布了《中药材生产质量管理规范认证管理办法（试行）》和《中药材GAP认证检查评定标准（试行）》，并于2003年11月1日起开始正式受理中药材GAP认证申请工作。2007年1月11日，为贯彻落实《国家中长期科学和技术发展规划纲要（2006—2020年）》，指导全国中医药创新发展工作，科技部、卫生部、国家中医药管理局、国家食品药品监督管理局、教育部等16个部门联合制定了《中医药创新发展规划纲要（2006—2020年）》。该纲要战略目标之一就是健全中药现代产业技术体系，其中重要措施之一就是“发展中药农业，提升中药工业，改造中药商业，培育中药知识产业，促进中药产业链的形成与健康发展”。实施中药材规范化种植，把药材生产管理纳入整个现代药品生产监督管理的范畴，是中药监督管理工作的重要进步。中药材生产的规模化、规范化，为中药产业发展奠定了基础。该阶段药用植物栽培研究着重在实现生产的规范化、规模化与产业化。2017年，农业农村部在“十三五”现代农业产业技术体系建设中新增中药材产业技术体系，设立国家中药材产业技术研发中心1个、功能研究室6个、综合试验站27个，聘请包括首席专家在内的岗位科学家23名、综合试验站站长27名。2018年农业农村部组织成立了由22名专家组成的中药材专家指导组，指导全国中药材种植生产。据统计，2017年除北京、西藏、台湾和香港、澳门外的29个省（市、自治区）的药材种植面积已达453万公顷，其中，河南51万公顷、云南50万公顷、广西45万公顷，贵州、陕西两省超过27万公顷，湖北、甘肃、广东、山西、湖南五省超过20万公顷，四川、重庆、山东、河北四省超过13万公顷，内蒙古、辽宁、宁夏、海南、黑龙江、安徽六省超过7万公顷，江西、浙江、青海、新疆、吉林五省超过3万公顷。2017年7月1日，《中华人民共和国中医药法》正式颁布实施，在第三章“中药保护与发展”中强调“加强对中药材生产流通全过程的质量监督管理，保障中药材质量安全”“鼓励发展中药材规范化种植养殖，严格管理农药、肥料等农业投入品的使用”“建立道地中药材评价体系，支持道地中药材品种选育，扶持道地中药材生产基地建设”，进一步为药材栽培生产指明了正确方向。2018年12月，农业农村部、国家药品监督管理局、国家中医药管理局又印发了《全国道地药材生产基地建设规划（2018—2025年）》，倡导“提升道地药材生产科技水平”“提升道地药材标准化生产水平”“提升道地药材产业化水平”“提升道地药材质量安全水平”，按照因地制宜、分类指导、突出重点的思路，将全国道地药材基地划分为东北、华北、华东、华中、华南、西南、西北等7大区域。

从上述三个发展阶段来看，我国药用植物栽培发展十分迅速，中药材生产正在从零星种植向规模化、从粗放管理向规范化、从质量不稳向标准化、从原始人工向机械化方向发展，长此以往，必将为中医药事业与产业发展提供强有力的支撑。

第三节　药用植物栽培发展趋势

随着人民生活水平提高和卫生保健事业迅速发展，中药产品市场需求量逐年递增，而野生中药资源又在不断减少，大力发展药用植物栽培已成为满足市场需求的必然趋势。中医药是我国独特的卫生资源、潜力巨大的经济资源、优秀的文化资源和重要的生态资源，也是我国具有原创优势的科技资源和具有自主知识产权的重要领域，蕴含着巨大的创新潜力。传承发展中医药已经成为我们的国家战略。品种齐全的优质药材的充分供应是保证中医药事业健康可持续发展的基础。虽然我国具有世界上最丰富的天然药物资源，但由于中医药事业的快速发展，中药产品需求量逐年大幅度递增，野生资源供不应求的矛盾日益加剧，开展药用植物栽培势在必行。药用植物栽培生产发展必须顺应时代发展对中药产品需求的变化，满足市场需求、促进中医药事业发展是药用植物栽培永恒的主题。依据我国目前社会、经济发展形势，展望药用植物栽培生产发展将呈现以下几种趋势。

（一）基础研究受到重视，药材生产科技水平将大幅度提升

2020 年 9 月，习近平总书记在科学家座谈会上对科研工作者们提出了要“坚持面向世界科技前沿、面向经济主战场、面向国家重大需求、面向人民生命健康”的总体要求，为我国“十四五”以及更长一个时期推动创新驱动发展、加快科技创新指明了方向，激励着广大科学家和科技工作者肩负起历史责任，不断向科学技术广度和深度进军。2021 年 3 月 11 日，李克强总理在答记者问时指出：“多年来，我国在科技创新领域有一些重大突破，在应用创新领域发展得也很快，但是在基础研究领域的确存在着不足。要建设科技强国，提升科技创新能力，必须打牢基础研究和应用基础研究根基。”面向市场需求，加强基础研究，加快科技创新，也是药用植物栽培学科急需解决的重要问题。

长期以来，一些基础性科学问题一直困扰着药用植物栽培生产发展，例如重茬障碍机制问题，生态适应机制问题，药材质量评价问题，等等。加强基础研究，提升药材生产科技水平，有效解决上述问题，将会有力推进土地资源可持续利用、生态种植、优良品种选育及各种生产管理措施优选确定，最终提高药材的产量与质量，促进中医药事业发展。

（二）道地药材受到重视，道地药材生产规模将大幅度增长

道地药材是指经过中医临床长期应用优选出来的，产在特定地域，与其他地区所产同种药材相比，品质和疗效更好，且质量稳定，具有较高知名度的药材。道地药材之所以品质优良、质量稳定，首先决定于其种质，也就是遗传基因。道地药材遗传基因是药用植物长期适应当地生态环境和人工定向培育措施的结果，将这些遗传基因收集好、保护好、整理好，是传承好道地药材精华的关键。因此，道地药材种质资源收集、保护、整理将受到药用植物栽培研究人员及药材生产相关企业的重视。由于道地药材是所有药材中的优秀代表，《中华人民共和国中医药法》第二十三条明确规定：“国家建立道地中药材评价体系，支持道地中药材品种选育，扶持道地中药材生产基地建设，加强道地中药材生产基地生态环境保护，鼓励采取地理标志产品保护等措施保护道地中药材。”此外，为发展道地药材生产，农业农村部、国家药品监督管理局、国家中医药管理局制定了比较详尽的《全国道地药材生产基地建设规划（2018—2025 年）》。因此，道地药材种质资源将进一步受到重视和保护，道地药材生产规模将会大幅度增长。

（三）药材质量受到重视，药材生产规范化、标准化水平将进一步提高

药材是用于防病治病的特殊商品，质量是其生命，提高和保证药材质量是药用植物栽培研究永远的目标。药材质量决定于遗传基因、生态环境、药用植物个体发育时期及产地加工方法等

四个方面，哪种因素发生变化都会导致药材质量发生变化。要提高和稳定药材质量，就需要控制好上述四种因素。2002年国家食品药品监督管理局颁布实施了《中药材生产质量管理规范（试行）》，2018年又发布了《中药材生产质量管理规范（修订稿）》，修订稿在管理关键环节、生产组织方式、产地、种质、农药、熏蒸、残留、生长调节剂、指纹图谱等方面提出了更高的要求。实施《中药材生产质量管理规范》的目的在于控制生产过程中影响药材质量的各种因素，实现各种操作的标准化，保证药材质量"稳定、可控"、临床用药"安全、有效"。随着时代进步，现代中药工业规模化程度提高，要求原料药材生产必须规范化、集约化、现代化以保证产品质量的稳定可靠。只有规范生产过程才能产出质量稳定、可控的药材，只有药材质量得到提高，中药饮片、中成药质量才能得到根本保证，中药产业才有可靠的物质基础。因此，《中华人民共和国中医药法》明确鼓励发展中药材规范化种植养殖基地建设。为保证药材质量，必须建立生产过程药材质量可追溯体系，通过信息记录、查询及问题产品溯源，实现药材"从生产到消费"的全程质量追踪与监管，使药材在整个行业流通中实现"来源可追溯、去向可查证、责任可追究"透明化管理。可以预见，随着对药材质量重视程度的加深，药材生产规范化、标准化水平将会进一步提高。

（四）机械化作业受到重视，药材生产规模化、产业化水平将进一步提高

我国是中医药的发源地，药用植物栽培历史悠久。但长期以来，我国药材种植业从播种到采收仍以传统人工作业方式为主，人工成本高，雇工困难，劳动力老龄化现象严重，严重制约了中药产业的发展。随着药材种植规模的扩大，如何实现药材生产的机械化，已经成为亟须解决的重要问题。

药用植物栽培属于小众产业，品种多、规模小、品种间差异大、用药部位各不相同，机械研制无法实现大批量生产，以一品一机及小批量为主要特征，致使社会投入动力不足，需要动员各方力量、建立多元投入机制。近年来，经多方努力，药材生产机械研制取得了明显进展，许多机械已经投入生产之中，如西洋参播种机，丹参、黄芩种苗移栽机，黄芪、地黄、甘草收获机，金银花采收机，等等。药材生产机械化程度的提高，大幅度降低了人工成本，提质增效作用明显，也进一步促进了药材生产规范化、标准化水平的提高。

（五）数字化管理受到重视，药材生产智能化水平将进一步提高

在药用植物栽培基地安装户外智能小型气象站，实现气象、土壤墒情和视频监控等数据的实时采集，通过数据异常的智能预警、种植设备的智能控制，实时、定时操控种植现场设备的自动化运作，可实现智能化自动化管理模式，解放人力、减少管理成本。在药用植物种植基地安装水肥一体智能灌溉系统和设备，包括智能施肥机，可以实现灌溉、施肥等作业的远程、定时或智能策略控制，结合环境监控系统所监测的数据和药用植物的生长模型，还可以自动执行灌溉和施肥决策，实现种植环境的自动调控，保证药用植物在适宜的环境中生长发育，为药材产量与质量的提高奠定基础。通过整合药材基地的种植环境信息、产地视频信息、农事作业信息、流通信息等，构建药材生产可视化安全追溯系统，管理人员可通过手机、电脑等电子设备进行数据查看，从而实现药材生产质量追溯，为构建绿色、健康、高可信度的药材品牌提供保障。实现药用植物栽培基地数字化管理，提高药材生产的智能化水平，将会是药材生产行业的技术性革命，具有广阔的发展前景。

（六）现代生物技术受到重视，生产效率将大幅度提高

现代生物技术发展迅速，药材生产如与现代生物技术相结合，有利于提升药材生产效率。如分子标记辅助育种及组培、脱毒等新技术可以加速繁殖和培育优良品种，有效提高药材产量与质量；应用组织细胞工程合成特定活性成分，可以实现工业化大规模生产；应用发酵工程培养药用真菌，可直接生产多糖类产品；开展药用植物工厂化栽培，可以实现某些药材的规模化、现代化生产。

以上几种发展趋势，对于提高药材产品的国际市场竞争力，乃至实现整个中药产业的升级换代，必将起到巨大的推动作用，带来翻天覆地的变化。

思考题：

1. 简述药用植物栽培学的概念及主要研究内容。
2. 药用植物栽培的特点及意义有哪些？
3. 简述药用植物栽培的发展趋势。

第二章

药用植物生长发育及其影响因素

扫一扫，查阅本章数字资源，含PPT、音视频、图片等

药用植物的生长与发育是其生命活动中重要的生理阶段，是一个从量变到质变的过程，是由其体内细胞在一定的外界条件下同化外界物质和能量，按照自身固有的遗传模式和顺序进行分生、分化的结果。深入了解药用植物生长与发育规律及其影响因素，有助于人们在栽培过程中合理调节栽培技术措施，有效控制药用植物生长发育过程，以提高药材产量与质量。

第一节　药用植物生长发育

了解药用植物生长发育规律，有助于把握其生长发育进程，便于在植株生长或发育的关键环节采取有效栽培措施，对植株生长或发育进行调控，达到提高药材产量与质量的目的。

一、药用植物生长

植物体的生长以细胞的生长为基础，即通过植物细胞分裂增加细胞数目，通过细胞的伸展（或伸长）增大细胞的体积，通过细胞的分化形成各类细胞、组织和器官。实质上是一个量的变化过程，其结果是植物体积和重量的增加。

（一）药用植物生长概念

药用植物通过细胞分裂、细胞伸长以及原生质体、细胞壁的增长，引起植物体由小变大，从幼苗长成植株，这种体积和质量的不可逆的增加过程，称为生长。药用植物的生长包括营养器官的生长和生殖器官的生长，存在于整个生命活动过程中。

（二）药用植物生长进程

1. 细胞生长　一般可分为分裂期、伸长期和分化期三个时期。

（1）分裂期　存在于根、茎分生组织中的分生细胞具有强烈的分生能力。当分生细胞增大到一定程度时，细胞就分裂为两个新细胞。新生的细胞长大后，再分裂成两个子细胞，这样使得植物体细胞数目不断地增多。

（2）伸长期　在根和茎的分生区中，只有顶部的一些分生组织细胞始终保持强烈的分裂机能，而它形态学下端的一些细胞，逐渐过渡到细胞伸长。在细胞伸长生长时，细胞壁增厚，原生质的含量也显著增加，核酸、蛋白质等的合成加强。由分生组织细胞分裂形成的细胞，最初细胞内原生质浓，细胞核大，没有液泡，进入伸长生长阶段，细胞质内先出现小液泡，然后小液泡增大并合并成大液泡。在成熟的植物细胞中，含有一到多个液泡。将细胞核等细胞器和原生质体挤

压到细胞壁的内侧。细胞形成液泡后，可进行渗透性吸水，随着水分的渗入，细胞体积显著增大，此时是细胞生长最快的时期。

（3）分化期　细胞分化是指由分生组织的幼嫩细胞转变为形态结构和生理代谢功能不同的成形细胞的过程。伸长期细胞生长到一定时期，其形态结构、生理功能上会发生变化，即细胞分化。细胞通过分化后，形成不同组织即薄壁组织、输导组织、保护组织、机械组织和分泌组织。这些组织紧密地相结合形成植物的各种器官。分生组织细胞分化发育成不同的组织，是植物基因在时间和空间上顺序表达的结果。

2. 生长曲线　由于植物体是由细胞构成的，所以植物的任何一个组织、器官或整个植物体的正常生长都与细胞一样，有着相同的生长变化。当植物生长到一定阶段后，由于内部和外部环境的限制，使植物生长的总体变化呈现“慢－快－慢”的“S”形变化曲线，这种曲线称为药用植物生长曲线（图 2–1，曲线一）。单位时间生长速率所显示的生长曲线，则近似钟形（图 2–1，曲线二）。从药用植物生长曲线可看出，植物生长速度起初慢，这是由于组织中的各细胞处于分裂期，细胞数量虽增多，但细胞体积增加不显著；后来生长越来越快，是细胞体积增大的结果；到了后半段，由于细胞生长逐渐进入分化期，生长速度减慢；最后进入成熟期，生长趋于停止。所以，药用植物组织、器官和一年生药用植株在整个生长过程中，其生长速率都呈现“慢－快－慢”的现象。这种生长速率周期性变化所经历的三个阶段过程称为生长大周期，或称为大生长周期。

药用植物生长过程中每一时期的长短或生长速度，受两方面因素的影响，一是受该器官生理机能的控制，二是受外界环境的影响。所以，在药用植物栽培过程中可采取适时、合理的技术措施，有效地控制植物生长进程和速度，以达到预期的生产目的。

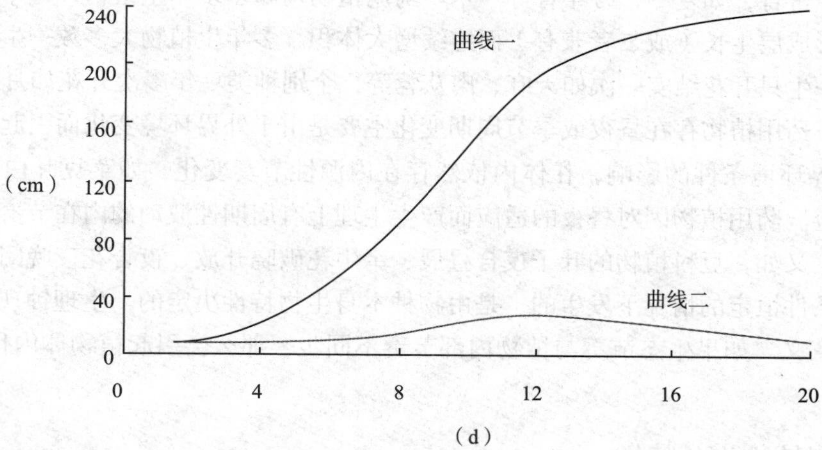

图 2–1　药用植物生长曲线

（三）药用植物生长周期与生命周期

自然界中所有生命都是由太阳辐射流入生物圈的能量来维持的，植物生长亦是如此。但是，由于地球的公转和自转，太阳辐射呈周期性变化，因而与环境条件相适应的植物的生命活动也表现出同步的周期性变化。

1. 生长周期

（1）季节周期　药用植物的生长随着一年四季的变化而发生有规律的变化，称为药用植物生长的季节周期性。一年四季中，自然界的光照、温度、水分等环境条件不尽相同，这些环境因素又是影响植物生长的主要因子。所以外界环境发生变化，药用植物的生长也会发生变化。在温带地区，春季温度回升，日照延长，植株上的休眠芽开始萌发生长，继而呈现花蕾；夏秋季温度和日照进一步升高和延长，水分充足，植物进入旺盛生长阶段，开花结实及果实成熟；秋末冬初气温逐渐下降，日照逐渐缩短，植物生长速率下降或停止，进入休眠状态。

（2）昼夜周期　自然条件下，有日温较高、夜温较低的周期性变化。药用植物的生长对昼夜温度周期性变化的反应，称为药用植物生长的温周期（亦称昼夜周期）。通常情况下，在夏季，白天温度高，光照强，植物蒸腾量大，植物因而缺水，强光抑制植物细胞的伸长；晚上温度降低，呼吸作用减弱，物质消耗减少，植物的生长速率白天较慢，夜晚较快。较低的夜温还有利于根系的生长以及细胞分裂素的合成，从而有利于植物的生长。在冬季，由于夜晚温度太低，植物的生长受阻，故与夏季相反，即白天较快，夜晚较慢。

2. 生命周期　一个植物体从合子开始，经历种子发芽、幼年期、生长期、成熟期，形成新合子的过程，称为药用植物生命周期。根据生命周期的差异，可以将药用植物划分为以下几类。

（1）一年生药用植物　一年内完成种子萌发、生长、开花、结实、植株衰老死亡过程的药用植物，如荆芥、红花等。

（2）二年生药用植物　第一年种子萌发后进行营养生长，第二年抽薹、开花、结实至衰老死亡的药用植物，如当归、菘蓝等。

（3）多年生药用植物　指每完成一个从营养生长到生殖生长的生命周期需三年或三年以上时间的药用植物。大部分多年生草本药用植物的地上部分每年在开花结实之后枯萎而死，而地下部分的根、根茎等则能存活多年，如人参、桔梗、延胡索、丹参等。但也有一部分多年生草本药用植物能保持四季常青，如麦冬，万年青等。木本药用植物均属于多年生植物，每年通过枝端和根尖的生长锥或形成层生长（或二者兼有）而连续增大体积。多年生植物大多数一生可多次开花结实，少数植物一生只开花结实一次如天麻、肉苁蓉等，个别种类一年多次开花如月季、忍冬等。

3. 生理钟　药用植物存在昼夜或季节周期变化主要是由于外界环境变化而引起的。但是，有些植物不受外界环境条件的影响，在体内依然存在内源性节奏变化。如菜豆叶白天伸展晚上下垂的感夜性反应。药用植物因对昼夜的适应而产生生理上有周期性波动的内在节奏，称为生理钟（亦称生物钟）。又如，豆科植物的叶子夜合昼展、牵牛花破晓开放、夜合花夜晚闭合等现象，均是在外界环境条件恒定的情况下发生的，是由物种本身生物特性决定的。生理钟现象对植物适应环境具有重要意义。如果生态节奏与植物内部节奏不同步，那么会引起植物体内代谢发生紊乱，导致生理障碍。

（四）药用植物生长特性

1. 根与根系的类型及生长特性　根是植物的重要营养器官之一，具有固定植株，从土壤中吸收水分和养分，合成细胞分裂素、氨基酸等功能。药用植物具有生长正常、吸收功能良好的根系是药材高产、稳产的基本保障。许多药用植物的根部属于收获的目标器官，如人参、丹参、党参、柴胡、三七、乌头等。

（1）根与根系类型

1）根的类型　有主根、侧根和须根三类。主根是由种子的胚根直接发育而来。侧根是在主根长到一定长度时从根内部沿地表方向生长的分枝。须根是在侧根上形成的小分枝。其中主根和侧根由于发生于一定部位又称为定根；须根的产生没有一定的位置，发生部位有多种，如胚轴、茎、老根和叶等处，又称为不定根。生产上可利用不定根的性能进行枝插、叶插、压条等方法繁殖。

药用植物的根为适应外界环境条件，经长期进化，其形态、构造和生理功能等产生了许多异常变化，形成了变态根，具备了许多独特的功能。根据其功能的不同，可划分为贮藏根、气生根、支持根、寄生根、攀缘根、水生根等类型。

2）根系的类型　植物体所有的根称为根系。按形态分为直根系和须根系。根系在土壤中的分布因药用植物种类的不同而异。根据入土深浅，可将其分为浅根系和深根系。浅根系的根绝大部分分布在耕层中，如半夏、白术等；深根系的根入土较深，如黄芪、甘草等，其主根入土深度可超过 2m，但其 80% 左右的根仍然主要集中在耕层之中。

（2）根与根系的生长特性　根尖部位有顶端分生组织，具有顶端优势，也具有生长大周期的特征。主根抑制侧根生长。根的生长受环境条件的影响，具有向地性、向湿性、背光性和趋肥性。根生长受阻后，长度和延长区缩小、变粗，构造也发生变化，如维管束变小，表皮细胞数目和大小也改变，皮层细胞增大，数目增多等。土壤水分过少时，根生长缓慢，同时使根木质化；土壤水分过多时，通气不良，根短且侧根数量增多。

2. 茎的类型及生长特性　茎由胚芽发育而成，是绝大多数植物体地上部分的躯干。其上有芽、节和节间，并着生叶、花、果实等，具有输导、支持、贮藏和繁殖等功能。

（1）茎的类型　植物的茎有地上茎和地下茎之分。地上茎又分为直立茎、缠绕茎、匍匐茎等，并且有多种变态，如叶状茎或叶状枝（如天门冬）、刺状茎（如酸橙）、茎卷须（如栝楼）等。地下茎也是茎的变态，是植物长期适应环境而在形态构造和生理功能上产生的特化现象。根据形态和功能的不同，可划分为根茎（如艾、薄荷）、块茎（如半夏、天麻）、球茎（如番红花）、鳞茎（如浙贝母）等。

（2）茎的生长特性　控制茎生长最重要的组织是顶端分生组织和近顶端分生组织。前者控制后者的活性，而后者的细胞分裂和伸长决定茎的生长速率。茎的节通常不伸长，节间伸长部位则依植物种类而定，有均匀分布于节间的，有在节间中部的，也有在节间基部的。植物正常茎的生长具有背地性，也有水平生长者。双子叶植物茎的增粗是形成层活动的结果，单子叶植物茎的增粗是靠居间分生组织活动。

3. 叶的类型及生长特性　叶是植物的重要营养器官，一般为绿色扁平体，具有向光性。其主要生理功能是进行光合作用、气体交换和蒸腾作用。叶生长发育的状况和叶面积大小对药用植物的生长发育及药材产量影响极大。

（1）叶的类型　植物的叶由叶片、叶柄和托叶三部分组成。按组成划分为完全叶和不完全叶。按叶柄上叶片的数量划分为单叶和复叶，复叶又分为单身复叶（酸橙）、三出复叶（半夏）、掌状复叶（三七）、羽状复叶（膜荚黄芪）等。植物叶在长期适应环境条件的过程中，也形成了一些变态类型，如苞叶、鳞叶、刺状叶、叶卷须、叶刺等。

（2）叶的生长特性　叶由茎尖生长锥的叶原基发育而成。药用植物叶片的大小随植物的种类和品种不同差异较大，同时也受温、光、水、肥、气等外界条件的影响。双子叶植物的叶子是全叶均匀生长，到一定时间停止，所以叶上不保留原分生组织，叶片细胞全部成熟。单子叶植物的叶子是基生生长，所以叶片基部保持生长能力，例如，禾谷类作物叶鞘能随节间的生长而伸长，韭、葱等叶片被从基部切断后，很快就能再次生长起来。叶面积指数（LAI）是指药用植物群体的总绿色叶面积与其所对应的土地面积之比，常用来衡量药用植物叶面积大小。干物质产量最高时的叶面积指数称为最适叶面积指数，越过此值后，干物质积累量又下降。

（五）药用植物运动

植物的生长可以引起植物的运动。当然，高等植物的运动不能像动物那样自由地移动整体位置，它只是植物体的器官在空间发生位置和方向的变动。高等植物的运动可分为向性运动和感性运动。

1. 向性运动 指药用植物对光、重力等外界环境因素单方向刺激所引起的定向生长运动。是由不均匀生长而引起的、不可逆的运动。根据外界因素的不同，可分为向光性、向重力性、向水性和向化性等。

（1）向光性 指药用植物随光照入射的方向而弯曲生长。植物的叶、芽鞘、茎等都具有向光性，是植物对外界环境的有利适应。植物向光性的机理一直被认为与生长素的浓度有关。在单向光的刺激下，生长素分布不均匀，向光侧较少、生长慢，背光侧较多、生长快，导致相关部位向光弯曲生长。近年来研究认为，向光性需要生长素信号的调控。

（2）向重力性 指药用植物在重力影响下，保持一定方向生长的特性。试验证明，在无重力作用的太空中，将药用植物横放，茎和根仍径直地生长，不会弯曲生长，证实重力决定茎和根的生长方向。根顺着重力作用方向生长，具有正向重力性；茎逆着重力作用方向生长，具有负向重力性。叶和某些植物的地下茎水平方向生长，具有横向重力性。向重力性是药用植物生命活动具有重要意义的适应性特征。

（3）向化性和向水性 向化性是由某些化学物质（如肥料）在药用植物周围分布不均匀引起的定向生长。根系总是朝向水肥较多的区域生长。例如膜荚黄芪深层施肥的目的就是促使根向深处生长，这样根系分布广，能吸收更多的养分。向水性是当土壤中水分分布不均匀时，根趋向较湿的地方生长的特性。生产上常利用向水性调控药用植物的生长，如苗期“蹲苗”，就是有意识地限制水分供应，促使根向土壤深处生长。

2. 感性运动 指药用植物受无定向的外界刺激引起的运动，是由生长着的器官两侧或上下面生长不等引起的。

（1）感夜运动 药用植物体局部，特别是叶和花，能接受光的刺激而做出一定的反应。有些感夜运动是生长不均匀引起的。如蒲公英的花序、睡莲的花瓣在晴朗的天气下开放，在阴天或晚上闭合；而烟草、紫茉莉则相反。花的感夜运动有利于在适宜的温度下开花或昆虫传粉，也是植物对环境条件的适应。

（2）感热运动 药用植物由温度变化引起反应的生长。例如郁金香和番红花的花在温度从7℃上升到17℃时，其花瓣基部内侧生长比外侧快，花就开放，相反变化时，花就关闭。感热运动是永久性的生长运动，是因花瓣上下组织生长速率不同引起的，能使药用植物在适宜的温度下进行授粉，也能保护花的内部免受不良条件的影响。

（3）感震运动 由于机械刺激而引起的药用植物运动。如含羞草的小叶受到震动引起小叶合拢；如持续刺激，以致传递到邻近小叶，复叶叶柄也随即下垂。其上下传递的速度可达40～50mm/s。含羞草叶片下垂的机制，在于复叶叶柄基部的叶枕中细胞膨压的变化。小叶合拢的机制与此相同。

二、药用植物发育

植物体在适宜的外界环境和自身遗传条件下，发生着一系列由营养器官向生殖器官的转变，称为发育。不同于生长是植物体积和细胞数量的增加，发育是植物细胞、组织和器官的分化，也是植物体构造和机能从简单到复杂的变化过程，其中花的形成，是植物体从幼年期转向成熟期的显著标志。

（一）花芽分化

植物生长到一定时期，感受到内在和环境（主要是日照和温度的季节性变化）信号，茎端分生组织发生花芽分化，继而现蕾、开花、结实形成种子。可见，花芽分化是营养生长与生殖生长的转折点。

花发育是一个非常复杂的过程，除了形态上有巨大变化，内部的生理变化也十分复杂。花的形成一般包括三个阶段：首先是成花诱导，某些环境因素刺激诱导植物从营养生长向生殖生长转变；然后是成花启动，茎端分生组织经过一系列变化分化成花原基；最后由花原基发育形成花器官。其中成花诱导过程起决定作用，适宜的环境条件是诱导成花的外因，植物体内信号调控是内因。为更好地适应环境，植物在长期的进化过程中，逐步发展了对适宜温度和日照长度感应的机制，从而得以顺利完成生命周期。

多数植物的花芽分化是由茎端分生组织伸长开始的。花芽分化时，茎端分生组织中心区细胞分裂速度加快、体积增大。成花诱导发生后，茎端分生组织逐渐分化形成若干轮突起，分化形成花原基，包括花被原基、雄蕊原基和雌蕊原基，之后分别发育成花被、雄蕊（群）和雌蕊（群）。

根据花芽开始分化时间及完成分化全过程所需时间长短不同，花芽分化可分为以下类型：①夏秋分化类型，花芽分化始于6～9月高温季节，秋末花器的主要部分已完成花芽分化，次年早春后开花，其性细胞的形成必须经过低温，如牡丹、山茱萸等木本植物；②冬春分化类型，从12月至次年3月完成花芽分化，分化时间短且连续进行，如温暖地区的柑橘等木本植物；③当年一次分化的开花类型，在当年枝的新梢上或花茎顶端形成花芽，如菊等；④多次分化类型，一年中多次发枝，每次枝顶均能形成花芽并开花，如忍冬等；⑤不定期分化类型，每年只进行一次花芽分化，无固定时期，只要达到一定的叶面积就能开花，依植物体自身养分和积累程度而异，如凤梨科、芭蕉科的某些植物种类。

（二）开花与传粉

1. 开花　开花是植物由营养生长向生殖生长转变的关键过程，是性成熟的标志。当雄蕊中的花粉粒和雌蕊中的胚囊（或二者之一）成熟时，花被展开，雄蕊和雌蕊露出，这种现象称为开花。

不同植物的开花年龄和季节常有差别，一株植物从第一朵花开放到最后一朵花开毕延续的时间，称为开花期。开花期长短随植物的种类而异，也与植株营养状况及外界条件有关，一至二年生植物，一般生长几个月就能开花，一年中只开一次花，开花后整个植株枯萎凋亡；多年生植物在达到开花年龄后，每年均能开花，可延续多年，直至枯萎死亡。植物的开花习性是在长期演化过程中形成的，受纬度、海拔高度、气温、光照、湿度等环境条件的影响。早春开花植物，当遇上3～4月间气温回升较快时，花期普遍提早，若遇早春寒冷，花期普遍推迟。掌握植物的开花规律和开花条件，对于药用植物栽培具有重要的指导意义。

2. 传粉　成熟的花粉粒借助外力从雄蕊到雌蕊柱头上的过程，称为传粉。

（1）自花传粉与异花传粉　自花传粉是花粉粒落到同一朵花的柱头上。自花传粉花为两性花；雌、雄蕊同时成熟；雌蕊的柱头对花粉萌发无任何生理阻碍。异花传粉是花粉粒传递到同株或异株另一朵花的柱头上。异花传粉花多为单性花（且雌雄异株）；若是两性花，则雌、雄蕊不同时成熟或雌、雄蕊异长或异位。

从生物学意义上讲，异花传粉比自花传粉优越。异花传粉时，雌、雄配子来自不同的植物体（或不同的花朵），遗传性差异较大，结合产生的后代具有较强的生活力和适应性。

（2）风媒传粉与虫媒传粉　异花传粉的媒介主要是风和昆虫，由于对不同传粉媒介的长期适应，使药用植物产生了相应的形态和结构。风为传粉媒介的植物称为风媒植物，其花称为风媒花。风媒花常形成小花密集的花序，花被一般不鲜艳、小或退化，无香味，不具蜜腺，花粉量大，细小质轻，外壁光滑干燥。昆虫作为传粉媒介的植物称为虫媒植物，其花称为虫媒花。虫媒花的花被一般较鲜艳，常具有气味及花蜜腺，花粉粒较大，数量较少，表面粗糙，有黏性。

（三）果实、种子形成与发育

1. 果实形成与发育　受精作用完成后，多数植物的花被枯萎脱落，雄蕊及雌蕊的柱头、花柱枯萎凋谢，仅子房连同其中的胚珠生长膨大，发育成果实。这种由子房发育成的果实，称为真果，如柑橘、桃的果实。有些植物除子房外，还有花托、花萼、花冠，乃至整个花序都参与果实形成和发育，如梨、冬瓜的果实，称为假果。

通常情况下，花的三层子房壁发育成果实的果皮，一般分为外、中、内果皮三层。一般果实的生长过程与营养生长一样，呈“S”形生长曲线，表现为慢 - 快 - 慢的生长周期。但一些核果类的药用植物果实生长则呈双“S”形曲线，它们在生长的中期有一个缓慢期，这类果实的生长可分为三个时期：①迅速生长期：受精后子房壁、胚及胚乳细胞分裂，果实迅速增大；②缓慢生长期：茎叶运输至果实的营养物质主要供给胚、胚乳和果核生长所需，果实的体积增长较为缓慢；③迅速生长期：果实体积、重量迅速增加。

果实的形成，多数与受精作用有关，但有些植物可不经受精形成果实，称为单性结实。单性结实形成无籽果实，但无籽果实并非全由单性结实所致。有些植物虽然完成了受精作用，但由于种种原因，胚的发育中途停止，其子房或花的其他部分继续发育，也可形成没有种子的果实。

2. 种子形成与发育　种子是由子房内的胚珠受精发育而成的。种子的构造主要包括种皮、胚乳和胚三部分。种皮是由胚珠的珠被受精后发育而成的，胚乳是由胚珠中的极核细胞受精后发育而成的，胚是由受精后的合子发育而成的。在种子形成初期，呼吸作用旺盛，有足够的能量供给种子生长。随着种子的成熟，呼吸作用逐渐衰弱，代谢过程也随之减弱。种子成熟期间，可溶性物质大量输入作为合成贮藏物质的原料，导致不溶性有机化合物不断增加。

3. 果实发育与种子发育的关系　在自然成熟情况下，果实和种子的成熟过程同时进行。但是未成熟果实采收后贮存时用催熟剂进行处理，果实发生成熟时的生化变化，但种子并不随之成熟，表明种子和果实在成熟时有各自独立的生理生化变化规律。大多数药用植物果实和种子的生长时间较短，速度较快。若营养供应不足或环境条件不适合，均会影响果实与种子的正常发育。所以，对于用种子繁殖，或以果实、种子入药的药用植物，在果实、种子发育期间，必须保持适宜的环境条件和营养条件，才能保证有较高的药材产量。

（四）植物发育的相关理论

植物在适宜的光周期和温度等条件诱导下，才能由营养生长转向生殖生长。国际上许多植物学家对此进行了研究，提出了一些植物发育的基础理论，主要有成花素假说、开花抑制物假说、碳氮比率假说、阶段发育学说，等等。

除了上述几种发育假说外，近年来一些学者又提出了营养物质转移假说和多因子控制模型等。经过多年研究，在植物发育控制领域已经取得了一定的成果，如已分别在拟南芥和金鱼草的突变中克隆到一系列控制开花过程的基因，但详细机制尚不明确，有待进一步研究。

三、药用植物生长发育相关性

植物的细胞、组织、器官之间既有密切协作，又有明确分工，有相互促进的一面，也有彼此抑制的一面，这种现象称为相关性。植物生长发育相关性机制是多种多样的，有的是一种器官比其他器官消耗更多的水分和矿物质的结果，有的是营养物质供应与分配不均衡的结果，有的是各种植物激素调节作用的结果。为了达到优质高产的生产目的，在药用植物栽培过程中常通过合理施肥、灌溉、密植、修剪等人工调节措施，来处理与调整各组织、器官之间生长的相关性。

（一）顶端优势

正在生长的顶芽对位于其下方的腋芽常有抑制作用，只有靠近顶芽下方的少数腋芽可以抽生成枝，其余腋芽则处于休眠状态。在顶芽遭受损伤后，腋芽可以萌发成枝、快速生长，这种现象称为顶端优势。造成顶端优势的原因目前尚不清楚，主要存在两种假说：一是 K. Goebel 提出的营养学说，认为顶芽构成营养库，垄断了大部分的营养物质，而侧芽因缺乏营养物质而生长受到抑制；二是 K. V. Thimann 和 F. Skoog 提出的生长素学说，认为顶芽合成生长素并极性运输到侧芽，从而抑制侧芽的生长。

生产过程中，有时需要增加一些药用植物的分枝，以促进多开花多结果、提高药材产量，可采用去除顶芽（打顶）的方法来促进分枝，例如忍冬的修剪整形、红花的打顶等。

（二）地上部分与地下部分生长相关性

地下部分是指植物体的地下器官，包括根、块茎、鳞茎等，而地上部分是指植物体的地上器官，主要是茎、叶。它们之间的相关性可用根冠比（R/T），即地下部分重量与地上部分重量的比值来表示。地下部分的根负责从土壤中吸收水分、矿物质以及合成少量有机物、细胞分裂素等供地上部分应用，同时根生长所必需的糖类、维生素等物质则由地上部分供给。地下部分与地上部分的生长还存在相互制约的一面，主要体现在对水分、营养物质的争夺上，并能从根冠比的变化上反映出来。

在生产上，控制与调整以根和地下茎类入药的药用植物根冠比对药材产量影响很大。这类药用植物，在生长前期以茎叶生长为主，根冠比低；在生长中期茎叶生长开始减慢，地下部分迅速增长，根冠比随之提高；在生长后期，以地下部分增大为主，根冠比达到最高值。

（三）营养生长与生殖生长相关性

营养生长和生殖生长同样存在着相互依赖和相互制约的关系。一方面，生殖生长必须依赖良好的营养生长，生殖生长也可以在一定程度上促进营养生长；另一方面，营养生长和生殖生长会因为对营养物质的争夺而相互抑制。

由于营养器官与生殖器官之间存在着对营养物质的争夺，正在生长发育的花、幼果，通常是植物体营养分配的中心，促使茎叶中大量的矿质元素、糖类、氨基酸等营养物质输送到花与幼果中去；同时，花与幼果还可制造一些生长抑制剂运送到茎叶中抑制营养器官的生长。生产中经常通过品种选育、调整栽培措施等，来调节营养器官与生殖器官的相关性，达到提高药材产量的目的。例如，在以生殖器官为收获目标时，则要在药用植物生长发育前期，采取措施促进营养器官生长，为生殖器官生长打下良好基础，后期则应注意增施磷、钾肥，以促进生殖器官生长。

四、药用植物物候期观察

药用植物种类繁多，其生物学特性与形态特征千差万别，在进行人工栽培时，需要了解每种药用植物的生命周期，才能确定合理的栽培周期与适宜的栽培技术，达到提高产量、保证质量的目的。进行药用植物物候期观察，可为各项栽培措施的实施提供参考。

（一）物候期

植物在系统发育过程中，其形态形成过程，大都是在一年有四季和昼夜周期变化的环境条件下进行的。物候是指自然界中的生物受气候及其他环境因素周期性变化的影响而出现的现象。如植物的萌芽、长叶、开花、结实、落叶等都可视为物候。物候出现的时间称为物候期。

药用植物和其他农作物一样，其生长发育的不同时期会反映出季节气候周期变化。只有掌握药用植物生长发育过程对气候变化的要求，才能使引种、试种获得成功。

（二）药用植物物候期观测

做好药用植物的物候期观测，可使我们对农事操作和技术措施如整地、播种、施肥、整枝修剪、防治病虫害、采收等做出合理安排，以获得优质高产。

1. 木本植物物候期观测 需要观测记录的内容包括编号、中名、学名、植物年龄或种植时间、观测地点、经纬度、海拔、生态环境、地形、土壤、同生植物。

（1）萌动期 ①芽开始膨大期；②芽开放期。

（2）展叶期 ①开始展叶期；②展叶盛期。

（3）开花期 ①花蕾或花序出现期；②开花始期；③开花盛期；④开花末期；⑤第二次开花期；⑥二次梢开花期；⑦三次梢开花期。

（4）果熟期 ①果实成熟期；②果实脱落开始期；③果实脱落末期。

（5）新梢生长期 ①一次梢开始生长期；②一次梢停止生长期；③二次梢开始生长期；④二次梢停止生长期；⑤三次梢开始生长期；⑥三次梢停止生长期。

（6）叶秋季变色期 ①叶开始变色期；②叶全部变色期。

（7）落叶期 ①开始落叶期；②落叶末期。

2. 草本植物物候期观测 需要观测记录的内容包括编号、中名、学名、种植时间、观测地点、经纬度、海拔、生态环境、地形、土壤、同生植物。

（1）萌动期 ①地下芽出土期；②地面芽变绿色期。

（2）展叶期 ①开始展叶期；②展叶盛期。

（3）开花期 ①花序或花蕾出现期；②开花始期；③开花盛期；④开花末期；⑤第二次开花期。

（4）果熟期 ①果实始熟期；②果实全熟期；③果实脱落期；④种子散布期。

（5）黄枯期 ①开始黄枯期；②普遍黄枯期；③全部黄枯期。

第二节 药用植物生长发育影响因素

药材产量与品质的形成是通过药用植物生长发育来实现的，了解药用植物生长发育与环境条件的关系，对获得高产稳产、优质高效的药材极其重要。此处所讲药用植物生长发育影响因素主要是指环境因素，包括光照、温度、水分、土壤、空气和风等。

一、光照

光对药用植物生长发育的影响主要体现在两个方面：第一，光是绿色植物进行光合作用的必要条件；第二，光能调节植物生长和发育进程。依靠光来控制植物生长发育的现象称为光的形态建成。光照主要通过光照强度、光质、光周期来影响药用植物生长发育。

（一）光照强度

植物的光合速率随光照强度的增加而加快，但光照强度超过一定范围后，光合速率的增加则转慢。当达到某一光照强度时，光合速率不再随光照强度的增加而升高，这种现象称为光饱和现象，此时的光照强度称为光饱和点。随着光照强度的减弱，光合速率会不断降低，当光照强度减弱到一定程度时，光合速率和呼吸速率会达到相等的状态，此时的光照强度称为光补偿点。植物种类不同，光饱和点和光补偿点是不一样的。根据植物对光照强度的要求不同，可将植物分为阳生植物、阴生植物和耐阴植物。

1. 阳生植物（喜光植物） 该类植物要求充足的直射阳光才能生长良好。光饱和点为全日照的 100%，光补偿点为全日照的 3% ～ 5%，若光照不足则生长不良，如地黄、红花等。

2. 阴生植物（喜阴植物） 该类植物只适应于生长在阴湿环境或有遮蔽的地方，不能忍受强烈的日光照射，光饱和点为全日照的 10% ～ 50%，光补偿点为全日照的 1% 以下，如人参、三七、黄连、五味子、细辛、铁皮石斛等。

3. 耐阴植物（中间型植物） 该类植物对光的适应性较强，在日光照射良好的地方能生长，在较为荫蔽的条件下也能较好地生长，如款冬、柴胡等。

自然条件下，在药用植物生长发育过程中，接受光饱和点左右的光照愈多、时间愈长，光合产物积累愈多，植株生长发育愈佳。若光照不足、光强低于饱和点，特别是在略高于光补偿点时，植物虽能生长发育，但药材产量低、质量差。如果光强低于光补偿点，植物呼吸消耗就会多于光合积累，植物不但不能积累养分，而且还要消耗养分。因此，生产中应注意合理密植、间作套种等，以保证药用植物在生长发育过程中都有适宜的光照条件。

光照强度不同，不仅直接影响植物的光合作用强度，也影响植物的株高、根系、叶片等形态学性状，以及花芽分化、形成等发育过程。同一种植物在不同生长发育阶段对光照强度的要求也不一样，通常植物幼苗期怕强光直射，开花结果期或块根、块茎等贮藏器官膨大期则需要较强的光照。

（二）光质

日光是由不同波长的光组成的，光质是指光的波长。光质对药用植物的生长发育也有影响，通常红光能促进茎的生长，紫外光对植物的生长有抑制作用，蓝光能使植物的茎粗壮。在栽培药用植物时，可根据这些特点选择适宜颜色的塑料薄膜，以满足药用植物的生长需求。例如，在栽培人参、西洋参时，薄膜的色彩对药材产量的影响大小依次为黑色膜 > 蓝色膜 > 银灰色膜 > 红色膜 > 白色膜 > 黄色膜 > 绿色膜。

（三）光周期

一天之中白天和黑夜的相对长度称为光周期。光周期影响植物的花芽分化、开花、结实、分枝及地下器官（块茎、块根、球茎、鳞茎等）的形成。植物对于白天和黑夜相对长度的反应称为光周期现象。按照对光周期的反应，可将植物分为下列三种类型。

1. 长日照植物　日照长度必须大于某一临界日长（一般为 12 ～ 14 小时以上）或暗期必须短于一定时数才能开花的植物，如红花、当归、紫菀等。

2. 短日照植物　日照长度只能短于其所要求的临界日长（一般为 12 ～ 14 小时以下）或暗期必须超过一定时数才能开花的植物，如菊、穿心莲等。

3. 日中性植物　对光照时间长短没有严格要求，任何日照时数下都能开花的植物，如地黄、忍冬等。

临界日长是指昼夜周期中诱导短日照植物开花所需的最长日照时数，或诱导长日照植物开花所需的最短日照时数。对于长日照植物来说，日照长度应大于临界日长，即使是 24 小时日照也能开花；对于短日照植物而言，日照时数必须小于临界日长，但如果日照时间太短也不能开花，植物可能会因光照不足而成为黄化植物。

植物感受光周期的部位是叶，诱导开花的部位是茎尖端的生长锥。叶片感受光周期效应后产生开花刺激素，传输到茎的生长锥而引起花芽分化。植物感受光周期信号的效应，不是在种子发芽时，而是在植物达到一定生理年龄或长到一定大小时才能发生光周期反应。通常植物生理年龄越大，对光周期效应越敏感。

光周期不仅影响植物花芽分化与开花，也影响植物器官建成，如慈菇、大蒜鳞茎的形成要求有长日照条件，豇豆、赤小豆等植物的分枝、结果习性也受光周期的影响。

认识和了解药用植物光周期反应，对于指导药材生产具有重要意义。栽培过程中，应根据植物对光周期的反应确定适宜的播种期。以营养器官为主要收获对象的药用植物，可通过调节日照长度、抑制生殖生长，再配合水肥条件，达到提高营养器官产量的目的。在引种过程中，必须首先考虑所要引进的药用植物是否能在当地的光周期下正常生长发育、开花结实，否则有可能不能形成种子，影响下一年的繁殖。在育种工作中，通过人工调控光周期，可促进或延迟开花，从而达到育种目的。

二、温度

温度是影响植物生长发育的重要环境因子之一，温度变化直接影响着植物生长发育过程。植物生长与温度的关系存在“三基点”，即最低温度、最适温度和最高温度。植物只有在适宜温度下才能正常生长发育，超过最低或最高温度范围生理活动就会停止，甚至死亡。

（一）药用植物对温度的适应

根据药用植物对温度的要求不同，可以将其划分为下列四种类型。

1. 耐寒植物　一般能耐 –2 ～ –1℃低温，短期内可忍受 –10 ～ –5℃低温，最适生长温度为 15 ～ 20℃，如人参、细辛、当归、五味子等。耐寒植物通常生长在北方高纬度或高海拔的寒冷地区。

2. 半耐寒植物　能短时间忍受 –1 ～ –2℃低温，最适生长温度为 17 ～ 23℃，如白芷、菘蓝、宁夏枸杞、黄连等。半耐寒植物通常生长在中纬度或中海拔地区，在长江以南可露地越冬，在华南各地冬季可露地生长。

3. 喜温植物　种子萌发、幼苗生长、开花结果都要求较高温度，最适生长温度为 20 ～ 30℃，温度低于 10 ～ 15℃时授粉困难而引起落花落果，如酸橙、川芎等。喜温植物通常生长在南方低纬度或低海拔地区。

4. 耐热植物　生长发育要求较高温度，最适生长温度为 30℃左右，有些种类在 40℃下亦可正常生长，如阳春砂、罗汉果等。耐热植物通常生长在低纬度地区。

温度对植物的影响主要通过气温和地温两个方面，一般来讲，气温影响植物地上部分，而地温主要影响地下部分。

（二）低温和高温危害

低温会使药用植物遭受寒（冷）害和冻害。0℃以上低温所产生的危害称为寒害，0℃以下低温所产生的危害称为冻害。低温使叶绿体结构受损，或导致气孔关闭失调，或使酶纯化，最终破坏光合能力。低温还影响根吸收能力、植物体内物质转运、授粉和受精。低温对植物的危害程度因低温水平、持续时间、降温或升温速度而不同。植物的抗寒能力称为抗寒性，植物种类、品种不同或同一植物不同组织、器官和生育期的抗寒性常有很大差异。在药材生产过程中，必须根据植物的抗寒性选择和控制环境条件，加强植物的抗寒锻炼，使抗寒性提高到最大限度，避免或减少寒、冻害。此外，覆盖、包扎、培土、灌水等措施也可预防寒害、冻害的发生或降低危害程度。在炎热的夏季，高温天气下植物蒸腾作用强烈，当蒸腾大于水分吸收时会使植物缺水而萎蔫，正常代谢就会受到影响。另一方面，高温可影响酶的活性从而影响植物的正常生命活动，降低生长速度，妨碍花粉正常发育，还会损伤茎叶功能，引起落花落果，等等。因此，在夏季高温时，要注意及时灌溉或采用覆盖、搭棚遮阴等措施进行降温。

（三）温周期反应和春化作用

1. 温周期反应　在自然条件下，温度呈昼高夜低的日变化和夏秋季高冬春季低的季节变化，称为温度的周期性变化。植物对温度周期性变化的反应称为温周期反应。温周期反应主要影响营养生长、成花数量、坐果率高低和果实大小。研究结果表明，许多药用植物体内的活性成分含量与昼夜温差成正相关。昼夜变温有利于药用植物的生长发育。

2. 春化作用　一般指植物必须经历一段时间的持续低温才能由营养生长阶段转入生殖生长阶段的现象。需要春化的植物有冬性一年生植物（如冬小麦）、大多数二年生植物（如当归、白芷）和某些多年生植物（如菊）等。

低温是春化作用的主导因子，春化作用有效温度一般在 0 ～ 10℃，最适合温度为 1 ～ 7℃。植物种类、品种不同所要求的春化温度也不同，春化时间也有差异。春化作用在未完全通过前可因高温（25 ～ 40℃）处理而解除，称为脱春化。脱春化后的种子还可以再春化。有的植物在春化前热处理会降低其随后感受低温的能力，称为抗春化或预先脱春化。

植物通过春化的方式有两种：一种是萌动种子的低温春化，如萝卜；另一种是营养体的低温春化，如当归、白芷、红花、菊等幼苗的春化。萌动种子春化处理应掌握好种子的萌动期，控制水分是控制萌动状态的一种有效方法。营养体春化处理需要在植株或器官长到一定大小时进行，如果没有一定的生长量，即便遇到低温也不能进行春化作用。例如，当归幼苗根重小于 0.2g 时，对春化处理没有反应；幼苗根重大于 2g 时，春化后百分之百抽薹开花。感受低温春化的部位，萌动的种子是胚，营养体是茎尖的生长点。

三、水分

水分对于药用植物体内的生理生化代谢活动是必不可少的。水既是细胞原生质的重要组成成分，直接参与植物光合作用、呼吸作用、有机质合成与分解过程，又是植物对物质吸收和运输的溶剂，可以维持细胞的膨压和固有形态，使植物细胞进行正常的生长、发育和运动。没有水植物就不能生存，因此水是药用植物生长发育必不可少的环境条件之一。

（一）药用植物对水的适应

根据药用植物对水的适应能力和方式，可将其分为如下几类。

1. 旱生植物　这类植物能在干旱的气候和土壤中维持正常的生长发育，具有很强的抗旱能力，如甘草、膜荚黄芪等。

2. 湿生植物　这类植物主要生长在潮湿的环境中，如沼泽、河滩、山谷等处，其蒸腾强度大，抗旱能力差，水分不足就会导致萎蔫影响生长发育，如薄荷、石菖蒲等。

3. 中生植物　这类植物对水分的适应性介于旱生植物与湿生植物之间，抗旱、抗涝能力均不很强，绝大多数陆生植物属于此类。

4. 水生植物　此类植物生长于水中，根系不发达，根的吸收能力差，输导组织简单，但通气组织发达，如泽泻、芡实等。

（二）药用植物需水量和需水临界期

1. 需水量　药用植物在生长发育期间所消耗的水分主要是蒸腾耗水。通常把蒸腾耗水量称为植物需水量，以蒸腾系数表示。蒸腾系数是指每形成 1g 干物质所消耗的水分克数。需水量大小因植物种类不同而异，如人参的蒸腾系数为 150 ～ 200g，紫花苜蓿的蒸腾系数为 700 ～ 1200g。同一种植物的蒸腾系数也因品种和环境条件的变化而不同。

植物在不同的生长发育阶段对水分的需求是不同的。总体来看，生长发育前期需水量少，中期需水量大，后期需水量居中。植物需水量的大小还受气候条件和栽培措施的影响，低温、多雨、大气湿度大时蒸腾作用减弱、需水量减小，高温、多雨、大气湿度大、风速大时蒸腾作用增强、需水量增大。种植密度大，单位面积上个体总数增多，叶面积大，蒸腾量大，需水量随之增大，但地面蒸发量却相应减少。因此，在药用植物栽培过程中，要根据植物种类、生育期、气候条件和土壤含水量等情况制订合理的水分管理措施。

2. 需水临界期　药用植物在一生中（一至二年生植物）或年生育期内（多年生植物）对水分最敏感的时期，称为需水临界期。在此时期内若缺水而造成损失，后期不能弥补。植物从种子萌发到出苗就是一个需水临界期，虽然此时期对水分需求量不大，但对水分缺乏很敏感，这一时期若缺水就会导致出苗不齐或缺苗，如膜荚黄芪、白术等。当然，此时水分过多又会发生烂种、烂芽现象。大多数药用植物需水临界期在开花前后，此时因植株生长旺盛而往往需水较多。

（三）旱涝危害

1. 干旱　水分蒸发大于根系吸收水分而造成植物严重缺水的现象，称为干旱。干旱使细胞原生质水合程度降低、透性增大，造成细胞缺水，植物呈萎蔫状态，气孔关闭，蒸腾作用减弱，气体交换和矿物质吸收与运输缓慢，光合作用受阻而呼吸强度加强，干物质消耗多于积累，植物叶面积缩小，茎和根系生长差，开花结实少，衰老加速，严重时植株干枯死亡。

植物对干旱有一定的适应能力，这种适应能力称为抗旱性，如甘草、红花、膜荚黄芪、丹参等，在一般干旱条件下仍有一定产量。若在雨量充沛的年份或灌溉条件下，则其产量可大幅提高。

为了提高植物抗旱性，除培育抗旱品种外，生产上常采取抗旱锻炼的方法，即利用适当的干旱条件处理植物种子。近年来，生产中还利用乙酸苯汞、8-羟基喹啉硫酸盐等蒸腾剂，使气孔暂时闭合，以减少水分损失、增强抗旱能力。

2. 涝害　涝害是指田间水分过多，使土层中缺乏氧气，根系呼吸受阻，影响水分和矿质元素吸收，从而对植物造成间接危害。同时，由于无氧呼吸而积累乙醇等有害物质，引起植物中毒。另外，由于氧气缺乏，好气性细菌如硝化细菌、氨化细菌、硫化细菌等活动受阻而影响植物对氮素等物质的利用；嫌气性细菌（如丁酸细菌）活动性增强，土壤溶液酸性提高，产生硫化氢、氧化亚铁等有毒的还原性物质，使根部呼吸窒息。生产中常采取起高畦、开沟排水等措施，避免水涝危害。

四、土壤

土壤是指地球陆地上疏松的表层。土壤是药用植物栽培的基础，是药用植物生长发育所需水、肥、气、热的供应者。除了寄生和漂浮的水生药用植物外，绝大部分药用植物都生长在土壤里。创造良好的土壤结构和土壤性状，使土壤中的水、肥、气、热达到协调状态，是促进药用植物健壮生长、达到优质高产目的的基本前提。

土壤可分为自然土壤和耕作土壤两大类。自然土壤是指未被开垦耕作的土壤，耕作土壤是指在自然土壤的基础上经过人类开垦利用的土壤。

（一）土壤剖面与土壤发生层

1. 土壤剖面　自地表向下直到土壤母质的垂直切面称为土壤剖面。土壤剖面是土壤外界条件影响内部性质变化的外在表现。通过研究土壤剖面，可以了解成土因素对土壤形成过程的影响以及土壤内部的物质运动、肥力特点等内部性状，区别土壤类型。

（1）自然土壤的剖面　自然土壤的剖面一般分为下面5个基本层次：①覆盖层，由地面上的枯枝落叶所组成，它虽不属于土壤本身，但对土壤腐殖质的形成、积累和剖面的分化有重要作用；②淋溶层，是接近地面颜色较暗的一层，由于其中水溶性物质和黏粒有向下淋溶的趋势，故称淋溶层，是有机质积累较多、微生物集中、肥力最好的土层；③淀积层，位于淋溶层之下，常淀积着由上层淋溶下来的黏粒和氧化铁、锰等物质，质地较黏，一般为棕色；④母质层，位于淀积层之下，为岩石风化的残积物或各种再沉积的物质，未受成土作用的影响；⑤基岩层，为最底的一层，是半风化或未风化的基石。

（2）耕作土壤的剖面　耕作土壤因受人为活动的影响，土壤剖面失去了自然土壤剖面的层次，其剖面一般分为下面4个层次：①耕作层，厚15～30cm，是受耕作、施肥、灌溉等生产活动的地表生物、气候条件影响最强烈的土层，含有机质较多，常为灰棕色或暗棕色；②犁底层，位于耕作层之下，厚约10cm，土壤紧实，较耕作层黏重，有保水保肥能力，但妨碍根系伸展，通透性差，影响作物生长发育；③心土层，位于犁底层之下，厚20～30cm，受耕作影响较小；④底土层，位于心土层之下，厚50～60cm，受耕作影响也较小。

2. 土壤发生层　土壤剖面中形态特征各不相同的土壤层次，称为土壤发生层，简称土层。这些层次一般呈水平状态，上下重叠。土层的形成是土壤形成过程中物质迁移、转化和积聚的结果。

（二）土壤组成与结构

1. 组成　土壤是由固体、液体和气体三类物质组成的。固体约占土壤总体积的50%，包括矿物颗粒、有机质和微生物；液体部分为土壤水分；气体部分为土壤空隙中空气，液体和空气约占土壤总体积的50%。固体物质主要包括土壤矿物质、土壤有机质、土壤微生物等。

2. 结构　自然界中的土壤，不是以单粒分散存在的，而是土粒互相排列和团聚成为一定性状和大小的土块或土团，这种土粒的排列、组合形式称为土壤结构。该定义包含两重含义：结构体和结构性。一般所讲的土壤结构多指结构性，即土壤颗粒的空间排列方式及其稳定程度、空隙的分布和通联状况等。

土壤结构种类很多，有块状结构、核状结构、棱柱状结构、柱状结构、片状结构、团状结构等。与肥力有关的两种土壤结构为团粒结构和非团粒结构。

3. 土壤质地　任何一种土壤都不是单纯由一种矿物质颗粒组成的，往往是由各种大小不等的矿物质颗粒搭配而成的。所谓的土壤质地，即指土壤中大小矿物质颗粒的不同百分率。含粗粒多的为砂土，细粒多的为黏土，粗细适量的为壤土。

（1）*砂土*　含直径为0.01～0.03mm矿物质颗粒占土壤总体积的50%～90%。这类土壤排水和通气能力强，易于耕作，但保水保肥能力差，养分含量低，土温变化剧烈，易发生干旱。此类土壤适宜种植耐旱性强、生育期短、要求土壤疏松的药用植物。在栽培过程中，施肥应注意少量多次。

（2）*黏土*　含直径小于0.01mm的矿物质颗粒在80%以上。黏土中有机质含量稍高于砂土，土壤通气量、透水性和抗旱性均较差，土壤结构致密，耕作阻力大，但保水保肥能力强，供肥慢、肥效持久。大多数药用植物不适宜在这类土壤中生长，只有一些水生植物适合，如泽泻、莲、芡实、菖蒲等。

（3）*壤土*　介于砂土和黏土之间，是一种比较优良的质地类型，通气、透水、保水保肥、供水供肥性都很好，且易于耕作。这类土壤是种植药用植物比较理想的土壤，尤其适宜于种植以根及根茎类入药的药用植物。

（三）土壤酸碱性

土壤酸碱性是土壤重要的化学性质之一，衡量土壤酸碱性的指标是pH值。若pH值大于7，则称为碱性土壤；若pH值小于7，则称为酸性土壤。我国南方土壤一般比北方土壤偏酸。

土壤酸碱性不同，适宜于种植不同种类的药用植物。酸性土壤适宜于种植肉桂、黄连、槟榔等，碱性土壤适宜于种植甘草、枸杞等；中性土壤则适宜于种植大多数种类的药用植物。生产中可采取措施改变土壤酸碱性，以适应药用植物生长发育的需要。

（四）土壤微生物

自然界微生物种类很多，有的对药用植物生长发育有益，有的则有害。土壤微生物是土壤生物中最活跃的部分，其生物量很大。据统计，每克土壤中微生物的数量可达1亿个以上，最多可达几十亿个。土壤微生物对于土壤有机质分解、腐殖质合成、养分转化等发挥着重要作用。土壤中的有害微生物，可导致药用植物病害的发生。

土壤微生物主要包括细菌、放线菌、真菌、蓝藻和原生动植物等。其中细菌数量很多，放线菌次之，藻类最少。这里仅介绍对药用植物生长发育有较大影响的微生物。

1. 根际微生物　植物根际微生物存在于根表面和近根土壤中，既包括抑制植物生长的有害微生物，也包括促进植物生长的有益微生物。前者主要通过分泌植物毒素（如氰化物）、竞争营养物质等方式抑制植物生长，往往限于根或幼苗发育不良，使植物生长缓慢。在有益的根际微生物中，研究较多的有以下几种。

（1）菌根真菌　几乎出现于所有的生态系统中，共生体可以通过一系列过程促进植物生长，如促进生根、增加营养吸收（特别是磷和其他必需大量元素）、防御生物和非生物胁迫、改善土壤结构等。

（2）根瘤菌和弗兰克放线菌　二者分别与豆科和非豆科植物共生，形成根瘤并固定空气中的氮气供植物利用。在植物种子发芽生根后，从根毛入侵根部，在一定条件下形成具有固氮能力的根瘤，在固氮酶作用下，根瘤中的类菌体将分子态氮转化为氨态氮输送给植株利用。

（3）植物生长促进微生物　是指生活在根周围、通过生物肥料效应或生物防治效应促进植物生长的细菌或真菌。这类微生物一般通过产生植物激素（如生长素、细胞分裂素、赤霉素、乙烯等），增强植物对铁和维生素的吸收，从而促进植物生长。

2. 植物内生菌　是指在其生活史的一定阶段或全部阶段生活于健康植物的各种组织、器官、细胞间隙或细胞内，对植物组织没有引起明显病害症状的微生物，包括细菌、真菌、放线菌等。内生菌与宿主之间存在相互作用、互利共生的关系，能调节植物生长、提高植物对生物和非生物胁迫的抗性、促进植物次生代谢产物合成等。对于药用植物来说，甚至影响药材的道地性。

3. 病原微生物　是指广泛存在与土壤或者空气中、能寄生于植物并引起病害的病毒、细菌、真菌和原生动物。这类微生物的活动轻则使植物生长失调、降低生活和竞争能力，严重时则会导致植物死亡。

五、空气和风

（一）空气

空气是影响药用植物生长发育的重要生态因素之一。因为空气中含有比较恒定的氮气、氧气、水汽、二氧化碳、稀有气体以及微量的氢、臭氧、氮的氧化物、甲烷等气体，而药用植物生长发育需要某些气体。例如，植物生长发育所需的硫 90% 来自空气，植物体中的碳主要来自空气中的二氧化碳等。

在人类活动过程中，一些污染物（有害物质）被排放到大气中，并通过植物叶片中的气孔进入到叶中，这些污染物对药材质量有不良影响。因此，建立药用植物种植基地时需要注意远离污染区。

空气湿度对药用植物生长发育的影响也很大，如兰科等气生植物，依靠气生根吸收空气中的水分来满足植物体生长发育需要。空气湿度还影响病虫害的分布和发生，很多病虫源只有在适宜湿度下，才能生长发育、繁殖和传播。空气湿度还与其他环境因子共同作用影响药用植物体内活性成分的合成积累，如适宜温度或湿润土壤或高温高湿环境，有利于植物体内无氮物质合成与积累，特别有利于糖类及脂肪合成，不利于生物碱和蛋白质合成；在少光潮湿的生态环境下，当归中挥发油含量低，而糖、淀粉等成分的含量却较高。

（二）风

风可以改变空气中的气体分布、温度和湿度，从而影响植物生长发育。适宜的风力使空气中的气体、热量分布均匀，尤其在植物种植密度大的情况下，可以改善田间小气候，保证光合作用、呼吸作用过程中氧气、二氧化碳的供应及排出，促进植物体内有机物的合成，同时降低小气候的空气湿度，减少病虫害的发生。对于风媒花植物来说，适宜风力有利于传粉。

六、化感作用

植物根系周围、受根系生长影响的土体称为根际。植物根际是一个复杂的生态环境。植物根系分泌，地上部分淋洗、凋落，有机物腐解，微生物活动等，使植物根际及其周围存在着多种多样的化合物。这些化合物往往通过影响土壤中营养物质的有效形态及微生物种群的分布等影响本身或其他植物的生长发育。由于植物本身无法通过移动等行为去影响其他物种，分泌各种化合物就成为不同植物之间相互影响的重要纽带，即所谓的化感作用。化感作用是植物在长期固化环境中进化出来的一种适应特异契合环境的生存行为。通过人为措施来协调植物与环境的关系是药用植物栽培的核心意义所在，因此了解植物化感作用，对于了解药材道地性形成，实现野生抚育，提高药材品质具有重要意义。

Elroy L. Rice 于 1974 年提出化感作用是植物（含微生物）通过释放化学物质到环境中而产生的对其他植物（含微生物）直接或间接的有害作用，1984 年又将植物释放的化学物质阻碍本种植物生长发育的自毒作用和有益的化感作用补充进来。植物化感作用是通过化感物质实现的，而化感物质主要来源于植物次生代谢，分子量较小，结构简单，通常分为酚类、萜类、炔类、生物碱和其他结构 5 类。

植物化感作用可以更精细地描述为一种活体植物（供体）产生并以挥发、淋溶、分泌和分解等方式向环境释放次生代谢物而影响临近伴生植物（杂草等受体）生长发育的化学生态现象。当化感物质受体和供体为同一种植物时所产生的抑制作用称为植物化感自毒作用。自毒作用促进了植物栖息环境病原菌的繁殖，最终导致植株生长不良、发病、死亡，是药用植物栽培连作障碍的主要原因，对药材产量和品质有极大影响。因此，了解化感自毒作用对栽培药用植物的伤害机制，有针对性地采取措施加以控制，对于防控连作障碍、降低生产损失具有重要意义。

植物化感作用受遗传因子和生态环境因子的双重影响，目前相关研究大多为对化感效应的初步探索，作用机制尚未完全阐明，能切实消减化感作用并用于生产的成果较少，相关研究亟待加强。

思考题：

1. 何为植物生长？植物生长周期性包括哪些内容？
2. 植物运动有哪些方式？在生产中如何利用？
3. 何为物候和物候期？物候期观测在药材生产中有何作用？
4. 何为传粉？植物传粉方式有哪些？
5. 何为温周期反应、春化作用？
6. 何为植物需水量、需水临界期？
7. 何为植物化感作用？化感自毒物质有哪些？

第三章
药用植物生长发育调控措施

扫一扫，查阅本章数字资源，含PPT、音视频、图片等

药用植物生长发育有着其自身规律性，并且与外界环境有密切联系。为使药用植物生长发育朝着预期方向发展，达到稳产、高产、优质的目的，有必要采取一些人工措施来创造优良的生态环境或对药用植物生长发育进程进行调控。

第一节　种植制度

种植制度是指某一地区或生产单位所有栽培作物在空间和时间上的布局及其种植方式，是农作制的主要内容之一。种植制度的功能主要体现在：①强调系统性、整体性与地区性，着眼宏观布局；②可以妥善处理各类矛盾、减少片面性；③可以协调利用各种资源、调整各方关系，促使农业与国民经济协调发展。药用植物种植制度既体现药用植物生长发育与产品形成规律及其与环境条件的相互关系，也表现为可使药用植物持续高产、优质高效的栽培技术措施。建立合理的种植制度，对于促进农业资源高效利用、生态系统稳定、产地环境良好、药材质量提高具有重要意义。

一、药用植物栽培布局

种植制度受当地自然条件、社会经济条件和科学技术水平的制约。开展药用植物栽培，首先应该根据当地农业总体种植制度进行规划和布局。一个地区或生产单位种植植物的结构与配置，统称为栽培植物布局。种植植物结构包括植物种类、品种、面积、比例等；配置是指种植植物种类的区域或田间分布，即种什么植物、种多少、种在哪里等。做好栽培植物布局是开展药用植物栽培的基础，只有确定了合理的布局，才能进一步确定各种药用植物的种植方式。

确定药用植物栽培布局，应掌握以下原则：①满足需求原则，应在做好市场预测的前提下，根据各种药材的市场需求来确定具体的品种与种植面积；②高效可行原则，要根据当地的自然、社会、经济等条件和市场需求，合理安排和搭配各种药用植物，生产适销对路、高效优质的药材，做到生产上可行、经济上高效；③生态适用原则，应根据各种药用植物的生态习性及对环境条件的要求，因地制宜地合理布局；④生态平衡原则，做到用地与养地结合，对有重茬障碍的品种要采取措施保证土地资源的可持续利用。

二、药用植物栽培方式

（一）复种

复种是指在同一年内连续种植两季或两季以上作物的种植方式。主要应用于生长季节较长、

降水较多的暖温带、亚热带或热带地区。复种的方法有多种：一是在上茬作物收获后，直接播种下茬作物；二是在上茬作物收获前，将下茬作物套种在上茬作物的植株行间；三是用移栽的方法进行复种。前两种复种方法用得较为普遍。此外，利用移栽等方法也能实现复种。

通常采用复种指数这一概念表示复种程度的高低，即种植植物总收获面积占耕地面积的百分比。套作是复种的一种方式，以复种指数计入，但间作、混作则不能以复制指数计入。

1. 复种类型　复种的类型因分法而异，按年和收获次数分为一年二熟（一年种植两季植物）、一年三熟（一年种植三季植物）、二年三熟（两年内种植三季植物）、五年四熟等；按植物类型和水旱方式分为水田复种、旱地复种、粮药复种、药用植物复种等。

2. 复种条件　一个地区能否复种和复种程度的高低，受下列条件制约：①热量条件，只有热量积累足够，作物才能完成其整个生育期，≥10℃积温达 2500 ～ 3600℃时只能复种或套种早熟植物，达 4000 ～ 5000℃时可一年两熟，达 5000 ～ 6500℃时可一年三熟；②水分条件，即使热量积累足够，若水分受到限制，同样不能实现复种，如在热量充足的非洲可一年三至四熟，但因干旱只能一年一熟；③地力与肥料条件，主要影响产量，在热量、水分充足但地力不足时，有时会出现两季不如一季的情况；④劳力与机械化条件，复种是在时间上充分利用光热和地力的措施，要求前茬作物收获和后茬作物播种能在较短时间内完成，因此劳力和机械化条件能否满足要求也是影响复种顺利进行的重要条件；⑤技术条件，主要指作物品种组合、前后茬搭配、种植方式、促进早熟措施等，也直接影响复种成效。

3. 主要复种方式　单独药用植物复种的方式较少，一般都是结合粮食、蔬菜等作物进行复种。药用植物复种的主要方式（注："—"表示年内复种，"→"表示年间接茬播种）有：一年两熟制，如冬小麦—菘蓝等；一年三熟制，如小麦—油菜—泽泻；两年三熟制，如莲子—川芎→中稻等。

4. 复种与休闲　休闲是复种的反义词，是指耕地在可种植植物的季节只耕不种或不耕不种等方式。农业生产中，对耕地进行休闲是一种恢复地力的技术措施，其目的主要是使耕地短暂休息，减少水分、养分消耗，并蓄积雨水，消灭杂草，促进土壤潜在养分转化，为后作植物创造良好的土壤条件。

（二）单作、间作、混作与套作

1. 概述　①单作，即在一块土地上一个生育期只种一种植物，也称"净种"或"清种"，优点是便于种植和管理，人参、当归等很多药用植物均采用单作的方式。②间作，是指在同一地块上，于同一生长期内分行或分带相间种植两种或两种以上生育季节相近的植物，如在玉米、高粱地里间作半夏、穿心莲、菘蓝等，间作可提高土地利用率、减少光能浪费。③混作，是指在同一地块上，同时或同季节将两种或两种以上生育期相近的植物，按一定比例混合撒播或同行混播种植的方式，优点是可提高光能和土地利用率。混作与间作两者的区别在于配置形式不同，间作利用行间，混作利用行间与株间。④套作，又称套种，是指在同一地块上，在前茬作物生育后期，在其株、行或畦间种植后茬作物，如在甘蔗地上套种白术、丹参等，多应用于一年两熟或三熟地区，优点是充分利用时间、空间，提高土地利用率。

2. 间作、混作、套作运用原则　这三种种植方式是在人为调节下，充分利用不同植物间的某些互利关系组成合理的复合群体结构，既有较大叶面积，又有良好透光通风条件，能充分利用光能和地力，达到稳产增收。但在实施时应掌握以下原则：①植物种类和品种搭配要适宜，可选择高秆与矮秆搭配，深根与浅根搭配，喜光与耐阴搭配，耗氮与固氮搭配，间作、套作时主作物生育期可长些、副作物生育期可短些，混作时则要求生育期一致。②种植密度和田间结构要合理，间混套作时植物要有主副之分，既要处理好同一植物个体间的矛盾，又要处理好间混套作植物间的矛盾，尽量减少植物间、个体间的竞争。就密度而言，一般主要植物密度较大，接近单作密度，次要植物密度比单作密度小；在套作中，若前作为次要植物应为后播主要植物留好空行；在间作中，主要植物应占有较大面积，高矮秆植物间作时，高秆植物行数少，矮秆植物行数多，矮秆植物行的总宽度大致等于高秆植物的株高。③栽培管理措施要与植物需求相适应，间混套作虽然合理安排了田间结构，但仍存在争光、争肥、争水的矛盾，必须采用相应的栽培管理措施，实行精耕细作，合理施肥，科学灌水，才能保证植物的正常生长发育。

3. 间作、混作、套作类型　药用植物间作、混作常见类型有：①粮药、菜药间作、混作，即将粮食作物与药用植物、蔬菜与药用植物间作、混作，如玉米（高粱）+ 穿心莲（细辛、浙贝母、川芎）等。②林（果）药间作、混作，要根据林（果）植物的生育期选择不同习性的药用植物进行间作、混作，幼林（果）株间阳光充足，间作、混作的药用植物种类较多，成林（果）后树冠增大，林间隐蔽度加大，往往适宜间作、混作一些喜阴的草本药用植物，如人参、三七、黄连、细辛等。③药药间作、混作，如膜荚黄芪与大黄、杜仲与穿心莲间作，棉花与红花、玉米与穿心莲套作等。

（三）轮作与连作

1. 轮作　轮作是在同一块土地上轮换种植不同种类植物的种植方式，其中又分为植物轮作和复种轮作。前者是指不同植物间的轮作方式，后者是指不同复种方式之间的轮作方式。合理轮作不仅可提高土壤肥力和单位面积产量，而且还可减少病虫与杂草，如川芎连作易发生根腐病，若与禾本科作物轮作则可预防根腐病的发生。轮作中前作植物（前茬）与后作植物（后茬）的轮换称为换茬。茬口是指一块地上栽种的前后季作物及其替换次序，是植物轮作换茬的基本依据。它是在一定气候、土壤条件下栽培植物本身及栽培措施对土壤共同作用的结果，代表栽培某一植物后土壤的生产性能。

（1）茬口特性分析　正确分析评定茬口，为轮作或连作确定适宜茬口，有利于前后茬口相互衔接、扬长避短、趋利避害。①时间：前作收获和后作播栽季节的早晚，是茬口的季节特性表现。若前茬收获早，其茬地有一定休闲期，有充分时间进行施肥整地，土壤熟化好，可给态养分丰富，对后作植物影响好。②生物因素：包括植物本身、病虫、杂草和土壤微生物等。不同植物对土壤有机质和各种营养元素的影响不同，表现出不同的茬口肥力特性。若前茬有机质含量和有效肥力高，后作产量就高；若前茬植物病虫草害严重，对同科、同属的后茬植物就是不良茬口。③栽培措施：植物生长过程中的各项农业技术措施，如土壤耕作、施肥、农药、灌溉等对茬口特性有深刻影响，若处理好能使当季植物和后作植物获益。

（2）茬口类型　①抗病与易感病类植物：禾本科植物对病虫害抵抗力较葫芦科、豆科植物强，前者较耐连作，后二者不宜连作。②富氮与富碳耗氮类植物：富氮类植物主要是豆科植物，以多年生豆科牧草富氮作用最显著。禾谷类植物从土壤中吸收氮较多，但能固定大量碳素，有利于维持或增加土壤有机质水平。③养地植物：是指可保持并提高土壤肥力的一类植物，如豆类植物、绿肥植物等。豆科植物根瘤中的共生固氮菌可固定游离氮素，增加和补充土壤含氮量；落叶和残茬等可自然回归土壤，增加土壤有机物；翻埋绿肥可提高土壤有效氮和易分解有机质量。棉花、油菜、芝麻、胡麻等虽不能固氮，但在物质循环系统中返回田地的物质较多，可在某种程度上减少氮、磷、钾养分消耗或增加土壤碳素，属于半养地植物。④密植植物与中耕植物：密植植物如麦类、大豆、花生及多年生牧草，由于密度大，覆盖面积大，保持水土作用较好；中耕植物如玉米、棉花行距较大，覆盖度较小，又经常中耕松土，易引起土壤冲刷。⑤休闲：是作物轮作中一种特殊类型的茬口，尤其在北方旱区意义重大，是旱区稳产、高产的重要措施。

（3）*茬口顺序安排*　轮作面临着茬口顺序安排问题，需要掌握的基本原则是：瞻前顾后，统筹安排，前茬为后茬，茬茬为全年，今年为明年。具体操作时要把握好以下几点：①把重要植物安排在最好茬口，以提高经济效益和社会效益，其他植物也要全面考虑，以利全面增产。②前作要为后作尽量创造良好的土壤环境条件，尽量避开相互感病、有相同虫害或草害的植物，如地黄与大豆、花生有相同的胞囊线虫，宁夏枸杞与马铃薯有相同的疫病，红花、菊等易受蚜虫危害等。在用、养关系上，不但要处理好不同年间的植物用养结合，还必须处理好上下季植物的用养结合，如菘蓝、穿心莲、薄荷、细辛等叶类、全草类药用植物，要求土壤肥沃，需氮肥较多，应选豆科植物或蔬菜为前作。③严格把握茬口的时间衔接，复种轮作中前茬植物收获之时，常常是后作植物适宜种植之日，因此及时安排好茬口衔接很重要。一般是先安排好年内的接茬，再安排年间的轮换顺序。此外，要合理安排轮作时间和空间，单一植物轮换容易安排，复种轮作要按植物种类和轮作周期年数划分好地块，通常轮作区数（各区面积大小相近）与轮作周期年数相等才能逐年换地、周而复始地正常轮作。

2. 连作　连作是指在同一块土地上重复种植同种（或近源种）植物或同一复种方式连年种植。前者又称单一连作，后者又称复种连作。连作的不利因素有：容易导致土壤缺乏某种营养元素；加剧土壤供给和植物需要之间的矛盾；引起土壤病虫害和杂草的蔓延与危害加重；根系分泌的有毒物质积累；植物生长不良，产量和品质下降。有些药用植物可以实行连作，如菊、菘蓝等在短期（2～3年）内可以连作，浙贝母、怀牛膝等多年都可连作。但也有些药用植物连作后容易引起连作障碍，导致药材产量与品质大幅度下降，如人参、地黄、半夏、白术等。不同科属植物的连作障碍存在显著差异，容易发生连作障碍的植物集中在茄科、豆科、十字花科、葫芦科及蔷薇科，而禾本科植物如麦类、水稻、玉米的连作障碍则不明显。连作障碍问题可以通过合理轮作予以解决。

第二节　土壤耕作与健康管理

土壤是重要的自然资源，是农业发展的物质基础，也是药用植物赖以生长的基质。药用植物正常生长发育要求土壤具有适宜的土壤肥力，能满足药用植物在不同生长发育阶段对水、肥、气、热的要求。理想的土壤需要达到以下条件：①土层深厚，最好深达1m以上，耕层至少在25cm以上；②质地松紧适宜，砂黏适中，含有较丰富的有机质，具有良好的团粒结构或团聚体，水、肥、气三者关系协调；③pH值适度，地下水位适宜，土壤中不含过多的重金属和其他有毒物质。在实际生产中，土壤很难达到理想状态，这就需要通过土壤耕作与健康管理，使土壤尽量满足生产需要。

一、土壤耕作

所谓土壤耕作是指通过农机具的物理机械作用改善土壤耕层构造和表面状况的技术措施，也是农业生产中最基本的农业技术措施。土壤耕作对于改善土壤环境，调节土壤水、肥、气、热等因素之间的矛盾，清除杂草，控制病虫害，提高土壤肥力，充分发挥土地的增产潜力有着十分重要的作用。

土壤耕作分为基本耕作和表土耕作两大类。基本耕作是指入土较深、作用较强烈、能显著改变土壤性状、后效较长、消耗动力多的土壤耕作措施。表土耕作是指在基本耕作基础上采用的入土较浅（不超过 10cm），作用强度较小，可以破碎土块、平整土地、消灭杂草，为植物创造好的播种出苗和生长条件的土壤耕作措施。

（一）基本耕作

1. 翻地　翻地亦称深耕，是利用不同形式的犁或其他挖掘工具将田地深层的土壤翻上来，把浅层的土壤翻入深层。翻地具有翻土、松土、混土和碎土的作用，可促使深层的生土熟化，增加土壤中的团粒结构，加厚耕层，改善土壤的水、气、热状况，提高土壤肥力，并能消除杂草，防除病虫害等。全田翻地一般在秋冬季节前茬作物收获后、土壤冻结前进行，此时距春季播种或种植时间较长，土壤有较长时间熟化，既可增加土壤吸水力，消灭越冬病、虫源，还能提高春季土壤湿度。如果秋冬季没条件翻地，第二年春天必须尽早进行。北方地区翻地多在春、秋两季；长江以南各地多在秋、冬两季，亦可随收随耕。翻地时要注意：①翻地深度，要根据药用植物种类、气候特点和土壤特性确定。一般翻地深度为 30 ～ 40cm，深根性药用植物如甘草、膜荚黄芪等耕翻深度要大，浅根性药用植物如半夏、黄连等耕翻深度可稍浅。黏土质地细而紧密，通透性差，应深耕；砂土质地疏松，通透性好，根系易于下扎，应浅耕。少雨干旱地区不宜深耕，一般限于 10 ～ 15cm，若深耕会形成上实下虚的耕层结构，致使旱情出现反而影响种子萌发和幼苗生长；多雨地区可深耕，以利贮水，改善土壤通气性。②分层深翻，不要一次把大量生土翻上来，因为底层土有机质少，物理性状差，有的还含有亚氧化物，翻上来对药用植物生长不利。如需深耕，则应逐年增加深度。③翻地与施肥结合，在翻地之前，最好施用腐熟农家肥作基肥，然后翻地，有利于土肥相融，提高土壤肥力。④保墒与排水，干旱地区翻地要适合墒情，冬翻保墒或雨后耙耢保墒；排水不良地块，应结合翻地开好排水沟。⑤看天气，应选择晴天进行，不要在雨天或土壤湿度过大时翻地，以免土壤板结。⑥保持水土，药用植物多在山坡地种植，应横坡耕作，以减缓径流，防止水土流失。

2 深松　深松是用无壁犁、深松铲、凿形铲等对耕层土壤进行全面或间隔深位松土的土壤耕作。深松是在耕层原有位置疏松土壤，能打破犁底层，加厚耕作层，活化心土层；耕层内虚实并存；不乱土层，保持地面残茬覆盖，防止风蚀，吸收和保存水分，防旱防涝。盐碱地深松可保持脱盐土层位置不动，减轻盐碱危害。我国南方地区气温高、雨水多，容易发生草荒，不宜用深松取代翻耕。

（二）表土耕作

表土耕作是用农机具改善 0 ～ 10cm 以内耕层土壤状况的措施，多在翻地后进行，主要包括以下几种作业方式。

1. 耙地　是利用圆盘耙、钉齿耙、刀耙、弹簧耙等平整土地的作业。耕地深度一般为 4 ～ 10cm。耙地有疏松表土、破碎土块、平整地面、混拌肥料、保蓄水分、增加地温、耙碎根茬、清除杂草、减少蒸发、抗旱保墒等作用。

2. 耢地　在我国北方地区在耕地后或与耕地相结合进行的一种作业。传统方法是采用柳条、荆条、木框等制成的耢拖擦地面，使形成 2cm 左右的疏松覆盖层，下面形成较紧密的耕层，以减少土壤表面蒸发，并有碎土、轻度镇压、平地的作用。

3. 镇压　指在耙地后利用石砘子、木滚或其他镇压工具适当压实土壤表层的作业。适当镇压可使过松的耕层适度紧实，减少水分损失，还可使播后的种子与土壤密切接触，有利于种子吸收水分，促进发芽、扎根、出苗整齐。

4. 做畦 在翻耕整地后，应随即做畦。做畦的目的主要是便于灌溉与排水，减少土壤水分蒸发，改善土壤通气条件。多雨地区或地下水位较高地区多行做畦，畦的宽度北方地区为100～150cm、南方地区为130～150cm，过宽不利于操作管理，过窄步道增多、浪费土地。畦有高畦、平畦和低畦之分。

（1）高畦 畦面比畦间步道高10～20cm，具有提高土温、加厚耕层、便于排水等作用，适于以根及根茎入药的药用植物栽培，多在雨水多、地下水位高或排水不良的地区采用。

（2）平畦 畦面与畦间步道高相平，具有保墒好、便于耕作、节省用地等优点，但不利于排水，雨后或灌水后土壤易板结，适于雨量均匀、不需经常灌溉、土层深厚、排水良好地区采用。

（3）低畦 畦间步道比畦面高10～15cm，具有保水力强、便于蓄水灌溉等优点，多在雨量较少地区或种植需要经常灌溉的药用植物时采用。

5. 垄作 一般是用犁或锄头操作，先犁一行沟，再在行沟两侧向内翻犁两犁，即形成垄。垄高20～30cm，垄距30～70cm。垄作有加厚耕层、提高地温、改善通气条件、便于排灌等作用。以根、根茎入药的药用植物常采用起垄栽培。

6. 中耕 是在药用植物生长期间，用锄头、耠子、中耕犁或齿耙等农具在药用植物的行株间进行的表土耕作措施。在目前不提倡施用除草剂的情况下，中耕工作尤为重要。中耕有疏松表土、破除板结、提高地温、增加土壤通气性、去除杂草、促进土壤中好气微生物活动和土壤养分有效化以及根系伸展的作用，并且可调节土壤水分，土壤干燥时中耕可切断表土毛细管、减少水分蒸发，土壤过湿时中耕可疏松表土、防止水分过度蒸发。中耕一般在药用植物封行前进行，中耕次数视地块杂草、土壤板结等情况而定，一般每年中耕3～4次。中耕深度视药用植物种类而定，浅根性植物宜浅，深根性植物宜深。

7. 培土 是将植株行间的土壤培向植株基部，逐步培高成垄的作业。多用于根与根茎以及高秆药用植物。培土常与中耕结合进行，主要有固定植株、防止倒伏、增厚土层、提高土温、改善土壤通气性、覆盖肥料和压埋杂草等作用。

二、土壤健康管理

土壤健康是指在自然或管理的生态系统边界内，土壤具有动植物生产持续性，保持和提高水、肥、气、热质量及人类健康与生活的能力。土壤健康管理就是要在保障环境安全的前提下提升土壤质量、肥沃土地，既要重视土壤的农业功能（沃土），又要兼顾其生态功能（净土）。具体内容包括土壤保护、土壤改良和土壤修复。

（一）土壤保护

土壤保护是指使土壤免受水力、风力等自然因素和人类不合理生产活动破坏所采取的措施。做好土壤保护工作首先要统一规划农、林、牧、工，合理利用和管理土壤资源，使土壤的生产投入与输出相平衡，使土壤生产力与承受力相适应，使土壤肥力、土壤生产力以及环境景观都得到改善和提高。避免土壤遭受重金属、农药等有害物质污染是当前土壤保护工作的重中之重，主要措施如下。

1. 科学进行污水灌溉 工业废水种类繁多、成分复杂，在利用废水灌溉农田之前，应按照《农田灌溉水质标准》规定的标准进行净化处理，避免因灌溉污水导致土壤污染。

2. 合理使用农药　重视开发高效低毒低残留农药，合理使用农药，不仅可减少对土壤的污染，还能经济有效地消灭病、虫、草害，发挥农药的积极效能。在生产中不仅要控制化学农药的用量、使用范围、喷施次数和喷施时间，改进喷洒技术，还要改进农药剂型，严格限制剧毒、高残留农药使用，重视低毒、低残留农药的开发与生产。

3. 合理施用肥料　根据土壤特性、气候状况和植物生长发育特点，推行配方施肥，严格控制有毒化肥的使用范围和用量。增施有机肥，提高土壤有机质含量，可增强土壤胶体对重金属和农药的吸附能力。同时，增加有机肥还可改善土壤微生物的生活条件，加速生物降解过程。

（二）土壤改良

土壤改良是指运用土壤学、生物学、生态学等多学科的理论与技术，排除或防治影响植物生育和引起土壤退化等不利因素，改善土壤性状，提高土壤肥力，为植物创造良好土壤环境条件的一系列技术措施的统称。其基本措施包括：①土壤水利改良，如建立农田排灌工程，调节地下水位，改善土壤水分状况，排除和防止沼泽化和盐碱化；②土壤工程改良，如运用平整土地、兴修梯田、引洪漫淤等工程措施，改良土壤条件；③土壤生物改良，运用各种生物途径（如种植绿肥），增加土壤有机质以提高土壤肥力，或营造防护林防治水土流失等；④土壤耕作改良，通过改进耕作方法改良土壤条件；⑤土壤化学改良，如施用化肥和各种土壤改良剂等提高土壤肥力，改善土壤结构，消除土壤污染等。在药用植物栽培过程中，通常面临的是盐碱土改良、红壤改良及重黏土和重砂土改良。

1. 盐碱土改良　盐碱土又称盐渍土，主要分布于华北、西北、东北和东南沿海地区。根据含盐种类和酸碱度不同，盐碱土分为盐土和碱土两类。盐土主要含氯化物和硫酸盐，呈中性或弱碱性；碱土主要含碳酸盐和重碳酸盐，呈碱性或重碱性。盐碱土的通透性、肥力及耕作性都很差。改良盐碱土应采取以水肥为中心，因地制宜，综合治理的措施。如在盐碱地上种植绿肥植物，然后将绿肥植物翻入土壤中，能提供大量的有机质和氮素，是改良盐碱土，解决肥源和培养地力的好方法；在盐碱田地上种植水生植物泡田洗盐，淡化耕作层；在盐碱地上作垄，将植物种植在盐分少的垄沟里；还可对含碳酸钠的碱土施用石膏，改良土壤的透气透水性，降低碱性；在盐碱地上植树造林，可降低风速，减少地面蒸发，减少和抑制土壤返盐；利用雨水淋洗，加速脱盐。上述这些方法都可以改良盐碱土，若综合使用，效果会更好。

2. 红壤改良　红壤主要分布于长江以南地区。这些地区地处亚热带和热带，日照充足，雨量充沛，林木生长繁茂，有机质增长快，分解也快，且易流失。同时，因雨水多，土壤中的大部分碱性物质被淋失，而不易流动的铁、铝相对聚积，造成红壤呈酸性及强酸性。红壤中含磷量少，并含较多很细小的黏粒，土壤结构不良。当水分过多时，土粒吸水分散成糊状；干旱时水分易蒸发，土壤变得坚硬。改变红壤的最根本措施是增施有机肥料，也可大力种植绿肥，增加土壤中的有机质含量，从而改善其吸收性能，提高保水保肥能力。其他方法还有施用磷肥和石灰，提高土壤中有效磷的含量，中和酸性，加强有益微生物的活动，而且还可以改良土壤结构，改善土壤的物理性状；选择适宜植物进行合理轮作。大面积的红壤改良应与治山、治水结合起来，做好水土保持。

3. 重黏土和重砂土改良　重黏土的土质黏重，结构紧密，耕作困难，且土壤缺乏养分，尤其是缺磷，但土层深厚，保水保肥能力较强。改良重黏土可通过深耕、增施有机肥料、种植绿肥、适当施用石灰等措施，来改良土壤养分状况；采用掺沙面泥的方法来改善土壤质地。重砂土的主要特点是松散，保水保肥力差。可通过掺泥面土、增厚土层、种植绿肥、增施有机肥等措施以改良土壤结构，提高土壤的保肥保水能力。

（三）土壤修复

土壤修复是指使遭受污染的土壤恢复正常功能的技术措施。农业生产中由于滥施化肥、除草剂、化学农药等有害物质，致使土壤污染日益严重。土壤污染物质主要有重金属（汞、镉、铅、砷、铜等）、农药、有机废物、寄生虫、病原菌、矿渣粉等。对污染土壤进行修复，可改变污染物在土壤中的存在形态或与土壤结合的方式，降低其在环境中的可迁移性与生物可利用性，或直接降低土壤有害物质浓度。常见的土壤修复技术如下所述。

1. 物理修复 主要有加热处理、换土法等。通过加热可使土壤中的挥发性重金属如汞、砷等挥发并回收或处理。换土法是用未被污染的土壤覆盖污染土壤或置换污染土壤，从而达到修复的目的，但此法费用高、局限性大。生物炭是一种利用木材、秸秆、坚果壳等生物质材料在缺氧或厌氧环境中热化学转换制备的多孔富碳固体材料，具有高比表面积、强电子交换性、多孔性和丰富的碳质组分等独特结构，近年来发现它是性能优良的污染土壤修复材料。

2. 化学修复 是利用重金属与改良剂之间的化学过程（洗脱等）将有机化合物从土壤中去除，常用的改良剂有石灰、沸石、碳酸钙、磷酸盐和促进还原作用的有机物质等。

3. 生物修复 利用某些特定的动、植物或微生物吸走或降解土壤中的污染物，可以达到净化土壤的目的。目前此种技术很少应用，但有较大的发展空间。

生物修复技术主要有：

（1）动物修复 土壤中的某些低等动物（如蚯蚓、鼠类等）能吸收土壤中的重金属，当其富集重金属后，驱出集中处理，对重金属污染土壤有一定的修复效果。

（2）植物修复 利用植物吸收、富集、转移和转化土壤中的污染物，这是一项安全、经济、有效和无破坏性的修复技术，目前利用的植物主要有杨树、柳树、紫花苜蓿等。

（3）微生物修复 利用土壤中的微生物分泌酶来降解污染物，如细菌、放线菌、酵母菌、真菌中有 70 个属 200 多种能降解石油，这是近 20 年发展起来的用于污染土壤修复的一项新技术。

（4）分子生物学技术 利用植物或微生物体内与富集重金属或转化污染物相关的蛋白质基因，生产出具有超富集能力的转基因植物，提高对污染土壤的修复能力，目前已分离出 100 多种重金属抗性基因。

上述修复技术都只能针对某一类型的污染物，而大多数土壤污染属于复合污染，往往需要多种技术配合才能修复，同时需要配合增施有机肥、改变耕作制度等农业手段。

第三节 土壤肥力与施肥

土壤供给植物生长发育所需水、肥、气、热的能力，称为土壤肥力。土壤肥力是反映土壤肥沃性的一个重要指标，是衡量土壤能够提供植物所需各种养分的能力。它是土壤各种基本性质的综合表现，也是土壤作为自然资源和农业生产资料的物质基础，药材产量高低与土壤有效肥力高低密切相关。实施中药材 GAP，开展绿色栽培，除合理选地、优种育苗、科学栽培、综合防治病虫害等关键技术外，合理施肥也是一个重要环节。近年来，人们越来越注意到合理施肥的重要性。合理施肥既要遵循施肥理论，又要讲究科学的施肥技术。

一、土壤肥力

（一）土壤肥力分类

土壤肥力按其来源不同分为自然肥力与人为肥力。自然肥力是在土壤母质、气候、生物、地形等自然因素作用下形成的土壤肥力，是土壤物理、化学和生物特征的综合表现。人工肥力是指通过人类耕作、施肥、灌溉、土壤改良等生产活动形成的土壤肥力。

土壤肥力按其在当季药用植物生产中的表现效益分为有效肥力和潜在肥力。能为药用植物当季利用形成药材产量的自然肥力和人工肥力称为有效肥力或经济肥力，不能被当季利用的称为潜在肥力，两者在一定条件下可相互转化。

（二）土壤肥力构成

土壤肥力由物理肥力、化学肥力和生物肥力三部分构成。三种肥力相互联系、相互作用，共同构成土壤的肥力特征。

1. 土壤物理肥力　即土壤的物理性质，是指土壤固、液、气三相体系中所产生的各种物理现象和过程，它是土壤肥力的基础。土壤基本物理性质包括土壤质地、孔隙、结构、水分、热量和空气状况等。土壤各种性质及其形成过程是相互联系和制约的，其中以土壤质地、土壤结构和土壤水分居主导地位，它们的变化常引起土壤其他物理性质和过程的变化。

2. 土壤化学肥力　即土壤的化学性质，是指土壤中的物质组成组分之间和固液相之间的化学反应和化学过程，以及离子（或分子）在固液相界面上所发生的化学现象，包括土壤矿物和有机质的化学组成、土壤胶体、土壤溶液、土壤电荷特性、土壤吸附性能、土壤酸度、土壤缓冲性、土壤氧化还原特性等。土壤的化学性质和化学过程是影响土壤肥力水平的重要因素之一。

3. 土壤生物肥力　即土壤的生物特性，是土壤动、植物和微生物活动所造成的一种生物化学和生物物理学特征。栖居在土壤中的活的有机体可分为土壤微生物和土壤动物两大类。土壤生物除参与岩石的风化和原始土壤的生成外，还可促进土壤有机质的矿化作用，增加土壤中有效氮、磷、硫的含量；进行腐殖质的合成作用，增加土壤有机质含量，提高土壤保水保肥性能；进行生物固氮，增加土壤有效氮，对土壤肥力的形成和演变以及植物的营养供应状况均有重要作用。

（三）土壤培肥

土壤培肥是指通过人的生产活动，构建良好的土体，培育肥沃耕作层，提高土壤肥力和生产力的过程。用地与养地相结合、防止肥力衰退与土壤治理相结合，是土壤培肥的基本原则。具体措施包括：增施有机肥料、种植绿肥和合理施用化肥；对于某些低产土壤（酸性土壤、碱土和盐土）要借助化学改良剂和灌溉等手段进行改良，消除障碍因素，以提高肥力水平；进行合理耕作和轮作，以调节土壤养分和水分，防止某些养分亏缺和水气失调；防止土壤受重金属、农药及其他有害物质污染；防止水土流失、风蚀、次生盐渍化、沙漠化和沼泽化等各种退化现象的发生等。

二、施肥

肥料是药用植物生长发育不可缺少的养分，土壤中含有一定量的肥料，但其养分含量有限，不能完全满足药用植物生长发育的需求，因此必须人为进行施肥。施肥是指将肥料施于土壤中或喷洒在植物上，提供植物所需养分，并保持和提高土壤肥力的农业技术措施。施肥的主要目的是增加药用植物产量，改善品质，培肥地力以及提高经济效益。

（一）药用植物必需元素生理功能及缺素症

目前已知的药用植物所必需的营养元素有碳、氢、氧、氮、磷、钾、钙、镁、硫、铁、锰、硼、锌、钼、铜、氯、硅、镍、钠等19种。按药用植物需要的不同，可将这些营养元素划分为大量营养元素（氮、磷、钾）、中量营养元素（钙、镁、硫）、微量元素（铁、锰、锌、硼、铜、钼、氯）和有益元素（硅、钠、镍）。这些营养元素都是药用植物必不可少的，缺乏其中任何一种都可能导致药用植物生长受阻，发育不良，严重时影响其生命活动，降低药材产量与品质。这些元素在药用植物体内都具有各自的生理功能。

1. 氮　氮（N）是植物体内蛋白质、氨基酸、核酸、酰胺、叶绿素、酶、维生素、生物碱、植物激素的组成成分。其中蛋白质和核酸是植物的遗传和生长发育的基础物质，故氮素被称为生命元素。氮素充足时，能促进植物体内蛋白质的合成与细胞分裂，植株枝叶茂盛，叶面积增大，有利于光合作用加强。并可促进植物对磷、钙、钾的吸收，促进植物体内生物碱、苷类和维生素等成分的形成与积累。对全草类、叶类药材及含生物碱较多的药材，适当增施氮肥尤为重要。缺氮时，植物生长缓慢，植株矮小，叶片小，显著特征是植株底部叶片先黄化，并逐渐向上发展。氮素过量，蛋白质含量增加过快，碳水化合物含量相对降低，碳氮比失调。

2. 磷　磷（P）是细胞中多种生命物质的组成成分之一，如核酸、蛋白质、磷脂等。磷脂是生物膜的构成物质，三磷酸腺苷参与光合作用、氨基酸活化和蛋白质合成，为生命活动提供能量。磷参与植物体内化合物的合成。磷能加速细胞分裂，增强植株抗病、抗逆能力。磷素充足时，植株生长旺盛，根系发达，抗逆性强，种子饱满，果实和种子类药材应适当增施磷肥。缺磷时，叶片呈暗紫色至紫红色，严重时为古铜色，这是缺磷的显著特征。磷素过量时，叶片出现小焦斑，还会引起铁、锌、镁元素效性降低。

3. 钾　钾（K）能促进植物进行光合作用，促进碳水化合物的形成与转移；增强植物对氮素的吸收而促进蛋白质的合成；钾是植物体内60多种酶的活化剂；可平衡氮磷营养，消除氮磷过量对植物造成的伤害；能促进维管束和地下部器官（如根茎、块茎等）的发育；能提高抗倒伏、抗病虫害能力；能促进果实种子肥大饱满。适当增施钾肥，可提高根及根茎类药材的产量和品质。缺钾时，植株茎秆柔弱，易倒伏，抗性降低，根系发育不良，甚至腐烂，叶先从老叶开始枯萎变褐而干枯，并逐渐向上部扩展。钾过量时，影响钙镁吸收，使果实出现灼伤病，贮藏时易腐烂。

4. 碳、氢和氧　碳（C）、氢（H）、氧（O）是药用植物有机体的主要组成成分，它们在光合作用中形成碳水化合物，是植物营养的核心物质。

5. 钙　钙（Ca）主要存在于老叶或其他老组织中。钙能促进细胞伸长和根系生长；具有调节渗透压的作用；能与体内的草酸、碳酸形成晶体，消除过量草酸对植物的毒害；能促进酶的活化等。缺钙时，植物的顶芽、幼叶初期呈淡绿色，继而叶尖出现钩状，随后坏死。钙过量时可引起土壤pH值增高，降低铁、锰、锌的有效性。

6. 镁　镁（Mg）是叶绿素的组成成分，对光合作用有重要作用；是体内多种酶的活化剂，与碳水化合物的转化与降解、蛋白质等物质的合成有关；能促进磷的吸收。缺镁时，药用植物的叶片失绿变黄，严重时叶子早衰或脱落。叶片首先从下部的开始，叶肉变黄而叶脉仍保持绿色（这是与缺氮病症的主要区别）而后逐渐向上扩展。

7. 硫　硫（S）是氨基酸、酶、蛋白质等的组成成分。硫参与植物体内氧化还原反应和能量代谢，对叶绿素的形成有一定影响。缺硫时，植株矮小，叶片小而黄，易脱落。过量时，植株叶片呈暗绿色，植物生长缓慢。

8. 硅　硅（Si）是以单硅酸（H_4SiO_4）式被植物体吸收和运输的。主要以非结晶水化合物形式（$SiO_2 \cdot H_2O$）存在于细胞壁和细胞间隙中，硅可增加细胞壁刚性和弹性。施用适量的硅可促进植物生长和受精，增加种子产量。缺硅时，植物蒸腾作用加快，生长受阻，植物易受真菌感染和易倒伏。

9. 铁　铁（Fe）是叶绿素合成的必需元素，参与二氧化碳还原过程和光合作用；是固氮酶和呼吸酶的成分，参与细胞的呼吸作用和生物固氮；是多种代谢活动的催化剂，参与植物体内氧化还原的电子传递。缺铁时幼芽和幼叶缺绿发黄，甚至变成黄白色，但下部叶片仍为绿色。一般情况下，土壤含铁较高，不会造成植物缺铁。但在碱性土或石灰土壤中，铁易形成不溶性化合物，会引起植物缺铁。

10. 硼　硼（B）能促进植物体内碳水化合物的互补和代谢；参与细胞壁的形成；促进植物的伸长和细胞分裂；促进花粉的形成、花粉管萌发和受精；调节水分代谢和木质化作用；提高豆科植物根瘤菌的固氮能力。缺硼时，植物生长发育不正常，顶芽枯萎，侧枝大量发生，根尖生长点停止生长，侧根增多，花芽发育不正常，不能正常开花，结实。

11. 铜　铜（Cu）是许多氧化酶的成分，参与植物体内氧分子的还原，对呼吸作用影响明显；参与光合作用；参与氮代谢，影响植物固氮作用；促进花器官的形成。缺铜时，植株分枝多，叶片生长缓慢，呈卷曲或扭曲状，叶尖发白，不结实。过量时，植物根生长受抑制，伸长受阻，严重时根尖枯死。

12. 锌　锌（Zn）是植物体内许多酶的组成成分和活化剂，通过酶的作用对植物碳、氮代谢产生影响。锌能促进生殖器发育，促进种子成熟，提高植物抗逆性。缺锌时，植物体下部叶片的叶脉产生淡绿色、黄色斑点，茎叶显著变小，常呈簇状丛生。茎枝节间缩短，出现矮化苗。

13. 锰　锰（Mn）是维护叶绿体结构的必需元素，参与光合作用；是多种酶的活化剂，促进氮代谢；利于蛋白质形成；促进种子萌发和幼苗生长，提高结实率。缺锰时，植物嫩叶的叶脉失绿或杂色，但叶脉仍为绿色，这是与缺铁的主要区别，有坏死斑点，叶早衰。过量时，植株生长缓慢并可引起缺锌症。

14. 钼　钼（Mo）是硝酸还原酶和固氮酶的组成成分，对豆科植物有特殊意义；能促进植物体内有机磷化合物的合成；参与光合作用和呼吸作用；能促进繁殖器官的形成。缺钼时，植物老叶呈黄色，叶缘卷成杯状，叶片瘦小，严重时叶片中只有叶脉，几乎无叶肉组织，形似鞭子，俗称“尾鞭病”。

15. 氯　氯（Cl）参与光合作用，有利于碳水化合物的合成和转化，可增强植物的抗旱能力；维持细胞膜的正常渗透性；能降低植物体内 NO_3^- 浓度而抑制病害。缺氯时，植株生长缓慢，叶小，易萎蔫。

16. 钠　钠（Na）在 C_4 植物和 CAM 植物中催化 PEP 的再生，并有益于 C_3 植物的生长，还可部分代替钾的作用，提高细胞液的渗透性。缺钠时，植物呈现黄化和坏死现象，甚至不能开花。

17. 镍　镍（Ni）是脲酶的组成成分，脲酶能催化尿素水解成二氧化碳和 NH_4^+；镍也是氢氧化酶的成分之一，它在生物固氮中产生氢化作用。缺镍时，植物叶尖积累过多脲，出现坏死现象，有些植物在缺镍条件下产生的种子不能萌发。

药用植物所需要的 19 种营养元素中碳、氢、氧主要来源于空气中和水，其余 16 种主要由土壤供给。植物对营养元素需求量因种类不同或植物生长时期不同而异，其中对氮、磷、钾的需要量大，通常土壤中的含量不足以满足药用植物生长发育的需要，要通过施肥加以补充，因此将氮、磷、钾称为“肥料三要素”。

（二）药用植物有害元素

有些元素少量或过量存在时对药用植物有毒，将这些元素称为有害元素。如重金属汞、铅、钨、铝等。

汞、铅等对植物有剧毒。钨对固氮生物有毒，因其竞争性地抑制钼的吸收。铝含量多时可抑制铁和钙的吸收，强烈干扰磷代谢，阻碍磷的吸收和向地上的运转。铝的毒害症状是抑制根的生长，根尖和侧根变粗呈棕色，地上部生长受阻，叶子呈暗绿色，茎呈紫色。

（三）药用植物需肥量

药用植物所需营养元素的种类、数量、比例等因植物种类不同而异。从需肥量角度来说，有的植物需肥量大，如地黄、宁夏枸杞等；有的需肥量中等，如浙贝母、当归等；有的需肥量较小，如蛇床、夏枯草等。从需要氮、磷、钾的量上看，薄荷、地黄、荆芥等为喜氮植物；五味子、宁夏枸杞等为喜磷植物；人参、甘草、膜荚黄芪、黄连等为喜钾植物。

同一药用植物在不同生育期所需要营养元素的种类、数量和比例也不一样。在不同生育期，施肥对生长的影响不同，其增产效果有很大的差别，其中有一个时期施用肥料的营养效果最好，这个时期被称为最高生产效率期（或植物营养最大效率期）。一般药用植物的营养最大效率期是生殖生长时期。以根及根茎等地下器官入药的药用植物，幼苗期需要较多的氮，以促进茎叶生长，但不宜过多，以免徒长，同时需配合追施适量的磷和钾，到了地下器官形成期则需要较多的钾，适量的磷，少量的氮；以花、果实和种子入药的药用植物，幼苗期需氮较多，磷和钾可少些，但到了生殖生长时间，需要磷的量剧增，吸收氮的量减少，若此阶段供给大量的氮，则茎叶徒长，影响开花结果。

（四）肥料种类

肥料种类繁多，来源、成分和肥效各不相同。根据肥料特点及成分可将其分为有机肥、无机肥、微生物肥及其他肥料。

1. 有机肥 有机肥是指来源于动物或植物，经过腐熟、发酵而成的含碳物质。有机肥种类很多，肥源很广，主要是农家肥。它含有丰富的有机物和各种营养元素。施用有机肥不仅能为药用植物提供全面的营养，而且肥效长，可增加和更新土壤有机质，促进微生物活动，改善土壤的理化性质和生物活性，增强药用植物抗逆性，提高药材产量，是药材栽培生产中的首选肥料。常见有机肥的种类有：

（1）堆肥 是以各种秸秆、枯枝落叶、杂草等为主要原料与人畜粪便和少量泥土混合后，堆积沤制，经微生物分解而成的一类有机肥。

（2）沤肥 原料与堆肥基本相同，只是在淹水条件下，经微生物分解发酵而成的一类有机肥。实际上人畜粪水亦属此类肥料。

（3）厩肥 厩肥是以猪、牛、马、羊、鸡、鸭等禽畜的粪尿为主与秸秆等垫料堆积并经微生物分解沤制而成的一类有机肥。

（4）绿肥 绿肥是以新鲜植物体就地翻压或经堆后而形成的肥料。

（5）沼气肥　沼气肥是在密封的沼气池中，有机物在厌氧条件下经微生物发酵分解产生沼气后的副产物。有沼气水肥和沼气渣肥两种。

（6）饼肥　饼肥是以各种油料作物的种子经压榨去油后的残渣制成的肥料，如棉籽饼、豆饼、菜籽饼、花生饼、茶子饼等，几种主要饼粕的养分含量见表 3–1。

表 3–1　几种主要饼粕的养分含量　（%）

种类	残油	蛋白质	N	P_2O_5	K_2O
豆饼	5 ~ 7	43.0	7.0	1.3	2.1
花生饼	5 ~ 7	37.0	6.3	1.2	1.3
芝麻饼	14.6	36.2	5.8	3.2	1.5
向日葵饼	10	33.0	5.2	1.7	1.4
菜籽饼	7 ~ 8	31.5	5.0	2.0	1.9
棉籽饼	4 ~ 7	30.0	4.6	2.5	1.4

（7）秸秆肥　秸秆肥是指直接还田用作肥料的稻草、麦秆、玉米秸、油菜秸、豆秸等。

（8）草木灰　草木灰是植物体经燃烧后而留下的残渣，也是一种有机肥。

（9）泥肥　泥肥是指未被污染的河泥、塘泥、沟泥、湖泥等经微生物分解而成的肥料。

（10）商品有机肥　商品有机肥是经过发酵、除臭、造粒工艺，再添加生物制剂、速效养分等辅料人工制造而成的环保肥料。

2. 无机肥料　亦称矿质肥料、化学肥料，简称化肥。无机肥料是经物理或化学工业方式制成，养分呈无机盐形式的肥料。其特点与有机肥相反，具有养分含量高、肥效快、使用方便等优点，缺点是成分单一、肥效短、成本高。由于施用无机肥而造成污染，在植物体内转化不完全而残留于植物体内，因而在药用植物栽培过程中被限制使用。必须使用时，应与有机肥或复合微生物肥配合使用，最后一次追肥时必须在收获前 30 天左右进行。无机肥主要有下列种类。

（1）氮肥　氮肥都是速效肥，可溶于水。氮素能提高药用植物对磷、钾的吸收，促进茎叶生长，叶类和全草类应适当增施氮肥。氮肥在使用过程中容易造成氮素的损失，故在使用中，为提高氮肥的利用率，应配合硝化抑制剂和尿酶抑制剂、涂膜等技术，并注意深施，配合其他肥料一起施用，少量多次施用。在药用植物栽培过程中，禁止施用硝态氮肥。常用氮肥有尿素、碳酸氢氨等。

（2）磷肥　磷肥为缓效肥，水溶性较差，在土壤中转移较慢。磷素可提高药用植物抗性和种子质量。在施用中要注意早施，就近植物体施用。常用的磷肥有过磷酸钙、钙镁磷肥、磷矿粉等。

（3）钾肥　钾肥为速效肥，水溶性较好。钾能平衡氮磷营养。消除氮磷过量对药用植物造成的危害，并能提高药用植物抗性。栽培根及根茎类药材时，增施钾肥可提高药材的产量和质量。但因钾离子在土壤中易被吸附固定，所以施用钾肥应早施。常用的钾肥有氯化钾、硫酸钾等。

（4）微量元素肥料　主要有铁肥、硼肥、锌肥、铜肥、钼肥等。由于植物对这些元素需要量甚微，故统称为微量元素肥料。其主要品种有硫酸亚铁、硫酸亚铁铵、硫酸锰、硫酸铜、硫酸锌、硼砂、钼酸铵等。微量元素肥料多以叶面喷洒的方法施用。

（5）复合肥　复合肥是指有两种或两种以上营养元素的化肥。常用的有硝酸钾、磷酸二铵、磷酸二氢钾等。

3. 微生物肥料　微生物肥料是指用特定的微生物培养生产的具有特定肥料效应的微生物

活体制品。它无毒、无害、不污染环境，能提高土壤养分转化，增加植物营养或产生植物生长物质，促进植物生长。根据微生物肥料所改善植物营养元素的不同，微生物肥料分为如下5类。

（1）根瘤菌肥料 能在豆科植物根上形成根瘤，可同化空气中的氮气，改善豆科植物氮素营养，如花生、大豆、绿豆等根瘤菌剂。

（2）固氮菌肥料 能在土壤中或植物根际固定空气中的氮气为作物提供氮素营养，又能分泌植物激素刺激作物生长，如自生固氮菌、联合固氮菌等。

（3）磷细菌肥料 能将土壤中难溶性磷转化为作物可吸收的有效磷，改善作物磷素营养。如磷细菌、解磷真菌、菌根菌等。

（4）硅酸盐细菌肥料 能对土壤中含有钾的铝硅酸盐及磷灰石进行分解，释放出钾、磷和其他灰分元素，改善植物的营养条件，如硅酸盐细菌、其他解钾微生物等。

（5）复合微生物肥料 此类肥料含有上述微生物之中两类以上的微生物，它们之间互不拮抗，并能提高一种或几种营养元素的供应水平，含有生物活性物质。

4. 其他肥料

（1）半有机肥 是有机肥料与无机肥料通过混合或化学反应而制成的肥料。包括经无害处理后的禽畜粪便，加入适量的微量元素制成的肥料。

（2）腐殖质类肥料 是指以含有腐殖质酸类物质的泥炭（草炭）、褐煤、风化煤等经过加工制成的肥料。其结构与土壤腐殖质相似，能促进植物的生长发育、提高产量等。

（3）叶面肥料 是指喷洒于植物叶片并能被植物吸收利用的肥料。主要包括微量元素肥料、植物生长辅助肥料，以及微生物配加腐殖酸、藻酸、氨基酸、维生素及其他元素制成的肥料等。叶面肥料中可含有少量的天然植物激素，但不得含有化学合成的植物生长调节剂。叶面肥料具有用量少、吸收快、效果好、可减少土壤污染等特点，有较好的应用前景。

（4）掺和肥 是指在有机肥、微生物肥、无机肥、腐殖质肥中按一定比例掺入化肥，并通过机械混合而制成的肥料，其中包括配方肥、专用肥等。

（5）新型肥料 随着现代农业的发展，对肥料的效能和有效时期都提出了更高的要求，肥料向复合高效、缓释控释（长效）和环境友好等多方向发展。因而，我们把利用新方法、新工艺生产的具有上述特征的肥料称为新型肥料，以区别于传统化肥工业生产的化学单质肥料和复合肥料，以及未经深加工的有机肥料。它是针对传统肥料的利用率低、易污染环境、施用不便等缺点，对其进行的物理、化学或生物化学改性后生产出的一类新产品。主要包括稳定性肥料、缓释和控释肥料、聚氨酸类肥料、多功能肥料、商品化有机肥、生物肥料等。为适应农业生产的新要求，新型肥料作为一种有助于改善环境质量和农产品质量、提高农作物产量的农用生产资料发展迅速。

（五）肥料性质

肥料根据其水溶液的酸碱性可分为酸性肥料、碱性肥料、中性肥料。农业生产中有的肥料是酸性的，如过磷酸钙、磷酸二氢钾等，有的肥料的是碱性的，如草木灰、碳酸氢铵等，而尿素、氯化钾等则是中性肥料。

酸性肥料与碱性肥料是不能混合使用的，一旦混用将大大降低肥效。尿素不能与草木灰、钙镁磷肥及窑灰钾肥混用。碳铵不能与草木灰、硝酸磷肥、磷酸铵、氯化钾、磷矿粉、钙镁磷肥、氯化铵及尿素混用。过磷酸钙不能和草木灰、镁磷肥及灰钾肥混用。磷酸二氢钾不能和草木灰、镁磷肥及灰钾肥混用。硫酸铵不能与碳铵、氨水、草木灰及窑灰钾肥混用。氯化铵不能和草木灰、钙镁磷肥及窑灰钾肥混用。硝酸铵不能与草木灰、氨水、窑灰钾肥、鲜厩肥及堆肥混用。氨水不能与草木灰、钾氮混肥、磷酸铵、氯化钾、磷矿粉、钙镁磷肥、氯化铵、尿素、碳铵及过磷酸钙混用。硝酸磷肥不能与堆肥、草肥、厩肥、草木灰混用；磷矿粉不能和磷酸铵混用。

（六）合理施肥原则

合理施肥有其深刻的含义。首先从经济意义上讲，通过合理施肥，不仅协调药用植物对养分的需要与土壤供养的矛盾，从而达到高产、优质的目的，而且以较少的肥料投资，获取最大的经济效益；其次从改土培肥而言，合理施肥的结果体现用地与养地相结合的原则，为药用植物高产稳产创造良好的土壤条件。此外，合理施肥还应注意保持生态平衡，保护土壤、水源和植物资源免受污染。要坚决贯彻以有机肥为主、化肥为辅施肥原则；要切实做到“氮、磷、钾”养分之间的平衡，大量营养元素与中、微量营养元素之间的平衡；要灵活掌握基肥、种肥、追肥三种施肥方式；综合运用各种施肥技术，施得对、施得准、施在好时期、施在好位置，充分发挥肥效，提高药材产量和品质。

1. 根据药用植物体内活性成分的特性选择适宜的肥料品种，协调活性成分比例，减少不必要的污染。如宁夏枸杞栽培基地，经过多年研究，摸清了枸杞的吸肥、需肥规律，提出了主施农家肥，兼用专用肥，配以叶面喷施有机液肥一套规范化管理技术。人参采用猪粪、马粪、鹿粪、草炭、绿肥、草木灰、炕洞土等有机肥与磷、钾肥混合施用，可显著提高产量和质量。

2. 根据药用植物生长特点及不同生育时期的营养需求，科学选肥，合理施肥。一般对于多年生以根与根茎药用的植物，如白术、党参、牡丹等，以施用充分腐熟好的有机肥为主，增施磷钾肥，配合使用化肥，以满足整个生长周期对养分的需要。以全草药用的植物在整个生长期以施氮肥为主，促进枝叶旺盛生长。以果实、种子药用的植物生长期需补充氮肥，花期、坐果期加强磷、钾肥及微量元素的供应，促进坐果率和果实肥大，冬季果实采收后，应重施有机肥以补充来年所需的营养。如广藿香在生长期以施氮肥为主；巴戟天根部含糖量很高，苗期主要施氮肥，生长的中后期则应多施钾肥及有机肥以促进根部生长。在药用植物不同的生长阶段施肥不同，生育前期多施氮肥，施用量要少，浓度要低；生长中期用量和浓度应适当增加；生育后期多用磷、钾肥，促进果实成熟、种子饱满。

3. 根据土壤特点合理施肥。根据土壤的养分状况、酸碱度等选择施肥种类，缺氮、磷、钾肥或微量元素的土壤就应有针对性地补充所需的养分。砂质土壤要重视有机肥如厩肥、堆肥、绿肥、土杂肥等，掺加客土，增厚土层，增强其保水保肥能力，追肥应少量多次施用，避免一次使用过多而流失。黏质土壤应多施有机肥，结合加沙子，施炉灰渣类，以疏松土壤，创造透水通气条件，并将速效性肥料作种肥和早期追肥，以利提苗发棵。壤土是多数中药材栽培最理想的土壤，施肥以有机肥和无机肥相结合，根据栽培品种的各生长阶段需求合理地施用。

4. 合理掌握施肥量与施肥时期。应根据药材生长过程所需的肥料成分按照营养配比分期施用不同种类的肥料，采用基肥、种肥、追肥等方式合理施肥。

5. 利用先进科学技术研制开发各类药用植物专用肥（分为根茎类、全草类、茎木类、果实种子类药材专用肥等）也是提高药材产量与质量的有效途径。如栽培巴戟天时，除考虑施用无公害无污染有机肥料外，还要考虑营养成分的平衡供应。研究结果显示，施用生物有机肥和微生物菌剂混合肥，有益微生物菌群在植株根系周围活动，促进土壤中大分子物质的分解，有利于根系对土壤中无机营养的吸收，从而促进植株生长。解决肥料中的有害物质及卫生学问题也是提高药材质量的重要一环，必须在肥料生产过程中对原料、生产设备、包装材料进行严格控制，尽力降低肥料有害物质含量，同时避免在储藏、运输过程中被有害物质污染。农家肥要注意做好无害化处理，用草木灰、石灰等杀死病原微生物等。

6. 根据气候条件合理施肥。注意减少因不利天气而造成肥料的损失，雨量的多少及温度的高低都直接影响施肥的效果，如干旱不利肥效发挥，而雨水过多容易使肥料流失。气温高、雨量适中有利于有机肥分解，低温少雨季节宜施用腐熟有机肥和速效肥料等，旱土药用植物宜在雨前 2 ～ 4 天施肥，而水生药用植物则宜在降雨之后施肥。

（七）施肥方式

药用植物从播种到收获，在不同的生长发育阶段需肥情况不尽一致，所以施肥往往多次进行，才能满足植株对各种养分的需求。对于大多数药用植物而言，施肥一般有以下三种方式。

1. 基肥　又称底肥，是指在播种（或定植）前结合土壤耕作施入土壤中的肥料。它既可改良土壤，又能供给药用植物生长发育所需养分。基肥所用肥料多为有机肥，有时配合一部分化肥。

2. 种肥　是指播种（或定植）时施于种子附近或与种子混播的肥料。其作用是为种子萌发和幼苗生长提供养分。多采用腐熟的有机肥或速效性化肥以及微生物肥作种肥。种肥尽量选择对种子或根系腐蚀性小或毒害轻的肥料。凡是浓度过大、过酸或过碱、吸湿性强、溶解时产生高温及含有毒性成分的肥料均不适宜作种肥，如硝酸铵、氯化铵、碳酸氢铵等。

3. 追肥　是在药用植物生长发育期间施入的肥料。追肥是保证产量的重要施肥方式，其施用时间及次数，根据土壤肥力、植物生长发育时期、植物喜肥与否决定。一般情况下，在幼苗期施一次苗肥；定苗后在萌发前、现蕾开花前、果实采收后和休眠前进行。追肥时应注意肥料的种类、浓度、用量和施肥方法，以免引起植株徒长和肥料流失等。在药用植物生长前期阶段，一般施用复合肥等含氮量高的速效性肥料，如硫酸铵、尿素、过磷酸钙等，促进植物的营养生长；在植物生长的中、后期，多施钾、磷肥，主要以腐熟的农家肥为主。多年生草本药用植物和木本药用植物，每年均要进行追肥。最后一次追肥必须在收获前 30 天进行。

（八）施肥方法

1. 撒施　是将肥料均匀地撒入地表，再将肥料翻入土中的施肥方法。凡是施肥量大的或密植植物封垄后追肥，以及根系分布广的植物均可采用此法。

2. 穴施　穴施是先在土地上挖穴，将肥料施入穴中，然后覆土的施肥方法。其特点是肥料集中，增产效果好。

3. 条施　条施是先在土地上开浅沟，将肥料施入沟内，然后覆土的施肥方法。一般在肥料较少，植株封行前使用此法。

4. 环状和放射状施肥　这两种方法多用于木本药用植物施肥。环状施肥是在树干基部外围挖一环沟，沟深、宽各 30 ～ 60cm，将肥料施入环状沟内后覆土压实。放射状施肥是以树干为中心，向树冠外围挖 4 ～ 8 条放射状直沟，沟深、宽各 50cm，沟长与树冠相齐，将肥料施入沟内后覆土压实。

5. 浇施　是将肥料溶于灌溉水中而施入土壤的施肥方法。

6. 根外施肥　是将肥料配成一定浓度的溶液，喷洒在植物叶面的施肥方法。采用此法要注意肥料的浓度、喷洒时间与方法等。

第四节　田间管理

药用植物栽培从播种到收获的整个生长发育期间，在田间所进行的一系列技术管理措施，称为田间管理，包括间苗、定苗、中耕除草、追肥、排灌、培土、打顶、摘蕾、整枝、修剪、覆盖、遮阴等。田间管理可以为药用植物创造优良的生长环境，及时满足药用植物生长发育对阳光、温度、水分、空气和养分的需要，调节或控制植株生长发育，使其朝着优质高产的方向发展，提高药材的产量和品质。

一、间苗、定苗与补苗

（一）间苗与定苗

根据药用植物最适密度要求拔除多余幼苗，用以调控田间植株密度的技术措施称为间苗。多数药用植物是采用种子繁殖的，为了防止缺苗和选留壮苗，播种量往往大于所需苗数，播种后出苗多、密度大，苗与苗之间相互拥挤、遮阴、争夺养分，故需拔除一部分过密、瘦弱和有病虫的幼苗。间苗需要掌握以下原则：一是根据各种药用植物对密度的要求有计划地选留壮苗，保证田间有足够的株数；二是根据幼苗生长情况适时间苗，一般宜早不宜迟，过迟会导致植株细弱或因根系深扎造成间苗困难。间苗的次数可视药用植物种类而定，一般大粒种子幼苗需间苗 1 ～ 2 次，小粒种子幼苗间苗 2 ～ 3 次。进行点播的药用植物，每穴先留壮苗 2 ～ 3 株，待苗稍长大后再进行第二次间苗。最后一次间苗称为定苗。定苗后必须加强苗期管理，保证苗齐、苗全和苗壮，为药材优质高产奠定良好基础。

（二）补苗

无论是直播的，还是育苗移栽的，都可能出现幼苗死亡或缺株。为保证苗齐、苗全，维护最佳种植密度，必须及时对缺株进行补苗或补种。大田补苗是和间苗同时进行的，即从间出的苗中选择生长健壮的幼苗进行补栽。为了保证补栽苗易于成活，最好选阴天进行，所用苗株应带土，栽后浇足定根水。如间出的苗不够补栽时，则需用同类种子补播。

二、松土与除草

中耕即松土，是在药用植物生长发育期间人们对其生长的土壤进行浅层的耕作。中耕能疏松土壤，减少地表蒸发，改善土壤的透水性及通气性，加强保墒，早春可提高地温；在中耕时还可结合除蘖或切断一些浅根来控制药用植物生长。除草是为了消灭杂草，减少水肥消耗，保持田间清洁，防止病虫滋生和蔓延。除草一般与中耕、间苗、培土等结合进行。

中耕、除草多在植株封行前选择晴天或阴天进行。中耕深度视药用植物地下部分生长情况而定，根系分布在土壤表层的宜浅耕，如延胡索、紫菀、半夏等；主根较长，入土深的中耕可深些，如膜荚黄芪、甘草、丹参等。一般情况下，中耕深度为 4 ～ 6cm。中耕次数应根据当地气候、土壤、杂草及药用植物生长情况而定。幼苗阶段杂草易滋生，土壤易板结，中耕宜浅，以利保水；雨后或灌水后应及时中耕，避免土壤板结。

三、灌溉与排水

药用植物生长所需的水分是通过根系从土壤中吸收的，当土壤中水分不足时植株就会发生萎蔫，轻则影响正常生长而造成减产，重则会导致植株死亡；若水分过量，则会引起植株茎叶徒长，推迟成熟期，严重时使根系窒息而死亡。因此，在药用植物栽培过程中，要根据植株对水分的需要和土壤中水分的状况，做好灌溉与排水工作。

（一）灌溉

1. 灌溉的原则 灌溉应根据药用植物的需水特性、不同的生长发育时期和当时当地的气候、土壤条件，进行适时适量的合理灌溉。

（1）耐旱植物一般不需灌溉，若遇久旱时可适当少灌，如甘草、膜荚黄芪等；喜湿植物若遇干旱应及时灌溉，如薄荷、荆芥等；水生植物常年不能缺水，如芡实、莲等。

（2）苗期根系分布浅，抗旱能力差，宜多次少灌，控制用水量，促进根系发展，以利培育壮苗；植株封行后到旺盛生长阶段，根系深入土层需水量大，而此时正值酷暑高温天气，植株蒸腾和土壤蒸发量大，可采用少次多量，一次灌透的方法来满足植株的需水量；植物在花期对水分要求较严格，水分过多常引起落花，水分过少则影响授粉和受精作用，故应适量灌水；果期在不造成落果的情况下土壤可适当偏湿一些，接近成熟期应停止灌水。

（3）炎热和少雨干旱季节应多灌水，多雨湿润季节则少灌或不灌水。

（4）砂土吸水快但保水力差，黏重土吸水慢而保水力强。团粒结构的土壤吸水性和保水性好，无团粒结构的土壤吸水性和保水性差。故应根据土壤结构和质地的不同，掌握好灌水量、灌水次数和灌水时间。

2. 灌溉时间 灌溉时间应根据植物生长发育情况和气候条件而定，要注意植物生理指标的变化，适时灌水。灌水间隔的时间不能太长，特别是在经常灌溉的情况下，植物的叶面积不断扩大，体内的新陈代谢已适应水分的环境条件，这时如果灌溉的间隔时间太长，植物就会缺水，造成对植物更为不利的环境条件，受害的程度会比不灌溉还严重。

灌溉应在早晨或傍晚进行，这不仅可以减少水分蒸发，而且不会因土壤温度发生急剧变化而影响植株生长。

3. 灌溉量 为了正确地决定灌溉量，必须掌握田间土壤持水量、灌溉前最适的土壤水分下限、湿土层的厚度等情况。灌水量可按下列公式计算：

$$m=100H(A-\mu)$$

式中：m 表示灌水量；H 表示土壤活动层的厚度（m）；A 表示土壤活动层的最大持水量（%）；μ 表示灌水前土壤的含水量（%）。

4. 灌溉水质量 灌溉水质量应符合国家关于农田灌溉水质二级标准 GB5084–92 的要求。灌溉水不能太凉，否则会影响植株根的代谢活动，降低吸水速度，妨碍根系发育。如果灌溉水确系凉水，则在灌溉前应另设贮水池或引水迂回，使水温升高后再进行灌溉。

5. 灌溉方法 灌溉的方法主要有：

（1）沟灌法 即在药用植物的育苗或种植地上开灌溉沟，将水直接引入行间、畦间或垄间，灌溉水经沟底和沟壁渗入土中，浸湿土壤。沟灌法适用于条播或行距较宽的药用植物，可利用畦沟作灌溉沟，不必另行开沟。沟灌法的优点是：土壤湿润均匀，水分蒸发量和流失量小，用水经济；不破坏土壤结构，土壤通气良好，有利于土壤中微生物的活动；便于操作，不需要特殊设施。

（2）浇灌法　又称穴灌法。将水直接灌入植物穴中，称浇灌法。灌水量以湿润植株根系周围的土壤即可。在水源缺乏或不利于引水灌溉的地方，常采用此法。

（3）喷灌法　即利用喷灌设备将灌溉水喷到空中成为细小水滴再落到地面上的灌溉方法。因为此法犹如人工降雨，故为目前世界各国在农业生产上广泛采用的灌溉方法。与地面灌水相比，其优点是：①可节约用水，因为喷灌不产生水的浮层渗透和地表径流，故可节约用水，与地面灌溉相比一般可节水 20% 以上，对砂质土壤而言可节水 60% ～ 70%。②降低对土壤结构的破坏程度，保持原有土壤的疏松状态。③可调节灌区的小气候，减免低温、高温、干旱风的危害。④节省劳力，工作效率高。⑤对土地平整状况要求不高，地形复杂的山地亦可采用。缺点是要有一定的设备，投资大。

（4）滴灌法　利用埋在地下或地表的小径塑料管道，将水以水滴或细小水流缓慢地灌于植物根部的灌水方法，称为滴灌法。此法是把水直接引到植物根部，水分分布均匀，土壤通气良好，深层根系发达。与喷灌法比较，能节约用水 20% ～ 50%，并可提高产量，是一种先进的灌溉方法，值得推广应用。

（二）排水

在地下水位高、土壤潮湿，以及雨量集中，田间有积水时，应及时进行排水，以防止田间积水造成植株烂根。排水的方法主要有明沟排水和暗沟排水两种。

1. 明沟排水　在地表直接开沟进行排水的方法称明沟排水。明沟排水由总排水沟、主干沟和支沟组成。此法的优点是简单易行，是目前采用最普通的一种方法。但此法排水沟占地多，沟壁易倒塌造成淤塞和滋生杂草，致使排水不畅，且排水沟纵横于田间，不利于机械化操作。

2. 暗沟排水　在田间挖暗沟或在土中埋入管道，将田间多余水分由暗沟或管道中排除的方法，称暗沟排水。此法不占土地，便于机械化耕作，但需费较多的劳力和器材。

四、株型调整

植株调整是对植株进行摘蕾、打顶、修剪、整枝等修整，以调节或控制植物的生长发育，使其有利于药用器官的形成。每一株药用植物都是一个整体，植株上任何器官的消长，都会影响其他器官的生长发育。通过对植株进行修整，使植物体各器官布局更趋合理，充分利用光能，使光合产物充分输送到药用部位，从而达到优质高产的目的。

（一）打顶

打顶即摘除植株的顶芽。打顶的目的主要是破坏植物的顶端优势，抑制地上部分的生长，促进地下部分的生长，或者抑制主茎生长，促进分枝。如栽培乌头时及时打顶并不断摘去侧芽，可抑制地上部分生长，促进地下块根迅速膨大。又如菊、红花等药用植物，通过打顶促进多分枝，增加花序的数目，提高单株产量；薄荷在分株繁殖时，由于生长慢，植株较稀，于 5 月上旬将植株顶端去掉 1 ～ 2cm，促进侧枝发育，可提早封行，增加茎叶产量。打顶的时间和长短视植物的种类和栽培目的而定，一般宜早不宜迟。

摘蕾与打顶都要注意保护植株，不能损伤茎叶，牵动根部。并应选晴天进行，不宜在雨露时进行，以免引起伤口腐烂，感染病害，影响植株生长发育。

（二）摘除花蕾或花序

除留种地块和药用部位为花、果实和种子的植株外，其他药用植株在栽培过程中，一见花蕾或花序就应及时摘除。因为药用植物开花结果会消耗大量的养分，对于以根及根茎、块茎等地下器官入药的植物，常将其花蕾或花序摘掉，使供给开花结果的养分转而供给地下部分的生长，从而提高药材的品质与产量。

摘除花蕾或花序的时间一般宜早不宜迟。过迟摘除花蕾或花序，已消耗了养分，效果不显著。药用植物种类不同，其发育特性亦不同，因而摘除花蕾或花序的要求不尽一致，如丹参、玄参常于现蕾前剪掉花序和顶尖；白术、牡丹等则只摘去花蕾。留种植株虽不宜摘蕾，但可以适当摘除过密、过多的花蕾，因为疏花、疏果也可促使果实发育、提高种子的饱满度和千粒重。

（三）整枝

整形是运用修剪技术把树体建造成某种树形，也称为整枝。正确的整形不仅能使木本植物各级枝条分布合理，成为丰产树形，提高通风透光效果，减少病虫害，而且成型早，骨干牢固，便于管理。丰产树形的要求是：树冠矮小，分枝角度开张，骨干枝少，结果枝多，内密外稀，波浪分布，叶幕厚度与间距适宜。常见的丰产树形有以下几种。

1. 主干疏层形 这种树形有明显的中央主干，干高1m，在主干上有6个主枝，分三层着生。第一层主枝3个，第二层主枝2个，第三层主枝1个。第一、二层间距1.1m左右，第二、三层间距0.9m左右，全树高3.5m左右。由于树冠成层形，树枝数目不多，树膛内通风透光好，能充分利用空间开花结果，故能丰产。

2. 丛状形 定干50cm，不留中央主干，只有4～5个主枝，主枝呈明显的水平层次分布，全树高2m左右。这种树形树冠扩展，内膛通风透光好，能优质高产。

3. 自然开心形 没有中央主干，只有3个错开斜生的主枝，树冠矮小，高2m左右。这种树形由于树冠比较开张，树膛内通风透光较上述两种树形为好，有利于内膛结果，增加结果部位。实践证明，这种树形比上述两种树形的单株产量一般高1～2倍。

（四）修剪

修剪包括修枝和修根。修枝主要用于木本植物，但有些草本植物，尤其是草质藤本植物也要进行修枝，如栝楼主蔓开花结果迟，侧蔓开花结果早，所以应摘除主蔓而留侧蔓，以提高产量。

修根只在少数以根入药的植物中采用。修根的目的主要是保证其主根生长肥大，以提高产量。如芍药除去侧根，保证主根生长肥大，达到高产的目的。

（五）搭架

当藤本药用植物生长到一定高度时，茎不能直立，需要设立支架，以便牵引茎藤向上伸展，使枝条生长分布均匀，增加叶片受光面积，提高光合作用效率，促进空气流动，降低温度，减少病虫害的发生，以利植株生长发育。

对于株形较大的藤本植物如栝楼、罗汉果等应搭设棚架，使茎藤均匀地分布在棚架上，以便多开花结果；对于株形较小的如天门冬、薯蓣等，只需在株旁立杆作支柱牵引。

五、人工辅助授粉

绝大多数植物的传粉主要是通过风或昆虫为媒介而进行的。但由于受气候和环境条件的限制，这些授粉有时效果不佳，造成结实率低，这时进行人工辅助授粉，借以提高结实率，增加产量。如薏苡通过人工辅助授粉可增产10%左右。阳春砂进行人工辅助授粉，结实率可提高35%～42%。

人工辅助授粉的方法因植物的种类不同而异，有的将花粉收集起来，然后撒在雌蕊的柱头上，如薏苡；有的采用抹粉法（用手指抹下花粉涂入柱头孔中）或推拉法（用手指推或拉动雄蕊，使花粉落在柱头上），如阳春砂；有的用小镊子将花粉块夹放到柱头上，如天麻。各种植物由于形态特性、生长发育的差异，授粉方式和时间不一致，必须在充分掌握各自特性的情况下，采取适宜的人工辅助授粉方法，才能获得较好的效果。

六、包扎、覆盖与遮阴

（一）包扎

对于落叶木本药用植物，在寒冷季节到来之前可用稻草等包扎苗木，并结合根际培土，以防冻害。

（二）覆盖

覆盖是利用稻草、树叶、秸秆、厩肥、草木灰、土杂肥、泥土或塑料薄膜等覆盖于地面或植株上的栽培管理措施。其作用是可以调节土壤的温度和湿度；防止杂草滋生和表土板结；有利于植物越冬和过夏；防止和减少土壤水分蒸发；提高药材产量等。覆盖时间和覆盖物的选择应根据药用植物生长发育时期及其对环境条件的要求而定。

种子细小的药用植物，如荆芥、党参等，在播种时不宜覆土或覆土较薄，但表土易干燥从而影响出苗；种子发芽慢、需时长的药用植物因土壤湿度变化大而影响出苗。因此，它们在播种后需要盖草，以保持土壤湿润，防止土壤板结，促进种子早发芽，出苗整齐。

有些药用植物在生长过程中也需要覆盖，如夏季栽培白术在株间盖草；栽培三七在畦面上盖草或草木灰；浙贝母留种地覆盖稻草保种过夏等。

许多多年生的药用植物在冬季易受严寒的侵袭，越冬困难，故需覆盖，以确保安全越冬。如在南方栽培延胡索，冬季要在畦面上覆盖稻草或枯枝落叶，以免根茎遭受冻害；东北地区种植白芷，在冬天覆盖土或马粪；东北移栽的三年生人参亦要覆盖防冻等。

覆盖对木本药用植物如杜仲、厚朴、山茱萸等，尤其是在幼林生长阶段的保墒抗旱有重要意义。这些药用植物大多种植在土壤贫瘠的荒山、荒地上，水源条件差，灌溉不便，在定植和抚育时，就地刈割杂草、树枝，铺在定植点周围，保持土壤湿润，可提高成活率，促进幼树生长。在林地覆盖时，注意不要将覆盖物直接紧贴植物主干，以防在干旱条件下，昆虫积聚在杂草或树枝内，啃食主干皮部。

近些年来，在药用植物栽培上采用地膜覆盖，增产效果明显，如三七可增产36%等。地膜覆盖是利用超薄的聚乙烯薄膜覆盖在地面上所产生的物理阻隔作用，充分利用太阳光能，有效地改善土壤的水、肥、气、热状况，创造相对稳定、优越的生长环境，促进植物生长发育，达到优质高产的目的。

（三）遮阴

遮阴是在耐阴药用植物栽培地上设置荫棚或遮蔽物，使植株避免直射光的照射，防止地表温度过高，减少土壤水分蒸发，保持一定的土壤湿度，使生长环境良好的一项措施。对于一些阴生植物如黄连、人参等，以及在苗期喜阴的植物如五味子等，如不人为创造阴湿环境条件，植株就生长不良甚至死亡。目前，遮阴的方法主要有间作套种、林下栽培和搭设荫棚等。

1. 间作套种 对于一些喜潮湿，不耐高温、干旱及强光，但只需较小荫蔽条件就能正常生长发育的药用植物，可采用间作套种的方法进行遮阴。例如半夏与玉米间作，利用玉米植株遮阴，可减少日光对半夏的直接照射，给半夏创造比较阴湿的环境条件，有利于半夏的生长发育。

2. 林下栽培 一些耐阴药用植物可栽培在林下，利用树木的枝叶遮阴，如黄连、三七、阳春砂等均可采用此法。但必须根据药用植物种类和不同发育时期对荫蔽度的要求，对树木采取间伐、疏枝等措施调节透光度。如黄连在苗期的荫蔽度为 80%，移栽当年为 70% 左右，第二年为 65% 左右，第三年为 50% 左右，以后则逐年变小，到收获当年可不遮阴。

3. 搭设荫棚 对于大多数阴生植物来讲，最常用的遮阴方法是搭设荫棚。用于搭棚的材料可因地制宜、就地取材。荫棚的高度、方向，应根据地形、地貌、气候条件和药用植物生长习性而定。近年采用遮阳网代替荫棚，可减少砍树毁林，保护生态环境。

由于药用植物种类不同，对光照条件的反应亦不同，要求荫蔽的程度也不一样。因此，应根据药用植物种类及其发育时期的不同，采取适宜措施适时调节荫蔽度，满足药用植物生长发育需求。

思考题：

1. 何为种植制度？解释单作、复种、间作、套种、轮作、连作。
2. 轮作时如何安排茬口？
3. 土壤耕作措施有哪些？如何做好土壤健康管理？
4. 简述药用植物必需营养元素的生理功能和缺素症。
5. 何为土壤肥力？如何做好药用植物的合理施肥？
6. 药用植物田间管理包括哪些具体措施？

第四章

药用植物繁殖与良种选育

扫一扫，查阅本章数字资源，含PPT、音视频、图片等

药用植物繁殖材料是药用植物栽培生产的物质基础，其数量多少决定着药用植物栽培生产的规模，其质量高低直接影响着药材产量与品质。优质种子种苗是实现药材生产规范化与规模化的基础和源头。

第一节　药用植物繁殖

药用植物繁殖是指植物产生和自身相似的新个体以繁衍后代的过程。药用植物种类繁多，繁殖方法多种多样，根据繁殖时“种”“栽”的材料不同，分为营养繁殖和种子繁殖两大类。营养繁殖是由植物营养器官（根、茎、芽、叶等）发芽、生根产生新个体；种子繁殖是由雌、雄两性配子结合形成的种子发芽、生长形成新个体。

一、营养繁殖

营养繁殖又称无性繁殖，它是利用植物营养器官具有再生能力和分生能力以及与另一植物通过嫁接愈合为一体的亲和能力来繁殖和培育新个体的一种繁殖方法。营养繁殖形成的新个体由于是母体发育的继续，其开花结实较种子繁殖要早，并能保持母体的优良性状和特性，对于无种子、有种子但种子发芽困难，以及实生苗生长年限长、产量低的药用植物多采用营养繁殖。但营养繁殖的植株根系不如实生苗的发达（嫁接苗除外），且抗逆能力弱，有些药用植物连续多代营养繁殖后容易引起种性退化，导致药材产量与品质下降，因此生产上应以有性繁殖与无性繁殖交替使用为宜。

（一）植物极性与再生性

极性是指植株或植株的一部分（器官、组织或细胞等）在形态学两端具有不同形态结构和生理生化特性的现象。极性在植物中普遍存在，即使最原始的单细胞植物也有极性。高等植物在受精卵第一次细胞分裂形成基细胞和顶细胞时，即表现了极性，并一直保留下来，在胚胎形成的过程中，胚的一端分化为根原基，另一端分化为茎的生长点。极性是器官分化的前奏，在成熟的植物个体中仍然保持这一特性。

再生是指离体的植物器官、组织，甚至细胞等具有恢复植物体其他部分，再形成一个完整植株的现象。再生过程中，离体部分也遵循极性现象。将一段连翘枝条挂在潮湿空气中，无论是正挂、倒挂，总是形态学上端长芽，形态学下端生根。因此，在进行营养繁殖时需要注意极性，形态学下端朝下，上端朝上，不能颠倒。丹参繁殖时经常利用根段扦插，根段剪好后很难从外观判

断形态学上、下端。为了避免倒插，插穗剪切时一定要记好方向；若没有记住或分辨不出，可将插穗横向埋入土中。嫁接时同样需要注意极性，只有砧木和接穗方向相同，相接处才可愈合，嫁接方能成功。

（二）营养繁殖方式

1. 分离繁殖 是将植物体分生出来的幼小植物体（如吸芽、珠芽等）或者植物营养器官的一部分（如匍匐茎、变态茎等）与母株分离或分割，栽植后形成独立新个体的繁殖方法。简便易行，成活率高，植株开花较早，可保持品种优良特性，但繁殖系数较低，易感染病害。分离时期因药用植物种类和气候条件而异，大多在秋末或早春植株休眠期内进行。根据繁殖材料的不同，又可分为分株繁殖、匍匐茎繁殖、吸芽繁殖、珠芽繁殖以及球茎、鳞茎、块茎等地下变态器官繁殖等。

（1）分株繁殖 分株繁殖是将根际或地下茎发生的不定芽或萌蘖切下栽植，形成独立植株的繁殖方法。适用于丛生性强或根上容易大量发生不定芽而长成根蘖苗的植物，如菊、牡丹、芍药等。

（2）匍匐茎繁殖 薄荷、艾等植物，具有节间较长的茎在地面匍匐生长，被称为“匍匐茎”或“走茎”。匍匐茎的节位向上能够长出叶簇和芽，向下能长出不定根，可以形成幼小植株，从母株分离小植株另行栽植即可形成新株，这种繁殖方法称为匍匐茎繁殖。该法繁殖的植株存活率高，是薄荷、艾大面积栽培时常用的繁殖方法。

（3）吸芽繁殖 吸芽是部分植物根际或地上茎叶腋间自然发生的短缩、肥厚呈莲座状的短枝。在生长期间，吸芽能从母株地下茎节上抽生并发根，待生长到一定高度后即可切离母株分植。可行吸芽繁殖的药用植物有芦荟、龙舌兰等。

（4）珠芽、零余子繁殖 珠芽是半夏、卷丹等植物叶腋或开花部位形成的小鳞茎。零余子则是黄独等薯蓣类植物生于叶腋间的小块茎。无论是珠芽还是零余子，脱离母株后在适宜条件下即可生根，生长成新植株。

（5）球茎、鳞茎、块茎等地下变态器官繁殖 很多药用植物具有变态的地下茎，如半夏的球茎、浙贝母的鳞茎、延胡索的块茎等，直接采用这些植物的地下变态茎进行繁殖，即可获得新植株。

2. 压条繁殖 是将未脱离母株的枝、蔓在预定的发根部位进行环剥、刻伤等处理，然后将该部位就近埋入土中或用湿润的基质物包裹，待受伤部位长出新根后再与母株分离，形成独立新个体的繁殖方法。该方法具有操作简单、生根容易、成活率高等优点，后代生长快、开花早、产量高。缺点是只能在母株附近进行，繁殖系数很低，不适合大规模生产，一般扦插、嫁接等不易成活的药用植物才用此法繁殖。压条时期一般多在夏末秋初，尤其是 7 ～ 8 月间最佳。常用压条繁殖方法根据埋条的状态、位置不同，可分为地面压条和空中压条。

（1）地面压条 又叫普通压条，多在春秋两季进行。将母株上近地面的一、二年生枝条环状剥皮或刻伤后压入土中，土层约 8 ～ 10cm，梢和叶留在土外，待发根后即可切离母株（图 4–1）。植株丛生、枝条较硬不易弯曲入土的可采用堆土压条法，在枝条基部先行环割，之后堆覆泥土，经常浇水保持湿润，约 3 个月后可生根长成新株。

（2）空中压条 适用于枝条坚硬，不易弯曲或着生部位太高不能压到地面，以及扦插生根较为困难、不易产生萌蘖的树种。空中压条一年四季都可进行，但以 4 ～ 5 月最佳。选择健壮的一至三年生枝条，在拟生根部位刻伤或环剥，用疏松、肥沃的土壤或苔藓、蛭石等基质把伤口部位包围起来，适量浇水，保持湿润，一般 2 ～ 3 个月后可在伤口部位发出新根（图 4–2）。根长达到 3 ～ 5cm 时即可切离母体，独立栽培。

不定根的产生和生长需要一定的湿度和良好的通气条件。因此，在压条实施之后，应适时浇水施肥，及时中耕除草。初始阶段还应注意埋入土中的枝条是否有弹出地面，一旦发现要及时埋入土中。

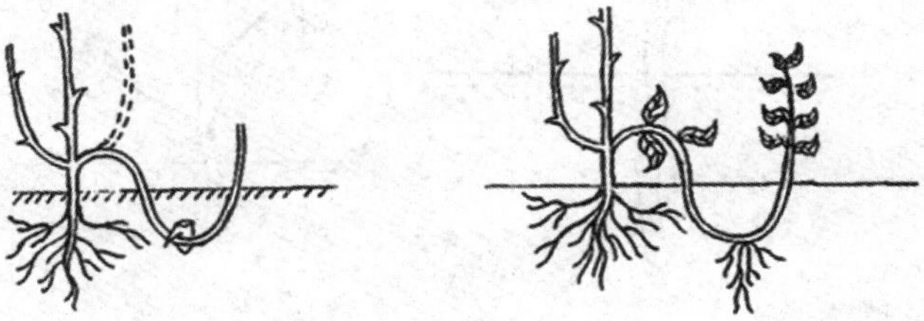

图 4–1　地面压条

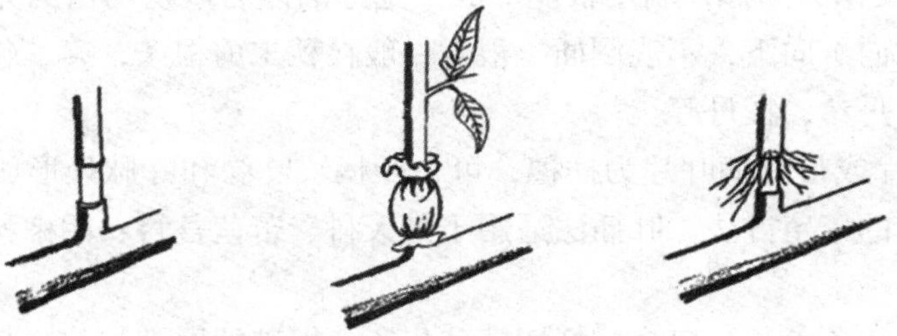

图 4–2　空中压条

3. 扦插繁殖　是指截取植株营养器官的一部分，插入土壤或其他基质中，经生根、发芽形成完整新植株的繁殖方法。用作繁殖的材料称为插穗或插条。扦插繁殖后代能保持原品种的优良特性，成苗快，开花早，繁殖材料充足，产苗量大，但寿命短，根系浅，抗性较差。

（1）扦插繁殖的原理　植物每个具有完整细胞核的细胞都具有该物种的全部遗传信息，具备发育成完整植株的能力。因此，当植株整体受到破坏时，余留部分的细胞全能性可使其表现再生功能，长出缺少的部分形成新的植株。枝插生根是枝条形成层和维管束鞘组织先形成根原始体，继而发育成不定根，形成根系；根插则是根的皮层薄壁细胞恢复细胞分裂能力，形成不定芽，而后发育成茎叶。

（2）扦插繁殖方法　根据扦插材料的不同，可分为枝插、叶插和根插，枝插应用最为广泛。

1）枝插　根据枝条的成熟程度，可分为硬枝扦插和绿（嫩）枝扦插。①硬枝扦插：宁夏枸杞、单叶蔓荆、连翘等落叶木本药用植物常采用该种繁殖方式。具体扦插过程如下：A. 穗条采集：一般与冬季修剪相结合进行，采集充分木质化的健壮一、二年生枝条作为穗条。穗条采集后应低温贮藏，注意保湿。B. 截取插穗：截取 2 ～ 4 个芽的枝段作为插穗。生根慢的植物或在干旱条件下，插穗应稍长些，反之则可短些。插穗上切口多为平口，距芽约 1cm 左右；下切口一般距芽 0.5cm 左右，多剪成马耳形斜口，以扩大与土壤的接触面积。C. 扦插：扦插时要注意形态学上下端，不能倒插。扦插深度通常为插条的 1/3 ～ 1/2，以地上部露出 1 ～ 2 芽为好，干旱地区可将插穗全部埋入土中。插后踏实，以使下切口和土壤紧密接触（图 4–3A）。D. 插后管理：扦插后注意保持土壤湿润。在插穗下切口愈合生根时期，应及时松土除草，使土壤疏松，通气良好。硬枝扦插一般在春秋二季进行，以春季最为常见。②绿枝扦插：草本、常绿、半常绿木本及难生根的落叶木本药用植物均可采用绿枝扦插的方式繁殖，如菊、栝楼、忍冬、连翘等。绿枝扦插以当年生新梢为插穗，半木质化最佳，其他扦插过程与硬枝扦插类似。因插穗中营养物质贮存较少，所以一般顶部保留 1 ～ 2 片叶（图 4–3B），以进行碳水化合物、激素、维生素等物质的合成，促进不定根的发生。绿枝扦插在整个生长季都可进行。

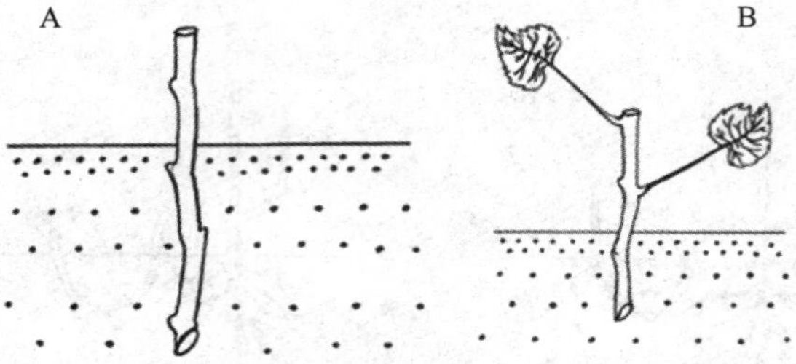

A. 硬枝扦插 B. 绿枝扦插

图 4–3 扦插

2）根插 以根段作为插穗，利用根能形成不定芽的能力繁殖幼苗的方法即为根插。根插时形态学上端（根尖方向）向下，不能倒插。根插一般在秋末剪根条，第二年春季扦插。常采用根插繁殖的药用植物有丹参、牡丹等。

3）叶插 以叶片或带叶柄叶片为插穗，可在叶柄、叶缘和叶脉处形成不定芽和不定根，最后形成新的独立个体的繁殖方法。叶插法适用于景天科、苦苣苔科、胡椒科等具粗壮叶柄、叶脉或叶片肥厚的植物。

（3）影响插条和压条成活的因素 扦插繁殖与压条繁殖的原理相似，都是利用植物营养器官的再生能力繁殖新个体，因此，影响插条或压条成活的因素也基本相同，在此一并介绍。

1）内部因素的影响 ①种类和品种：药用植物的种类和品种不同，其枝上发生不定根或根上发不定芽的难易不同。②树龄、枝龄、枝条部位：一般情况下，母株树龄越大，插穗或用于压条的枝条生根越难；枝龄多以一年生枝再生能力最强；落叶植物夏、秋季繁殖以树体中上部枝条为宜，冬、春季繁殖则以枝条的中下部为好。③枝条发育状况：发育充实的枝条，营养物质比较丰富，扦插或压条更容易成活。

2）外部因素的影响 ①温度：大多数植物扦插或压条时，白天气温 20 ～ 25℃、夜温 15℃左右最利于生根。②湿度：扦插或压条期间，保持适宜的土壤湿度有利于发根，条件允许时还应喷雾，以减少叶面水分蒸腾。③通气条件：插穗或压条生根都需要氧气，一般以土壤中含 15% 以上的氧气且保有适当水分为宜。④光照：根的再生不直接需要光照，但嫩枝扦插及生长季压条应在适宜强度的光照下进行，以利于叶片进行光合作用制造养分，促进生根。⑤生根基质：理想的生根基质要求透水、透气性良好，pH 值适宜，不带有害的细菌和真菌，常用基质有砂壤土、蛭石、锯末等。

（4）促进扦插生根的方法

1）机械处理 在穗条基部刻伤、环割或环剥，可阻止枝条上部的碳水化合物和激素向下运输，使养分更多截留在伤口附近，有助于不定根发生。

2）黄化处理 扦插前 1 个月左右，用黑纸或黑塑料等将枝条包起进行暗处理，可使组织幼嫩、代谢活跃，扦插后容易生根。

3）加温处理 早春扦插往往会因地温不足而造成生根困难，可通过阳畦、酿热温床、火炕、电热温床等方式提高生根部位的温度，以提高扦插成活率。

4）水浸处理　扦插前把插穗浸泡在水中处理数天，不但能使插穗吸足水分，还可降解插穗内的抑制物质，显著提高生根率。水浸插穗最好用流水，浸泡需每天换水。

5）植物生长调节剂处理　对于较难生根的植物，常使用植物生长调节剂处理，如萘乙酸（NAA）、吲哚丁酸（IBA）、吲哚乙酸（IAA）、ABT 生根粉等液剂浸渍、粉剂蘸粘。具体应用时应根据不同植物或同一植物不同器官对液剂、粉剂的反应，先做药效试验，以便正确掌握浓度与处理时间，避免发生药害。

4. 嫁接繁殖　是指将药用植物优良品种的枝或芽，接到另一个植株的茎、根或枝上，使之愈合成为独立新个体的繁殖方法。供嫁接用的枝或芽叫接穗，承受接穗的植株叫砧木。通过嫁接方法培育出来的幼苗，称为嫁接苗。

（1）嫁接苗的特点　保持接穗母本的优良经济性状；可以利用砧木抗性强的特性，增强品种适应性，扩大栽培范围或降低生产成本；可利用砧木调节木本药用植物的生长状态，使树体矮化或乔化，满足栽培或消费的不同需求；可利用高接更换优良新品种，快速获得经济收益；多数砧木可用种子繁殖，繁殖系数大，利于大面积推广。

（2）嫁接繁殖的原理　接穗与砧木的形成层由薄壁细胞组成，在受到切、削等伤害后，能恢复细胞分裂能力，形成愈伤组织。随着细胞分裂的进行，砧木和接穗愈伤组织的薄壁细胞逐渐充满二者之间的缝隙，并互相连接在一起。此时愈伤组织中新的形成层逐渐分化，向内产生新的木质部，向外形成新的韧皮部，砧穗即可通过新分化产生的维管组织连成一个整体，进行水分与营养物质的运输，成为独立的新个体。

（3）砧木和接穗的选择

1）砧木的选择　优良砧木应具备以下特点：①与接穗有良好的亲和力，嫁接后植株生长旺盛；②抗逆性强，嫁接后接穗适应性能明显增强；③不影响接穗品种的产量与质量；④繁殖材料容易获得，易于大量繁殖；⑤具备某些特殊性状，如乔化、矮化等。

2）接穗的选择、采集、贮藏与处理　选择品种纯正，生长健壮的植株作为采穗母株。用作接穗的枝条应充实、饱满，以一年生外围枝条的中下部为佳。春季嫁接用的接穗，最好结合冬剪之后窖藏，贮藏时注意保温、保湿、防冻，春季回暖后要控制萌发。夏季芽接用的接穗，最好随剪随用，需贮藏时应放在阴凉处并保持适宜湿度。春季枝接，嫁接前接穗需要封蜡保湿，具体做法是先根据需要将枝条剪成一定长度的枝段，用水浴熔蜡，温度控制在 90 ～ 100℃，在熔好的蜡中速蘸枝条上端，时间约 1 秒，蘸蜡后单摆晾凉。

（4）嫁接繁殖方法　按所取材料可分为枝接、芽接、根接三种。

1）芽接　以芽片为接穗的繁殖方法，称为芽接。该法嫁接速度快，成活率高，是常用的育苗方法。根据芽接方式，可分为“丁”字形芽接、嵌芽接、方块形芽接等，在此仅以最常用的“丁”字形芽接为例进行介绍。①不带木质部的“丁”字形芽接：通常在夏秋季节，砧木和接穗皮层易剥离时进行。接穗采下后，剪除叶片以减少水分蒸发，留 1cm 左右的叶柄，最好随采随用。A. 接穗的削切：在接穗芽的上方 0.5cm 处横切一刀，深达木质部；然后从芽下方 1.5 ～ 2cm 处，斜向上削一刀入木质部，深度依芽片需要的宽度而定，长度超过横切口处，捏住芽片横向推出，使盾形芽片剥离下来。B. 砧木处理：在砧木比较光滑处，先横切一刀深达木质部，宽度比芽片略宽；再在刀口中央向下竖切一刀，长度与芽片长相适应。C. 接合：将芽片插入纵切口，按住芽片轻轻向下推动，使芽片完全插入砧木皮下，上端与横切口对齐密接，其他部分也与砧木紧密相贴。D. 绑缚：用塑料薄膜条包严，只露叶柄和芽（图 4-4）。②带木质部的“丁”字形芽接：实质是单芽枝接。在接穗皮层剥离困难时期，或接穗节部不圆滑、不易剥取不带木质部的芽片或接穗枝皮太薄、不带木质部不易成活的情况下，可采用带木质部的“丁”字形芽接。嫁接过程与不带木质部的相近，唯有削芽片时下刀较重，直接将芽片带少量木质部切下。

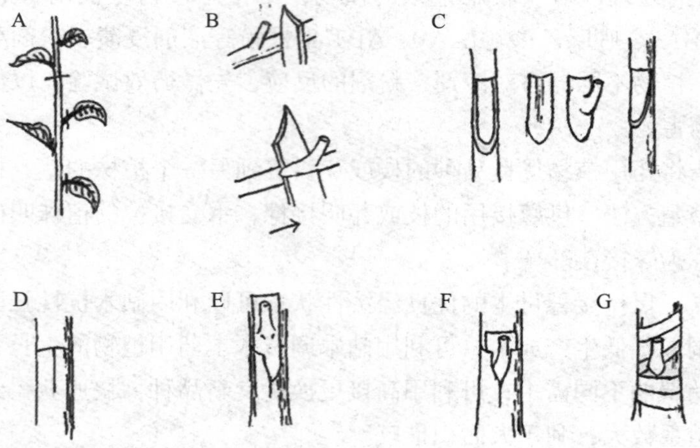

A. 接穗准备，将叶片剪掉，保留叶柄；B. 在芽的上方约 0.5cm 处横切一刀，然后从芽下方 1.5 ～ 2cm 处，斜向上削；C. 削好的芽片；D. 选定砧木枝条，先横切一刀，再纵切一刀；E. 将芽片先从一侧插入；F. 芽片全插入“丁”字形切口；G. 绑缚

图 4-4　“丁”字形芽接

2）枝接　把一段枝条作为接穗接到砧木上的嫁接方法，称为枝接。该法成活率高，嫁接苗生长快，但技术不如芽接容易掌握，且接穗使用量大，要求砧木有一定的粗度。枝接季节多在惊蛰到谷雨前后，砧木芽开始萌动但尚未发芽前进行。常见的枝接方法有切接、劈接、腹接、插皮接和舌接等，在此仅介绍较常用的切接与劈接。①切接（图 4-5A）：是在砧木断面偏一侧垂直切开，插入接穗的嫁接方法，通常在砧木粗度较细时使用，适用于 1 ～ 2cm 粗砧木的嫁接。A. 削接穗：接穗通常带 2 ～ 3 个芽为宜。上切口在距上芽约 1cm 处，平切。蘸蜡。基部削成 2 个削面，大削面长 3cm 左右，削掉 1/3 以上的木质部，小削面在大削面反面，马蹄形，长度在 1cm 左右（约为大削面的 1/3）。B. 砧木处理：一般距地面 3 ～ 7cm 将砧木截断。选择皮厚、较平滑的一侧，把砧木切面削平，垂直下切，切口深度稍短于接穗大削面。C. 接合：把接穗大削面贴紧砧木切伤面，插入砧木切口中。砧木和接穗两个切削面的形成层一定要密切结合，尤其要注意将二者的切削面上绿色皮层与白色木质部之间的一条界线对齐，使形成层自然贴合，利于后期的成活。如接穗比砧木细，则应将接穗插在砧木的一侧，使这一侧砧木接穗的形成层能密切结合。D. 绑缚：接穗插好对齐后，用塑料薄膜带绑扎固定，同时封闭砧木切口，接穗顶端没蘸蜡的话也要一并封起，防止水分蒸发。②劈接（图 4-5B）：从砧木断面垂直劈开，在劈口两端插入接穗的嫁接方法。该法削接穗技术要求较高，但接穗削面长，与砧木形成层接触面积大，成活后结合牢固，多用于大树高接品种更新。劈接通常在休眠期进行，最好在砧木芽开始膨大时嫁接，成活率最高。A. 削接穗：接穗基部削成楔形，有两个对称削面，长 3 ～ 5cm。削面要求平直光滑，以利于跟砧木紧密结合。接穗削好后，一侧比另一侧稍厚。如砧木过粗，嫁接时夹力太大，可以两侧厚一致或内侧稍厚，以防夹伤接合面。B. 砧木处理：将砧木在嫁接部位剪断削平。用劈刀在砧木中心垂直纵劈，劈口深度与接穗削面长度相近，一般 3 ～ 4cm。C. 接合：用劈刀把砧木劈口撬开，轻轻插入接穗，厚侧在外，薄侧在里，留约 0.5cm 的接穗削面在砧木外面，称为留白（露白）。留白可使砧穗结合部位表面光滑、愈合良好，不留则会导致砧穗间愈合组织生长受到限制，愈合后伤口附近形成瘤状结。D. 绑缚：同切接。

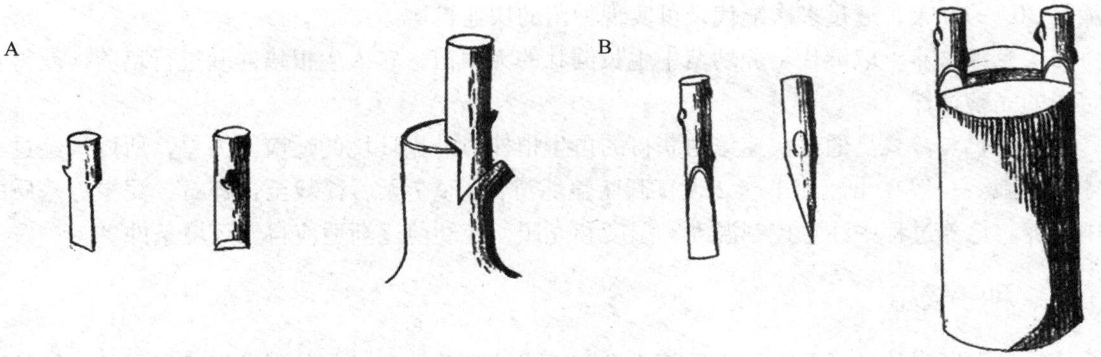

A. 切接　B. 劈接

图 4-5　枝接

3）根接　以根系作砧木，在其上嫁接接穗的嫁接方法。用作砧木的根可以是整个根系或者是一个根段，接穗一般利用冬剪剪下的枝条，可用劈接、切接、腹接等方法嫁接。

（5）影响嫁接成活的因素

1）砧穗亲和力　亲和力是指砧木和接穗在内部组织结构、遗传和生理特性方面的相似性，以及二者经过嫁接能否愈合成活及正常生长、结实的能力，是嫁接成活的关键因子和基本条件。嫁接亲和力与砧穗间的亲缘关系密切相关，同种间亲和力最强，嫁接成活率高；同属异种间因植物种类而异，同科异属间则亲和力较差。

2）砧穗质量　应选取充实、芽体饱满的枝芽做接穗，嫁接到健壮、生长发育良好的砧木上。

3）其他因素　①嫁接时期：嫁接成败与当时的土温、气温及砧木和接穗的活跃状态直接相关。②湿度：砧穗愈伤组织的形成需要一定的空气湿度，在其表面保持一层水膜可促进愈伤组织的大量形成。接穗也只能在适宜的湿度下才能保持其活力，因此，接口应绑严以保持湿度，解绑时间不可过早。③嫁接技术：生产上要求"平、齐、快、净、紧"，即砧木接穗削面要平、形成层要对齐、嫁接操作过程要快、砧穗削面要干净，不带毛刺或其他脏东西，绑缚要紧、要严。④伤流、树胶、单宁物质的影响：有些植物在春季根系开始活动后，地上部伤口处会产生伤流，直至展叶后才会停止，如罗汉果、核桃等。在伤流期嫁接，会使伤口处细胞呼吸受抑制，影响愈伤组织的形成，降低成活率。另外有些植物如杏，嫁接时伤口会流出树胶，柿则会在削面上产生单宁，树胶与单宁都会妨碍砧穗的愈合成活，因此应避免在这些成分产生的时期嫁接。

5. 组培快繁　是根据植物细胞的全能性，在无菌条件下，利用植物体的一部分，包括细胞、组织或器官，在人工控制的营养和环境条件下繁殖植株新个体的方法。该方法具有繁殖速度快、繁殖系数高、不受季节和环境影响等优点。目前我国已有 200 余种药用植物建立了离体再生体系，如铁皮石斛、半夏、地黄等。组培快繁的主要步骤如下：

（1）外植体选择　从具有品种典型性状的健康植物上选择茎、叶、芽、根等组织或器官作为外植体。通常选择幼嫩材料，以利于再生。

（2）外植体消毒　采用适宜浓度的升汞、次氯酸钠、过氧化氢等杀菌剂对外植体进行表面灭菌。

（3）初代培养　将消毒后的外植体切成适合大小，接种到初代培养基中培养。目前尚没有适用于所有植物材料的培养基，应根据培养材料特性选择适合的基本培养基和激素配比。常用的基本培养基有 MS、N_6、B_5 培养基等。

（4）继代培养　将初代培养中获得的幼芽或丛生芽转接到继代培养基中进行培养。继代周期一般在 30 ～ 60 天，通过多次继代，可实现种苗的快速扩增。

（5）生根培养　取继代培养幼苗中生长健壮的无根苗，转入生根培养基进行培养，获得长出不定根的完整植株。

（6）驯化与移栽　通过快速繁殖获得的再生植株对外界环境的适应能力差，所以须经过驯化后才能移栽。一般在出瓶前 1 ～ 2 天打开瓶盖炼苗，3 ～ 7 天后移栽至含蛭石、泥炭等基质的穴盘中培养。培养过程中注意控制温度、湿度和光照，使幼苗逐渐适应自然环境条件。

二、种子繁殖

植物学上所说的种子是由胚珠受精后发育而成的繁殖器官，由种子发育而形成新个体的繁殖方法称为种子繁殖。种子繁殖方法简便而经济，繁殖系数大，有利于引种驯化和培育新品种，在药用植物栽培中应用最为广泛。但种子繁殖的后代由于遗传物质的重组而在生长过程中易产生变异，且开花结果较迟，尤其是木本药用植物。

（一）种子采收与贮藏

1. 种子采收　种子成熟期因植物种类、生长环境有较大差异。种子成熟度对发芽率、幼苗长势、种子耐藏性等均有影响，根据种子成熟度来决定其采收时间，对保证种子繁殖质量十分重要。种子成熟包括生理成熟和形态成熟。生理成熟指种子内部干物质积累到一定数量，胚已具有发芽能力。形态成熟指种子营养物质积累停止，含水量减少，种皮坚硬致密，具有成熟时的颜色。通常情况下，种子的成熟过程是由生理成熟再到形态成熟，也有些种子达到形态成熟时，种胚发育尚未完成，采收后需经过贮藏和处理，种胚才能继续发育成熟，如人参、浙贝母等。真正成熟的种子应是生理、形态均已达到成熟。

在药材栽培生产中，一般是采收完全成熟种子，但有时需要采收适度成熟种子，如用当归、白芷等老熟种子播种植株抽薹早，膜荚黄芪种子老熟后硬实增多、休眠加深等。凡成熟后不易脱落的种子，可待全株种子完全成熟时一次采收，否则宜分批采收，或待大部分种子成熟后将果梗割下，经后熟后脱粒，如穿心莲、白芷、防风等。采种时要选择生长健壮、生长年限足够、性状优良、无病虫害的植株作为采种母株。

新采集的种子一般都带有果皮，需及时脱粒。对桔梗、党参等裂果类，可置阳光下晒至果皮裂开后用木棒敲打，使种子脱出；对山茱萸、忍冬等核果、浆果类，可将其果实浸入水中，待其吸胀后，用棍棒捣拌使果肉与种子分离，然后用清水淘洗，漂选，风干。种皮破损的种子易感染病菌，不耐储存，因此在脱粒过程中，要尽量避免损伤种子。有些药用植物种子带果皮贮藏时寿命长、品质好，如宁夏枸杞等。干燥种子经净选、精选后贮藏。

2. 种子贮藏

（1）种子的寿命　是指种子的生活力在一定环境条件下能保持的最长期限。它是一个群体概念，通常是指一批种子从收获到发芽率降低到 50% 时所经历的天数。根据寿命长短可将种子划分为三类：①短命种子：寿命短于 3 年，特点为种皮薄脆，保护性差，脂肪含量高，或需特殊贮藏条件，如细辛种子应随采随播，当归、白芷种子隔年就几乎全部丧失发芽力；②中命种子：寿命 3 ～ 15 年，如膜荚黄芪、皂角种子；③长命种子：寿命长于 15 年，特点是种皮坚韧致密，脂肪含量少，多为小粒种子。

（2）影响种子寿命的因素

1）内因　与种子的特性有关，如种皮结构、种子内贮藏物、种子含水量及种子成熟度都与种子寿命密切相关。其中，种子含水量是影响种子寿命的关键因素，在贮藏期间必须保证在安全含水量以内。

2）外因　种子生命活动是在一定的温度、湿度和氧气条件下进行的，这些外部因素直接影响种子寿命。温度增高会加速代谢，缩短种子寿命；温度过低，则种子进入休眠甚至死亡。空气相对湿度越高，种子含水量增加越快，不利于贮藏。采用气调法降低空气中的氧气浓度可延长种子寿命。微生物的存在会导致种子腐烂，入库和播种前严格消毒灭菌可以保证种子安全和顺利萌发。一般来讲，贮藏时间越长，种子发芽率越低，所以生产上应尽量采用新鲜种子。

（3）种子的贮藏方法　分为干藏和湿藏两大类。

1）干藏法　是将干燥种子贮藏于干燥的环境中。凡是含水量低的种子均可以采用此法贮藏。①普通干藏法：是将充分干燥的种子装入袋、桶、箱等容器内，放在经过消毒的凉爽、干燥、通风的贮藏室、地窖、仓库内，一般适用于短期贮藏的种子，大多数种子都可用此法。②低温干藏法：是将贮藏温度降至 0 ～ 5℃，相对湿度维持在 50% ～ 60%，种子充分干燥后可贮藏一年以上。③密封干藏法：将种子装入容器中密封，容器内可放氯化钙、生石灰、木炭等吸水剂，贮藏在室内或低温种子库中，可使种子寿命延长 5 ～ 6 年，一般用于长期贮藏或普通干藏、低温干藏易丧失发芽力的种子。

2）湿藏法　是将种子存放在湿润、低温、通气的环境中，使种子保持一定的含水量和通气条件，以保持种子的生命活力，还可以逐渐解除种子休眠，为发芽奠定基础。此法适用于含水量高或休眠期长、需要催芽的种子。①室内堆积：种子数量少时，可将种子和 3 倍量湿沙混拌后堆积于室内（堆积厚度 50cm 左右），上面可再盖一层 15cm 厚的湿沙，也可将种子混沙后装在木箱中贮藏。②室外堆积：种子数量多时，可在室外选择适当的地点挖坑，其位置在地下水位之上，先在坑底铺一层 10cm 厚的湿沙，随后堆放 40 ～ 50cm 厚的混沙种子（沙：种子＝ 3：1），种子上面再铺放一层 20cm 厚的湿沙，最上面覆盖 10cm 的土，坑中央竖插一小捆高粱秆或其他通气物，使坑内种子透气，防止温度升高致种子霉变。贮藏期间须保持一定湿度和 0 ～ 10℃低温，定期翻动检查。如遇反常的温暖天气，或贮藏末期温度突然升高，可能导致种子提前萌发，此时应及时将种子取出并放入冰箱或冷藏室，以免芽生长过长影响播种。

（二）种子品质检验

药用植物种子品质检验就是应用科学的方法对生产用种进行细致的检验、分析、鉴定，以判断其品质优劣。种子品质包括品种品质和播种品质。种子品质检验包括田间检验和室内检验两部分。田间检验是在药用植物生长期内，到良种繁育田内进行取样检验，检验项目以纯度为主，其次为异作物、杂草及病虫害等。室内检验是在种子收获（含脱粒）干燥后，到晒场、收购现场或仓库进行抽样检验，检验包括净度、含水量、千粒重、发芽力、生活力、病虫害等。其中净度、含水量、千粒重、发芽力、生活力及纯度是主要检验指标。

1. 种子净度　又称种子清洁度，是指样品中去掉杂质和废种子后，纯净种子的重量占所测样品总重量的百分数。净度是种子品质的重要指标之一，是计算播种量的必需条件。净度高，品质好，使用价值高。

2. 种子含水量　是指种子中所含有水分的重量占种子总重量的百分率。

3. 种子千粒重　又称种子饱满度，是指风干状态下 1000 粒种子的绝对重量，以克为单位。同一药用植物千粒重大的种子，饱满充实，贮藏的营养物质多，结构致密，能长出粗壮的苗株。千粒重是种子品质的重要指标之一，也是计算播种量的依据。

4. 种子发芽力 包括发芽率和发芽势。发芽率是指发芽终期的全部正常发芽种子粒数占供检种子粒数的百分率。发芽势是指在规定日期内的正常发芽种子粒数占供检种子粒数的百分率。

5. 种子生活力 是指种子发芽的潜在能力，或种胚所具有的生命力。通常采用红四氮唑（TTC）染色法、靛红染色法等快速检验种子生活力。

6. 种子纯度 所谓纯度，通常是指品种类型一致的程度。它是根据种子外观和内部状况来确定的。凡是一批种子混杂异品种愈少，则一致性愈高，种子纯度愈高。

（三）种子休眠特性与播前处理

1. 种子休眠特性 种子休眠是指在一定的时间内，具有活力的成熟种子（或者萌发单位）在任何适宜的物理环境因子（温度、光照 / 黑暗）的组合下仍不能萌发的现象。种子休眠是一种正常现象，是植物抵抗和适应不良环境的一种保护性生物学特性。当种子从母株脱落后，在适宜条件下充分吸胀后不能萌发，称为初生休眠，而能萌发则为非休眠。非休眠种子和完成后熟的种子在不适宜的条件下，又可能导致休眠，称为次生休眠。

种子休眠类型及相应的休眠解除方法 Nikolaeva 发现种子形态学和生理学的性质决定休眠的类型，Baskin 在其基础上提出一种较为完备的种子休眠分类体系，分为生理休眠、形态休眠、形态生理休眠、物理休眠和联合休眠（生理 + 物理）五大类。

1）物理休眠及解除方法 指有些种子的种皮（广义的种皮尚可包括果皮及果实外的附属物）具有一层或多层栅栏细胞，透水透气性差，阻止抑制物质逸出，减少光线到达胚部等作用引起的休眠，常见于豆科、漆树科、旋花科、锦葵科、睡莲科、鼠李科和无患子科等植物种子中。可采用人为损伤、机械损伤、压力、碰撞、硝酸钾或者浓硫酸腐蚀法、热处理等方法来解除此类种子的休眠。

2）生理休眠及解除方法 由于萌发抑制物质（可能来自胚、胚乳、种皮等）的存在而引起的休眠，广泛存在于紫草科、十字花科、石竹科、大戟科、唇形科、禾本科、蔷薇科和玄参科等植物的种子中。可采用冷层积（0～10℃），或暖层积（>15℃）处理，或赤霉素处理，或种皮损伤等方法来解除此类种子的休眠。

3）形态休眠及解除方法 由于胚未分化，或胚已分化但未发育完全而引起的休眠，前者如龙胆科、兰科等植物的种子，后者如伞形科、五加科、木兰科等植物的种子。此类种子一般仅需要一段时间让胚生长至足够的体积便能萌发。

4）形态生理休眠及解除方法 指同时具有形态和生理休眠的休眠（一般不包括胚未分化的种子），如毛茛科、罂粟科、小檗科等植物的种子。此类种子萌发前需要进行休眠解除的预处理，且所需时间较长，解除方法同生理休眠。

5）综合休眠及解除方法 由于种皮障碍和萌发抑制物质的存在，共同导致的种子休眠，如山茱萸，可采用浓硫酸、赤霉素及冷层积与暖层积混合处理等方法来解除休眠。

2. 种子播前处理 是指在播种之前，采用不同的方法对种子进行的处理。它可以提高种子活力，刺激种子萌发和促进幼苗生长，防止病虫害的危害，防止种子衰老劣变，节约用量和方便播种。当前种子处理的方法可归纳为物理、化学、生物处理与种子包衣四大类。

（1）物理因素处理

1）机械损伤 是利用搓擦等机械方法损伤种皮，使难透水、气的种皮破裂，增强透性，促进种子萌发。

2）浸种 采用冷水、温水或冷、热水变温交替浸种，不仅能使种皮软化，增强透性，促进种子萌发，而且还能杀死种子内外所带病菌，防止病害传播。不同种子浸种的时间和水温不同，如穿心莲种子在37℃温水中浸24小时，能显著促进发芽。

3）层积处理　分为低温层积处理和变温层积处理。低温层积处理是指在低温环境下（通常3～5℃），将种子和沙分层堆积的一种种子处理方法，可以有效打破种子的胚休眠。变温层积处理是指用高温与低温交替进行催芽的一种种子处理方法。先用高温（15～25℃），后用低温（0～5℃），必要时再用高温进行短时间催芽。采用低温层积时需要的时间长，变温层积处理则需时短且效果好。

4）射线处理　指用α、β、γ、x射线、激光等低剂量（2.58×10^{-2}～2.58×10^{-1}C/kg）辐照种子的处理方法。此外，还有红外线和紫外线处理、电场和磁场处理等方法。

（2）化学物质处理

1）药剂处理　由于不同的种子所带病菌不同，处理时应合理选用药物。药剂浸种或拌种防治病虫时，需严格掌握药剂浓度和处理时间。药剂处理的方法主要有浸种、拌种、闷种、熏蒸、低剂量半杀虫、热化学法、湿拌法等。

2）植物生长调节剂处理　用植物生长调节剂，如吲哚乙酸、赤霉素、α－萘乙酸、2,4–D等，若使用浓度和浸种时间合适，能显著提高种子发芽率和发芽势。

3）微量元素处理　以适宜浓度的微量元素浸种或拌种，可促进种子萌发。目前广泛施用的微肥有硼、铜、锌、锰、钼等。

（3）生物因素处理　通过增加土壤有益微生物，把土壤和空气中植物不能利用的元素，变成植物可吸收的养料，促进植物的生长发育。常用的菌肥有根瘤菌剂、固氮菌剂、磷细菌剂和"5406"抗生菌肥等。

（4）种子包衣　利用黏着剂，将杀菌剂、杀虫剂、染色料、填充剂等非种子材料黏着在种子表面，使种子成球形或基本保持原有形状的一项种子处理新技术。可以提高种子的抗逆性、抗病性，加快种子发芽，促进成苗，增加产量，提高质量。分为种子包膜、种子丸化。

（四）直播、育苗与移栽

1. 直播　即将种子直接播于大田生长直至收获。该种方法省工，省力，成本低，管理方便。适宜于籽粒较大，发芽容易，发芽率高，幼苗期不需要特殊管理，苗期生长快，生育期较短的药用植物。大多数一年生及多年生药用植物可以采用此法播种，如蛇床、红花、白芷、柴胡等。

（1）播种量　是指单位面积土地播种种子的质量。计算播种量的依据是：单位面积（或单位长度）的产苗量；种子品质指标，如种子纯度（净度）、千粒重、发芽势；种苗的损耗系数等。

播种量（g/亩）= 损耗系数（C）×［每亩需要苗株数 × 种子千粒重（g）］/［种子净度（%）× 种子发芽率（%）×1000］

损耗系数因物种、圃地的环境条件及育苗的技术水平而异。大粒种子（千粒重在700g以上），C＝1；中、小粒种子（千粒重在3～700g之间），$1<C\leq5$；极小粒种子（千粒重在3g以下），C＝10～20。

（2）播种期　药用植物发芽所需的温度范围不同，最低温度也各异，当土温达到某一药用植物的发芽最低温度即可播种。通常以春、秋两季播种为多，一般喜温耐热、生长期较短的一年生草本和无休眠期木本植物宜春播，如荆芥、白术等。而喜凉、耐寒性强的植物，或有休眠特性的种子宜秋播，如桔梗、珊瑚菜、厚朴等。由于我国各地气候差异很大，同一种植物在不同地区，其播种期也不一样，如红花在南方宜秋播，而在北方则多春播。因此，播种期应根据植物的生物学特性和当地气候条件而定，做到不违农时，适时播种。

（3）播种深度　播种深度与药用植物种类、种子大小及其生物学特性、土壤状况、气候条件等多种因素有关。播种过深，延迟出苗，幼苗瘦弱，根茎或胚轴伸长，根系不发达；播种过浅，表土易干，不能顺利发芽，造成缺苗断垄。种子大的可适当深播，反之则宜浅播；质地疏松土壤可适当深播，黏重板结土壤则要浅播；气候寒冷、气温变化大、多风干燥地区要稍深播，反之则应浅播。种子覆土厚度一般为种子大小的 2 ～ 3 倍，覆土要细，畦面需保持湿润。

（4）播种方法　可分为点播（穴播）、条播和撒播，应根据各种药用植物的生物学特性、土地情况和耕作方法等来选择适当的方法。一般苗床育苗以撒播、条播为好，田间直播则以点播、条播为宜。

1）点播　又称穴播，是按一定的株行距在畦面挖穴播种的方式。每穴播种子 2 ～ 3 粒。待种子发芽出苗后，保留一株生长健壮的幼苗，其余的除去或移作补苗用。该法只适用于大粒种子。

2）条播　适应于中、小粒种子，是按一定的行距将种子均匀撒在播种沟中。该法便于抚育和机械化作业，节约种子，受光均匀，通风良好，幼苗生长健壮，在生产中应用较为普遍。

3）撒播　是将种子均匀地播种于苗床或垄上的播种方法。该法操作简便，节省劳力，但抚育管理不便，通风透光性差，有时会降低苗木抗性及质量。出苗后，通过间苗保持适宜密度。

2. 育苗　是指在苗圃、温床或温室里培育幼苗，以备移植至大田中去栽种。适宜于种子极小，苗期需要特殊管理或生育期很长，或在生长期较短的地区引种需要延长生育期的种类，应先在苗床育苗，然后移植到大田，如人参、丹参、白术等。大部分木本药用植物也应采用育苗移栽法，如贴梗海棠、杜仲等。

育苗方式很多，大致可分为保护地育苗、露地育苗、无土育苗等。育苗地要选背风向阳、光照充足、土壤肥沃、地势平坦、排灌方便，便于运输的生茬地。苗床管理要注意水分和温度调控，以及苗期追肥，间、定、炼苗，病虫害防治。

3. 移栽　是指播种后经过一段时间的育苗，当苗长到一定高度或一定大小时就应考虑移栽。移栽要及时，一般草本药用植物在幼苗长出 4 ～ 6 片真叶时移栽，木本药用植物则须培育 1 ～ 2 年才能移栽。移栽时期应根据药用植物种类和当地气候而定，木本药用植物一般以在休眠期及大气湿度大的季节移栽为宜；草本药用植物除严寒酷暑外，其余时间均可移栽。移栽应选择阴天无风或晴天傍晚进行。移栽时，如果床土较干燥，须先行浇水，使土壤松软，便于起苗，带土移栽更易成活。草本药用植物移栽时，应先按一定株行距挖穴或沟，然后直立或倾斜栽苗；根系要自然伸展，不要卷曲；覆土要细，并要压实，使根系与土壤紧密结合；仅有地下茎或根部的幼苗，覆土应将其全部掩盖，但必须保持顶芽向上；移栽后立即浇定根水，以消除根际空隙，提高土壤毛细管的供水作用。木本药用植物采用穴栽，一般每穴只栽 1 株，穴要挖深、挖大，穴底土要疏松细碎；穴挖好后，直立放入幼苗，去掉包扎物，使根系伸展开；先覆细土，约为穴深的 1/2 时，压实后用手握住主干基部轻轻向上提一提，使土壤能填实根部的空隙，然后浇水使土壤润透，再覆土填满，压实，最后培土至稍高出地面。

第二节　药用植物良种选育与繁育

选育良种是药用植物栽培中的一项重要增产措施，多年来人们在长期的生产实践中培育出了很多药用植物优良品种，如人参的大马牙、二马牙，浙贝母的铁杆型、细叶种、轮叶种、大叶种和多子种，地黄的金状元、小黑英、白状元等。优良品种大面积推广后，可充分发挥其优良种性，实现不增加劳动成本也可获得较高收成的目的，对于促进中药材生产发展具有十分重要的意义。

一、种质基本特性

种质是决定生物遗传性状，并将遗传信息从亲代传递给子代的遗传物质，它是决定药用植物产量与质量的重要因素。种质一致的药用植物群体为品种，它往往是经过长期的自然选择与人工筛选而形成的。所谓优良品种是指在一定区域范围内表现出活性成分含量高、品质好、产量高、抗逆性强、适应性广、遗传稳定等优良特性的品种。种质资源是指具有实用或潜在实用价值的任何含有遗传功能的材料，可用于保存与利用的一切遗传资源，包括野生种、野生和半野生近缘种、栽培品种（类型）以及生产中人工创造的品种资源（包括杂交、诱变所育成的新品种或中间材料）等。蕴藏种质的绝大部分材料是种子，也包括根、茎、芽等营养器官，以及愈伤组织、分生组织、花粉、细胞、原生质体，甚至DNA片段等。

二、种质收集与整理

（一）种质收集

我国的药用植物种质资源十分丰富，良种选育工作首先应深入实地调查，广泛搜集种质资源。种质资源搜集的方法有：考察搜集、通讯征集、市场购买、交换资源等，现多以实地考察为主，应充分利用现代信息手段，以降低种质资源搜集成本。采集或收集药用植物种质资源时，应做好原始采集记录，包括采集或收集地点、时间、采集或收集人姓名、原品种或材料名称、采集部位等。

（二）种质整理

对收集到的药用植物种质资源应进行系统的整理、鉴定和评价，为良种选育材料的选择和种质资源的利用提供科学的依据。主要包括以下几方面的内容。

1. 植物学分类鉴定　在采集地观察与记录植株根、茎、叶、花、果、种子等的性状特征，根据植物形态特征查阅分类检索表，确定植物科名、拉丁名等。

2. 生物学特性观察与评价　在种质资源圃仔细观察种质材料的生长发育规律，包括对种子萌发速度、萌发时间、拔节、开花、果实成熟时间等的观察与记录，对生物学特性的观察主要包括材料对环境的各种适应性和农艺性状表现，如抗病性、抗虫性、抗逆性（抗旱、抗寒、耐涝、耐瘠、耐酸碱、耐盐性等）和产量表现，以对种质进行生物学评价。

3. 药用价值评价　采用多种方法与技术，结合药材质量标准中的各项检测指标，对种质材料的药用部位分别进行鉴别、检查与含量测定，对种质的药用部位的产量、活性成分种类与含量做出正确的评价。

4. 遗传学分析　采用分子生物学遗传标记技术，对种质的遗传信息进行收集与遗传多样性分析，并据此对材料的生物学分类做出进一步的修正。

三、种质保存

为防止搜集到的种质资源流失，要利用天然或人工创造的适宜环境进行妥善保存，使之能维持样本的一定数量，保持各样本的生活力和原有的遗传变异性，便于研究和利用。目前，常用的种质资源保存的方法有以下几种方式。

（一）活体保存

包括自然保护区的就地保存和药用植物园、种质资源圃等的迁地保存。

（二）离体保存

绝大多数药用植物的种子是可以耐受脱水的正常型种子，可将其分别置于相对湿度50%以下的-4℃或-18℃的低温库中进行中、长期保存，种子入库时含水量10%～12%。少数药用植物的顽拗型种子、花药、悬浮细胞、原生质体和愈伤组织等经处理后，可放入超低温冰箱（-80℃）或液态氮（-196℃）中进行超低温保存。

（三）基因文库保存

基因文库是来自某生物的不同DNA序列的总集，这些DNA序列被克隆进载体以便于纯化、贮存与分析。基因文库保存是从植物中提取大分子质量的DNA，用限制性内切核酸酶切成许多的DNA片段，再通过载体把DNA片段转移到繁殖速度快的大肠杆菌中，通过大肠杆菌的无性繁殖，增殖成大量可保存在生物体中的单拷贝基因，当我们需要某个基因时，可以通过某种方法去“钓取”获得。这样建立起来的基因文库不仅可长期保存该种类的遗传资源，而且还可以通过反复的培养繁殖、筛选获得各种基因。

四、良种选育与复壮

目前，大多数药用植物品种没有经过严格、科学的选育，所谓品种大多是地方品种、农家品种、生态型、化学型等，且普遍存在品种相互混杂、种性不纯等问题，严重影响着中药材的质量和产量。栽培条件下的药用植物品种不断发生变化，良种也在不断变化。因此，良种选育与复壮是药用植物栽培生产中一项长期工作。

（一）良种选育

药用植物品种选育应充分利用自然界生物多样性，即利用同一物种由于长期的自然选择和人工选择形成的具有一定特色的种质资源，不同种质资源在植株高度、抗性、产量性状、有效成分含量等方面都会有较大差异，育种工作者可以利用这些差异，通过一定的育种程序，尽可能克服不利性状，把生产上需要的优良性状综合到新品种中去。药用植物常用的良种选育方法有以下几种。

1. 选择育种　是从现有的天然或人工群体出现的自然变异类型中，选择优异植株繁殖成株系进而育成新品种的方法。选择育种是药用植物育种最简易、快速、有效的方法。常用的有个体选择法和混合选择法。

（1）*个体选择法*　根据育种目标从原始群体中选择优良单株，分别留种、播种，经过鉴定比较而育成新品种（品系）。只经过一次选择的称为一次个体选择法，如果在一次个体选择的后代中，性状还不一致，需要经过两次以上的选择，称为多次个体选择法。个体选择法简单易行，见效快，便于群选群育，能准确选择最好类型，且性状较一致，但周期长，费力、费时。

（2）混合选择法　从天然或人工栽培群体中，选择性状相对一致的优良单株，混合采集繁殖材料、混合种植，与原品种或对照品种进行比较的一种选择方法。经过一次选择的称为一次混合选择法。要经过两次以上选择的，称为多次混合选择法。混合选择法简单易行，能迅速分离出优良类型，但易使性状不纯。现多采用改良混合选择法，即上两者的结合，一般先进行 1 ～ 2 次的混合选择，使个体处于一致，再进行单株选择，随后再以株系取舍。

2. 杂交育种　是由两个不同类型或基因型品种杂交，将不同亲本的优良性状组合到杂种中，进行定向培育和选择以育成新品种的方法。杂交育种的关键是亲本的选择，应尽可能选用优点多且双方优缺点又能互补的亲本。杂交育种方式有单交、复交及回交等。

（1）单交　即将两个遗传性不同的品种进行杂交。如甲、乙两品种杂交，甲作母本，乙作父本，可写成甲（♀）× 乙（♂），一般常写成甲 × 乙。

（2）复交　是指两个以上品种的杂交，即甲 × 乙杂交获得杂种一代后，再与丙杂交。可综合多数亲本的优良性状。

（3）回交　由杂交获得的杂种，再与亲本之一进行杂交，称为回交。用作回交的亲本类型称为轮回亲本。通常为了克服优良杂种的个别缺点，更好发挥它的经济效果时，采用回交是容易见效的。

杂种后代的处理是杂交育种的关键，目前较常用的方法有系谱法和混合法。当杂种稳定后，开展品种比较试验，从而选育出理想的新品种。

3. 诱变育种　是指利用物理或化学因素诱发药用植物产生变异，并从中选育新品种的方法。该技术在一定程度上提高了突变频率，扩大了变异范围，从而加快了育种速度，已被广泛地应用于作物育种实践中。

（1）化学诱变　就是利用化学诱变剂处理药用植物的种子、花粉、营养器官及愈伤组织等，诱发植物遗传物质的突变，从而创造新的种质。其特点是：经济方便；有一定专一性，可实现定向突变；多造成基因点突变。常用的化学诱变剂有烷化剂、叠氮化钠、核酸碱基类似物等。诱变处理方法有浸渍法、涂抹或滴液法、注入法、熏蒸法、施入法等。影响化学诱变效应的因素有诱变剂种类、材料的遗传类型和生理状态、处理浓度和处理时间、温度、溶液 pH 值及缓冲液使用等。

（2）物理诱变　就是利用 X 射线、γ 射线、β 射线、中子流等高能电离辐射或紫外线、激光等非电离辐射处理植物的种子、植株、器官或花粉等，使植物体产生遗传性变异，再从变异中选择培育出新品种的一种方法，分为辐射诱变育种和激光诱变育种等。辐射诱变在药用植物育种中应用的相对较多，如用快中子或 γ 射线照射延胡索块茎，不仅提高了保苗率和块茎繁殖率，而且还使当代和第二代产生了连续增产效应。

（3）空间诱变　又称为太空育种、航天育种，就是将植物种子或器官放到返回式航天器上，利用宇宙的强辐射、高真空、微重力、超洁净、大温差和交变磁场的特殊环境，诱导植物变异，返回地面后，进行培育、筛选优良品种的方法。与常规育种方法相比，空间诱变育种具有诱变频率高、变异幅度大、有益变异多、育种程序简单、变异稳定快等特点。变异性状主要表现为株形变异，分蘖变异，穗形、果形、粒形变异，化学成分变异，抗病、抗旱、抗涝能力变异等。

此外，作物现代育种技术还有倍性育种、体细胞杂交育种和分子标记辅助育种等。

（二）良种复壮

1. 品种混杂退化原因 品种混杂退化是指某一品种投入生产使用后，经过一段时间发生的混入同种植物其他品种的种子，或失掉原有的优良遗传性状的现象。品种混杂退化的根本原因是由于缺乏完善的良种繁育制度，如未采取防止混杂、退化的有效措施，对已发生的混杂、退化不注意去杂、去劣，以及未正确地选择种植区域和合理地进行栽培等。具体来说有以下几方面的原因。

（1）机械混杂 在种子处理、播种、移栽、收获、脱粒、加工、包装、入库、运输及贮藏等生产和流通环节，由于不严格遵守操作规程，人为地造成其他品种种子、种苗混入。此外，不同品种连作时，前茬自然落粒，或使用未充分腐熟的有机肥料中带有的种子也都会造成机械混杂。

（2）生物学混杂 有性繁殖药用植物在开花期间，不同品种间发生了自然杂交所造成的混杂称为生物学混杂。生物学混杂使别的品种基因混杂到良种中，形成了新的杂种，使得品种变异，品种种性改变，造成品种退化。生物学混杂以异花授粉植物较为普遍。

（3）自然突变 在自然条件下各种植物都会发生自然突变，多数是不利的，从而造成品种退化。

（4）长期无性繁殖 一些药用植物长期采用无性繁殖，植株得不到复壮的机会，致使品种生活力下降。

（5）留种不科学 一些生产单位在留种时，由于不了解选择目标和不掌握被选择品种的特性，致使选择目标偏离原有品种的特性。

（6）病毒感染 一些无性繁殖药用植物，留种时由于以带有病毒的繁殖材料进行种植，从而引起品种退化。

（7）环境因素 优良品种都有一定的区域适应性，并要在特定的栽培管理条件下才能正常生长发育，因此不适当的栽培技术和不合适的生长环境都会引起品种退化。

2. 提纯复壮方法 任何优良品种都应根据品种混杂退化的原因，及时采取措施去杂保纯，防止品种退化。

（1）选优更新 是指对推广已久或刚开始推广的品种进行去劣选优。具体方法有：

1）单株选择法 是指根据优良品种的特征、特性进行株选。在种子接近成熟时，在留种田中选择生长旺盛、抗逆性强、产量性状好的典型优良单株作种，按照生产上对种子的需求量，安排单株选择数量。为提高选择效果，还可将选得的材料在室内复选一次后作为下一年度种子田的用种。

2）穗（果）行提纯复壮法 在植株种子接近成熟时，选择生长旺盛、抗逆性强、产量性状好的足量单株，经室内复选一次后脱粒（取种），分别贮藏。当年或翌年将入选的种子经严格精选处理后进行种植，在生长关键环节选定具有本品种典型特征或典型性状、生长整齐和成熟一致的单株穗（果）。将当选的单穗（单果）进行编号，在下年种成穗（果）系圃。经第二年比较试验后，将当选穗（果）系收获后进行混合脱粒（取种），供种子田或繁殖田用种。

3）片选法 在种子田或品种纯度高、隔离条件好、生长旺盛一致的田块里，进行多次去杂、去劣，待种子成熟后，将除杂过的所有种子混收，供种子田或繁殖田用种。

（2）严防混杂 在良种选育过程中，必须做好防杂保纯工作，防止品种机械混杂和生物学混杂。

（3）改变繁殖方法 这是无性繁殖药用植物在栽培上经常采用的复壮措施。

（4）改变生育条件和栽培条件　任何品种长期种植在同一地区，其生长发育受当地不利环境因素的影响，优良特性会逐渐消失。因此，改变种植地区，改善土壤条件，以及适当改变或调整播种期和耕作制度等都可以提高种性。

五、良种繁育

良种繁育是良种选育工作的重要组成部分。对于培育出的新品种，只有迅速生产出质量好、数量足的种子才能在生产上快速推广。对已经推广的品种，正确地进行良种繁育，保持优良种性和品种纯度，才可使优良品种长期用于生产。因此，良种繁育是品种选育工作的继续和新品种推广的基础，是保证育种成果和长期发挥良种优势的重要措施。

（一）良种繁育程序

包括原种生产、原种繁殖和大田用种繁殖等。

1. 原种生产　原种是指育成品种的原始种子或由生产原种的单位生产出来的与该品种原有性状一致的种子。原种的标准为：①符合新品种的三性要求，即一致性、稳定性和特异性。在田间生长整齐一致，纯度高，一般农作物品种纯度不小于99%。由于药用植物种类繁多，不同药用植物品种基础条件差异很大，因此很难定出统一的纯度标准，有条件的药用植物新品种纯度应与农作物要求看齐。②与生产上应用的品种相比，原种植株的生长势、抗逆性、产量和品质等都不降低，或略提高。③种子成熟充分、饱满、发芽率高，无杂质和其他种子。原种生产应该有严格的程序和制度，在确保其纯度、典型性、生活力等指标的同时，加速种子繁育进程，及时为生产提供优质良种。目前生产原种的方法有原原种和“三圃法”两种方法。

2. 原种繁殖　由于培育出的原种数量往往满足不了种子田用种需求，必须进一步繁殖原种，以扩大原种种子总量。原原种经一代繁育获得原种，原种繁育一次获得原种一代，繁育二次获得原种二代。原种繁育时要设置隔离区，以防止混杂。

3. 大田用种繁殖　是指在种子田将原种进一步扩大繁殖，为生产提供批量优质种子。常用的方法有一级种子田良种繁殖法和二级种子田良种繁殖法。一级种子田良种繁殖法是指将种子田生产的优质种子用于下一季的种子田种植，而种子田生产的大部分种子经去杂、去劣后直接用于大田生产。二级种子田良种繁殖法是指将种子田生产的优质种子用于下一季的种子田种植，种子田生产的大部分种子经去杂、去劣，在二级种子田中繁殖一代，再经去杂、去劣，然后种植到大田。一般在种子数量不够、又急需用种时采用二级种子田良种繁殖法，但采用此法生产的种子质量相对较差。

（二）良种推广

1. 区域性试验　是指在较大范围内对新品种的丰产性、稳定性、适应性和品质等进行系统鉴定，为新品种（系）的推广应用区域划定提供科学依据。同时要在各农业区域相对不同的自然、栽培条件下进行栽培技术试验，使良种有与之相适应的良法。区域性试验应根据该种药用植物的分布、中药区划和品种特点，按照自然条件和当地的栽培制度，划分几个农业区，然后在各区域内设置若干个试验点开展试验研究。每个试验点按一般品种比较试验设置小区试验和重复，同时加强田间管理，以提高试验的精确性。

2. 生产示范试验　是在较大面积条件下，对新品种进行试验鉴定。试验地面积应相对较大，试验条件与大田生产条件基本一致，土壤地力均匀。设置品种对照试验，并要有适当的重复。生产示范试验可以起到试验、示范和繁殖种子的作用。

3. 栽培试验　一般是在生产示范试验的同时，或在新品种决定推广应用以后，就几项关键技术措施进行试验以进一步了解适合新品种特点的栽培技术，为大田生产制订合理的栽培技术措施提供科学依据，做到良种良法共同推广。

4. 品种审定与推广　完成上述试验，并达到国家或省级品种审定标准的新品种需申请国家级审定和一至多省（自治区、直辖市）的省级审定。经审定合格的新品种，划定推广应用区域，编写品种标准（包括品种来源、特征特性、产量性状、品种性状、适宜推广应用区域、栽培技术要点以及制种技术等），然后就可以进行大面积推广。新品种只能在适宜推广应用的区域内种植，不得越区推广。

六、种子种苗质量标准

《中华人民共和国种子法》中所称的种子是指药用植物种植材料或者繁殖材料，包括籽粒、果实、根、茎、苗、芽、叶、花等。种子质量分为品种品质和播种品质两方面。品种品质是指种子的内在价值，如品种真实性和种子纯度。播种品质是指种子净度、饱满度、千粒重、发芽率、生活力、含水量、病虫感染率等。目前，我国中药材种子种苗标准制定工作相对滞后，极大地影响着中药材种子种苗市场的监管，制约着中药现代化、标准化进程的推进。

（一）标准类别

中药材种子种苗标准根据制定标准的部门和标准适用程度的不同，可分为国际标准、国家标准、行业标准、地方标准、团体标准等。国际标准由国际标准化组织（ISO）制定，供全世界统一使用。国家中医药管理局负责中药材国家标准制定与管理，国家标准代号为“GB”。地方标准由各地县级及以上农业局农作物种子管理部门组织高校、科研院所和企业专家编制，由各省（市）质量技术监督局发布并主管，国家标准化管理委员会备案公告，地方标准在当地有效，地方标准代号为“DB”。团体标准由中华中医药学会（CACM）组织审查立项、审批并发布，标准代码为T/CACM。

（二）标准内容

种子标准涉及种子生产、加工、检验、贮藏和包装等，包括品种标准、种子生产标准、种子质量标准以及种子包装、贮藏、运输环节的标准等一系列的规程和标准。品种标准包括品种的特异性、一致性和稳定性测定标准、品种特征特性描述标准以及品种农艺性状测定标准等。种子生产标准包括种子生产技术规程，种子精选加工包装标准、种子标签标识规定等。

1. 种子质量标准　药用植物种子质量标准包括范围、规范性引用文件、术语和定义、种子分级标准和种子检验以及包装、标识、运输与贮存等内容，其中种子检验包括扦样、真实性和品种纯度鉴定、净度分析、水分测定、发芽试验、千粒重测定、生活力测定以及健康检查等。

2. 种苗质量标准　药用植物种苗质量标准包括范围、规范性引用文件、术语和定义、分级要求（包括外观、检疫和质量分级要求）、检测方法、检测规则以及包装、标识、运输与贮存等内容。以种茎作繁殖材料的质量标准可依据单株重量或根茎重、芽苞基部直径或须根数、顶芽状况、外形、表皮、颜色等进行分级，实生种苗质量标准可依据种苗的高度、根粗、主根长度、单株重量等进行质量分级。

第三节　药用植物野生抚育与引种驯化

药用植物种类繁多，完全依靠人工栽培来满足需要的品种却不多，许多尚未实现人工种植的野生药用资源的开发已提上日程。在这个过程中，怎样合理利用野生资源，怎样进行高效引种，是摆在我们面前的问题。此外，通过对药用植物种植生境需求进行分析发现，野生环境与栽培环境条件相比，野生环境更有利于药用植物品质和抗逆性的提高。因此，在大田单一栽培的种植模式下积极探寻多种栽种模式，逐渐优化形成最优种植模式是获得高品质药材的必由之路。

一、野生抚育

所谓野生抚育是根据药用植物生长特性及其对生态环境条件的要求，在其原生或相类似的环境中，人为或自然增加种群数量，使其资源量达到能为人们采集利用，并能继续保持群落结构稳定而达到可持续利用的一种生产方式。虽然药用植物野生抚育的概念近些年才被提出，但其实践历史已有几百年之久了，如300年前清朝在长白山地区的山参封育，以及近年来流行的林下栽培黄连、天麻仿野生栽培等都属于抚育的范畴。此外，在药用植物自然生态群落环境的条件下进行的种群扩增和保护都可认为是抚育的范畴。

（一）野生抚育的意义

药用植物野生抚育在药材生产方面有着很好的发展前景，不仅可以解决人工栽培植物抗逆性差、病虫害发病率高等问题，也可以减少生产过程中化肥和农药的投入，从而提供近乎无污染、品质高的绿色药材。与普通的农业生产相比，有效地解决了药材采集与资源更新、当前利益与长远利益之间的矛盾，能较好保护珍稀濒危药用植物，促进中药资源的可持续利用。总结起来，药用植物野生抚育具有如下意义。

1. 提高药材品质，保证道地性　野生抚育药用植物可以使其在原生环境中生长，在此过程中，野生药用植物经受高温、冷冻、干旱、紫外辐射等环境胁迫，单位面积产量较低，但抗逆性强，品质高；此外，人为干预少，种群密集度低，不易发生病虫害；由于栽种地基本远离污染源，产品为近乎天然的野生药材，也保证了药材的本性与道地性。如利用野生资源在原生地进行野生连翘抚育，不仅不会影响药材的质量和道地性，对野生资源和生态环境也算是一种保护，最重要的是，人工抚育使连翘林的生产效率和资源利用率有较大的提高，实现了低投入高回报。

2. 保护珍稀濒危药用植物，促进药用植物资源可持续利用　物种保护的主要措施有就地保护和迁地保护。就地保护是物种保存最为有力和最为有效的保护方法，它不仅保持了物种正常的生长发育、物种在原生环境下的生存能力及种内遗传变异度，还保护了包括物种、种群和群落的整个生态环境。野生抚育是药用植物资源迁地保护、就地保护及栽培三者的有机结合。通过合适的药用植物采挖方法，种群自然繁殖或及时补种，实现了抚育药用植物种群的可持续更新，较好地保护了珍稀濒危药用植物及其生物多样性。如铁皮石斛的人工抚育。

3. 保护药用植物资源生态环境　野生抚育模式下药用植物采挖和生产是在生物群落动态平衡的基础上进行的，野生抚育基地药用植物所有权专有化克服了野生药用植物滥采滥挖对生态环境的严重破坏，实现了药用植物生产与生态环境保护的协调发展。为了追求利益，之前参农采取伐林开荒进行搭棚种植人参的生产方式，造成大面积的林地被毁，生态环境遭到破坏，水土流失严重。而且，人参的质量因生长环境的不同而表现出巨大差异。但是，作为“拟境栽培”的林下山参生产方式，能够在产量与质量之间达到一种较好的平衡，不仅能够满足人参生产需求，还能够保护产地的生态环境，是人参产业未来发展的重要方向。

4. 节约耕地，以低投入获取高回报 野生抚育不占用耕地，只在补种和药用植物生长过程中实施最低限度的人为干预，充分利用了药用植物的自然生长特性，大幅降低了人工管理费用，提高了经济效益。我国幅员辽阔，但大部分是山地丘陵。根据药用植物生活习性及生境的分布特点，更适合生长在林地、山地和荒坡地等环境，这就为发展药用植物林下种植及野生抚育、“拟境栽培”提供了可能。一方面，林地资源丰富，可为药用植物栽培提供充足的发展空间，满足生产需求；另一方面，可以为当地居民带来巨大的经济效益，辅助脱贫攻坚。

（二）野生抚育方式

药用植物野生资源抚育的基本方式包括封禁、人工管理、人工补种、仿野生栽培等。在生产实践中，因药用植物种类、药用植物所处的环境及技术研究状况不同，采用其中的一种或多种方式。

1. 封禁 是指以封闭抚育区域、禁止采挖为基本手段，促进目标药用植物种群的扩繁。即把野生目标药用植物分布较为集中的地域，通过各种措施封禁起来，借助药用植物的天然下种或萌芽增加种群密度。封禁措施可以多种多样，主要以划定区域、采用公示牌标示、人工看护、围封为主，如连翘、甘草的围栏养护等。

2. 人工管理 是指在封禁基础上，对野生药用植物种群及其所在的生物群落或生长环境施加人为管理，创造有利条件，促进药用植物种群生长和繁殖。人工管理措施因药用植物不同而异，如五味子需要采取育苗补栽、搭设天然架、修剪、辅助授粉及施肥、灌水、松土、防治病虫害等管理措施。

3. 人工补种 是指在封禁基础上，根据野生药用植物的繁殖方式，在原生地人工栽种种苗或播种，人为增加药用植物种群数量。如野生膜荚黄芪抚育采取人工撒播栽培繁育的种子等。

4. 仿野生栽培 是指在基本没有野生目标药用植物分布的原生环境或相类似的天然环境中，完全采用人工种植的方式，培育和繁殖目标药用植物种群。仿野生栽培时，药用植物在近乎野生的环境中生长，不同于药用植物的间作或套种。如林下栽培铁皮石斛、人参、天麻等。

二、引种驯化

植物的引种驯化是指通过人工栽培、自然选择和人工选择，使野生植物、外地或国外的植物适应本地自然环境和栽培条件，成为能满足生产需要的本地植物。引种与驯化是一个过程的两个不同阶段。引种是将野生植物移入人工栽培条件下种植或将一种植物从一个地区移种到另一地区；驯化则是通过人工措施使引入的植物适应新的生活条件。在此过程中，应充分细致地对药用植物的生长发育规律，生理、生态学特性，遗传变异规律，活性成分形成积累规律，人工栽培技术手段等进行研究。重视定向选育产量高、农艺性状好、抗性强、活性成分含量高、药材质量稳定的种质或品种，以满足药材生产的需要和现代社会对高质量药材的要求。

（一）引种驯化的意义

1. 丰富本地种质资源 某些药用植物在当地没有分布但十分必要且有可能驯化成功，如能开展引种驯化工作，就可以增加该地的中药资源种类。如砂仁等药用植物的引种驯化成功已经能满足国内市场的需要，改变了依赖进口的局面。

2. 扩大栽培范围，保护珍稀濒危药用植物　由于不合理采挖，有些野生药用植物资源逐年递减，甚至濒临灭绝。因此，除了实现野生中药资源的有效保护外，大力发展人工栽培也是保护珍稀药用植物的重要途径。

3. 发挥药用植物优良特性　通过引种可以使某些种或品种的药用植物在新的地区得到比原产地更好的发展，表现更为突出，产生更好的经济价值或科研价值。往往体现在活性成分含量增加，生长速度加快，产量提高，抗逆性增强等方面。

4. 以优良品种代替原品种　某些药用植物的本地品种可能具有生长缓慢、活性成分含量低、病虫害危害严重等缺点，经济效益差，通过引种优良品种有助于克服上述不利因素。

（二）引种驯化的方法与注意事项

1. 药用植物引种驯化方法

（1）简单引种　在相同的气候带（如温带、热带、亚热带、寒带）内或差异不大的环境条件下相互引种，称为简单引种。气温是影响引种成功的重要因素，同一纬度同一海拔条件下往往气温一致。因此，只需要提供合适的水分、湿度等条件就可以将相似气候带或相近环境条件下的物种进行相互引种。这种情况下，植株几乎不需要驯化，如把内蒙古的甘草引种到北京周边种植等。

（2）复杂引种　相互引种的两个地区气候差异较大，需要分阶段引种。如将萝芙木从海南引种到广东，再逐步引种到江浙一带。复杂引种也是一个逐步驯化的过程。

2. 药用植物引种驯化注意事项

（1）引种前需要掌握和了解药用植物生长地区的自然条件。如吴茱萸适宜在温带生长，黄连喜阴生，人参忌高温等。

（2）引种前需要掌握和了解欲引种药用植物的生物学和生态学特性。如五味子喜欢阴湿环境，小苗需要遮阴，引种时需要育苗移栽，否则直接播种不能出苗。

（3）引种前需要掌握和了解药用植物的分布情况。自然分布区较广的植物适应性较强，引种容易成功，如桔梗、薄荷、紫菀等在不同地区相互引种或者野生变家种都比较容易成功；自然分布区较窄的植物特别是热带性强的植物，对温度条件要求比较严格，适应能力较弱，引种驯化难度大。

（4）引种后注意观测药材性状变化。有的植物虽然能引种成功，但是环境的改变可能让其形态、特性等方面发生改变，严重时影响药材品质，此时，需要在引种后密切关注。如湖南从东北引种人参，虽然解决了生长问题，而且产出的人参颇为粗大，但质量很差。

思考题：

1. 解释分离繁殖、压条繁殖、嫁接繁殖、种子休眠、种子生活力、优良品种、种质资源、野生抚育、引种驯化。

2. 简述无性繁殖和有性繁殖的优缺点。

3. 简述分离、压条、嫁接繁殖的类型、方法和特点。

4. 影响扦插生根的因素有哪些？怎样促进插条生根？

5. 影响嫁接成活的因素有哪些？

6. 药用植物种子品质检验包括哪些内容?
7. 简述药用植物种质资源的内涵，种质保存有哪些方式?
8. 简述品种混杂退化的原因和提纯复壮方法。
9. 药用植物优良品种选育的途径和方法有哪些?
10. 简述野生抚育的概念及基本方式，引种驯化方法有哪些?

第五章
药用真菌培育

扫一扫，查阅本章数字资源，含PPT、音视频、图片等

药用真菌是指含有生物活性成分，具有防病治病和保健功能的一类真菌，是中药的重要组成部分。药用真菌在分类上多属于担子菌亚门和子囊菌亚门，其种类繁多，大小不同，形态各异。药用真菌的菌丝体、子实体、子座、菌核以及孢子含有的生物活性成分，主要是多糖、苷类、萜类、生物碱、甾醇类、维生素、氨基酸、蛋白质等及多种矿物质。

药用真菌的主要药用部位有菌索、菌核和子实体。菌丝平行结合成绳索状称菌索；菌丝组成坚硬的休眠体称菌核；高等真菌在生殖时期形成的有一定形状和结构，能产生孢子的菌丝体称子实体。

药用真菌使用历史悠久。《神农本草经》记载有青芝、赤芝、黄芝、白芝、黑芝、紫芝、茯苓、猪苓、雷丸、桑耳等真菌药材。据统计，古代本草中记载的药用真菌有 50 多种。随着研究与运用的深入，药用真菌的品种不断增加，《中国药用真菌》（刘波著）记载药用真菌 172 种，《中国药用真菌》（云鹏著）记载药用真菌 270 余种。目前已发现药用真菌 400 余种，其中常用的有 20 多种。《中国药典》（2020 年版，一部）收载有冬虫夏草、茯苓、雷丸、灵芝、猪苓及云芝等 6 种真菌药材。

第一节　药用真菌生物学特性

一、药用真菌营养类型

药用真菌为异养生物，没有叶绿素，不能进行光合作用，它们从动物、植物的活体、死体和它们的排泄物，以及断枝、落叶和土壤腐殖质中吸收和分解其中的有机物，作为自己的营养。异养方式有腐生、寄生或共生等。

（一）腐生

从死亡的动、植物体或其他无生命的有机物中吸取养分的营养获得方式称为腐生，目前能够人工培育的药用真菌基本属于腐生菌类。通常有以下两种类型。

1. 专性腐生菌　只能生活在各种生物死体上的真菌。据其分解的有机物是木本还是草本又可分为：

（1）木腐生菌　如香菇、银耳等，生长在死树、断枝等木材上。

（2）草腐生菌　如草菇、双孢蘑菇等，生长在草、米糠、粪等有机物上。

2. 兼性腐生菌　以寄生为主但也具有一定腐生能力的真菌，如安络小皮伞类等。

（二）寄生

从其他活的动、植物的体表或体内直接获取养分的营养方式称为寄生。通常有以下两种类型。

1. 专性寄生　只能生活在活的有机体上，如冬虫夏草、麦角菌。

2. 兼性寄生　以腐生为主，但在一定条件下又可转移到活的有机体上继续生活，往往兼有腐生菌和共生菌的特征。如密环菌类既能在枯木上腐生，也能和兰科植物天麻共生；黑木耳既能在枯木上腐生，也能在活木上寄生，但以腐生为主。兼性寄生菌也称为弱寄生菌。

（三）共生

许多真菌一方面从其他活的有机体摄取养料，同时又为该活体提供养料或有利的生活条件，这是一种共生现象，彼此互相受益、互相依赖，互惠互利，如猪苓与密环菌。有些药用真菌能与高等植物共生，形成菌根，真菌吸收土壤中的水分和无机养料提供给高等植物，并分泌物质刺激高等植物根系生长，而高等植物合成碳水化合物提供给真菌，这些真菌称为菌根真菌。

（四）伴生

伴生是一种松散联合，从中可以是一方得利，也可以是双方互利。如银耳与香灰菌，因为银耳分解纤维素和半纤维素的能力弱，也不能充分利用淀粉，所以不能单独在木屑培养基上生长，只有与香灰菌丝混合接种在一起时，才能较好地利用香灰菌丝分解木屑的产物繁殖结耳。

二、药用真菌生长发育

（一）菌丝体生长

药用真菌的菌丝体以顶端为生长点，不断向四周呈辐射状伸展，形成菌落。菌丝常分为两种：生于基质内或基质表面的为基内菌丝；不直接接触基质的为气生菌丝。菌丝吸收和运输养分的速度与菌龄和环境条件有关。幼龄菌丝较老龄速度快；中温型菌丝在20℃以上时较20℃以下速度快。

（二）子实体分化与发育

菌丝体达到生理成熟后，遇到合适的环境条件就能完成菌丝聚集，子实体分化、发育及成熟等几个阶段。

三、药用真菌生长发育条件

药用真菌生长发育需要适宜的环境条件，主要包括温度、水分、空气、光照等。

（一）温度

温度对药用真菌的生长发育影响较大，不同的种类适宜在不同的温度范围内生长，即使同一种类在不同生长发育时期对温度的要求亦有不同。

1. 孢子萌发温度　任何药用真菌都有孢子萌发的极限温度和最适温度，低于或高于极限温度，孢子就不能萌发。在适宜的温度范围内，孢子的萌发率随温度的升高而增加。一般为

15 ～ 32℃。

2. 菌丝体生长温度　菌丝体的生长也有一定的温度范围，包括最低和最高生长温度及最适生长温度。在适宜温度范围内，菌丝的生长速度随着温度升高呈对数增长。其原因是，在温度适宜的情况下，菌丝体的生理活动机能加强，营养物质吸收、代谢加快。低于最低或超过最高生长温度，菌丝的生命活动就会受到抑制，甚至死亡。如草菇菌丝体在 5℃时就会逐渐死亡，但香菇菌丝体即使在 -20℃低温下也不会死亡。一般菌丝体较耐低温，在 0℃左右只是停止生长，并不死亡，最适生长温度为 18 ～ 28℃。

3. 子实体分化温度　药用真菌在子实体形成时期通常要求环境温度低于菌丝体生长阶段的温度。根据子实体形成的最适温度，可把药用真菌分成三种温度类型。

（1）低温型　子实体分化温度在 24℃以下，最适温度 20℃以下，如猴头菌及松口蘑等。

（2）中温型　子实体分化温度在 28℃以下，最适温度 20 ～ 24℃，如黑木耳、银耳及亮菌等。

（3）高温型　子实体分化温度在 30℃以下，最适温度 24℃以上，如灵芝、云芝及茯苓等。

4. 子实体发育温度　子实体发育的温度一般比菌丝体生长的温度低些，但比子实体原基分化的温度要高些。子实体发育的温度范围常比菌丝体生长温度范围小。

（二）水分

水分是药用真菌生命活动的基本条件之一。水分也是药用真菌的重要组分，菌丝体和新鲜子实体中约有 90% 的水分。药用真菌的正常生长发育，要求基物（培养基、土壤、木材等）含有适宜的水分，空气具有一定的湿度。当水分不足时，菌丝体将处于休眠状态，发育停止，不能形成子实体。药用真菌的水分需求量因种而异。一般子实体要比菌丝体生长需要更多的水分和更大的空气湿度。水分不足，子实体枯萎；水分过多，影响通气，子实体容易腐烂。药用真菌的菌丝体阶段，通常要求较干燥的环境条件。木生种类，段木含水量以 40% ～ 45% 为宜，进行袋料（木屑、棉籽壳等）培育时，要求含水量为 60% ～ 65%，所以，在药用真菌的人工培养中，要注意水分的干湿交替，需要适时进行调节。

药用真菌的生长发育需要一定的空气相对湿度，不同种类真菌及不同发育阶段对空气相对湿度要求亦不相同。一般来说，菌丝生长阶段比子实体形成时要求的空气湿度要低些。如菌丝体生长阶段要求空气相对湿度为 60% ～ 80%，而子实体发育阶段的适宜空气相对湿度为 80% ～ 90%。如果空气相对湿度低于 60%，子实体就会停止生长；当空气相对湿度降至 40% ～ 45% 时，子实体不再分化，已经分化的幼菇也会干死；当空气相对湿度超过 96% 时，由于过度潮湿，致使杂菌滋生，子实体蒸腾作用受阻，严重影响细胞原生质流动和营养物质转运，造成药用真菌生长发育不良。

（三）空气

药用真菌大多是好气性菌类，过高的二氧化碳浓度会抑制菌丝体的生长。在子实体形成前期，微量的二氧化碳浓度（0.034% ～ 0.1%）是必要的，后期 0.1% 以上的二氧化碳浓度对子实体就有毒害作用。当二氧化碳浓度大于 0.1% 时，双孢蘑菇往往出现菌柄长、开伞早、品质下降等现象；浓度超过 0.6% 时，菌盖出现畸形；灵芝在二氧化碳浓度为 0.1% 时，一般不形成菌盖，菌柄分枝呈鹿角状，观赏灵芝即在此条件下培育而成。

（四）光照

虽然药用真菌不含叶绿素，不能进行光合作用，但光照对多数药用真菌的生长发育仍很重要。药用真菌在菌丝生长阶段一般不需要光，但子实体分化发育时期大部分需要一定的散射光，而直射光不利于生长。只有在散射光刺激下才能较好地生长发育的属于喜光型真菌，如香菇、草菇等在完全黑暗条件下不形成子实体，灵芝、金针菇等只能形成有菌柄无菌盖的畸形子实体并且不能产生孢子。在完全黑暗的条件下完成生活史、有了光线子实体不能形成或发育不良的属厌光型真菌，如双孢蘑菇等。中间型药用真菌对光线反应不敏感，不论有无散射光，其子实体都能正常生长发育，如黄伞等。

（五）酸碱度

大多数药用真菌喜 pH 值为 3 ～ 6.5 的偏酸性环境，最适 pH 值为 5 ～ 5.5，当 pH 值大于 7 时生长受阻，大于 8 时生长停止。但也有例外，如草菇喜中性偏碱的环境。大多数培养基的有机物在分解时，产生的有机酸可使基质 pH 值降低。同时，培养基灭菌后 pH 值也略有降低，因此在配制时应将 pH 值适当调高或添加 0.2% 磷酸二氢钾作为缓冲剂。

第二节　药用真菌菌种分离与培养

一、营养需求与培养基制备

（一）药用真菌营养需求

1. 碳源　凡能供给真菌碳素营养的物质称为碳源，如纤维素、木质素、单糖、有机酸等。

2. 氮源　凡能被真菌利用的含氮物质称为氮源，如马铃薯汁、麦麸、豆饼粉、马粪等。在子实体形成期培养料中氮素含量须低于菌丝生长期，一般菌丝生长期碳氮比为（15 ～ 20）：1，出菇期为（30 ～ 40）：1。不同的菌类对碳氮比的要求会有一定差异。

3. 水分　在真菌有机体中含量最大。真菌所需要的营养物质必须先溶解于水，才能被吸收和利用，细胞内的各种生理生化反应也要在水溶液中才能进行。

4. 无机盐类　少量供给即可满足真菌生长发育需要，如钾、钠、钙、镁等磷酸盐或硫酸盐等盐类。其主要功能是构成菌体的成分，或作为酶或辅酶的组成部分，或维持酶的活性，或调节渗透压等。磷、硫、钾等元素在培养基中的适宜浓度为 100 ～ 500μg/L，而铁、钴、锰等需要量甚微（千分之几毫克）。

5. 生长因素　是真菌生命活动中不可缺少而需要量又极少的有机营养物质，如维生素等。维生素在 120℃以上时易被破坏，因此培养基灭菌时需防止温度过高。

（二）培养基制备

1. 培养基种类　培养基种类很多，按营养成分差异可分为天然培养基、合成培养基和半合成培养基三类。利用含有丰富营养的天然有机物质制成的培养基称为天然培养基，如马铃薯、麦麸、豆饼粉等；利用已知成分的化学药品配制成的培养基称为合成培养基，如察氏培养基等；采用部分天然物质为碳源、氮源及生长因素的来源，再适当添加一些无机盐类的培养基称为半合成培养基，如马铃薯－葡萄糖培养基。如果按照制备形式的不同，可将培养基分为固体培养基和液体培养基两类。固体培养基和液体培养基的成分可以完全相同，但在制作固体培养基时必须加入凝固剂，最常用的是琼脂，并根据要求制成斜面或平面等形式。

2. 消毒与灭菌　培养基富含营养物质，在培育过程中容易滋生杂菌，一旦杂菌的生长占优势，将会导致整个生产的失败，因此在培养基制备各环节都要注意防止杂菌生长，必须进行消毒与灭菌，常用的方法有物理灭菌法与化学灭菌法。

（1）*物理灭菌法*　常见的物理灭菌法有干热灭菌、湿热灭菌、过滤灭菌、紫外线灭菌等，其中干热灭菌适用于燃烧不变性的物品而被广泛用于实验室和实际生产。湿热灭菌是利用蒸汽或沸水灭菌，也是常用的一种灭菌方法，如采用高压灭菌锅，在蒸汽压达到 $1.055kg/cm^2$、温度 121℃时，保持 30 分钟，即可达到灭菌效果。过滤除菌是采用过滤器将杂菌滤除，用于因加热而变性的培养基、溶液及空气。紫外线灭菌常用于接种室、超净工作台、恒温室等的灭菌。此外，目前生产上还有辐射灭菌（γ－射线）、红外线灭菌、微波灭菌、超声波灭菌等方法。

（2）*化学灭菌法*　就是用化学药品来杀灭或抑制杂菌生长与繁殖，常用的化学药品有升汞液、漂白粉、乙醇、甲醛－高锰酸钾等。

二、菌种分离培养

（一）菌种分离

菌种分离是指从健壮的药用真菌菌材中分离得到纯菌种的过程，对于不同种类的真菌有不同的分离方法，可分为组织分离法和孢子分离法。

1. 组织分离法　是利用菌菇幼嫩活组织在无菌条件下接种在适宜培养基上，使其恢复生长成为没有组织分化的菌丝体，从而获取纯菌种的方法。

（1）*子实体组织分离法*　选肥厚、无病、幼嫩的种菇，用 70%～75% 乙醇进行表面消毒，然后用无菌水冲洗。从菌柄处撕开，用无菌刀在菌盖与菌柄交界处切取米粒大小的组织块，在无菌条件下迅速接入适当培养基上，在适温培养箱中培养，数天后可长出新菌丝。为了保证获得的是纯菌种，要求一切操作必须严格在无菌条件下进行。

（2）*菌核组织分离法*　少数子实体不发达的药用真菌，可利用菌核进行组织分离以获得纯菌种。操作方法与子实体分离法相同，只是切开的部位是菌核。

（3）*菌索分离法*　对既不易长子实体、又不易形成菌核的种菇可采用菌索分离法，操作亦同子实体组织分离法，但需注意选择菌索前端生长点部分。

2. 孢子分离法　是利用真菌的有性孢子或无性孢子，在适宜培养基上萌发长成菌丝体以获得纯菌种的一种方法。又可分为多孢分离法和单孢分离法。

（1）*多孢分离法*　真菌的有性孢子都是由异性细胞核经核配后形成的，具有双亲的遗传性，变异性大，生命力强。为避免异宗结合的菌菇发生单孢不孕现象，多采用此法。因为真菌的有性繁殖一般有同宗结合和异宗结合两种类型。由同一个担孢子萌发的两条初生菌丝细胞间通过自体结合能够产生有性孢子——担孢子的现象称为同宗结合，是自交可孕的；由同一个担孢子萌发的初生菌丝细胞间不结合，只有两条不同性别的菌丝细胞间才能结合产生子实体的现象称异宗结合，是自交不孕的。

实施多孢子分离，首先要选择优良子实体为分离材料，然后采集孢子，可采取以下几种操作方法。①涂抹法：将接种针插入菌褶间，抹取成熟但尚未弹射的孢子，或使成熟的孢子散落在无菌玻璃珠上，再抹于培养基上。②孢子印法：使大量孢子散落在无菌色纸或玻璃片上，形成孢子印或孢子堆，再从中挑取部分孢子移植于培养基上。③空中孢子捕捉法：孢子弹射时可形成云雾状，倒置琼脂平板培养基于孢子云上方，使孢子飘落其上，盖好培养皿，进行保温培养。④弹射分离法：将分离材料置于培养基上方，使孢子直接落到培养基上培养，具体操作又有钩悬法和贴附法。钩悬法就是在孢子尚未弹射之前，将成熟子实体切成 $1cm^3$ 小块，用灭菌后的挂钩悬挂于试管内，待孢子成熟后弹射到培养基上。贴附法就是将 $1cm^3$ 的子实体小块贴附于试管壁上，待孢子成熟后弹射到培养基上。

（2）*单孢分离法*　方法较为复杂，普遍采用的是菌液连续稀释法。首先要最大限度地降低孢子在无菌水中的分布密度，最终使每滴水中只含 1 ～ 2 个孢子，然后吸取孢子悬浮液滴在培养基上进行培养，然后选优良菌落纯化。这种方法对于异宗结合类型的真菌，无论菌丝如何生长永远不会形成子实体，所以不能用于生产，多用于杂交育种。

（二）菌种培养

药用真菌接种之前首先要进行菌种培养。菌种培养是将分离提纯得到的少量菌种，扩大培养成足够用于生产的大批菌种的制种过程。生产上最常用的既经济、产量又稳定的菌种培养方法是菌丝法，具体制作方法如下。

1. 一级菌种（母种）培养　选择适当配方，按常规制成斜面培养基，选优良健壮成熟的种菇，在无菌条件下取一小块接于培养基上，置 25 ～ 30℃下培养出菌丝，即得纯菌种。

2. 二级菌种（原种）培养　选择适当配方配制培养基，如木屑米糖培养基、棉籽壳稻草培养基，营养成分高于母种培养基。使培养基含水量保持在 60% ～ 65%，拌匀（如果用作段木培育，需拌入与其树种相同的木块）、分装于菌种瓶内，装量 2/3 即可，高温灭菌 1 小时。从母种内挑取 4 ～ $5mm^3$ 的小块放入培养基中央，置适温下培养至菌丝长满瓶，即得二级菌种。

3. 三级菌种（栽培种）培养　选择适当配方制备培养基，营养再高于原种（如用作段木培育，需将木块加大，并另备长度短于培养瓶高度的木棍，每瓶插入 1 ～ 2 支）。制备方法同上，取原种长满菌丝的小块（或木块 1 ～ 2 片与混合物少许）接入瓶内，培养至菌丝长满瓶（或有特殊香气）。

最终可将三级菌种接种在不同的培养基（如段木、袋用料等）上进行大规模培养。

三、菌种保存与复壮

菌种是重要的生物资源，是药用真菌生产与研究工作的基础，一个优良菌种如果保存不善，就会引起生活力和遗传性状衰退，甚至被杂菌污染或死亡，应采取科学的方法保存与复壮。

1. 菌种的保存　基本原理是根据真菌的生理生化特性，控制环境条件，使菌种的代谢活动处于不活泼的休眠状态，以达到长期保持其优良性状的目的。常用的保存方法有：①斜面低温法：在斜面培养基上培养到菌丝旺盛生长时移放到 4℃左右的冰箱中，经 3 ～ 6 个月转接 1 次，在使用前一、二天置常温下活化转管，该法除草菇等高温型真菌外都可以使用（草菇需提高到 10 ～ 15℃保存）；②麸曲法：用麸皮加水拌匀，分装于小试管，厚约 1.5cm，疏松，常规灭菌，冷却后接入菌种培养至长好，室温下放入装有氯化钙的干燥器中干燥几天，20℃以下可保存 1 ～ 2 年；③石蜡油封藏法：在菌种的表面灌注无菌的液体石蜡，防止培养基水分蒸发及空气进入，直立放在低温干燥处保存 1 ～ 2 年，若是保存孢子，可将砂土装入小试管并经过严格灭菌后，再将无菌孢子拌入其中，用石蜡封口，放在干燥器中密封保存；④冷冻干燥保存法：采用真空、干燥、低温等手段，将菌种在低温下快速冷冻，并在低温下真空干燥，使细胞结构成分、新陈代谢活动都处于相对静止状态而保存菌种。另外还有沙土保存法、液氮超低温保存法、干孢子真空保存法等。

2. 菌种复壮　菌种在生产保存过程中，常因外界条件和内在因素矛盾造成某些形态和生理性能逐渐劣变的现象称为菌种退化。菌种退化会导致菌丝体生长缓慢，对环境、杂菌等的抵抗力减弱，子实体形成期提前或推后等现象。把已衰变退化的菌种，通过人为方法使其优良性状重新得到恢复的过程称菌种复壮。避免菌种退化和复壮的主要方法有：①更换培养基，防止老化：避免在单一培养基中多次传代，每隔一定时期，注意调换不同成分的培养基，调整、增加某种碳源、氮源或矿质元素等；②分批使用，防止机械损伤：经过分离提纯的母种，适当多贮存一些，分次使用，转管次数不要过多，减少机械损伤，控制突变型在数量上取得优势的机会；③交替使用繁殖方式：菌种要定期进行复壮，有计划地交替使用无性和有性繁殖方法，组织分离最好每年进行一次，有性繁殖三年一次；④及时更新菌种：菌种不宜使用过长时间，淘汰已衰退的个体，选择有利于高产菌株的培养条件。

第三节　药用真菌栽培技术

一、药用真菌栽培方式

常见的有段木栽培和袋料栽培。

（一）段木栽培

药用真菌多为木腐生型，段木培育就是模拟药用真菌在自然条件下的生态环境，将菌种人工接于段木上，诱使其长出子实体、菌核或菌索的一种方式。具体操作过程可分为：

1. 选择培育场地　场地选择与真菌种类有关，如茯苓喜酸性砂壤并排水良好的南坡，灵芝、银耳宜选水源方便、遮阴潮湿、避风向南的场地。

2. 段木准备　段木尽量选择野生状态下的树种，其中阔叶林以壳斗科植物为佳。在植株树干营养丰富、水分适中时期砍伐，常以晚秋落叶后到第二年春树木萌发前为好。然后进行剃枝、锯段、干燥、打孔等处理。

3. 接种　把已培养好的菌种（三级菌种即栽培种）接入段木组织使之定植下来。接种前应严格检查段木组织是否枯死、水分状况是否适合，宜选择阴天接种。

4. 管理　保持栽培场地清洁。根据生产菌对光照、温湿度、空气的要求，通过搭棚、遮阴、加温、喷水等方法满足药用真菌各阶段的生长发育需要。

5. 采收　从接种到采收所需时间及采收次数往往因药用真菌种类而不同，如银耳接种后40天即可陆续采收多次，灵芝4个月即可收获，每年可收2～3次。

（二）袋料栽培

袋料栽培是利用各种农业、林业、工业产品或副产物，如木屑、秸秆、甘蔗渣、废棉、棉籽壳、豆饼粉等为主要原料，添加一定比例辅料，制成合成或半合成的培养基或培养料装入塑料袋来代替传统的段木栽培。

1. 操作流程　菌种准备（母种、原种、栽培种）、备料、配料、装袋、灭菌、接种、菌丝培养、出菇管理、采收、加工等。

2. 技术要点

（1）栽培基料　主要基料是阔叶树木屑和农业废料，如棉籽壳、玉米芯粉、甘蔗渣等。首先考虑选择适宜培养基配方，木屑粗细（粒度）要适宜，细木屑会降低培养基料空隙度，使菌丝生长缓慢，推迟菌丝成熟时间；木屑过分粗糙会使培养基料水分难以保持，很容易干燥。因此，木屑粗细要保持适度，以新鲜者为好，不能变质、腐败。

（2）栽培方法　有瓶栽、袋栽、箱栽、床栽等。以袋栽为例，又有横式、竖式、吊式、柱式、堆积式等栽培方法。根据出菇方式，袋栽又可分为袋口出菇、袋身打空出菇、脱袋出菇、脱袋压块出菇、菌块埋土出菇等。

（3）栽培场所　可用专业菇房，也可以利用清洁、通风、明亮的房子改为栽培场所。各种栽培场所使用前必须消毒。

（4）栽培与管理　要按生产季节合理安排，提前做好母种、原种和栽培种的准备。培养基按照常规配制与灭菌，发菌阶段一般在 20 ～ 24℃培养，培养室温度超过 30℃时菌丝生长会受影响，必须根据品种各生长发育阶段的要求控制好温度、湿度、光线等。在从菌丝扭结到子实体形成阶段，温度要适当调低，注意培养室通风、透气，提高相对湿度和保持室内有一定散射光，以促进子实体形成。

（5）采收与加工　采收时应去除残留的泥土和培养基，按药材质量标准进行加工。

二、药用真菌病虫害及其防治

在药用真菌培育过程中容易受霉菌、线虫及白蚁危害。

1. 霉菌　有青霉、曲霉、毛霉等，与培养菌争夺养分和生存空间，从而抑制培养菌生长。防治方法：培养基灭菌要彻底；严格检查菌种质量，适当加大接种量；立即销毁被污染菌种。

2. 线虫　从土壤或水中进入段木，蛀食生产菌基部，使上部得不到营养而腐烂。防治方法：段木靠地面不宜太近，保持水源清洁；覆土最好进行巴氏消毒，并在地面上撒施石灰；对病区进行隔离，停水使其干燥，并用 1% 冰醋酸清洁处理烂穴，防止蔓延。

3. 白蚁　蛀食段木，影响生产菌生长。防治方法：培育地选择在南坡，在场地四周可挖诱集坑，用敌百虫毒饵诱杀或找出蚁室烧毁等。

思考题：

1. 何为菌种培养？如何制作菌种？
2. 如何进行菌种保存与复壮？
3. 袋料栽培的技术要点有哪些？

第六章

药用植物病虫害及其防治

扫一扫，查阅本章数字资源，含PPT、音视频、图片等

病虫害会影响药用植物生长发育，导致植株组织、器官破坏或缺失，使药材产量与质量大幅度下降。随着药用植物种植面积扩大与种植时间延长，病虫害的发生越来越严重，已经成为生产中必须重点解决的关键问题。及时合理地防治病虫害，是保证药材产量与质量的有效途径。

第一节　药用植物病害

植物活体在生长发育或贮藏过程中，受到病原物的侵染或不良环境条件的影响，正常新陈代谢受到干扰，生理机能、形态结构乃至遗传功能发生一系列的变化，而呈现出的反常病变现象称为病害。

一、药用植物病害的主要病原

药用植物病害按照病原类型不同可分为两大类：一类是由病原生物侵染造成的病害，称为侵染性病害；另一类无病原生物参与，只是由于植物自身原因或外界环境条件变化所引起的病害，称为非侵染性病害。

（一）侵染性病害

侵染性病害是由生物病原侵染引起的植物病害。由于病原生物须侵入植物体内，并建立寄生关系（即营养关系，称为侵染）才能致病，故称侵染性病害。此类病害可以在田间植物个体之间相互传染，所以也称传染性病害。侵染性病害的种类、数量和重要性在植物病害中均居首位，是植物病理学研究的重点。

目前已知的药用植物病原生物有真菌、细菌、病毒、类菌原体、寄生性线虫及寄生性种子植物等。其中病原真菌和细菌可称为病原菌或病菌。

1. 病原真菌　真菌在自然界分布极广，种类很多。在植物病害中，约有 80% 以上是由真菌引起的，已知的药用植物病害绝大部分也是由真菌引起的。不同类群植物病原真菌的形态、生物学特征和生活史不同，引起病害的发生规律和防治措施也不相同。较为常见的致病真菌如下所述。

（1）鞭毛菌亚门　营养体单细胞或为无隔丝状体。无性繁殖产生游动孢子，有性孢子形成合子或卵孢子。本亚门真菌中与药用植物病害关系最大的是卵菌纲，该纲中霜霉目中的霜霉属、腐霉属、疫霉属等几个属的真菌能引起人参、三七、延胡索等多种药用植物的霜霉病、猝倒病或疫病等，白锈菌属真菌可引起牛膝、菘蓝等药用植物的白锈病。

（2）接合菌亚门　营养体为菌丝体，多数无隔膜。无性繁殖在孢子囊内产生孢囊孢子；有性生殖形成接合孢子。接合菌纲中毛霉目真菌常引起药用植物器官腐烂，如根霉属的几个种可引起人参、芍药等植株根部腐烂。

（3）子囊菌亚门　营养体多为有隔菌丝体，少数为单细胞。无性繁殖形成厚垣孢子和各种类型的分生孢子；有性生殖形成子囊孢子。许多药用植物白粉病是由此类真菌引起的，如白粉菌属真菌可引起菊、宁夏枸杞、膜荚黄芪、防风、川芎、大黄和黄连等植株白粉病，单丝壳属真菌可引起红花白粉病，叉丝壳属真菌可引起黄芪白粉病，核盘菌属真菌可引起细辛、人参、红花、三七、延胡索等植株的菌核病，等等。

（4）担子菌亚门　营养体为有隔菌丝体，最多形成5种类型孢子，有性孢子、锈孢子、夏孢子、冬孢子和担孢子，其中担孢子为有性孢子。该亚门为最高等的真菌，包含多种药用植物致病菌。例如，柱锈菌属真菌引起芍药、牡丹锈病，鞘锈菌属真菌引起紫菀、吴茱萸、党参锈病，单孢锈菌属真菌引起膜荚黄芪、甘草锈病，柄锈菌属真菌引起当归、细辛、红花锈病，夏孢锈菌属真菌引起三七锈病，等等。

（5）半知菌亚门　营养体为有隔菌丝体或单细胞，无有性阶段，但有可能进行准性生殖。例如，丝核菌属真菌引起人参、三七苗期立枯病，小核菌属真菌引起人参、白术、丹参白绢病或菌核病，炭疽菌属真菌引起三七、宁夏枸杞、半夏炭疽病，葡萄孢属真菌引起牡丹灰霉病，柱孢属真菌引起人参、三七锈腐病，链格孢属真菌引起人参、三七、红花黑斑病，尾孢属真菌引起甘草、宁夏枸杞叶斑病，镰孢霉属真菌引起人参、三七、地黄、红花植株茎基和根部腐烂，壳针孢属真菌引起柴胡、菊、白术、防风、党参、白芷、地黄、薄荷斑枯病，等等。

2. 病原原核生物　主要有细菌、螺原体等，对药用植物危害较小，但人参细菌性烂根、浙贝母软腐病等却是生产上的老大难问题。病原原核生物分为三类：①薄壁菌门：细胞壁薄，厚度7～8nm，含肽聚糖，革兰反应阴性，主要有假单胞杆菌属、黄单胞杆菌属、欧文菌属和野杆菌属，引起药用植物青枯病、腐烂病等；②软壁菌门：无细胞壁，只有细胞膜包被，无肽聚糖，主要有螺原体属和植原体属，引起药用植物萎缩病、枣疯病等；③厚壁菌门：细胞壁厚，厚度20～80nm，细胞壁中含肽聚糖，革兰反应阳性，主要有芽孢杆菌属、棒形杆菌属，引起的药用植物病害较少。

3. 病原病毒　药用植物病毒病的发生相当普遍，例如人参、白术、地黄等均有病毒病发生。

4. 寄生线虫　药用植物普遍受到线虫的危害，其中根结线虫病和胞囊线虫病已成为生产上的重点防控对象。危害药用植物的线虫主要有：①根结线虫属，危害植株根部，形成根结，如人参、川芎、三七、丹参、罗汉果等均有发生；②胞囊线虫属，主要危害植株根部，形成丛根，地上部黄化，地黄等发病严重；③茎线虫属，危害植株地下茎、鳞茎等，如三七、浙贝母、延胡索等常遭其危害；④根腐线虫属，危害植株根部，引起根部损伤，如芍药、阳春砂等常发生。

5. 寄生性种子植物　少数高等植物由于缺少叶绿素或器官退化而不能自养，需要寄生于其他植物上才能生存。菟丝子是普遍生长的一种典型的缠绕性草本寄生植物，无叶绿素，茎藤细长、丝状、黄色、无叶片，一旦接触寄主植物，便紧密缠绕在植物茎上，生出吸盘，穿入寄生植株茎内吸食营养，如菊、丹参、白术等均有发生。

（二）非侵染性病害

非侵染性病害是由非生物病原，即自身原因或不适宜环境条件而引起的植物病害。此类病害是由非生物病原扰乱了植物的正常生理代谢而导致的，没有寄生关系发生，不能在植物个体间互相传染，故又称为非侵染性病害、非传染性病害和生理性病害。

非侵染性病害包括：①植物自身遗传因子或先天性缺陷引起的遗传学病害或生理病害；②物理因素变化所致的病害，如大气温度过高或过低引起的灼伤或冻害，风、雨、雷电、雹等大气物理现象造成的伤害，旱、涝等大气湿度与土壤水分过少、过多造成的病害等；③化学因子恶化所致的病害，如肥料供应过多或不足导致的缺素症或营养失调症，大气与土壤中有毒物质的污染与毒害，农药及化学制品使用不当造成的伤害等。

二、药用植物病害的症状

植物受病原生物侵染或不良环境因素影响后，在组织内部或外表显露出来的异常状态，称为症状。根据症状在植物体上显示的部位，可将其分为内部症状和外部症状。内部症状是指植物受病原物侵染后细胞形态或组织结构发生的变化，其中有些需在光学和电子显微镜下才能辨别。植物根茎部受真菌和细菌侵染后内部维管束常变褐坏死，也需剖开才能观察到。因此，内部症状具有隐蔽性和微观性。外部症状是肉眼或放大镜下可见的植物外部病态特征和植物罹病后的外观特征，是进行病害诊断的重要依据。外部症状通常又分为病状和病征。病状是指植物感病后自身的外部异常状态；病征是指病原物在植物病部表现出来的特征。大多数真菌和细菌病害既有病状，又有明显病征，但也有些病害，如病毒、亚病毒、植原体和螺原体等所致的病害，由于这些病原物太小并存在于细胞内或韧皮部，外部无法观察到，故只见病状，不见病征。即使病征明显的病害，限于发展阶段和环境条件，有时也观察不到病征。

（一）病状类型

1. 变色　罹病植物的全株或部分失去正常的绿色或发生颜色变化，称之为变色。变色常常是病毒、类病毒、植原体和生理性病害等的病状。根据变色的均匀性如何，可分为均匀变色和不均匀变色。均匀变色包括：①褪绿：叶绿素合成受抑制，植株正常绿色均匀变淡；②黄化：叶绿素破坏，叶色变黄；③红叶：叶绿素合成受抑制，而花青素合成过盛，叶色变红或紫红。不均匀变色包括：①花叶：植物叶片不均匀褪色，呈黄绿或黄白相间、界限分明；②斑驳：植物叶片深、浅绿相间，界限不分明。

2. 坏死　植物细胞和组织受破坏而死亡，称为坏死。坏死时植物的细胞和组织基本保持原有轮廓。坏死可发生在植物根、茎、叶、果等各个部位，形状、大小和颜色均不同。植物叶片最常见的坏死是叶斑和叶枯。叶斑有的受叶脉限制，形成角斑；有的病斑上具有轮纹，称为轮斑或环斑；有的病斑呈长条状坏死，称为条纹或条斑；有的病斑上的坏死组织脱落后，形成穿孔。坏死可呈现不同颜色，根据颜色不同，有灰斑、黑斑、褐斑等之分。叶枯是叶片上较大面积的枯死，轮廓不如叶斑明显。叶尖和叶缘枯死常称为叶烧。坏死可不断扩大或多个坏死相互融合，造成叶枯、枝枯、茎枯、穗枯、梢枯等。另外，有的病组织木栓化，病部表面隆起、粗糙，形成疮痂；有的茎干皮层坏死，病部凹陷，边缘木栓化，形成溃疡。幼苗茎基部坏死，导致地上部迅速倒伏，称为猝倒。如地上部分枯死但不倒伏，称为立枯。

3. 腐烂　植物细胞和组织发生较大面积的消解和破坏称为腐烂。一般来说，腐烂与坏死的区别是植物细胞和组织原有轮廓不复存在。植物根、茎、花和果都可发生腐烂，尤其是幼根或多肉组织更易发生腐烂。若细胞消解较慢，腐烂组织中的水分能及时蒸发而消失，则表现为干腐；如果细胞消解较快，腐烂组织不能及时失水则称为湿腐；若细胞壁中间层先受到破坏，出现细胞离析，然后再发生细胞消解，则称为软腐。根据腐烂部位不同，可将腐烂分为根腐、基腐、茎腐、花腐、穗腐和果腐等。流胶是指枝干受害部位溢出胶状的细胞和组织分解物。

4. 萎蔫 植物由于失水而导致枝叶萎垂的现象称为萎蔫。萎蔫有生理性和病理性之分。生理性萎蔫是由于土壤中含水量过少，或高温时过强的蒸腾作用而使植物暂时缺水，若及时予以供水，则植物可恢复正常，是暂时性萎蔫，是可逆的。病理性萎蔫是指植物根系吸水功能障碍（如根毛中毒）、导管输水功能障碍和导管输水组织坏死而导致细胞失去正常的膨压而凋萎的现象，此种凋萎出现后即使及时供水，也大多不能恢复，是永久性萎蔫，最终将导致植株死亡，是不可逆的，如由真菌或细菌所致的黄萎病、枯萎病和青枯病等。植物维管束受侵染（维管束病害）时，往往导致全株性凋萎。

5. 畸形 由于罹病组织或细胞生长受阻或过度增生而造成的外部形态异常称为畸形。植物发生抑制性病变，生长发育不良，可出现矮缩、矮化，或出现叶片皱缩、卷叶等病状。罹病组织或细胞也可以发生增生性病变，生长发育过度，病部膨大，形成瘤肿，或枝、根过度分枝，产生丛枝、发根，或植株变得高而细弱，形成徒长。此外，若植物花器变成叶片状，不能正常开花结实，称为变叶。

（二）病征类型

1. 霉状物 霉状物是指病部形成的各种毛绒状的霉层，颜色、质地和结构变化较大，常见的有绵霉、霜霉、青霉、绿霉、黑霉、灰霉和赤霉等。

2. 粉状物 粉状物是指病部形成的白色、黑色、铁锈色粉状物，分别是白粉病、黑粉病和锈病的病征。

3. 颗粒状物 病部产生大小、形状及着生情况差异很大的颗粒状物。有的为似针尖大的黑色或褐色小粒点，不易与寄主组织分离，如真菌的子囊果或分生孢子果；有的为较大的颗粒，如真菌的菌核、线虫的胞囊等。

4. 马蹄状、木耳状物 是高等担子菌的繁殖器官，发生于树木的枝干上。

5. 脓状物 潮湿条件下在病部产生淡黄褐色、胶黏状似露珠的脓状物，即菌脓，干燥后形成黄褐色的薄膜或胶粒。脓状物是细菌性病害特有的病征。

此外，还有膜状物（菌膜）、伞状物等类型。病征的有无、类型、大小和颜色对判断病原类型、诊断病害具有重要意义。

三、药用植物侵染性病害的发生和流行

（一）病原物侵染与病害流行

1. 病原物浸染 病原物与寄主接触、侵入，到出现症状，产生繁殖体所经过的全部过程称侵染过程，简称病程。病害发生过程一般分为侵入期、潜育期和发病期 3 个阶段。

（1）侵入期 指从病原物接触寄主、侵入，到建立寄生关系的这一段时间。真菌能通过植物表皮或自然孔口侵入，细菌、病毒常通过伤口侵入。一般高温、高湿有利于真菌孢子萌发和侵入。提早施药，防止病原物侵入是防治病害的关键。

（2）潜育期 指从病原物与寄主建立寄生关系起至寄主出现病害症状时的一段时间。

（3）发病期 指症状出现后病害进一步发展的时期。

2. 病害流行 植物侵染性病害的发生是植物和病原相互作用的结果，同时又受到环境的影响，进而决定着病害的发生与否和程度。植物病害流行是指在一定时期或者在一定地区大量发

生，造成药用植物生产的严重损失。侵染性病害流行条件有以下 3 个方面。

（1）有大量致病性强的病原物　病原物对环境的适应性强、传播效率高，一些多年生药用植物病害的病原物会逐年积累，容易导致病害流行。

（2）有大量易感病寄主　感病寄主植物群体越大、分布越广，病害的流行范围也越大，为害也越重。

（3）环境条件有利于病害发生　当环境条件有利于病原物的生长、繁殖、传播、侵染，而不利于药用植物的生长时，病害就容易流行。环境条件中起主要作用的因子是温度、湿度、土壤因子等。

（二）病害侵染循环

病害的侵染循环是指病害从一个生长季节开始发生，到下一个生长季节再度发生的整个过程。包括以下 3 个基本环节。

1. 初侵染和再侵染　越冬以后开始活动的病原物所进行的第一个侵染程序称为初侵染。在同一生长季节内，经过初侵染在寄主植物上新产生的病原体所进行的侵染程序以及后来反复产生的一系列侵染程序都称为再侵染。初侵染来源主要是病原的越冬场所，再侵染的来源则是当年已发病的植株。

2. 病原物的越冬或越夏　是病原物以一定方式在特定场所渡过不利其生长和生存的过程。绝大多数植物在冬季休眠，病原物也进入休眠期潜伏越冬。越冬以后，又进行下一个生长季节的初侵染。病原物能以营养体、各种孢子、子实体、菌核、菌索等形式渡过不良环境。越冬或越夏是病原物生活史中较薄弱的环节，找到病原物的越冬或越夏场所，就可以消灭病原物。病原物的越冬或越夏场所主要有以下几方面。

（1）有病寄主　寄主体内寄生的各种病原物，一旦定殖下来，就可以在寄主组织的保护下越冬。人参锈腐病菌可以在人参植株根部越冬。

（2）病植物残体　感病植物的脱落叶、果和病死枝条仍然带有病原物。真菌和细菌都可在这些残体上越冬。

（3）种实、苗木及其他繁殖材料　种实、苗木及无性繁殖材料带菌是许多药用植物病害的重要初侵染源。如柴胡斑枯病的病原菌在病叶上越冬。

（4）土壤、肥料　许多植物根病的病原物都能在土壤中越冬。病原物在土壤中可以厚垣孢子、菌核等休眠体越冬，有的可长达数年之久。某些农家肥料，如堆肥中，常混有未腐熟的病株残体，也可能成为侵染来源。

3. 病原物的传播　是指病原物从它原来存在的部位被转移到健康的寄主体上的过程。许多病原物，如带鞭毛细菌、游动孢子、菌索等，都有主动传播的能力。但是，主动传播的距离都很有限。绝大多数病原物都需要借助于外力传播。传播媒介和传播途径有以下几种。

（1）风力传播　真菌孢子数量多，体积小，易于随风飞散。风力传播是自然界最有效的传播方式，传播的有效距离受气流活动情况、孢子的数量和寿命以及环境条件的影响。

（2）雨水和流水传播　水滴的反溅和地面流水，都可以传播在土壤中越冬、越夏的病原物。病原细菌和许多真菌的孢子，都混在胶黏物质中，必须先使胶黏物溶化，孢子扩散到水中，然后才能随水流或雨滴的溅散作用传播。

（3）动物传播　在动物中，昆虫是传播植物病害最有效的媒介，昆虫可传播真菌、病毒和类菌质体。鸟类是高等寄生植物的主要传播者。

（4）人为传播　人们在播种、育苗、田间管理及运输的各种活动中常常会无意识地传播病原物。人们长距离运输带菌种子、苗木等使病原物得到长距离传播，这是各国实行植物检疫的原因。

第二节　药用植物虫害

由于昆虫及螨类等动物的取食导致药用植物直接受害，造成严重损失。防治药用植物虫害，首先需要了解有关害虫的基本知识，然后才能根据害虫的特性有针对性地制订有效的防治措施。昆虫属于动物界，节肢动物门，昆虫纲。昆虫纲是动物界最繁盛的一个类群，目前已被命名的昆虫就有100万种之多，占世界已知动物种类的2/3。昆虫分布几乎遍及全球。

一、昆虫的形态特征

昆虫体躯由体节组成，分为头部、胸部和腹部3个体段。头部有口器和触角，通常还有复眼及单眼，是取食与感觉中心；胸部具有3对足，一般还有2对翅，是运动中心；腹部着生生殖系统并包括大部分内脏，是生殖与新陈代谢中心。

（一）昆虫的头部

昆虫头部一般由6个体节完全愈合而成，生有口器、1对触角、1对复眼和0～3个单眼。

1. 触角　触角的功能主要是嗅觉和触觉，有的也有听觉作用。因此，触角为昆虫觅食、聚集、求偶和寻找产卵场所等生命活动所必需。触角通常分为柄节、梗节和鞭节三部分。昆虫种类不同，触角形状变化很大，常见类型有线状（丝状）、刚毛状、球杆状（棒状）、锤状、锯齿状、栉齿状、羽毛状、念珠状、叶状，以及膝状（肘状）、环毛状、具芒状等。

2. 复眼和单眼　为昆虫的视觉器官。复眼多位于头部侧上方，常为圆形或卵圆形，由若干大小一致的小眼构成。单眼可分为背单眼和侧单眼两类。

3. 口器　为昆虫的取食器官。各种昆虫因食性和取食方式不同，形成了不同类型的口器，主要有咀嚼式口器、刺吸式口器、虹吸式口器、舐吸式口器、嚼吸式口器、刮吸式口器及锉吸式口器等。其中，咀嚼式口器是最原始、最典型的口器，其他类型都由它演化而来。

4. 头式　口器在头部的着生位置与方向称为昆虫的头式，包括下口式、前口式与后口式。

（二）昆虫的胸部

胸部是昆虫的第二个体段，通过膜质的颈与头部相连，由前胸、中胸和后胸3个体节构成。每个胸节都着生1对胸足，分别称为前足、中足和后足，大多数昆虫的中、后胸上还各着生1对翅，分别称为前翅和后翅。胸部是昆虫的运动中心。每一胸节由背板、腹板和2个侧板4个面构成。前胸背板一般较发达，其形状在各类昆虫中变异较大。

1. 胸足的构造与类型　胸足是昆虫行走用的附肢。成虫的胸足可分为6节，从基部向端部依次为基节、转节、腿节（股节）、胫节、跗节和前跗节。昆虫为适应不同生活环境和生活方式，胸足的构造和功能发生了相应改变。常见的胸足类型有步行足、跳跃足、捕捉足、游泳足、携粉足、开掘足、抱握足、攀缘足等。

2. 翅的基本结构与类型　昆虫是无脊椎动物中唯一有翅的类群。昆虫的翅为双层膜质的表皮构造，中间伸展着气管，形成翅脉，是昆虫分类的依据；翅通常呈三角形；昆虫的翅常常发生折叠，从而在翅面上形成一些褶线，将翅面划分为若干区域；翅的主要作用是飞行，但许多昆虫为适应生活环境，翅的形状与质地发生了变异，形成了不同类型的翅。翅的类型是昆虫分类的重要依据，主要有膜翅、毛翅、鳞翅、缨翅、覆翅、半鞘翅、鞘翅、棒翅（平衡棒）等。

（三）昆虫的腹部

腹部是昆虫的第三个体段，为纺锤形、圆筒形、球形、扁平或细长形，通常由 9 ～ 11 个体节组成。第八和第九腹节上着生有外生殖器，因此又称为生殖节。第一至八腹节两侧各着生有 1 对气门。有的昆虫在第十一腹节还着生有 1 对尾须。昆虫的内脏器官大部分位于腹部体腔内，所以腹部是昆虫的新陈代谢和生殖中心。

1. 外生殖器　是昆虫生殖系统的体外部分，是交配和产卵器官的统称，主要由腹部生殖节上的附肢特化而成。雌性的外生殖器称为产卵器，雄性的外生殖器称为交配器。

2. 尾须　尾须是由第十一腹节附肢演化而成的 1 对须状外突物，存在于部分无翅亚纲及低等有翅亚纲昆虫中。尾须的形状变化较大，有短锥状、丝状等。

3. 幼虫的腹足　一些昆虫，如鳞翅目和部分膜翅目，在幼虫期腹部具有可以用于行走的附肢，称腹足。鳞翅目幼虫具有 2 ～ 5 对腹足，分别着生于第三至第六和第十腹节上，其中第十腹节上的足又称臀足。膜翅目叶蜂类幼虫具有腹足 6 ～ 8 对，有时多达 10 对。鳞翅目幼虫腹足末端着生有成排的小钩，称为趾钩。趾钩的排列方式有环状、缺环，横带、中带，单序、双序和三序等，是幼虫的分类特征之一。叶蜂科的幼虫腹足无趾钩。

（四）昆虫的体壁及其外长物

昆虫体躯外面包被有一层含有几丁质的躯壳，称为体壁。昆虫的体壁又叫“外骨骼”，具有皮肤和骨骼的双重功能。

1. 体壁的结构及特性　昆虫的体壁由内向外依次分为底膜、皮细胞层和表皮层。底膜主要成分为中性黏多糖。皮细胞层由单层活细胞组成，有较活泼的分泌机能。表皮层由内向外分为内表皮、外表皮和上表皮。内表皮、外表皮主要由几丁质和蛋白质构成，而上表皮由脂类和蛋白质的复合物及蜡质构成，具有亲脂性（疏水）。体壁上常生有很多刚毛、鳞片、刺、距、棘、脊纹和突起等外长物。

2. 体壁与化学防治的关系　由于昆虫的表皮具有亲脂性，水稀释的药液不易在虫体上黏着展布和穿透体壁。用药时在药液中加入肥皂、洗衣粉等湿润剂可以降低药液的表面张力，使药液易于黏着展布于虫体，提高药剂防治效果，用油剂防治效果也会更好；根据体壁构造和形成机理开发的灭幼脲类药剂，能使昆虫几丁质合成受阻，使幼虫蜕皮受阻而死；同种昆虫幼龄期比老龄体壁薄，药剂比较容易透入体内，选择低龄的时候防治更容易。

二、昆虫的生物学特性

了解昆虫习性、行为，对于找出害虫生活史中的薄弱环节，或利用其习性特点进行防治，都具有重要意义。

（一）昆虫的繁殖

昆虫的繁殖方式，大致有下列 4 种。

1. 两性生殖　雌雄两性交配，雌虫产下受精卵，每粒卵发育成一个新的个体，这是昆虫繁殖后代最普遍的方式。

2. 单性生殖 卵不经过受精也能发育成新的个体。未经交配所产下的卵均能正常发育为雌性或绝大部分为雌性的成虫，称为产雌孤雌生殖，简称孤雌生殖，如一些介壳虫、蓟马等。

3. 多胚生殖 由一个卵发育成两个或更多的胚胎，每个胚胎发育成一新个体，如跳小蜂。

4. 卵胎生 卵在母体内进行胚胎发育，孵化后，直接产下幼虫，如蚜虫的单性生殖。

一些昆虫的繁殖是两性生殖与孤雌生殖交替进行称异态交替，如许多蚜虫从春季到秋季连续十多代都是孤雌生殖，当冬季来临前产生雄蚜，进行两性生殖，产下受精卵越冬。

（二）昆虫的发育和变态

昆虫的个体发育过程可分为胚胎发育和胚后发育两个阶段。胚胎发育（卵内发育）是从卵发育成为幼虫（若虫）的发育期。胚后发育是从卵孵化后开始至成虫性成熟的整个发育期。

1. 变态的类型 昆虫个体的整个生长发育过程，在外部形态、内部结构和生活习性等方面都有变异。同一个体在不同发育阶段的形态变异，称变态。变态可分为两大类。

（1）不完全变态 在个体发育过程中，只经过卵、若虫和成虫三个阶段，其若虫和成虫的形态、生活习性基本相同，如蝗虫、蝼蛄、叶蝉等。

（2）完全变态 在个体发育过程中要经过卵、幼虫、蛹和成虫四个阶段。如玉米螟、金龟子，其幼体称为幼虫。

2. 昆虫个体发育各阶段的特性

（1）卵期 卵自产下后到孵出幼虫（若虫）所经过的时间，称卵期，在卵内完成胚胎发育后，幼虫破壳而出的过程，称为孵化。灭卵是一项预防措施，可用具有杀卵作用的药剂杀灭卵，还可用卵寄生蜂对某些害虫进行生物防治。

（2）幼虫（若虫）期 昆虫自卵孵化为幼虫（若虫）到变为成虫所经过的时间，称为幼虫（若虫）期；属完全变态的昆虫；幼虫孵出后不断生长，体积增大，旧的外骨骼就会限制生长，必须脱去外表皮，同时形成新表皮。从卵孵出的幼虫称为第一龄，之后每脱一次皮就增加一龄，直至化蛹或羽化为成虫。每两次脱皮之间所经历的时间称为龄期。

全变态昆虫的幼虫与成虫完全不同。幼虫可分为三种类型：①多足型：幼虫有3对胸足和多对腹足，如蝶、蛾类幼虫；②寡足型：幼虫只有3对发达的胸足，无腹足，如金龟子的幼虫（蛴螬）；③无足型：胸足腹足均退化或无，如天牛、蝇类幼虫。

（3）蛹期 末龄幼虫最后一次蜕皮变成蛹的过程称为化蛹。从化蛹时起至发育羽化成虫时止所经历的时间，称为蛹期。蛹可分成三种类型：①离蛹（又称裸蛹）：足、触角等不紧贴于蛹体上，如金龟子、蜂类蛹；②被蛹：附肢和翅紧贴于蛹体，由坚硬而完整的蛹壳所包被，如鳞翅目的蛹。③围蛹：直接于末龄幼虫的皮壳内化蛹而成，蛹的本体为离蛹，如蝇类的蛹。蛹期是昆虫各体发育过程中生命活动最薄弱的一环，是防治的有利时机，在秋季可翻耕、碎土使土中蛹大量死亡。

（4）成虫期 不完全变态的末龄若虫脱皮变为成虫或完全变态昆虫的蛹由蛹壳破裂变为成虫，这个过程称为羽化。成虫从羽化起直到死亡所经历的时间，称为成虫期。成虫期是繁殖下一代的虫期。昆虫可一次交配多次产卵；也可以多次交配多次产卵。昆虫总是把卵产在有利于幼虫取食的地方。

3. 昆虫激素对生长发育和变态的调节控制及应用

（1）昆虫内激素 昆虫的生长、脱皮、变态、生殖等生理活动机能，除受外界环境条件的影响外，主要受三种内激素的调节和控制。脑神经细胞分泌脑激素，脑激素进入体液内，激发前胸腺和位于咽喉附近的咽侧体，使各自分泌一种激素；前胸腺分泌脱皮激素，控制昆虫的脱皮；咽侧体分泌保幼激素，能保持幼虫的特征，抑制成虫特征的出现，但在成虫期却又有促进性器官发育的作用。在保幼激素和脱皮激素共同作用下能引起昆虫脱皮，仍保持幼虫特征。到幼虫发育最后一龄时，保幼激素分泌量相对减少或停止而脱皮激素分泌量增加，幼虫的内部组织器官系统开始分解，脱皮后变为蛹。

控制昆虫生长和变态的内激素机制发现和人工合成，给益虫饲养和害虫防治提供了一种新手段。我国已先后合成的保幼激素的近似物，在促进蚕的生长，增加生丝产量上取得可喜成果。使用过量的保幼激素及其类似物能使昆虫产生幼虫－蛹的中间型，或蛹－成虫的中间型，或造成昆虫不育，因此可以应用于害虫防治，如烯虫酯。使用脱皮激素或其类似化合物，能干扰昆虫脱皮，使昆虫过早脱皮而致死，如甲氧虫酰肼。

（2）昆虫外激素（昆虫信息素）　由昆虫的外分泌腺体分泌，能引起同种或异种其他个体产生特定行为或生理反应的化学物质。包括性信息素、聚集信息素、报警信息素、标记信息素、踪迹信息素等。人工合成昆虫性信息素的类似物，即性引诱剂，是目前在害虫防治中应用最广的信息素。我国已经生产了小菜蛾、舞毒蛾、玉米螟、斜纹夜蛾等多种昆虫的性信息素，成为害虫预测预报、综合治理和绿色防控的重要措施。

（三）昆虫的世代和年生活史

昆虫的生活周期，从卵发育开始，经过幼虫、蛹到成虫性成熟的整个发育阶段，称为一个世代。昆虫在整个一年中的发生经过，如发生代数，各虫态出现的时间和寄主植物发育阶段的配合，及越冬情况等，称为年生活史。一年发生一代的昆虫，它的年生活史，就是一个世代；一年发生多代的昆虫，往往因发生期参差不齐，造成上、下世代之间界限不清，称为世代重叠。有些昆虫的生活史需要两年或多年才能完成一个世代。

了解害虫的年生活史，摸清害虫在一年内的发生规律、活动和为害情况，针对害虫生活的薄弱环节进行防治，具有重大实践意义。

（四）昆虫的习性和行为

1. 休眠和滞育　休眠是指不利的环境条件（如高温或低温）引起昆虫的生命活动暂时停滞。一旦这些不利因素消失，昆虫几乎可以立即恢复活动，继续生长发育。滞育是指在一定的光照条件下，同种昆虫的大部或全部个体中止发育。一旦进入滞育，即使给予良好的生活条件，也不能解除，必须经过一定的滞育期，并需要一定的刺激条件，才能重新恢复生长发育。例如舞毒蛾在6、7月间以卵期进入滞育，这时胚胎发育已完成，但其幼虫并不孵化，一直到来年春季才能孵出幼虫。

2. 趋性　是指昆虫对光、温、湿以及某些化学物质的趋向或背离活动，它有“正”“负”之别。

昆虫通过视觉器官，趋向光源而产生的反应行为，称为趋光性，反之则称负趋光性。一般夜出活动的螟蛾、蝼蛄等对灯光有正趋光性。许多昆虫对紫外光最敏感，因此可以利用紫外灯诱杀害虫。

昆虫通过嗅觉器官对于化学物质的刺激而产生的反应行为，称为趋化性，趋化性也有正负之分。我们也可以利用趋化性防治害虫，如用糖、醋、酒等混合液诱杀地老虎、黏虫。

昆虫是变温动物，当环境温度改变时，昆虫就趋向适宜它生活的温度条件，这就是趋温性，如金龟子、蝼蛄等地下害虫当冬季土壤温度低时，就向土壤深处迁移，到来年春季表土温度上升到适宜温度时，又迁移到土表危害植株根部。

所有这些趋性，都是昆虫在长期发展过程中形成的生物学特性，我们可以利用这些特性诱杀消灭害虫。

3. 食性 按昆虫取食食物的种类，可分为以下3类。

（1）植食性 以植物为食。

（2）肉食性 以小动物或昆虫为食，多为益虫，有捕食性和寄生性之分。

（3）杂食性 食物种类包括动物和植物。

掌握害虫的食性与防治有直接关系，害虫天敌的食性，是生物治虫选择天敌的依据。

4. 群集性 就是同种昆虫大量个体高密度地聚集在一起的习性。

5. 迁移性 许多害虫，在成虫羽化到翅骨化变硬的羽化幼期，有成群从一个发生地长距离迁飞到另一个发生地的特性，如黏虫、小地老虎等。

6. 假死性 有些昆虫受到突然接触或震动时，全身表现出一种反射性的抑制状态，身体蜷曲，或从植株上堕落地面，一动不动，片刻，才又爬行或起飞，这种特性称为假死性。对具有假死性的害虫，可以采用振落的方法捕杀，如金龟子、黏虫等。

三、药用植物重要害虫种类及其危害

药用植物害虫从广义上讲以有害昆虫为主，还包括有害螨类等。按危害植物的方式可以分为以下类群。

（一）刺吸式口器害虫

刺吸式口器害虫通过刺入寄主组织吸食寄主植物汁液获取营养，这类害虫在气温高、天气干燥时常发生较重，雨季危害较轻。主要包括同翅目、半翅目及螨类害虫，常见的有蚜虫、介壳虫、木虱及螨类。由于这些害虫体积小，繁殖系数高、速度快，抗药性强，防治难度较大，是近年来药用植物害虫防治的重点和难点。

1. 蚜虫 绝大多数药用植物都不同程度地受到各种蚜虫的危害，如红花指管蚜危害红花、牛蒡等菊科药用植物，枸杞蚜危害宁夏枸杞，中华忍冬圆尾蚜危害忍冬，胡萝卜微管蚜危害伞形科药用植物，萝藦蚜危害萝藦科药用植物等。

2. 介壳虫 一般在南方木本药用植物上发生较重，对北方药用植物危害较轻且不普遍。例如，粉蚧危害多种南方木本药用植物，椭圆盾蚧危害槟榔等，日本龟蜡蚧危害卫矛科、柿科、鼠李科、大戟科等药用植物，康氏粉蚧危害人参、西洋参、栝楼等药用植物。

3. 螨类 螨危害药用植物的方式有两种：一是在植物叶面取食并繁殖后代，如危害地黄的棉红蜘蛛，危害宁夏枸杞的枸杞锈螨等；二是在植物表面刺激形成虫瘿，螨在虫瘿内取食并繁殖后代，虫瘿发育后期，大量螨从瘿内爬出，继续寻找新的寄主致瘿为害，如宁夏枸杞瘿螨等。

（二）咀嚼式口器害虫

咀嚼式口器害虫通过咀食药用植物叶片、花、嫩果，造成残缺，形成孔洞。此类害虫主要有直翅目、鞘翅目成虫和幼虫，脉翅目成虫，鳞翅目幼虫，膜翅目成虫和叶蜂类幼虫。如危害伞形科药用植物的黄凤蝶，危害宁夏枸杞等茄科药用植物的枸杞负泥虫，危害大黄等蓼科药用植物的蓼金花虫，危害菘蓝等十字花科药用植物的菜青虫等。有些暴食性害虫，如危害膜荚黄芪的芫菁、危害忍冬的金银花尺蠖，可在几天内吃光植株所有叶片，造成严重经济损失。

（三）钻蛀性害虫

1. 蛀茎性害虫 主要来自鳞翅目木蠹蛾科、透翅蛾科、木蛾科和鞘翅目天牛科，钻蛀药用植物枝干，造成髓部中空，或形成肿大结节和虫瘿，影响输导系统功能，造成枝干易折断，生长势弱，严重者可致植株死亡。如危害忍冬的咖啡虎天牛、柳干木蠹蛾和豹蠹蛾，危害贴梗海棠的星天牛，危害菊的菊天牛等。

2. 蛀根茎类害虫 蛀食植株心叶及根茎部造成生长点破坏，根茎或根部中空。如危害珊瑚菜的北沙参钻心虫、危害射干的环斑蚀夜蛾等。

3. 蛀花、果、种子类害虫 主要来自鳞翅目螟蛾科、蛀果蛾科，双翅目实蝇科，膜翅目小蜂总科，常常直接危害药用部位。如蛀食山茱萸果的山茱萸蛀果蛾，蛀食红花花蕾、种子的红花实蝇，蛀食宁夏枸杞果实的枸杞实蝇，蛀食膜荚黄芪种子的广肩蜂等。

钻蛀性害虫危害普遍，无论是木本、草本、藤本药用植物均有发生，一些种类直接蛀食药用部位，造成严重经济损失。同时防治难度较大，一旦蛀入，一般防治方法很难奏效。

（四）地下害虫

地下害虫是指在土中生活，危害药用植物地下部分的害虫，又称土壤害虫。地下害虫种类很多，有蝼蛄、金针虫、地老虎、根蛆、根蚜、根蚧、根象、根天牛、根叶甲、白蚁等十余种。此类害虫分布广泛，植株根部被害后造成伤口，容易导致病菌侵入，引起各种土传病害，往往造成更大损失。

地下害虫的主要危害方式有：①在土内啮食种子和幼苗根部，造成缺苗断垄；②取食植物地下根、茎；③破坏土层结构，导致植株枯萎。地下害虫对药用植物危害普遍，严重影响药材产量和质量，是药材生产中需要重点防控的对象。

四、药用植物虫害发生与环境条件的关系

各种害虫的发生都与周围的环境条件具有密切关系。环境条件影响着害虫种群数量在时间和空间方面的变化，如发生时期、地理分布、危害区域等。揭示害虫发生与环境因子的关系及其变化规律，有利于害虫的预测和科学防治。

（一）气候因子

气候因子主要包括温度、湿度和降雨、光照、风等，它们在自然界中常相互影响并共同作用于昆虫。气候因子可直接影响昆虫的生长、发育、繁殖、存活、分布、行为和种群数量动态等，也能通过影响昆虫寄主（食物）、天敌等间接影响昆虫，其中以温度、湿度影响最大。

1. 温度 昆虫是变温动物，昆虫的体温基本取决于周围环境的温度。因此，在气候因子中，温度对昆虫的影响最为明显。每一种害虫都有适合其生长发育的温度范围，称为适温区，一般害虫有效温区为 10 ～ 40℃，适宜温区为 20 ～ 30℃。当温度高于或低于有效温区，害虫就进入休眠状态，温度过高或过低时，害虫就要死亡。在最适温区内，昆虫的生长发育正常，发育速度随温度升高而加速，寿命适中，繁殖力最大。如小地老虎成虫在 8 ～ 35℃范围内可以完成变态和生存，而产卵的适宜温度为 15 ～ 22℃，当平均温度高于 26℃时，其交配率下降，当平均温度达 30℃时，成虫不能产卵。

昆虫和其他生物一样，完成某一发育阶段（如卵、幼虫期、蛹、成虫或一个世代）需要一定

的热量累积。但只有在发育起点以上的温度时，昆虫才能开始发育，发育起点以上的温度为昆虫发育的有效温度。

2. 湿度和降雨 不同种类的昆虫和同种昆虫的不同发育阶段，对湿度的要求不同。水生昆虫和钻蛀性昆虫要求有较高的湿度，而仓储害虫则较耐干燥。湿度可直接影响昆虫的存活、繁殖、孵化、蜕皮、化蛹和羽化等。同时，湿度还可通过影响天敌和食物间接对昆虫产生影响。一般高湿利于许多鳞翅目昆虫的繁殖，如黏虫成虫在 16 ～ 30℃范围内，湿度愈大，产卵愈多。干旱主要影响成虫的交配行为和使其寿命缩短，但干旱可使蚜虫和叶螨的寄主植物体内水解酶增加，促使其可溶性糖类浓度提高，有利于蚜虫和叶螨的营养代谢，从而可以加速繁殖。环境湿度较低时，常导致昆虫不能正常产卵、孵化、羽化等。

降雨对昆虫的影响是复杂的，降雨可提高空气湿度和土壤湿度从而影响昆虫的生长、发育、生存和繁殖。降雨，特别是暴雨，对一些小型昆虫（如蚜、螨类等）和一些昆虫卵（如棉铃虫等）有机械冲刷致死作用，可导致其种群密度下降，但降雨过后，害虫的种群数量往往又因湿度的降低而迅速上升。

3. 光 光和热是太阳辐射到地球上的两种热能状态。一方面，昆虫可以从太阳的辐射热中直接吸收热能；另一方面，植物通过光合作用制造养分，供给植食性昆虫食物，昆虫也可从太阳辐射热中间接获得能量。此外，光的波长、强度和光周期对昆虫的趋性、滞育、行为等也有重要影响。

昆虫的可见光区偏于短光波段，光波长范围在 250 ～ 700μm，对紫外光敏感，许多昆虫都有不同程度的趋光性。光强度主要影响昆虫昼夜活动和行为，如交配、产卵、取食和栖息等。如蝶类昆虫喜欢在白天活动，蛾类及多数金龟科昆虫等则在夜间活动。许多昆虫能对光周期的变化产生信息性反应，光周期变化是引起和解除昆虫滞育的主要环境因子，许多蚜虫的季节性多型现象等也都与光周期变化密切相关。

4. 风 风可通过影响环境温度和湿度对昆虫产生影响。风对昆虫迁移扩散，特别是远距离迁飞有着重要影响，如黏虫等的迁飞活动与风或气流密切相关，微风或无风晴朗的天气有利于许多飞翔的昆虫种类飞行。

（二）土壤因子

土壤是昆虫一种特殊的生态环境，大约有 98% 以上的昆虫种类在生活史中都与土壤有或多或少的联系。有些种类始终生活在土壤中，如原尾目、弹尾目昆虫以及蝼蛄、伪步行虫等。许多昆虫在个体发育的某一阶段或在一定季节内生活在土壤中，如枸杞红瘿蚊在土壤中化蛹，射干钻心虫成虫产卵于土中；有的昆虫成虫或幼虫生活在土壤中危害植物，如蛴螬在土壤中取食肉苁蓉茎和忍冬根部；还有许多昆虫则只是在某一虫期潜伏于土壤中越夏和越冬。土壤温度、湿度和理化性质影响昆虫在土中的分布、活动和繁殖等，如华北蝼蛄主要分布在淮河以北的砂壤土地区，沟金针虫喜欢在酸性缺钙的土壤中生活。

（三）生物因子

生物因子包括食物和天敌，害虫一方面需要取食其他植物作为自身的营养物质，另一方面它本身又是其他动物吸取营养的对象。

1. 食物 每种昆虫都有其适宜的食物。昆虫嗜食的食物丰富，则发育、生长快，死亡率低，繁殖力高；单食性昆虫的分布，往往受食物分布的限制。例如，山茱萸蛀果蛾只分布在有山茱萸植株的区域。

2. 天敌　自然界中的害虫天敌种类非常丰富，包括病原微生物、天敌昆虫和其他食虫动物，它们是影响昆虫种群数量变动的重要因素。例如，田间捕食性瓢虫的数量影响蚜虫的种群数量。

（四）人为因子

人类的生产活动对害虫的繁殖和活动有很大影响。一些田间管理措施和农事操作有可能压低害虫种群数量，如枸杞修剪可减少枸杞瘿螨数量。通过植物检疫可减少种苗调运过程中害虫的扩散和传播。若大面积种植单一药用植物，为害虫提供了良好的食物来源，为暴发成灾提供了条件。长期盲目乱用化学农药，害虫抗药性增加，大量天敌被杀伤，导致害虫防治难度加大。改变栽培模式往往是从根本上控制害虫暴发成灾的有效途径。因此，人为因子在调节害虫与植物的关系上具有举足轻重的作用。

第三节　药用植物病虫害的综合防治

药用植物病虫害种类繁多，许多药用植物为多年生，或进行连作，导致病虫在田间逐年积累，危害越来越重。因此，对药用植物病虫害进行有效防治显得非常迫切，需要有一套科学的防治策略和方法。

一、综合防治的概念

目前，生产中药用植物病虫害的防治主要以化学防治为主，存在着盲目滥用高毒、高残留农药的现象，药材农药残留常常超标，导致药材品质下降，不仅影响药材出口，而且严重威胁着人们的身体健康。因此，药用植物病虫害防治应遵循“预防为主，综合防治”的方针。综合防治是从农业生态系统总体出发，根据有害生物和环境之间的关系，充分发挥自然控制因素的作用，因地制宜协调应用必要的措施，将有害生物控制在经济受害允许水平以下，以获得最佳的经济、生态和社会效益。

二、药用植物病虫害的防治技术

（一）植物检疫

植物检疫是一个国家或地方政府，为防止危险性有害生物随植物及其产品的人为传播，以法律、行政和技术的手段强制实施的保护性植物保护措施。

植物检疫根据检疫范围一般分为对外检疫（国际检疫）和对内检疫（国内检疫）两种。植物检疫对象是根据每个国家或地区为保护本国或本地区种植业生产的实际需要和当地病、虫、草害发生特点而制定的，确定检疫对象的条件包括：第一，必须是在经济上可能会造成严重损失而防治又极为困难的危险性病、虫、杂草；第二，必须是主要依靠人为传播的危险性病、虫、杂草；第三，必须是国内或地区尚未发生或分布不广的危险性病、虫、杂草。

实施植物检疫的基本原则是在检疫法规规定的范围内，通过禁止和限制植物、植物产品或其他传播载体的输入（或输出），以达到防止传入（或传出）有害生物、保护农业生产和环境的目的。植物检疫主要采取下述措施：①禁止进境，针对危险性极大的有害生物。②限制进境，有条件入境，要求出具检疫证书。③调运检疫，在国家或地区间调运植物及其产品等，在指定地点和场所由检疫人员进行检疫和处理。④产地检疫，对种子及其他繁殖材料在其原产地，农产品在其产地或加工地进行检疫。这是检疫中最重要和最有效的一项措施。⑤国外引种检疫，引种之前要经审批，引种后要经检疫，并在特定的隔离圃中试种。⑥旅客携带物、邮寄和托运物检疫，主要针对植物及其产品的检疫。⑦紧急防治，对新侵入和核定的病原物与其他有害生物必须尽快扑灭。

（二）农业防治

农业防治是通过调整栽培技术措施减少或防治病虫害的方法。防治措施大多为预防性的。

1. 使用无病虫繁殖材料　生产和使用无病虫种子、苗木及其他繁殖材料，可以有效防止病虫害的传播和压低初期虫口或病原菌的数量。商品种子应实行种子健康检验，确保种子健康。

2. 合理轮作和间作　如果一种药用植物在同一块地上连作，不但消耗地力，影响药用植物的生长发育，同时可使病虫在土壤中积累加重。在药用植物栽培制度中，进行合理轮作和间作，对防治病虫害和充分利用土壤肥力都是十分重要的。特别是对那些病虫在土中寄居或休眠的药用植物来说，实行轮作就更为重要。如土传病害多的人参、西洋参等绝不能连作，否则病害严重。人参与水稻轮作数年，浙贝母与水稻隔年轮作，均可大大减轻根腐病和灰霉病的危害；大黄与川芎或膜荚黄芪轮作，可减轻大黄拟守瓜的危害。实行轮作时，合理选择轮作对象很重要，一般同科、同属植物或同为某些严重病虫害寄主的植物不能轮作。由于间作植物同种在一块地里，互相影响更大，所以上述原则对选择间作植物也适用。

3. 耕作　很多病原菌和害虫在土内越冬，通过冬耕晒垡可以直接破坏害虫的越冬巢穴或改变其栖息环境，显著减少越冬病原、虫源。例如，对土传病害发生严重的半夏、地黄等，播前除必须实施土壤休闲外，还要耕翻晒土几次，以改善土壤物理性状，减少土中病原菌数量，达到防病的目的。

4. 除草、修剪和清洁田园　田间杂草和药用植物收获后的残枝落叶，常常是病虫隐蔽及越冬的场所，是来年的重要病虫来源。因此，除草、修剪病虫枝叶和收获后清洁田园，将病虫残枝和枯枝落叶进行烧毁或深埋处理，可大大减少病虫越冬基数，是防治病虫害的重要农业技术措施。

5. 调节播种期、合理施肥　调节药用植物播种期，使病虫的某个发育阶段错过病虫大量侵染为害的危险期，可避开病虫害达到防治的目的。合理施肥，平衡营养，增强药用植物自身抵抗能力，也能减轻病虫害的危害。

6. 选育和利用抗病、虫品种　药用植物的不同类型或不同品种对病、虫害的抵抗能力往往有显著差异，可以选育或利用抗病、虫害的优良品种栽培，是一项不增加额外投入的防治措施。如有刺型红花比无刺型红花能抗炭疽病和红花实蝇，白术矮秆型有较强的抗术籽虫能力等。特别是对那些病虫严重且防治难度大的药用植物，选育和利用抗病、虫品种是一项经济有效的增产措施。目前，国内外关于药用植物抗病、虫品种的选育和利用研究工作都开展得很少，是今后应加强的薄弱环节。

（三）生物防治

生物防治是指利用有益生物（微生物、天敌昆虫、脊椎动物等）或其代谢产物来控制病虫害的方法。病虫害的生物防治方法主要包括以下几个方面内容。

1. 以虫治虫　利用天敌昆虫防治害虫，包括利用捕食性和寄生性两类天敌昆虫。捕食性天敌昆虫有瓢虫、草蛉、猎蝽、螳螂、胡蜂、食虫虻和食蚜蝇等；寄生性天敌昆虫主要是膜翅目和双翅目的一些类群，如赤眼蜂、小蜂、肿腿蜂、茧蜂和姬蜂等。如寄生菜青虫幼虫的茧蜂，寄生金咖啡虎天牛幼虫的肿腿蜂等。这些天敌昆虫在自然界里存在于一些害虫群体中，对抑制这些害虫虫口密度发挥了重要作用。大量繁殖天敌昆虫释放到田间，可以有效抑制害虫。但更重要的是要注意保护田间益虫，使其在田间繁衍生息，以达到控制害虫的目的。

2. 以微生物治虫　以微生物治虫主要是利用细菌、真菌、病毒等昆虫病原微生物防治害虫。病原细菌主要有苏云金杆菌类，它可使昆虫得败血病死亡，罹病昆虫表现为食欲不振、停食、下痢、呕吐，1～3天后死亡，虫尸软腐，有臭味，目前生产的苏云金杆菌各种制剂均有较广的杀虫谱。病原真菌主要有白僵菌、绿僵菌、虫霉菌等，目前应用较多的是白僵菌，它使罹病昆虫运动呆滞、食欲减退、皮色无光，有些身体有褐斑，吐黄水，3～15天后虫体死亡僵硬。昆虫病原病毒主要有核多角体病毒和细胞质多角体病毒，可使罹病昆虫食欲不振，横向肿大，皮肤易破并流出白色或其他颜色液体，感病1周后死亡，虫尸常倒挂在枝头，一般一种病毒只能寄生一种昆虫，专化性较强。我国已有十多个商品病毒杀虫剂，如棉铃虫NPV、菜粉蝶GV、小菜蛾GV等。

3. 应用颉颃和交叉保护作用防治病害　一些微生物通过营养、生存空间竞争、改变环境或产生抑菌物质将另一些微生物杀死或抑制它们生长的现象称颉颃作用。应用颉颃作用防治药用植物地下根茎部病害效果更好。例如，利用木霉制剂处理药用植物种子或苗床，能有效控制由腐霉菌、疫霉菌、核盘菌、立枯丝核菌和小菌核菌侵染引起的根腐病和茎腐病；用哈茨木霉防治甜菊白绢病，用5406菌肥防治荆芥茎枯病，均有良好效果。用非病原微生物有机体或不亲和的病原小种先接种于植物上，可导致这些植物对以后接触的亲和性病原物的不感染性，即类似诱发的抵抗性，称为交叉保护，应用此法防治宁夏枸杞黑果病已获初步成效。

4. 天然产物的利用　用于防治药用植物病虫害的天然产物很多，包括植物的次生代谢产物和信号产物，微生物的抗生素和毒素，昆虫激素和信息素等。

（1）*植物次生代谢产物*　包括生物碱类、黄酮类、皂苷类、香豆素类等化合物，如用苦参碱防治危害三七的蓟马，蛇床子素、大蒜素用来防治药用植物病害有较好的效果。

（2）*抗生素类*　如井冈霉素、农抗120、多抗霉素等用于防治植物病害，阿维菌素、庆丰霉素等用于防治害虫。

（3）*昆虫激素*　是昆虫体内腺体所分泌的物质，主要有昆虫生长调节剂，分为几丁质合成抑制剂如灭幼脲，保幼激素类似物如双氧威，蜕皮激素类似物如抑食肼。使用过量的外源激素可致害虫畸形，使其不能正常发育而死亡。利用昆虫性信息素诱捕法或迷向法防治害虫，已成为害虫综合防治的重要方法，例如应用性信息素防治忍冬尺蠖已取得较好效果。

5. 脊椎动物及其他动物的应用　在脊椎动物中，消灭害虫作用较大的是某些鸟类，其次是两栖类、鱼类、爬虫类和哺乳类的食虫目和翼手目。螨类、蜘蛛等其他动物也可用于防治害虫。

我国有1100多种鸟类，其中吃昆虫的约占半数，它们绝大多数捕食害虫，常见的有啄木鸟、大山雀、大杜鹃、伯劳、画眉、家燕等。这些益鸟主要捕食叶蝉、木虱、蝽象、吉丁虫、天牛、金龟子、蛾类幼虫等。可以通过保护和招引益鸟来防治害虫，也可以保护和利用蛙类防治害虫。捕食螨的繁殖利用也已取得了良好效果。

（四）物理防治

物理防治是指利用温度、光、电磁波、超声波、核辐射等物理方法来防治药用植物病虫害，以温度和光的应用较为普遍。

1. 光的应用 许多昆虫具有趋光性，特别是趋向短光波光源，所以生产中常用短光波的黑光灯，或普通白炽灯，或白炽灯与黑光灯合用的双光源，来诱集害虫。例如，浙江用黑光灯诱集危害浙贝母的铜绿丽金龟，山东用普通白炽灯诱集北沙参钻心虫等，均有较好效果。此外，不同颜色是不同光波反射的结果，昆虫对颜色的趋性也是趋于某种波长光波的一种反应。例如，利用蚜虫正趋于黄色、负趋于银灰色的特性，采用黄板诱蚜、银灰色薄膜避蚜，均有一定的防治蚜虫效果。

2. 核辐射技术 是一种利用核辐射导致昆虫不育或突变来防治害虫或直接杀虫的技术。用诱变剂量辐照害虫，使其突变，再将这种突变体培养成系，经人工大量饲养后释放到野外，使其与野外昆虫交配，后代就会因不适应环境条件而死亡或后代性比高，如明显偏于雄性，就会使种群数量逐代减少，直到被消灭；用缓期致死或致死剂量辐照害虫，可直接将害虫杀死，此法多用于防治药材仓库害虫。

3. 温汤浸种 病菌、病毒常潜伏在种子上，成为初侵染源，在药用植物发芽、出苗、生长的过程中形成危害。如能将病菌、病毒消灭在播种前，可收到事半功倍的防治效果。温汤浸种简单、经济，在生产中经常被采用。例如，采用此法可有效防治地黄胞囊线虫病，但要注意处理温度和处理时间。

（五）化学防治

化学防治是指采用化学农药防治药用植物病虫害，目前仍然是生产中的重要手段，其他防治方法还不能完全代替化学防治，但有导致环境与药材污染、使病虫害抗性提高的弊端。因此，采用化学防治时，必须要从生态学观点出发，对有害生物实行综合治理，做到合理用药。首先要求在施药最适时期，以最低有效浓度用药，要选择好主治和兼治对象；其次要注意选择高效、低毒、低残留农药，以减少农药残留和对药材与环境的污染。

第四节 常用农药及其使用原则与方法

一、常用农药及禁用农药

农药是一类用来防治病、虫、鼠害和调节植物生长的具有生物活性的物质。按照防治对象不同可分为杀虫剂、杀螨剂、杀线虫剂、杀菌（病毒）剂、除草剂、植物生长调节剂和杀鼠剂七大类。在这里主要介绍杀虫剂、杀螨剂和杀菌剂。

（一）常用农药

1. 杀虫剂 毒死蜱、辛硫磷、敌百虫、溴氰菊酯、灭幼脲、吡虫啉、苏云金杆菌、白僵菌、印楝素、苦参碱等。

2. 杀螨剂 阿维菌素、哒螨灵等。

3. 杀菌（病毒）剂 多菌灵、三唑酮、恶霉灵、百菌清、代森锰锌、棉隆、硫悬浮剂、波尔多液、石硫合剂、瑞毒霉、甲基硫菌灵、井冈霉素、春雷霉素、农抗 120、木霉菌制剂等。

（二）禁用农药

包括全面禁止使用的农药和在药用植物上禁止使用的农药都是生产实际中禁用的，也要注意执行药食兼用作物的农药禁用规定。

1. 禁止（停止）使用的农药（46 种） 六六六、滴滴涕、毒杀芬、二溴氯丙烷、杀虫脒、二溴乙烷、除草醚、艾氏剂、狄氏剂、汞制剂、砷类、铅类、敌枯双、氟乙酰胺、甘氟、毒鼠强、氟乙酸钠、毒鼠硅、甲胺磷、对硫磷、甲基对硫磷、久效磷、磷胺、苯线磷、地虫硫磷、甲基硫环磷、磷化钙、磷化镁、磷化锌、硫线磷、蝇毒磷、治螟磷、特丁硫磷、氯磺隆、胺苯磺隆、甲磺隆、福美胂、福美甲胂、三氯杀螨醇、林丹、硫丹、溴甲烷、氟虫胺、杀扑磷、百草枯、2，4–滴丁酯。（注：2，4– 滴丁酯自 2023 年 1 月 29 日起禁止使用。溴甲烷可用于“检疫熏蒸处理”。杀扑磷已无制剂登记。）

2. 在部分范围禁止使用的农药（20 种） 参见表 6–1。

表 6–1　在部分范围禁止使用的农药

通用名	禁止使用范围
甲拌磷、甲基异柳磷、克百威、水胺硫磷、氧乐果、灭多威、涕灭威、灭线磷	禁止在蔬菜、瓜果、茶叶、菌类、中草药上使用，禁止用于防治卫生害虫，禁止用于水生植物的病虫害防治
甲拌磷、甲基异柳磷、克百威	禁止在甘蔗作物上使用
内吸磷、硫环磷、氯唑磷	禁止在蔬菜、瓜果、茶叶、中草药材上使用
乙酰甲胺磷、丁硫克百威、乐果	禁止在蔬菜、瓜果、茶叶、菌类和中草药材上使用
毒死蜱、三唑磷	禁止在蔬菜上使用
丁酰肼（比久）	禁止在花生上使用
氰戊菊酯	禁止在茶叶上使用
氟虫腈	禁止在所有农作物上使用（玉米等部分旱田种子包衣除外）
氟苯虫酰胺	禁止在水稻上使用

注：来源于农业农村部农药管理司 2019 年。

二、农药使用方法

在我国绝大多数地区均采用地面施药技术，飞机施药还不普遍。地面施药方法主要有喷雾、喷粉、撒施、浇洒、种子处理、毒饵、熏蒸、烟雾、涂抹等。

（一）喷雾法

以一定量的农药与适量水配成药液，用喷雾器械喷洒成雾滴，雾滴大小 0.01 ～ 1000μm 或更粗。适用于乳油、水剂、可湿性粉剂、悬浮剂、可溶性粉剂等剂型，可做茎叶处理，也可做土壤处理。具有可直接触及防治对象、分布均匀、见效快、防效好、方法简便等优点，但也存在易飘逸流失、对施药人员安全性差等缺点。根据喷雾容量，可分为五种：①高容量喷雾：即粗喷雾，为针对性喷雾法（雾流朝预定方向运动，雾滴较准确地落在靶标上，较少散落或飘逸到空中或其他非靶标上，也称为定向喷雾法），每亩喷药液量 50 ～ 75L；②中容量喷雾：又称常量喷雾，也是针对性喷雾法，每亩喷液量在 12.5 ～ 50L；③低容量喷雾：也称细雾和弥雾，每亩喷液量为

2.5 ～ 12.5L，是针对性和飘移性相结合的喷雾方法；④很低容量喷雾：每亩喷液量 0.5 ～ 2.5L，是一种飘移积累性喷雾（利用风力把雾滴分散、飘移、穿透、沉积在靶标上），易造成药害和人畜中毒，除草剂不能用，该法不常用；⑤超低容量喷雾：每亩喷液量 0.15 ～ 0.5L，也是一种飘移积累性喷雾。另外，喷雾法还有静电喷雾法、泡沫喷雾法、光敏间歇喷雾法、滞留喷洒法等。

（二）喷粉法

利用机械所产生的风力直接将药粉吹到防治对象表面，具有不需用水、效率高、方法简便、防治及时、分布均匀等优点。缺点是易被风吹和被雨水冲刷，耗药量大，而且易造成环境污染。喷粉法使用的药剂为低含量粉剂，封闭的温室、郁闭度高的森林、果园、高秆作物可以采用喷粉法。

（三）撒施法

将农药与土或肥的混合物或农药颗粒剂直接抛撒于地面或水田。优点是不飘移，对天敌影响小；缺点是不均匀，施药后需提供水分。用于防除杂草、地下害虫以及土传病害、线虫等。常用方法有徒手撒施、手动撒粒器抛撒、机动撒粒器抛撒、航空施粒、根区施粒等。

（四）浇洒法

包括泼浇和浇根两种方法。优点是工效高、方法简单，缺点是用药量大。

（五）种子（种苗）处理

包括浸种（浸秧或蘸根）、拌种等。

1. 浸种　把种子或种苗浸在一定浓度药液里，经过一定时间使种子或幼苗吸收药剂。操作时，先把规定的药量加入 55 ～ 60℃的热水中配成均匀药液，再倒入定量的种子，浸 3 ～ 5 分钟，立刻降温至 25℃，再浸 10 分钟后捞出晾干，以备播种。

2. 拌种　将一定量药剂和定量种子，同时装在容器中混合均匀。有干拌和湿拌两种。湿拌是将农药用少量水稀释后喷在种子表面，使种子表面覆盖一层药膜，拌后的种子一般要堆闷数小时至 1 天，让种子充分吸收药剂（闷种），然后及时播种。

（六）毒饵法

利用害虫、鼠类喜食的饵料与适宜农药混合制成毒饵，用于防治地面、地下害虫。

（七）熏蒸法

采用熏蒸剂或易挥发的药剂，使其挥发成为有毒气体而杀虫灭菌。适用于仓库、温室、土壤等场所。防效高、作用快，安全性差。

（八）烟雾法

利用内燃机或利用空气压缩机气体的压力将药液分散成雾滴施药或直接利用专用烟剂引燃发烟，烟和雾同时存在。由于烟雾的粒子很小，在空气中悬浮时间长，沉积分布均匀，防治效果优于一般喷雾和喷粉法。

（九）局部施药法

针对病虫的危害部位和特殊的生物行为，利用药物的触杀、熏蒸和内吸作用、扩散能力以及对害虫的引诱能力，对植物体的某个部分或作物的某些区段施药，而获得全面施药的防治效果。

1. 注射法　分为树干注射和土壤注射。

2. 包扎法　把含有农药的吸水性材料包裹在树干周围，或将药液涂抹在树干周围，再用防止蒸发的材料包好，使药剂通过树皮进入树体。

3. 涂抹法　用内吸或触杀剂，配加适宜的黏着剂，使药液牢固地黏附在植物表面。按涂抹部位分为：涂茎法、涂干法、涂花器法。

三、农药使用原则

农药使用对于保证药材稳产、高产做出了巨大贡献，但也带来了不少负面影响。因此，在生产过程中，必须掌握农药使用原则，做到正确安全使用农药。农药的合理使用原则如下。

（一）对症下药，适时用药

1. 根据病虫种类及危害方式，选用适当药剂和相应使用方法　首先应根据病虫种类选用适当药剂，防治虫害要用杀虫剂，防治病害要用杀菌剂。防治咀嚼式口器害虫要用敌百虫等胃毒剂，防治刺吸式口器害虫要用内吸剂。其次，要根据病虫危害方式与特点，采取相应用药方法。如对在叶背为害的害虫，应做叶背喷洒；对危害种子种苗的地下害虫，应用药剂拌种或做土壤处理等；对立枯病、根腐病等一些土壤带菌的病害，则要用药剂对土壤进行消毒处理等。

2. 根据害虫各生育期的不同特点而适时用药　害虫的不同发育阶段对同一化学农药表现的敏感程度不同。一般杀虫剂施药适期应选择在害虫三龄以前的幼虫期；钻蛀性害虫要在卵孵化高峰期施药。

3. 根据不同的气候选择最佳施药时期　许多农药的防治效果与温度关系密切，在一定温度范围内随着温度的增高而提高，选用此类农药，应在温度较高时使用，如啶虫脒、敌百虫等。而拟除虫菊酯类杀虫剂在温度较低时反而防治效果较好，此类农药应在早晨或傍晚使用，如功夫、敌杀死等；微生物杀虫剂对光照、温度较敏感，应选择在作物生长后期，尤其雾天露水较多时使用较好，如 BT 制剂、白僵菌等。

（二）掌握合理用药剂量

掌握合理用药剂量是指准确控制药剂浓度、用药数量和用药次数。在使用农药过程中应提倡最低有效剂量，降低农药的使用次数，这样既可节省防治成本，又可减少对天敌的伤害。在使用农药时任意提高农药剂量或浓度，随便增加施药次数，会产生或加重农药的副作用，所以在考虑使用农药剂量的同时，还应降低农药的使用次数。

（三）合理混用农药

合理混用农药可扩大防治对象，提高防治效果，防止或延缓病虫对农药的抗性。但应注意：①混用的农药彼此不能产生化学反应，以免分解失效，例如有机磷农药和氨基甲酸酯类不能与碱性物质混用；②应现配现用；③混用后的药液不应增加对人、畜的毒性；④混用要求具有不同的防治对象或不同作用方式，混用后可达到一次施药兼治多种病虫害的目的；⑤不同农药混用后要达到增效的目的。

（四）交替使用农药

交替使用农药是为了克服和延缓有害生物对农药产生抗性。首先应选择合适的农药品种。对于杀虫剂，应选择作用机理不同或能降低抗性的不同种类的农药，交替使用，如有机磷、拟除虫菊酯类、氨基甲酸酯类等杀虫剂之间的交替使用。对于杀菌剂，将保护性杀菌剂和内吸性杀菌剂交替使用，如百菌清和雷多米尔的交替使用；或者将不同杀菌机制的内吸杀菌剂交替使用。不同种类农药交替使用的间隔期限应越长越好。

（五）避免发生药害

药用植物因品种和生育期不同，抗药能力差别很大。如瓜类和豆类药用植物对波尔多液等比较敏感。一般情况下，药用植物的苗期抗药力较弱。因此，对这些抗药力弱的药用植物或正处于对药剂敏感的生育期，用药时应选择不易发生药害的农药种类或者适当降低用药浓度。

（六）安全用药，降低农药残留

1. 注意农药的安全间隔期，安全间隔期是在收获前一定间隔时间内禁止用药，以便使农药残留量降解到安全限度以下。不同农药和保护对象的安全间隔期不同，要严格按照国家规定的安全间隔期标准执行。

2. 尽量采用综合防治技术，包括农业防治、生物防治、物理防治技术，选用抗病虫品种，这些措施不使用农药。

3. 在农药的选用上，应选高效、低毒、低残留的无公害化学农药或生物性农药，严禁使用剧毒、高毒、高残留或具有致癌、致畸和致突变作用的农药。限量使用的农药要严格按照《农药安全使用准则》的规定执行。

4. 掌握农药安全使用技术，严格执行安全操作规程，改进农药使用方法。由于药材种类繁多，新农药或当地尚未使用过的农药，应先进行试验示范，然后再进行大面积推广应用。

思考题：

1. 何为侵染性病害和非侵染性病害？其发生各有什么特点？
2. 药用植物病害的病状与病症有哪些？
3. 药用植物虫害主要有哪些类别？各有哪些特点？
4. 药用植物病虫害农业防治技术有哪些？
5. 药用植物病虫害生物防治技术有哪些？
6. 农药的使用方法有哪些？
7. 简述病害侵染循环的三个环节。

第七章
药用植物产量与药材品质形成

扫一扫，查阅本章数字资源，含PPT、音视频、图片等

开展药用植物栽培的最终目的是在保证药材品质的前提下，获得较高的药材产量，提高种植收益，而要实现上述目标，就需要了解药材产量与品质的形成规律及其影响因素，并采取适当的栽培措施加以调控。

第一节　药用植物产量及其形成

进行药用植物栽培就是为了获得较多的有经济价值的药材，产量高低是生产中备受人们关注的重要问题。药用植物产量是指药用植物在整个生育期间因同化外界环境条件而形成的药用器官质量。

一、生物产量

生物产量是指药用植物在生长发育期间生产和积累有机物质的总量，即整个植株总干物质的收获量。在组成药用植物躯体的全部干物质中，有机物质占 90% ～ 95%，矿物质占 5% ～ 10%，可见有机物质的生产和积累是形成药材产量的主要基础。

在一定的自然条件和经济条件下，生物产量是由田间种植密度和单株干物重来决定的。如果种植密度一定，单株干物重主要取决于三点。①种子重量：采用充分成熟饱满的大粒种子，再通过适当施用种肥、加强苗期管理，可使幼苗生长健壮、光合面积迅速扩大，从而为提高药材产量奠定基础，如将留种人参植株适当稀植，选择五年生植株，通过疏花疏果、增施磷肥、充分成熟后采摘等措施，使种子千粒重由原来大田采种的 26 ～ 27g 提高至 50 ～ 60g，结果以其作为繁殖用种的一年生幼苗平均根重大于 0.8g，比小粒种子幼苗增加了 60%；②生长期长度：植株生长期越长，光合时间越长，形成的光合产物就越多，药材产量就会越高，生产中经常采用地膜覆盖、温室育苗、适期套种等措施，使种苗早下地，从而延长植株生长期的长度；③相对生长率：即药用植物个体植株生产新物质的效率，它与植株叶面积的发展和净光合率的高低密切相关。

实际生产中，在种子千粒重、生长期长度已经确定的情况下，如何调节药用植物的植株相对生长率，对于提高药材产量是最重要的。

（一）叶片的发生发展与干物质积累

叶片是植株光合作用的主要器官，是形成药材产量最活跃的因素。大田药用植物群体叶面积的大小一般以叶面积系数来表示，即叶片面积与土地面积的比值。叶面积系数的大小直接决定着药用植物植株对光能的捕获量。叶面积系数大，光能的捕获量就大。在一定范围内，药用植物

生物产量的高低与叶面积系数成正比。叶面积系数过小，药材产量肯定不会高，但叶面积系数过大，又会造成株间光照条件恶化，使叶片光合效率降低，干物质积累减少。所以，叶面积系数过大过小均不好，需要保持在一个合理的范围内，这个范围要与大田肥水条件相适应。在肥水供应不足时，叶面积系数不宜过大。在肥水较为充足时，叶面积系数过大又会影响光合效率，这时应根据光照条件确定叶面积的大小，使植株既能充分吸收利用光能，又能保证株间光照满足药用植物本身的需要。确定叶面积系数大小的原则是：根据肥水条件定低限，根据光照条件定高限。

在药用植物的一生中，叶面积系数是不断变化的。在种植药用植物时，为了取得较高的产量，叶面积系数的动态变化必须保持合理，或者说叶面积系数要有一个适宜的发展过程。药用植物叶面积的发展过程一般可以分为上升期、稳定期和衰落期三个阶段。为提高药材产量，应尽量做到缩短上升期、延长稳定期、减缓衰落期，这样可使植株更好地利用光能来制造有机物质。在药用植物的生长初期，叶面积系数很小，增长进程很慢，生产中要注意选择大粒种子作为繁殖材料，并适当施用磷、钾种肥，以促进苗后植株叶的生长，叶面积在经过一个缓慢增长阶段后，便会进入快速增长期，此时形成的叶片对于器官发育和药材产量形成具有决定性的作用，所以必须注意加强肥水管理，促进叶面积的前期发展和后期稳定。在植株叶面积达到最大值后，在一段时间内会保持不下降或变动微小，此阶段称为稳定期。稳定期叶片的产物绝大部分用于生殖器官的形成，延长叶片的功能期（叶片大小定型至衰老的持续时间），就可以显著提高果实与种子类药材的产量。稳定期保持时间的长短，主要决定于植株密度。多数药用植物在秋天进入叶面积的衰落期，此时植株正处于晴天多、光照足、温差大、水分适宜的环境，叶片净同化率较高，多保持一些叶片面积就可以积累更多的干物质，为减缓叶片衰落，需要注意防止干旱、脱肥和病害侵染。

叶面积的合理增长进程，可通过前促后控的农业技术措施来实现。前促是为了较快地建立最适叶面积系数，后控是为了延长叶片的光合作用时间。合理的肥水管理，对于扩大叶片面积和防止叶片早衰作用最大。

在药用植物栽培过程中，控制植株叶片面积的主要技术措施就是合理密植，即根据当地的土质和肥沃程度、肥水和管理水平来确定种植密度，尽量合理扩大单位土地面积上的叶面积，以增加光合产量。如穿心莲在每亩种植株数分别为4480株、6800株、9000株时，其每亩的鲜草产量分别为1030kg、1468kg、1735kg，种植密度越大产量越高。但植株叶片也不能过密，否则植株瘦弱、容易倒伏，最终导致减产。如过去许多人参种植场种植人参时保持密度在60～80株/m^2，最密达100株/m^2，由于密度太大，植株叶片相互遮掩，光合效率很低，参根支头小，单产低，后来将植株密度改为30～40株/m^2后，药材的产量与质量均有提高。

（二）叶片的光合能力与干物质积累

在植株叶面积达到一定限度后，要想进一步提高药材产量，主要应从提高植株叶片光合能力着手。影响叶片光合能力的因素，包括内因和外因两个方面。

1. 内因 具体包括下列因素。

（1）药用植物的遗传特性 不同种类的药用植物，叶片的光合作用能力强弱差异很大，可通过定向选育高光效品种来达到提高药材产量的目的。

（2）叶片的状况 主要是指叶片的着生角度及其空间配置等，一般叶片小而直立、叶面积小且分布比较均匀的植株光合能力较强。在实际生产中，为提高植株光和能力，还可利用搭设支架、修剪整形等措施，来调节植株叶片的空间配置，达到改善药用植物群体光照条件的目的。另外，光合能力也与植株叶片的寿命有关，在日照强、肥水充足时，植株叶色浓绿、叶片寿命较长，光合强度也较高。

（3）物质运转的库源关系　药用植物光合产物由库运转到源的途径、速度、数量及库的大小等也会影响植株的光合强度，当光合产物运转迅速、库容量大时，光合强度即会增强，反之就会减弱。

2. 外因　具体包括下列因素。

（1）光强度　光照强度对植株叶片光合强度的影响很大，生产中需要根据不同药用植物的需光特性对光照强度进行适当调整，如人参属于喜光又怕强光的半阴性植物，在种植时原来均采用不透光、不漏雨的全荫棚，改用透光、漏雨的双透棚后，植株接受到的光照强度增加，药材总产量与总皂苷含量均有较大幅度提高。另外，采用适当的种植方式和合理畦向，亦能改善植株间的透光条件、提高光能利用率，如种植当归、牡丹时，采用等距离栽种法，利于植株枝叶充分受光，可显著提高药材产量。合理应用种植制度，实行高矮药用植物间作，加大行距、缩小株距等，也能有效改善药用植物的光照条件。

（2）二氧化碳　在光照充足、肥水与温度适宜的情况下，植株叶片光合非常旺盛，此时二氧化碳的亏缺常是光合作用的主要限制因子，如能人工补充二氧化碳就能显著提高药材产量。

（3）温度　温度对植株光合能力的影响也很大，如将浙贝母引种到北京地区后，因北京地区春季持续时间很短，4 月才有春天的气息，5 月入夏后气温迅速升高、空气干燥，浙贝母植株很快就进入枯萎期，因生长时间缩短，药材产量比较低。

（4）肥水　肥水充足可在一定程度上增加植株叶片面积、提高叶片的光合能力。在药用植物叶肉内水分接近饱和状态时，光合作用最为旺盛，缺水就会导致叶片光合能力快速下降。据测定，当叶片水分亏缺达组织饱和水分的 10%～12% 时，光合作用便受影响，光合强度开始降低；当水分亏缺达 20% 时，光合作用显著受抑制。在植株养分供应充足的状态下，叶片光合能力就会增强，在肥料三要素中，以氮肥对光合作用的影响最大。

二、经济产量

经济产量是指栽培目的所要求的有经济价值的产品收获量。药用植物种类不同，作为药材的器官各不相同，如人参、当归是根，栀子、贴梗海棠是果实，忍冬、红花是花等。同一种药用植物的不同器官可能分属不同的药材，栽培措施就应随栽培目的不同而有所变化，如种植栝楼时，如以果实入药要多栽雌株，产品为果实（瓜蒌），如以根部入药宜栽雄株，产品为根（天花粉）。有些药用植物的多种器官均可入药，并且属于不同种类的药材，如莲的叶（荷叶）、叶柄（荷梗）、根茎节部（藕节）、种子（莲子）、花托（莲房）、雄蕊（莲须）等均是有经济价值的药材，其经济产量就应该是这些药用器官产量的总和。

（一）经济产量构成因素及其相互关系

种植药用植物的目标就是要获取我们所需要的药材产品。因此，在生产上，我们不仅要为药用植物积累更多的有机物质创造条件，而且要设法促进药用植物利用这些有机物质形成更多的药材产品，亦即在努力提高药用植物生物产量的同时，要善于控制植株的生育过程，以取得最大的经济产量。

经济产量是由药用植物单株产量和单位面积上的植株数量两个因素构成的。不同的药用植物由于药用器官不同，构成经济产量的具体因素有一定差异，见表 7–1。

表 7-1 药材产量构成因素

药用植物类别	产量构成因素
以根与根茎类药用	株数、单株根数、单根鲜重、干鲜比
以全草药用	株数、单株鲜重、干鲜比
以果实药用	株数、单株果实数、单果鲜重、干鲜比
以种子药用	株数、单株果实数、每果种子数、种子鲜重、干鲜比
以叶药用	株数、单株叶数、单叶鲜重、干鲜比
以花药用	株数、单株花数、单花鲜重、干鲜比
以皮药用	株数、单株皮重、干鲜比

由上表可以看出，单位土地面积上的药用植物株数越多、单株产品器官数量越多、产品器官重量越大，药用植物的经济产量就越高。但是，在实际生产中，药用植物均是作为群体进行栽培的，在具体的栽培条件下，构成经济产量各个因素的变化趋势并不相同，各因素之间往往存在一定程度的矛盾。这主要是因为药用植物群体是由不同的个体构成的，当单位面积上植株密度增加时，各个药用植物个体所占的营养面积就减少了，结果个体的生物产量就会有所缩减，经济产量也必然减少。如红花是以花冠入药的，花头多，花冠大而长，药材的产量就高；花头的多少决定于植株分枝数量，除与品种的遗传性状有关外，还与种植密度有关，密度越大植株分枝越少。因此，要提高红花药材产量需要适当密植，但密度大又会使植株分枝减少、花头数量减少，从而降低单株药材产量。不过，单株药材产量低，并不等于最终的亩产量也低。进行药用植物栽培的理想目标，就是要达到单位面积土地上药用植物的经济产量最高，也就是单位面积株数 × 单株产品器官数 × 单个产品器官重量，即总产量，达到最大值。单位面积株数、单株产品器官数、单个产品器官重量是随药用植物种类和生产条件的不同而异的，有时是其中的一个或两个因素较好，也有三个因素同时得到发展的。研究这些产量构成因素的形成过程和相互之间的关系以及影响这些因素的条件，并采取相应的农业技术措施，满足药用植物稳产高产的生理需要，是提高药材产量的重要途径。

（二）药用植物经济产量构成因素的形成与促进

药用植物经济产量构成诸因素，是在植株生长发育过程中的不同时期先后形成的。研究和掌握经济产量构成因素的形成过程和影响因子，就可以在生产过程中采取相应的技术措施来控制其发生、发展，达到大幅度地提高经济产量的目的。

以直根入药的药用植物，如丹参、白芷、膜荚黄芪、甘草等，为提高药材产量，首先就要在控制合理密度的情况下，促进植株根系的生长和肥大，主要的技术措施就是合理施用肥料和苗期控水，合理施肥可控制适宜的根冠比，苗期控水可促进根系下扎、增加根部长度，从而使药材产量能有较大幅度提高。

以花入药的药用植物的经济产量构成因素的形成与植株的生长发育关系密切。例如忍冬，其药材产量决定于植株密度、植株抽生新枝的数量、每个新生枝条上花蕾的数量和单个花蕾的重量。在植株密度控制一定的条件下，植株抽生新枝的数量决定于植株年龄、生长状况以及修剪、施肥等措施的实施。新枝的质量或长度对花蕾产量的形成也非常重要，只有在新枝长度达 4 ～ 5 对叶时才有形成花蕾的可能，越靠近植株顶部的枝条开花时所要求的长度越小，而植株基部的徒长枝即使长度足够也很难开花，生产中需要根据这些特性对忍冬植株进行人工修剪，以促进多结花蕾。当然，要提高已经孕育花蕾的重量，还要加强水肥措施。总之，为了提高金银花药材产量，需要在忍冬植株不同的生长发育时期，针对影响花蕾产量的主要因素及其形成条件的相互关系，采取相应的促进或控制措施。

任何一种药用植物，其产量构成因素的形成均有一定规律，研究和掌握这些规律，就可以采取相应的栽培管理措施，以引导或控制植株向着有利于形成最高药材产量的方向发展。

三、经济系数

如果某种药用植物的全部器官均可药用，其经济产量与生物产量是一致的，如车前、蒲公英等。但是，多数药用植物仅以单一或少数器官入药，这种情况下，其经济产量就仅是生物产量的一部分。任何药用植物经济产量的形成是以生物产量作为物质基础的。没有高的生物产量，就不可能有高的经济产量。但是有了高的生物产量，并不一定能够获得高的经济产量，这时就要看生物产量转化为经济产量的效率，即经济系数的高低。

经济系数的高低仅表明生物产量转运到经济产品器官中的比例，并不表明经济产量的高低。不同药用植物的经济系数有所不同，其变化与遗传、产品器官、栽培技术等有关。一般来说，产品器官是营养器官时经济系数较高（一般可达 50% ～ 70%），产品器官为生殖器官时经济系数则较低；产品器官主要成分为淀粉、纤维素等糖类物质时经济系数较高，而产品器官主要成分为脂肪、蛋白质等物质时经济系数则较低。以带根全草入药的药用植物经济系数最高，为 1.0；其次是以地上全草入药的药用植物，可以接近 1.0；以根、根茎、叶等营养器官入药的药用植物经济系数较高；以果实、种子等生殖器官入药的药用植物经济系数较低，特别是以花柱入药的番红花经济系数更低。虽然不同药用植物的经济系数有其相对稳定的数值变化范围，但是通过选育优良品种、优化栽培技术及改善环境条件等，均可使经济系数达到较高水平，在获得较高生物产量基础上获得较高的经济产量。同一种药用植物因目标产品不同，其经济系数也不同，有时相差较大。

经济产量、生物产量与经济系数三者之间的关系可以表示为：

$$经济产量=生物产量 \times 经济系数$$

经济系数的高低固然与药用植物种类、品种特性等有关，与具体的栽培条件也有很大关系。例如，在肥水不足时，植株生长不良，经济系数自然就不会高；而肥水过多时，栽培管理不当，虽然生物产量增加，但经济系数也会减少。对于以果实、种子入药的药用植物来讲，通常是在中肥条件下的经济系数比在高肥条件下高，在低密度条件下的经济系数比在高密度条件下高。采取优良的栽培技术，可以提高药用植物的生物产量和经济产量，但二者的增加并不成正比，经济系数随着生物产量的增加往往出现下降的趋势，生物产量最高与经济产量最高一般不会同时出现。在药材生产中，只能在建立合理群体结构的基础上采取有效措施，尽量维持较高的经济系数。如以花、果入药药用植物的合理修剪整枝，以根入药药用植物的摘花除果，均有利于光合产物向着产品器官转移，最终使药材产量得到提高。其他栽培措施，如苗期蹲苗、根际培土、环割、防止或减轻干热风及病虫危害等，均能调节药用植物的生长发育，促进产品器官发达，增大经济系数。根据光能利用率推算，药用植物的生物产量至少可达到每亩 4745kg，种子类药材产量可达 2145kg，现在生产实际中还远远未达到这样的药材产量，增产的潜力仍然很大。

四、提高药材产量的途径

种植药用植物时，如何提高药材产量是生产中值得关注的重要问题。影响药材产量形成的因素包括源、库和流三个方面。所谓源是通过光合作用或贮藏物质再利用产生同化物的处所，所谓库则是通过呼吸作用或生长消耗利用同化物的处所，所谓流是指源与库之间同化物的运输能力。从同化产物形成和贮存的角度看，源应包括进行光合作用的叶片和吸收水分、矿物质并合成一些物质的根系。从广义上来讲，库既包括最终贮存同化物的种子、果实、块根、块茎等，又包括正在生长需要同化物的幼嫩器官，如根、茎、叶、花、果实、种子等；从狭义上来讲，库是指所要收获的器官对象。要达到提高药材产量的目的，首先需要有较大的源供应较大的库，其次源与库之间的运输必须畅通。所以提高药材产量的途径一般包括以下几个方面。

（一）提高源的供应能力

提高药材产量最根本的措施就是提高源的供应能力，即要多提供光合产物，其途径包括增加光合作用的器官、提高光合效率和增加净同化率。具体措施有：①适当密植，提高叶面积指数；②加强光照与肥水管理，延长叶片寿命；③保证大田植株群体中各叶层接受光照强度的总和为最高值，提高群体的光和能力；④创造适宜于药用植物生长发育的温、水、肥条件；⑤通过提高光合能力、延长光合作用时间和降低呼吸消耗等，提高药用植物的净同化率。

（二）提高库的贮积能力

为了提高库的贮积能力，需要做到：①充分满足库生长发育所需的各种条件。贮积能力决定于单位土地面积上产量容器的大小，药用植物种类不同贮积容器也不同。例如，根及根茎类药材产量的容积取决于单位土地面积上根及根茎类的数量和大小的上限值；花类药材产量容器的容积决定于单位土地面积上植株的分枝数目、分枝上花的数目和花朵大小的上限值等；果实种子类药材产量容器的容积决定于单位土地面积上的果穗数、每穗果实数、每果种子数和果实与种子大小的上限值。这些容器的数目决定于各不同器官的分化期，而容器容积的大小决定于生长、膨大、灌浆期持续时间的长短和生长、膨大、灌浆的速度。②调节同化物的分配去向。药用植物体内同化物分配总的规律是由源到库，但因同一药用植物体存在着许多库源单位，各个源库对同化物的运输与分配均有分工，各个源的光合产物主要供应各自的库。对于药材生产来讲，有些库并没有经济价值，应通过一定的栽培措施加以控制或去除，确保光合产物集中供应给有经济价值的库。如在种植以根及根茎为收获器官的药用植物时，通过去除花蕾，就可以减少营养物质消耗，从而显著提高药材产量。

（三）缩短流的途径

药用植物的同化物由源到库是由流完成的。药用植物的光合产物很多，如果运输分配不利，经济产量也不会高。同化物运输的途径在韧皮部，韧皮部疏导组织的发达程度是制约同化物运输的重要因素。适宜的温度、光照强度和充足的肥料供应均可促进光合产物的合成与运输，从而提高贮积能力。库与源相对位置的远近也会影响运输效率和同化物的分配，一般来讲，如果库源的相对位置较近，能分配到的同化物数量就多。

第二节　药材品质及其影响因素

药材品质包括药材的品相和质量。品相是指药材的外观性状；质量是指药材的物质组成，包括活性成分与有害物质。药材品质直接关系到各种中药产品的质量及其临床疗效和安全性。

一、药材品质

评价药材品质，一般采用外观及内在两种质量指标。外观质量指标是一些物理指标，主要是指药材外观性状，如形状、大小、色泽（整体外观与断面）、质地、整齐度和气味等；内在质量指标主要指活性成分及农药残留、重金属等有害物质的含量。

（一）外观质量

主要包括形状、大小、色泽与质地等特征指标，传统上就是依据这些指标对药材进行分等评级的。药材形状包括整体形状与表面纹理，整体形状有纺锤形、球形、块状、心形、肾形、椭圆形、圆柱形、圆锥状、弯曲或卷曲等，表面纹理有抽沟、突起或凹陷等。药材大小通常用直径、长度等表示，绝大多数药材都是以个大者为佳，小者等级低下。许多药材因含有一些色素物质而具有特定的外观色泽，如五味子、枸杞、黄柏、黄连、紫草、栀子、红花、丹参等，就是由于含有小檗碱、蒽苷、黄酮苷、花色苷、丹参酮等成分而导致的。药材质地包括物质构成和硬韧度，物质构成分为木质、肉质、革质、纤维质和油质等，硬韧度分为质坚、质硬、体轻、质实、质韧、质柔韧（润）及质脆等。

（二）内在质量

药材所以能被用作防病治病物质是由于其含有各种具有药理活性的化学成分，通常称为活性成分，如生物碱、黄酮、木质素、萜、苷、多糖、挥发油、氨基酸、多肽、蛋白质等。各种活性成分的合成与积累决定于药用植物体内生理生化代谢活动，这些代谢活动都受控于酶，也就是由植物个体的遗传信息通过转录、转译生成的酶类来决定其代谢途径与代谢能力。药用植物不仅可通过同化外界条件来合成有机物满足自身生长发育需要，同时也通过各种代谢途径形成了一系列的代谢产物。这些代谢活动的发生与发展，与周围的环境条件具有密切的关系，也可以说是药用植物长期适应外界环境条件的结果。当环境条件发生变化时，就会影响酶的合成与活力，进而影响药用植物体内的代谢途径，导致活性成分的组成与含量发生变化，最终影响药材的品质。在药材栽培生产中，我们可以根据药用植物不同的代谢途径与类型，用人为的方法选择和创造适合某种代谢活动的条件，来促进某些活性成分的合成与积累。例如，加强磷、钾营养和为植株创造潮湿环境等，可以促进药用植物体内碳水化合物的合成积累，提高油脂、鞣质、树脂等物质的累积量；采用合理的栽培措施，适时加强氮素营养及创造干旱条件等，可以促进药用植物体内蛋白质和氨基酸的转化，从而增加生物碱等物质在药用植物体内的积累。

二、影响药材品质的因素

（一）影响药材外观质量的因素

药材质量在一定程度上可以通过外观性状体现出来，如川贝母以小者为好，紫草以质软为好，玄参以色黑为好，黄柏以黄为好，丹参以红为好，白术以断面朱砂点多为好等。药材的色泽、质地、形状、气味等外观质量指标，也是由药用植物种类、品种遗传特性与外界环境条件所决定的。例如，生长在不同海拔高度的当归药材外观质量是不同的，甘肃岷县栽培在海拔2000～2400m的地区、云南丽江栽培在海拔2600～2800m的地区，所产当归药材质量最好。如果海拔高度降低，气温升高，不仅当归药材产量降低，并且主根变小，须根增多，肉质差，气味不浓，外观质量显著降低。又如，云木香主产于云南丽江、维西等地，生长地海拔高度为2700～3300m，当引种到海拔高度在2000m以下的地区时，植株生长状况明显变差，药材产量降低，根部质地疏松且易木质化，油分少，外观质量不符合传统要求。种植土地的性质和质地，对药材外观质量也有影响。根类药材一般适合于种植在疏松肥沃的砂质壤土上。同一种药用植物在不同土壤上种植，其药材质量是有差异的。例如，在黑麻土上生产出的当归药材，气味要比在红土上生长者浓得多；大黄适合在砂质壤土上生长，在黏土上种植植株发育不好，在过于疏松的土壤上种植时根部容易分叉，并且质地疏松，药材品质明显下降；在砂质壤土种植膜荚黄芪时，植株根系入土较深，土壤表层支根少而细，所产药材多为鞭杆芪，质量较高，而在黏土上种植时植株根系入土较浅，支根多而粗，所产药材俗称鸡爪芪，质量较差。光照、降雨量等生态气候条件对药材外观质量也有很大影响。如广藿香在苗期喜阴，成株则可在全光照下生长，在光照充足时，植株茎叶粗壮、质厚，药材产量与产油率均比在荫蔽条件下高；薄荷植株也是在阳光充足时叶片肥厚，药材质量较高，而在雨水较多时易导致植株徒长，叶片较薄，植株下部叶片易脱落，药材质量较低。

栽培措施对药材外观质量也有较大影响。首先是繁殖方法，如桔梗用种子繁殖时药材条直、质实、分叉少、质量好，而用芽头繁殖时药材根细而扭曲、分叉多、质量较差；其次是栽种深度，如延胡索栽种过浅块茎较大，栽种过深块茎则较小；第三是采收年限，如膜荚黄芪栽培周期为6～7年时根体坚实饱满、有顺纹裂皮，药材质量较好，若采收过早则质地不坚实，质量较差。此外，收获季节、采收时间、干燥条件等对药材外观质量也有影响。例如，芍药采收时间不能早于6月下旬，否则植株生长不足、药材产量低，但也不能迟于10月上旬，过迟根内淀粉发生转化，加工后的药材质地不坚实。又如，在早晨9时以前采收忍冬含苞待放花蕾，如果天气好，摊薄晾晒，当天就能干燥好，药材色泽最白，如果在10时以后采收，当天不能干燥，过夜后色泽加深，多变为淡黄色，药材外观质量下降。再如，枸杞采收适时，干燥后药材外观色泽鲜艳，若采收过迟，果实晒干后呈黑紫色，药材质量显著下降，等等。

（二）影响药材活性成分含量的因素

1. 遗传因素

（1）*植物进化水平*　药用植物活性成分主要来自次生代谢，多数属于次生代谢产物。次生代谢是植物为适应环境而发生和发展起来的，次生代谢产物在植物抵抗逆境的活动中发挥着重要作用。不同种类植物的进化水平及所处环境不同，使得次生代谢产物在整个植物界的分布散乱而不均一，但其种类、含量及结构的复杂性，基本上都呈现出随进化水平的提高而增加或增大的趋势。例如，生物碱仅存在于少数菌类植物，在藻类、地衣类及一些水生植物中尚未发现；在蕨类植物中的分布也很不广泛，只局限在小型叶类中，并且量少、结构简单。生物碱分布最为集中的类群是种子植物，但在裸子植物中仅存在于三尖杉科、红豆杉科、罗汉松科及麻黄科中，且多自苯丙氨酸、酪氨酸衍生而来，生物合成路线不太复杂；在防己科、罂粟科等双子叶植物中分布普遍，在百合科、石蒜科等单子叶植物中也有较多分布。

（2）*亲缘关系与种属差异*　次生代谢产物的合成部位、分布范围及含量受植物遗传性的影响，并且部分通过植物亲缘关系反映出来。一般说来，如果一种植物含有某种次生代谢产物，那么与其亲缘关系较近的其他植物往往也含有，并且结构相似。例如，异喹啉类生物碱就主要分布在多心皮类及其近缘类的一些科中，如木兰科、睡莲科等，此类生物碱结构之间显示出的亲缘关系与产生它们的植物之间的亲缘关系相一致。通常情况下，次生代谢集中在植物幼嫩、代谢旺盛的生长组织中，但不同种类植物发生次生代谢的器官往往不同，如烟草属、颠茄属等茄科植物的生物碱在根系中合成，金鸡纳树属植物中的奎宁碱却在叶中合成，而蓖麻植株体内所有生活细胞均能合成蓖麻碱等。次生代谢产物合成后可在原处积聚或转化，也可转运至他处贮存，结果它们在不同植物体内的分布状况各异。有的植物各器官均含某种活性成分，但含量高低不同，如雅连、味连植株根茎、须根、茎秆及叶中小檗碱的含量分别为3.55%、0.88%、0.35%、0.44%和6.69%、1.07%、0.43%、0.30%。每种植物都有含次生代谢产物最多的器官，如麻黄髓部、黄柏树皮等。有些植物同一器官不同部位次生物质含量也有差异。值得注意的是，有些植物器官虽然次生物质含量高，但并不是传统的药用器官，如浙贝母茎梢中生物碱含量就高于药用器官鳞茎。同一植物不同器官所含次生物质种类也常有差异，如白屈菜植株根主含白屈菜碱、原阿片碱、α-别隐品碱，种子却主含黄连碱、白屈菜红碱及小檗碱等。

（3）*个体差异*　同种植物不同个体的遗传性常有差异，从而导致形态、成分产生差别，形成不同的生态型、化学型和品系。例如，产于吉林集安的大马牙、二马牙、长脖、圆芦、竹节芦等不同类型人参的人参皂苷含量分别为5.39%、4.24%、4.34%、4.79%和4.04%，最高者是最低者的1.33倍，其总挥发油含量分别为0.0426%、0.1211%、0.1385%、0.1190%和0.0846%，最高者是最低者的3.25倍。又如，不同叶型毛花洋地黄的毛花苷-C的含量相差1倍，个体植株之间相差5～6倍。再如，产于伊朗北部和西北部的近东罂粟有5个化学型，化学型A只含东罂粟碱，化学型B含东罂粟碱和蒂巴因，化学型C含异蒂巴因，化学型D含东罂粟碱和高山罂粟碱；国产樟树也有主含樟脑的木樟、主含黄油素的油樟及主含芳香樟醇的芳樟等多个化学型，它们的植株形态并无区别。即使生态型、化学型和品种区分不明显的同种药用植物不同个体之间，其次生代谢产物含量往往也有明显不同。例如，生长在同一环境条件下的短葶飞蓬不同植株个体之间总黄酮含量差异显著，最高者高出最低者58.40%。通过良种选育改变药用植物的遗传性，可达到提高次生代谢产物含量的目的。例如，薄荷挥发油含量一般约为1%，将其与水薄荷杂交育成的日本薄荷，挥发油含量可提高到1.28%。又如，将曼陀罗种子（二倍体）用0.2%秋水仙碱溶液处理，所得四倍体植株生物碱含量可提高2倍。

2. 植物个体发育阶段　药用植物处在不同的生长发育阶段时，其体内的次生代谢产物含量具有明显差异，往往呈现一定的变化趋势，据此可为确定最佳采收期提供参考。例如，益母草植株体内的总生物碱含量在越冬幼苗、盛叶期、花蕾期、盛花期、晚花期、果熟期、枯草期分别为1.06%、0.97%、0.93%、1.06%、0.70%、0.39%、0.08%；欧当归在休眠期、萌芽期、营养生长期、孕蕾期、开花期、花果期、种子成熟期、枯草期的挥发油含量分别为3.8%、4.5%、4.8%、4.4%、3.8%、3.8%、5.5%、4.1%，藁本内酯含量分别为1.81%、2.33%、2.46%、1.72%、1.59%、1.20%、1.77%、1.94%；忍冬植株花蕾从孕育到开放可分为三青、二白、大白、银花、金花等几个时期，其绿原酸含量分别为6.21%、5.26%、3.65%、2.41%、2.92%。对于多年生药用植物来讲，生长年限不同其次生代谢活动也有差异。例如，人参随植株年龄增长活性成分逐年增加，五年生植株根部人参皂苷含量接近六年生植株，但四年生植株只有六年生植株的一半；唐古特山莨菪植株体内生物碱含量随植株年龄增长而上升，地上部分以十年生植株最高，而地下部分以八年生植株最高；萝芙木中的生物碱含量三年生植株比二年生植株高，二年生植株比一年生植株高。

3. 产地因素　药材质量最终体现在临床疗效上，决定于其中的活性成分组成与含量，而活性成分的合成和积累与产地具有密切关系，人们将这种概念高度概括为药材的"道地性"。倡导药用植物规范化种植首先需要遵循"地区适宜性"也就是"道地性"原则，所以目前有关产地与药材活性成分含量相关性的研究报道较多。例如，四川、安徽、浙江是白芍的3个道地产区，芍药苷含量测定结果显示，四川产白芍芍药苷含量最高，安徽次之，浙江最低；内蒙古、山西、山东均有黄芩分布，所产枯芩、条芩的黄芩苷含量分别为1.65%、2.20%、3.62%及6.6%、11.6%、13.8%，以山东产者黄芩苷含量最高，最高者约是最低者的2倍；产于安徽、山东、山西、湖北的葛根中葛根素的含量分别为2.90%、3.03%、2.94%、1.49%，山东产葛根含量最高，湖北产含量最低，基本呈现出纬度越高、含量越高的趋势；云南省文山州18个产地产出三七的总皂苷含量范围为5.73～9.68%，最高者是最低者的1.69倍。提示即使是在较小区域内产地对活性成分含量也有较大影响，等等。

4. 生态因素　药材中的活性成分多数属于植物体内的次生代谢成分，次生代谢的产生和发展是植物适应外界环境的结果，当药用植物所处的外界环境条件发生了变化，其体内的次生代谢活动就会受到影响，从而使次生代谢成分的含量发生变化，结果就会影响药材的内在质量。

（1）光照　光照是绿色药用植物进行光合作用的能量来源，药用植物体内所有有机物的形成和转化均离不开光照。光照不仅能通过影响药用植物的生长发育决定药材产量的高低，而且还能显著影响药用植物体内的次生代谢活动，使其中活性成分的含量发生变化，进而决定药材的内在质量。大量的试验结果已经证实，多数药用植物体内的活性成分含量在光照充分时会有明显增加。例如，在全光照下生长的穿心莲，其花蕾期叶内总内酯的含量较在荫蔽条件下生长者高约10%～20%；颠茄光生态型植株的阿托品含量为0.73%，而荫蔽生态型植株的含量仅为0.38%，前者大约是后者的二倍；对藏红花植株进行8个小时的光照处理，其中α－藏红花素的含量达到15.14%，而对照组植株体内α－藏红花素的含量仅为7.95%。对于上述这些药材，在种植过程中一定要为其创造光照充分的生长发育条件，并且要注意在天气晴朗时采收。对于含有生物碱的部分药用植物来讲，当生长在不同的光照条件之下时，其体内的生物碱含量往往会发生相反趋势的变化。一般情况下，光照增加可以提高生物碱含量，如曼陀罗叶在受到日光照射后，其中的生物碱含量就有明显提高；当马铃薯块茎暴露在光照条件下时，可以合成与积累甾体类生物碱，而存放在黑暗中时，就不能形成这些生物碱。另外一些药用植物体内的生物碱含量，在受到光照照射时，不仅不会提高，反而会有所降低。例如，在黑暗中生长的蓖麻植株中的蓖麻碱含量，就比在全光照下生长的植株有显著提高。又如，羽扇豆类药用植物在光照充分时的生物碱含量要低于在散光条件下生长的植株。总之，在进行药用植物栽培时，为了促进药材中活性成分的合成与积累，提高或保证药材的内在质量，对于不同的药用植物需要采取措施控制不同的光照条件。

（2）温度　药用植物需要在一定的温度范围内才能存活和正常生长发育，温度发生变化对其次生代谢活动也有影响，这一影响是通过左右酶的活性来实现的。不同的次生代谢成分在生物合成时，往往需要经历不同的代谢途径，在这些途径中起着催化作用的酶的种类也各不相同。不同的酶类有着不同的催化适温，如参与茶叶中咖啡因生物合成的酶的最适催化温度是25℃，而参与烟草种子发芽时生物碱生物合成的酶的最适催化温度是27℃，这就导致了生长在不同温度下的药用植物体内活性成分的种类与含量具有一定的差异。一般说来，适宜温度有利于药用植物体内无氮物质如糖、淀粉等的合成，而较高的温度却有利于生物碱、蛋白质等含氮物质的合成。例如，生长在南方的一些药用植物体内生物碱含量丰富，而当它们生长在北方时生物碱含量就会很少；藏红花雌蕊中α－藏红花素的含量，是随着春化温度的降低而升高的，以在11℃时最高；亚麻体内不饱和酸的含量，也是随着气温的降低而不断提高的；金鸡纳、颠茄、秋水仙等药用植物体内生物碱的含量，均与年平均温度的升高呈显著的正比相关性，即年平均气温越高，生物碱含量越高；在温暖气候条件下，欧乌头根中含有乌头碱，具有一定毒性，但在寒冷低温条件下生长时，它就变为无毒。在药用植物栽培生产过程中，主要是通过大棚栽培、地膜覆盖、确定合理引种地带等措施来对温度进行调控的。

（3）水分　虽然水分对于药用植物的正常生长发育是不可缺少的，但由于整个植物界在逐渐脱离水生环境不断进化的过程中，其次生代谢成分的种类、含量和结构的复杂性都有逐渐增加的趋势，所以对于一般药用植物来讲，生长环境中过多的水分对于其体内活性成分的合成与积累是不利的。例如，麻黄在雨季时，其植株体内生物碱的含量会急剧下降，而在干燥的秋季其体内生物碱的含量却会上升到最高值；东莨菪植株在干旱条件下生长时，其体内阿托品的含量可达 1%，而当其生长在湿润的环境条件下时，阿托品含量仅有 0.4% 左右；雨季中的金鸡纳树不能形成奎宁生物碱，即使在土壤相对湿度为 90% 的条件下，奎宁生物碱的含量也会显著降低，但在高温干旱条件下，其植株体内奎宁生物碱的含量却较高；生长在水分饱和度达 90% 的土壤中的烟草植株，只能产生微量生物碱，而在土壤水分饱和度极低（30%）的情况下，烟草植株体内生物碱含量却最高；罂粟体内生物碱的含量，在多雨年间要比正常年份大大减少，羽扇豆体内生物碱的含量在干燥年间却会有较大幅度的提高；不同产地所产当归植株根内的挥发油含量是不同的，甘肃武都产者为 0.65%，云南丽江产者为 0.59%，四川产者为 0.25%，挥发油含量与产地水分环境状况密切相关，武都属半干旱生态气候环境，当归植株长期生长在多光干燥条件下，挥发油含量最高，药材色紫气香而肥润，力柔而善补，而四川产地少光潮湿，药材挥发油含量较低，尾粗坚枯，力刚善攻，云南产当归居于秦归和川归之间。在药用植物栽培生产过程中，主要是根据不同药用植物的生物学特性，通过控制灌溉和采取适宜的耕作方式来控制土壤水分的，在采收时还可以通过天气情况来控制采收时间，以保证药材保持较高的活性成分含量。

（4）土壤　药用植物生长于土壤之中，并且主要通过根系从土壤中吸收水分和各种营养物质。土壤的理化性质及元素组成对药用植物的生长发育及其活性成分的生物合成均有很大影响。对于药用植物生物碱类成分来讲，具有较大影响作用的是土壤酸碱度。在自然界中，生物碱含量丰富的植物的百分率是随着土壤 pH 值的增高而增加的，在强酸性土壤中，被研究过的植物种中含生物碱丰富的植物种不到 4%，而在碱性土壤中，积聚生物碱在正常含量水平之上的植物种就超过 15%。所以，人们一般认为，酸性土壤不利于生物碱类成分的合成，而碱性土壤却往往会提高药用植物体内生物碱的含量。例如，当曼陀罗、金鸡纳树等植株生长在碱性土壤中时，它们体内的生物碱含量就会有明显提高。此外，土壤的物质组成，即其中所含营养成分的种类与多少，对药用植物体内活性成分的合成与积累也有一定影响，很多无机元素可直接参与生物碱、苷、萜类等物质的生物合成，成为其不可缺少的原料。在肥料三要素中，磷与钾有利于碳水化合物与油脂等物质的合成，氮素则有利于蛋白质和生物碱的合成。例如，曼陀罗叶、根中的总生物碱含量，是随着土壤中氮素含量的增减而增减的，但当土壤中氮、磷、钾三者含量相等时，最有利于叶、根中总生物碱含量的增加。为促进药用植物体内活性成分的合成与积累，生产中常通过合理施肥来实现。例如，施用硼与钼肥可促进圆叶千金藤植株发育与提高活性成分含量，特别是在两种元素混合使用时能显著提高块茎中轮环藤宁的含量；施用锰肥，可提高单雄蕊蛔蒿植株花蕾中山道年的含量；大量施用有机肥，可使西洋参人参皂苷含量提高 27.86%，等等。据试验，在黄连植株生长发育过程中，不论氮、磷、钾哪种元素缺乏，均不利于植株的生长发育和小檗碱的生物合成。在缺素的情况之下，黄连植株矮小，新叶数量减少，叶面积降低，地下根系发育不良，尤其是在缺钾时几乎就没有新的须根发生。在氮素缺乏时，植株叶片黄化甚至枯萎、死亡，磷、钾缺乏时，植株叶片颜色加深，老叶边缘较早出现褐斑。在营养比较全面情况下，黄连植株根茎中小檗碱的含量最高，达 4.56%，而在氮、磷、钾缺乏时，小檗碱的含量较原始苗基本上没有增加或增加不多。这提示我们合理施肥对于提高或保证药材产量与质量是非常重要的。

（5）海拔高度与地理纬度　海拔高度不同，气温、光照、雨量等均有差异，故分布于不同海拔高度的同一种药用植物，其植株生长发育、药材产量与品质等均有较大差异。例如，原产青海一带的山莨菪植株，其中的山莨菪碱含量就是随着海拔高度的增高而增加的，在海拔 2400m 时含量为 0.109%，海拔 2600m 时含量为 0.146%，海拔 2800m 时含量达 0.196%。乌头属、萝芙木属、洋地黄属、茄属等一些药用植物体内生物碱的含量，清化肉桂中的桂皮油及其主要成分桂皮醛的含量，也都呈现相同的变化趋势。

5. 栽培技术　随着野生药用植物资源的逐年减少，必须通过人工种植才能满足需求的药材种类越来越多。在人工种植的情况下，人们也可以通过多种途径去影响或改变药用植物的生长环境，对药用植物体内活性成分的生物合成与积累加以调控或促进，达到提高或保证药材质量的目的。

（1）选地整地　土壤的理化性质对药材产量与质量有重要影响，种植之前一定要根据药用植物的生长发育习性及其所含活性成分种类合理选择地块。为控制药用植物生长发育进程，使之朝着有利于提高药材产量与质量的方向发展，在选好地块之后，还要进行适当的整地，如种植地黄时需要调垄、种植延胡索时需要调成高畦等。

（2）选育良种　同一种药用植物不同个体之间活性成分含量也有较大差异，采取措施定向培育那些产量高且活性成分含量高或活性成分含量变化不大的植株，使其形成新的栽培品种，是提高药材产量与质量的重要途径。例如，根据浙贝母原植物单株之间的形态差异，经过 18 年的系统选育育成的“新岭一号”新品种，药材产量比普通品种增产达 11%，其主要活性成分生物碱含量却基本没有变化。又如，用秋水仙碱溶液处理曼陀罗植株腋芽，使其染色体加倍而育成的四倍体植株，其药用部分叶的重量约是二倍体的 1.7 倍，叶中生物碱含量也大致是二倍体的 2 倍，呈现出随着植株染色体倍数增加总生物碱含量不断增加的趋势。

（3）施肥　合理施肥不仅能够提高药材产量，还能提高药材活性成分含量。如果施肥不合理，就会严重影响药材质量。目前，在药材栽培生产中存在着盲目追求产量、忽视质量的现象，令人担忧，必须引起重视。

（4）播种期　同一药用植物播种时间不同，药材产量与质量有明显差异。例如，荆芥 4 月播种，植株高大，花序长而节稀疏，不成穗状，挥发油含量较低；若在 6 月播种，植株虽然矮小，但花序短而节紧凑，呈明显穗状，挥发油含量较高。

6. 产地加工技术　产地加工是药用植物栽培的特点之一，对药材活性成分含量有明显影响。例如，含挥发性活性成分的全草类药材，采收后应阴干，不能在强烈阳光下曝晒，否则就会使挥发性活性成分遭受损失，降低药材质量。

（三）影响药材有害物质含量的因素

有害物质包括砷与铬、铅、汞、镉等重金属，以及有机磷、有机氯等剧毒农药，影响它们含量的因素主要包括下述两个方面。

1. 种植区域选择不当　药用植物在生长发育的同时，可以从土壤中吸收某些有害元素并在体内积累。如果土壤不含或微含砷及重金属等元素，植株就不会因吸收积累而超过限量。因此，严格选择种植区域是确保产出药材安全有效的前提。随着社会进步和工业发展，环境污染日益严重，被污染的大气经常含有一些有毒元素，大气形成的灰尘降落在药用植物体上，也能对药材造成污染，因此药材种植区域应远离造成污染的工矿地区。

2. 滥施化肥农药　药用植物种类繁多，病虫害种类非常复杂，有时发生严重，对药材的产量与质量造成威胁。为有效防治病虫害，生产中经常使用农药。若农药使用不当，常会导致药材重金属与农残限量超标。一些农药属于砷类制剂，不分时期、超量使用，就容易使花类、叶类药材中砷含量超标。合理使用农药，可以有效降低药材中的农药残留量。

思考题：

1. 何为药用植物的生物产量与经济产量？二者之间有何关系？
2. 药用植物单株干物重主要决定于哪些因素？
3. 何为叶面积指数？影响叶片光合能力的因素有哪些？
4. 简述提高药材产量的途径。
5. 药材品质体现在哪些方面？有哪些影响因素？

第八章

采收与产地加工

扫一扫，查阅本章数字资源，含PPT、音视频、图片等

进行药用植物栽培的目的是获取优质高产的药材，采收与产地加工是药用植物栽培需要研究的主要内容之一，对药材的产量与质量具有重要影响，因此必须引起重视。

第一节　采　收

采收是指在药用植物生长发育到一定阶段，入药部位或器官已符合药用要求，产量与活性成分积累动态已达到最佳程度时，采取一定的技术措施，从田间将其收集、运回的过程。

在影响药材质量的诸多因素中，除了种质、产地、栽培加工技术等道地性因素外，采收时间直接影响着药材产量、质量与收获效率。我国历代医药学家均十分重视药用植物的采收问题，唐代孙思邈在《千金翼方》中称“夫药采取，不知时节……虽有药名，终无药实，故不依时采收，与朽木不殊……”，元代李东垣在《用药法象》中也指出“凡诸草木昆虫，产之有地，根叶花实，采之有时，失其地则性味少异，失其时则气味不全……”。民间也流传着“当季是药，过季是草”“三月茵陈四月蒿，五月六月当柴烧”等谚语，均说明了适时采收的重要性。这些宝贵的实践经验，对现今的药用植物采收工作仍然具有重要的指导和借鉴作用。

随着社会进步和科技水平的不断提高，药用植物的合理采收作为药材规范化生产过程中的一个重要环节，必须从多学科角度、充分利用现代科学技术手段认真加以系统研究，以进一步完善各种采收制度、指导生产实践，确保药材的产量、质量与生产效率。

一、采收时间

不同药用植物的个体生长发育进程具有很大差异，其采收时间差异也很大。采收时间又包括采收期和采收年限两个方面。

（一）采收期

药用植物采收期是指药用部位或器官已经符合药用要求达到采收标准的收获时期。采收标准包括两方面的含义：一是药用部位的外观已经达到药材所固有的色泽与形态特征；二是药材品质已经符合药用要求，即性味、功效、成分等已经达到应有的标准。

（二）采收年限

采收年限又称收获年限，是指播种（或栽植）后到采收所经历的年限数，即栽培周期，主要是针对多年生药用植物而言。对以花、果实、种子作为药用器官的多年生木本植物来讲，在生长

发育达到一定年限后每年均可采收，并可持续多年。对以根或根茎作为药用器官的多年生草本植物来讲，其收获年限的长短一般取决于三个主要因素：一是药用植物本身特性，有的生长年限较长，有的生长年限则较短，生长年限短的采收年限必然也短；二是环境因素影响，同一种药用植物往往因环境差异而采收年限不同，如三角叶黄连（雅连）在海拔 2000m 以上栽培时要 5 年以上才能收获，而栽培在海拔 1700 ～ 1800m 处时 4 年即可收获；三是药材品质的要求，例如一般情况下人参的采收年限为 5 年、西洋参的采收年限为 4 年。根据采收年限的长短，可将药用植物分为一年采收、二年采收、多年采收与连年采收等四类。

二、采收原则

药用植物种类繁多，药用部位又各不相同，不同的药用部位都各有一定的成熟期，且其中活性成分的含量除与环境有关外，也与植物的生育期有关。因此，对药用植物的采收，必须根据各个生育时期产量与活性成分含量的变化，选择含活性成分最多、单位面积产量最高的时期进行。当产量与质量变化不一致时，一般要考虑在活性成分收率最高的时间采收。因药用器官的不同，采收时应掌握以下一般原则。

（一）以根和根茎入药的药用植物

以根和根茎入药的药用植物大部分是草本植物，它们大多在植株停止生长之后或者在枯萎期采收，也可以在春季萌芽前采收，此时其药材产量及活性成分含量相对较高，如人参、党参、玉竹、知母等。但也有一些特殊的药用植物，如柴胡在花蕾期或初花期活性成分含量较高，仙鹤草只有在根芽尚未出土时芽中才有所需要的活性成分。该类药用植物采用人工或机械挖取均可，挖出后，除净泥土，根据需要除去非药用部分，如残茎、叶、须根等。有的需要趁鲜去皮，如桔梗等；有的需要趁鲜及时加工，如将人参加工成红参等。

（二）以皮部入药的药用植物

皮类药材主要来源于木本药用植物的干皮、枝皮和根皮，少数来源于多年生草本植物，如白鲜皮、远志。以干皮入药的药用植物，采收应在春末夏初时节进行，此时树木处于年度生长初期，树皮内液汁较多，形成层细胞分裂较快，皮部和木质部容易剥离，皮中活性成分含量较高，剥离后伤口也易愈合，如杜仲、黄柏、厚朴等。干皮采收的方法有全环状剥皮、半环状剥皮和条剥等，应选择多云、无风或小风的清晨、傍晚，使用锋利刀具在欲剥皮部位的四周将皮割断，深度以割断树皮为准，力争一次完成，以便减少对木质部的损伤。向下剥皮时要减少对形成层的污染和损伤，剥皮后将剥皮处进行包扎。根部灌水、施肥有利于植株生长和新皮形成。剥下的树皮趁鲜除去老的栓皮，如黄柏、苦楝、杜仲等，根据要求压平，或发汗，或卷成筒状，阴干、晒干或烘干。根皮的采收应在春秋时节，用工具挖取根部，除去泥土、须根，趁鲜刮去栓皮或用木棒敲打，使皮部和木部分离，抽去木心，如白鲜皮、香加皮、地骨皮等，然后晒干或阴干。

（三）以茎木入药的药用植物

以茎木入药植物的药用部位包括树干的木质部或其中的一部分，大部分全年都可采收，如苏木、白木香等。木质藤本药用植物宜在秋冬至早春前采收，此时药材质地好、活性成分含量较高，如忍冬藤、络石藤、槲寄生等。草质藤本药用植物宜在开花前或果熟期之后采收，如首乌藤（夜交藤）。茎类药材采收时多用工具砍割，有的需要去除残叶或细嫩枝条，根据要求趁鲜切块、段、片，晒干或阴干。

（四）以叶入药的药用植物

此类药用植物多数宜在植株开花前或果实未完全成熟时采收，此时药材色泽、质地均佳，如艾叶、紫苏叶等。少数品种需经霜后再采收，如桑叶等。有的品种一年当中可采收数次，如枇杷叶、菘蓝叶等。采收时要除去病残、枯黄叶，晒干、阴干等。

（五）以花入药的药用植物

药用植物以花入药时，有的是以整朵花入药，有的是用花的一部分，如番红花（柱头）。用整朵花时有的是用花蕾，如金银花、辛夷、款冬花、槐花等；有的是用初开放的花，如菊花、旋覆花等。采收这些药材时要注意观察花的发育时期，有的可根据花的色泽变化来判断，如红花等；有些要根据花的发育时期分批采收，如金银花、玫瑰花。采收花粉类药材时宜早不宜迟，否则花粉易脱落，如蒲黄、松花粉等。花类药材主要是利用人工采收或收集，宜阴干或低温干燥。

（六）以全草入药的药用植物

此类药用植物以地上全草和全株入药。地上全草宜在茎、叶生长旺盛的初花期采收，此时枝繁叶茂，活性成分含量较高，质地、色泽均佳，如淡竹叶、仙鹤草、益母草、荆芥等；全株入药药用植物宜在初花期或果熟期采收，如蒲公英、辽细辛等；低等植物石韦等四季都可采收。采收时采用割取或挖取方法，大部分品种需要趁鲜切段，晒干或阴干，带根者要除净泥土。

（七）以果实、种子入药的药用植物

在商品药材中，果实和种子没有严格区分。从植物学角度来看，它们是两种不同的器官，果实中包含种子。从入药部位来看，有的是果实与种子一起入药，如五味子、枸杞子等；还有用果实的一部分，如陈皮、大腹皮、丝瓜络、柿蒂等。果实入药，多数是成熟的，有少数是以幼果或未成熟果实入药，如枳实等。种子入药时基本上是成熟的，如决明子、白扁豆等；也有的用种子的一部分，如龙眼肉、莲子心等；此外还有种子的加工品，如淡豆豉、大麦芽等。具体采收时间主要是根据果实或种子的成熟度来确定，外果皮易爆裂的种子应随熟随采。果实类药材多是人工采摘，种子类药材可用人工或机械采收果实、全草后，脱粒或取出种子，除净杂质，干燥。

（八）以树脂和汁液入药的药用植物

有些药用植物以树脂和汁液入药，它们存在于药用植物的不同器官中，一般是植物的自然分泌物或代谢产物，如血竭（果实中渗出物）、没药（干皮渗出物），有的是人为或机械损伤后的分泌物，如苏合香。树脂类药材的采收时间和采收方法因药用植物种类及药用部位不同而异，以凝结成块为准，随时收集。

三、采收方法

药用植物种类与药用器官不同，应采用不同的方法进行采收，方能保证药材的产量与质量，常用的采收方法有下述几种。

（一）挖掘法

适用于收获以根和根茎入药的药用植物，大多在植株停止生长之后或者在枯萎期采收，也可以在春季萌芽前采收，此时其活性成分含量相对较高。一般是先将植株地上部分割去，然后用挖掘法采收。挖掘时要选择适宜时机，在土壤含水适宜时进行，土壤过湿或过干，不但不利于采挖、费时费力，而且容易使根和根茎遭受损伤。部分全草类药用植物的采收，也采用挖掘法，如细辛、米口袋等。

（二）割取法

多用于收获以全草、果实、种子入药的药用植物，如薏苡、牛蒡、补骨脂等。有的药用植物一年可两次或多次收获，在第一、二次收割时应适当留茬，以利萌发新的植株，提高后茬的药材产量，如薄荷、瞿麦等。以树木木质部或其中一部分入药的药用植物，大多全年都可采收，如苏木、白木香等。木质藤本药用植物宜在全株枯萎后或在秋冬至早春前采收，草质藤本植物宜在开花前或果熟后采收。

（三）摘取法

以花、果实入药的药用植物一般都采用摘取法采收，部分以叶、种子入药的药用植物一般也采用摘取法。

（四）击落法

对于树体高大的木本或藤本药用植物来讲，若以果实、种子入药时以采摘法收获比较困难，只能以器械打击使其落下再收集。击落时最好在植株之下垫上草席、布围等，以便收集与减轻损伤，同时也要尽量减少对植株的损伤或其他危害。

（五）剥离法

以干皮等入药的药用植物的采收应在春末夏初时节进行，此时树木处于年度生长初期，树皮内液汁较多，形成层细胞分裂较快，皮部和木质部容易剥离，皮中活性成分含量较高，剥离后伤口也易愈合，如杜仲、黄柏、厚朴等。一般在茎的基部先环割一刀，接着在其上相应距离的高度处再环割一刀，然后在两环割刀痕之间纵割一刀，沿纵割刀痕剥取药材。树皮的剥离方法又分为砍树剥皮、活树剥皮等。木本的粗壮树根与树干的剥皮方法相似。灌木或草本根部较细，剥离根皮方法则与树皮不同：一种方法是用刀顺根纵切根皮，将根皮剥离；另一种方法是用木棒轻轻锤打根部，使根皮与木质部分离，然后抽去或剔除木质部，如牡丹皮、地骨皮和远志等。

（六）割伤法

以树脂类入药的药用植物如白花树、漆树等，常采用割伤树干的方法收集树脂。一般是在树干上凿“▽”形伤口，让树脂从伤口渗出，流入下端安放的容器中，收集起来经过加工即成药材。一般每次取汁的部位应该低于前一次取汁的部位，并要注意不同植物汁液的产量和质量在植物生长的不同时期以及一天内的早、中、晚及夜里都是不同的。

四、采收应注意的问题

（一）采收期与生产区域的关系

同一种药用植物生长在不同的地理区域时，由于生态环境条件（气候、土壤、水分等）、栽培技术及产地加工方法的不同，其最适采收期有时有着较大差异。例如，太子参在江苏种植 7 月上旬收获，而在贵州高海拔地区种植则在 9 月采收。

（二）采收次数与栽培措施的关系

在不影响质量的前提下，通过科学种植、合理安排，可以适当增加药用植物的采收次数，以提高单位土地面积上的产量和种植效益。例如，北京郊区种植洋地黄，过去每年采收一次，通过调整栽培时间、缩短栽培周期，现在每年可以采收两次，二者的活性成分含量相近，从而提高了单位土地面积的药材产量。

（三）采收时需要兼顾的其他关系

同一药用植物有多个部位药用时要兼顾其各自的适宜采收期，如种植菘蓝时，一般于夏季和秋季采收 2 ～ 3 次大青叶，秋冬时采挖板蓝根，在采收叶片时就要注意适时、适度，以免影响根部的产量与质量。大多数药用植物都采用有性繁殖，在确定采收适期时应兼顾繁殖材料的成熟，如桔梗、远志等。有些药用植物具有其他经济用途，采收时要兼顾非药用部位的综合利用。

（四）采收与药材质量安全

采收时要注意药用器官的完整性，以免降低药材的品质与等级；要除去非药用部位和异物，严禁杂草和有毒物质混入；地下器官要尽量去净泥土，避免酸不溶性灰分超标；采收机械、工具应保持清洁、无污染，存放在无虫、鼠害和禽畜的清洁干燥场所；做好各项采收记录，包括采收时间（采收期、采收年限）、采收方法、采收量等。

第二节　产地加工

药用植物采收后，除少数鲜用，如生姜、鲜石斛、鲜芦根等，绝大多数均需在产地及时进行初步处理与干燥，称之为“产地加工”。药用植物产地加工，是保证质量使其符合医疗用药要求的重要环节。通过产地加工，既可防止药材霉烂腐败、便于贮藏和运输，又可剔除杂物、质劣部分保证质量，还可进行分级和其他技术处理利于炮制和处方调配。

产地加工内容包括初步加工和干燥加工两方面内容。由于药用植物的种类众多，根、茎、叶、花等药用部位不同，品种规格要求不一，再加上全国各地都有不同的传统习惯，故加工、干燥方法多种多样。

一、初步加工

（一）清选

清选是将采收的新鲜药材除去泥沙和非药用部位等杂质的过程。如黄芪、牛膝等去芦头、须根；丹皮、地骨皮去木心；广藿香去根；杜仲、黄柏去粗皮；五味子、枸杞去果柄；薏苡仁、白果去壳等。清选方法一般根据药材情况采用挑选、筛选、风选和水选方法进行，也可以两种方法结合进行。

1. 挑选　挑选是清除混在药材中的杂质或将药材按大小、粗细分类的净选方法，在挑选过程中要求除去非药用部位。

2. 筛选　筛选是根据药材和杂质的体积大小不同，选用不同规格的筛子筛除药材中的泥沙、地上残茎残叶等。筛选可用手工筛选，也可用机械筛选，筛孔大小要根据要求选择。多用于块茎、球茎、鳞茎、种子类药材的净选除杂。

3. 风选　风选是利用药材和杂质的比重不同，借助风力将杂质除去的一种方法。一般可用簸箕或风车进行，可除去果皮、果柄、残叶和不成熟种子等。多用于果实、种子类药材的初加工。

4. 水选　水选是通过水洗或漂的方法除去杂质。有些杂质用风选方法不易除去，可以通过水选除去泥土、干瘪之物等。多用于种子类药材的净选。

（二）清洗

清洗是将药材与泥土等杂质分开的一种行之有效的方法。根据要求可选择喷淋、刷洗、淘洗等不同的清洗方法。需要蒸、煮、晒等加工的根及根茎类药材，如人参、三七、麦冬等，采收后需以清水洗净泥土。一般直接晒干或阴干的药材多不洗，如黄连、白术、薄荷、细辛等，黄连、白术干燥后泥土自行脱落或通过搓撞可以去掉，薄荷、细辛洗后会导致挥发油损失、质量降低。

（三）分开不同的药用部位

有些药用植物的不同部位分属不同的中药，如麻黄茎能发汗而根则止汗，须在产地加工时将其分开，以利正确发挥药效。

（四）分级

有些药用植物，为了便于加工和干燥，需按其药用部位的大小、粗细进行分级，如延胡索、贝母按其大小分级，而三七、北沙参、党参等则按其粗细分级。常用的分级方法有筛、拣等。

（五）去皮

根、根茎、果实、种子及皮类药材常需去除表皮（或果皮、种皮），使药材光洁，内部水分易向外渗透，干燥快。去皮要厚薄一致，以外表光滑无粗糙感、表皮去净为度。去皮的方法有手工去皮、工具去皮、机械去皮和化学去皮等。

1. 手工去皮　对于形状极不规则的根、根茎、树皮、根皮等多采用手工去皮，如桔梗、白芍、杜仲、黄柏、肉桂等。手工去皮一般宜趁鲜进行。

2. 工具去皮　多用于干燥后的药材或药材在干燥过程中去皮，常用的工具有撞笼、撞兜、木桶、筐、麻袋等，通过冲撞摩擦去掉粗皮，使药材外表光洁。

3. 机械去皮　对于产量大、形状规则的药材可以采用机械去皮，不仅工效高、成本低，而且可以避免发生中毒，如半夏、天南星、泽泻等使用小型搅拌机去皮，浙贝母使用专用去皮机去皮等。

4. 化学去皮　常用的有石灰水浸渍半夏，可使其表皮易于脱落。

（六）切制

为了便于干燥和应用，凡体积大、不易干燥或干燥后质坚不易切制的药材，应在洗净、除掉非药用部位后，趁鲜切制，然后晒干。大部分果类和圆形根茎类要切成薄片，如槟榔、佛手等，粉性、质地疏松易破碎者要切成厚片，如山药、大黄等，何首乌、葛根等则要切成块等。含挥发性成分的药材切制后容易造成活性成分的损失，不宜切制加工，如当归、缬草等。切制方法有手工切制和机械切制。

（七）烫

有些肉质药用植物，在将药用部位洁净之后要放入沸水中浸烫片刻，然后捞出晒干。通过沸水烫，可使细胞内的蛋白质凝固，破坏引起变质、变色的酶，促进水分蒸发，利于干燥，如马齿苋等。有的烫后可使淀粉糊化，增加透明度，使其质地明润，如天门冬、百部等。烫时要注意水温和时间，如延胡索以烫至块茎内部中心有芝麻样小白点时为度，过生易遭虫蛀，过熟则折干率下降、表面皱缩，均影响质量。明党参、北沙参等均需烫后去除外皮。

（八）蒸、煮

有些药用植物的药用部位要蒸、煮到透心后再晒干，如天麻、玉竹、何首乌等，前二者蒸煮后，可增加透明度，使其质地明润，后者可改变药性，使其补肝肾、益精血。

（九）熏

有些药材在采收后要用烟熏，如乌梅。

（十）浸漂

浸漂包括浸渍和漂洗。浸渍一般时间较长，有的还需加入一定辅料。漂洗时间短，换水勤。漂洗的目的是为了降低毒性，如半夏、附子等，或抑制氧化酶的活性、避免药材氧化变色，如白芍、山药等。浸漂时要密切注意药材形、色、味等方面的变化，掌握好时间、换水、辅料用量和添加时机等。漂洗用水要清洁，换水要勤，避免药材霉变。

（十一）发汗

鲜药材加热或半干燥后，密闭堆积使之发热，其内部水分就向外蒸发，当堆内空气含水量达到饱和时，遇到堆外低温，水汽就会凝结成水珠附于药材表面，如人出汗，所以谓之“发汗”。发汗是药材产地加工过程中常用的独特工艺，可有效克服药材干燥过程中的结壳，使药材内外干燥一致，加快干燥速度，还能使某些挥发油渗出，化学成分发生变化，干燥后的药材显得油润、光泽或香气更加浓烈。

发汗的方法分为普通发汗和加温发汗。①普通发汗：就是将鲜药材或半干燥药材堆积，用草席等覆盖任其发热，达到发汗的目的。此法简便、应用广泛，如玄参、板蓝根、大黄等产地加工时常采用。此外，晾晒时夜晚堆积回软（回潮）也属于普通发汗，如薄荷的产地加工等。②加温发汗：就是将鲜药材或半干燥药材加温后密闭堆积使其发汗。例如，厚朴、杜仲等用沸水烫淋数遍加热，然后堆积发汗；云南加工茯苓是用柴草烧热后，垫草一层，再相间铺放茯苓和草，最后盖草密闭使之发汗。前者叫发水汗，后者叫发火汗。发汗要掌握好时间和次数。半干和基本干燥的药材，一般发汗 1 次即可；鲜药材、含水较多的肉质根或地下茎，发汗时间宜稍长、次数可多些。气温高的季节，发汗时间宜短，以免药材霉烂变质。

（十二）揉搓

有些药材在干燥过程中，易发生皮肉分离或空枯现象，为了达到油润、饱满、柔软的目的，在干燥到一定程度时必须进行揉搓，如党参、麦冬、独活等。

二、干燥加工

新鲜药材含有多量水分，采收后如不立即干燥而堆放在一起，易发霉、变色，活性成分遭到破坏。为保证药材质量、利于贮藏，必须及时进行干燥。

（一）常用干燥方法

1. 自然干燥法　利用太阳的辐射、热风、干燥空气达到药材干燥的目的。晒干为常用方法，一般将药材铺放在晒场或晒架上晾晒，利用太阳光直接晒干，是一种最简便、经济的干燥方法，但含挥发油的药材、晒后易爆裂的药材均不宜采用此法。阴干是将药材放置或悬挂在通风的室内或荫棚下，避免阳光直射，利用水分在空气中自然蒸发而干燥，此法主要适用于含挥发性成分的花类、叶类及全草类药材。晾干则是将鲜药材悬挂在树上、屋檐下或晾架上，利用热风、干风进行自然干燥，也叫风干，常用于气候干燥、多风的地区或季节，如大黄、瓜蒌等。在自然干燥的过程中，要随时注意天气变化，防止药材受雨、雾、露、霜等影响，要常翻动使药材受热一致以加速干燥。在药材大部分水分蒸发、达到五成干以上时，一般应短期堆积回软或发汗，促使水分内扩散，再继续晾或晒干。这样处理不仅加快了干燥速度，而且内外干燥一致。

2. 人工加温干燥法　人工加温可以大大缩短药材的干燥时间，而且不受季节及其他自然因素影响。利用该法使药材干燥，重要的是严格控制加热温度。根据加热设备不同，人工加热干燥法可分为炕干、烘干、远红外加热干燥和微波干燥等。

（1）炕干法　将鲜药材依先大后小分层置于炕床上，上面覆盖麻袋或草帘等，利用柴火加热干燥的方法。在有大量蒸汽冒起时，要及时掀开麻袋或草帘，并注意上下翻动药材，直到炕干为止。该法适用于川芎、泽泻、桔梗等药材的干燥。

（2）烘干法　利用烘房和干燥机实现鲜药材的干燥，适合于数量大、规模化种植的药材，此法效率高，不受天气限制，还有杀虫驱霉的效果，温度可控。不同种类药材的干燥温度和干燥时间各异。

（3）远红外加热干燥法　干燥原理是将电能转变为远红外辐射能，被鲜药材的分子吸收，产生共振，引起分子和原子的振动和转动，导致物体变热，经过热扩散、蒸发和化学变化，最终达到干燥的目的。

（4）微波干燥法　通过感应加热和介质加热，使鲜药材中的水分不同程度地吸收微波能量，并把它转变为热量从而达到干燥的目的。该法还可杀灭微生物，具有消毒作用，防止药材在贮藏过程中霉变生虫。

值得注意的是，除了上述方法外，在药材传统加工上经常采用熏硫的方法，一般在干燥前进行。主要是利用硫黄燃烧产生的二氧化硫，达到加速干燥、使产品洁白的目的，并有防霉、杀虫作用。但因硫黄颗粒及其所含有毒杂质等残留影响药材品质，禁止在药材产地加工时应用。

（二）干燥标准

药材干燥标准虽因各种药材的要求不同而异，但其基本原则是相同的，即保证在储藏期间不发生霉变。对于药材含水量《中华人民共和国药典》等均有相关规定，可采用烘干法、甲苯法及减压干燥法检测，但在实际工作中，对药材干燥程度的经验判别也很重要。经验判断常常根据以下几点：①干燥药材的断面色泽一致，中心与外层无明显分界线，如果断面色泽不一致，说明药材内部尚未干透，断面色泽仍与新鲜时相同也是未干燥的标志；②干燥的药材相互敲击时声音清脆响亮，如是噗噗的闷声则是未干透，一些糖分较多的药材，干燥后声音并不清脆，可结合其他标准去判别；③干燥药材质地硬、脆，牙咬、手折都费力，若质地柔软说明尚未干燥；④对于果实、种子类药材，用手能轻易插入，感到无阻力，说明已经干燥，如果牙咬、手掐感到较软，则是尚未干透；⑤叶、花、茎或全草类药材，用手折易碎断，叶、花手搓易成粉末，说明已经干透，如果柔软、不易折断或搓碎，则是尚未干透。

三、各类药材产地加工的一般原则

（一）根与根茎类药材

采收后应去净地上茎叶、泥土和根须，而后根据药材性质迅速晒干、烘干或阴干。有些药材还应刮去或撞去外皮后晒干，如桔梗、黄芩等，有的应切块或切片晒干，如葛根、商陆等，有的在晒前须经蒸煮，如天麻、黄精等。半夏、附子等晒前还应水漂或加入其他药（如甘草或明矾）以去毒性。此外，人参、黄芪等应去芦，当归等应分为头、身、尾，防风、茜草等药材应扎把。

（二）叶、全草类药材

该类药材一般含挥发油较多，故采后宜阴干，有的需要在干燥前扎成小把，或用线绳把叶片串起来阴干。

（三）花类药材

在进行产地加工时，除保证药材中的活性成分不致损失外，还应保持花色鲜艳、花朵完整。一般在采收后须直接晒干或烘干，并应尽量缩短烘晒的时间。

（四）果实、种子类药材

果实类采收后须直接晒干。有的须经烘烤或略煮去核，如山茱萸；有的为了加速干燥须用沸水微烫再晒干，如五味子。种子在采收时多带果壳和茎秆，晒干后应除净杂质，取出种子；有些种子药材还应去皮、去瓤、去心，如杏仁等；也有的要求留外壳，临用时再敲破取用种子。

（五）皮类药材

一般在采收后除去内部木心，晒干。有的应切成一定大小的片块，经过热焖、发汗等过程而后晒干，如杜仲、黄柏等；有的还应刮去外表粗皮，如丹皮、厚朴等；对一些含有挥发油的芳香皮类，宜阴干，勿曝晒。

四、产地加工应注意的问题

（一）加工场地要求

加工场地应就地设置，周围环境应宽敞、洁净、通风良好，并应设置工作棚（防晒、防雨）及除湿设备，并应有防鸟、禽畜、鼠、虫设施。

（二）防止污染

在药材产地加工中，常常因为方法不当，引起污染导致药材品质下降。

1. 水制污染　水制过程中的污染主要是水质问题。需水洗的药材应水洗除去泥沙等杂质，但水质不洁会引起药材污染，从而影响药材品质。

2. 熏制污染　硫熏往往造成药材污染，如金银花以硫黄熏干后其含砷量达到了 50 ～ 300μg/g。

（三）控制干燥条件

在干燥加工过程中，需要注意以下 3 个问题。

1. 干燥温度　许多药材活性成分高温下易分解破坏，因此干燥加工温度应尽量低一些。一般花、叶和全草类药材以 20 ～ 30℃为宜，根与根茎类药材以 30 ～ 65℃为宜，浆果类药材以 70 ～ 90℃为宜。药材的活性成分不同，干燥适温也不同，含挥发油者以 25 ～ 30℃为宜，含苷及生物碱者以 50 ～ 60℃为宜，含维生素者以 70 ～ 90℃为宜。

2. 干燥速度　干燥要尽可能快，以免因霉菌滋生和酶的活动导致霉烂，破坏活性成分。

3. 光线　需要保持颜色的药材要避光干燥，以免发生褪色和变色现象。

只有在合适的温度、速度和光线下干燥，才能实现尽快干燥，使药材中的活性成分不受影响，才能保证药材质量。

（四）改进传统产地加工方法须慎重

药材的产地加工方法应尽量按照传统方式进行，如有改动，应提供充分的试验数据，证明其对药材质量没有影响或使药材质量有所提高。

（五）对加工人员的要求

实施产地加工的人员，在开展工作之前应洗净双手，戴上干净的手套和口罩；传染病人、体表有伤口、皮肤接触药材过敏者，不得从事药材产地加工作业；加工人员在操作过程中应保持个人卫生，现场负责人应随时进行检查和监督；及时做好加工记录，包括药材品种、使用设备、时间、天气情况、加工数量、操作人员等。

思考题：

1. 简述药材采收应注意的问题。
2. 药材采收方法有哪些？
3. 药材常用干燥方法有哪些？
4. 各类药材产地加工的一般原则是什么？
5. 产地加工应注意哪些问题？

各 论

第九章
以根与根茎入药植物栽培技术

扫一扫，查阅本章数字资源，含PPT、音视频、图片等

人　参

人参 *Panax ginseng* C. A. Mey. 为五加科人参属植物，以其干燥根和根茎入药，是我国名贵药材之一。其性味甘、微苦，微温；归肺、脾、心、肾经；具有大补元气、复脉固脱、补脾益肺、生津养血、安神益智等功效。现代药理研究证明，人参对中枢神经、心血管、消化道、内分泌、物质代谢及泌尿生殖等系统具有广泛作用，还可提高机体适应性和免疫功能，具有抗肿瘤、抗辐射、抗氧化、抗衰老、抗疲劳等药理活性。人参含有三萜皂苷类、黄酮类、多糖类等成分，此外还含人参炔醇、β－榄香烯等挥发性成分，其中三萜皂苷类成分为主要活性成分。

一、植物形态特征

多年生草本。主根肉质，圆柱形或纺锤形，下面稍有分枝；根状茎（芦头）短，其上生出不定根称“艼”。茎单生，直立。掌状复叶轮生茎顶。伞形花序单个顶生，花小；花萼钟形，具5齿；花瓣5枚，淡黄绿色。浆果状核果，扁球形或肾形，成熟时鲜红色。种子2个，扁圆形，黄白色。花期6～8月；果期8～10月。

二、生物学特性

（一）分布与产地

人参原产中国、朝鲜和苏联，多生长在北纬40°～48°、东经117°～134°之间的山林地带。近年来，东北地区千山和大小兴安岭的野生人参基本绝迹。世界上栽培人参的国家主要有中国、韩国、朝鲜、日本及俄罗斯。我国人参栽培历史悠久，产量占世界总产量的70%，其中又以吉林省为主产区，吉林省长白山所产人参质量最佳，辽宁、黑龙江等省亦有大面积栽培。此外，北京、河北、山西、山东、湖北、陕西、甘肃、浙江、江西、安徽、四川、广西、贵州、云南等省区亦已引种成功。

（二）对环境的适应性

野生人参通常生长在海拔200～900m的山区阴坡或半阴坡针阔叶混交林下，对环境条件要求较严格。

1. 对温度的适应 喜寒冷湿润环境。耐寒性强，可耐 -40℃低温，不耐高温，生长最适温度为 15 ～ 25℃，温度过高易发生茎叶日灼或枯萎死亡，温度过低（-5℃以下）易遭受冻害。

2. 对光照的适应 属阴性植物，喜斜射光或散射光，忌强光直射，光照强弱直接影响人参植株的生长发育及药材产量和质量。

3. 对水分的适应 既不耐旱又不耐涝。全生育期在土壤相对含水量 80% 的条件下生育健壮，参根增重快、产量高、质量好；土壤水分不足 60% 时，参根多烧须；土壤水分过大（100%）时，易发生烂根。

4. 对土壤的适应 对土壤要求较严，以土层深厚、富含腐殖质的微酸性砂质壤土为宜，土壤 pH 值 5.8 ～ 6.3 有利于人参生长发育，碱性土壤不易栽种。忌连作。

（三）生长发育习性

1. 种子的生长特性 具有形态后熟和生理后熟双重休眠特性，新成熟种子需与湿沙保湿贮藏，经过 20 ～ 15℃变温处理 3 ～ 4 个月才能完成形态后熟，在 0 ～ 5℃低温条件下处理 2 ～ 3 个月才能完成生理后熟。

2. 根的生长特性 一年生植株只生有幼主根和幼侧根；二年生植株有较大的主根和几条明显侧根，侧根上有许多须根；三年生以后侧根上再生出二级侧根，形成初生基本根系，并在根茎上长出不定根；五至六年生根系发育基本完全。七年生以上参根表皮木栓化，易染病烂根。

3. 地上器官的生长特性 从播种出苗到开花结实需 3 年时间。一年生人参只有 1 枚三出复叶，称“三花”；二年生有 1 枚掌状复叶，称“巴掌”；三年生有 2 枚掌状复叶，称“二甲子”；四年生有 3 枚掌状复叶，称“灯台子”；五年生有 4 枚掌状复叶，称“四批叶”；六年生有 5 枚或 6 枚掌状复叶。六年生之后，即使参龄增长，叶数通常也不再增加。人参有限的茎叶都是在越冬芽中建立起来的，为一次性出土，茎叶一旦受损，当年不能萌生出新的茎叶，也就不能为地下部分提供营养，易引起根腐烂或浆气不足，质量变差。

4. 人参的物候期 ①出苗期：5 月上旬～中旬出苗。②茎叶生长期：5 月中旬～ 6 月中旬为地上茎叶生长期。③开花期：6 月上旬～中旬开花，整个花期 10 ～ 15 天左右。④结果期：果期 6 月下旬～ 8 月上、中旬。⑤枯萎休眠期：9 月中、下旬地上部分枯萎，通常平均气温降至 10℃以下时进入休眠阶段。年生育期一般为 120 ～ 180 天，少则 100 ～ 110 天，多则 180 天以上。中温带往北纬度越高年生育期越短，出苗期亦相应推迟；向南纬度越低年生育期越长，出苗期亦相应提早。同一纬度下，随着海拔高度增加全生育期随之缩短，出苗期亦相应推迟。

三、栽培技术

（一）品种类型

目前人参生产中使用的种子比较混杂，已通过审定的品种有 3 个，即丰产型品种“吉参 1 号”、优质高产型品种“吉黄果参”及“边参 1 号”。根据根形不同，有“大马牙”“二马牙”“长脖”“圆膀圆芦”等类型之分，其中大马牙生长快，产量高，总皂苷含量亦较高，但根形差；二马牙次之；长脖和圆膀圆芦根形好，但生长缓慢，产量低，总皂苷含量亦较低。参见表 9-1。

表 9–1 人参不同品种形态特征比较

品种	根	地上部分
大马牙	芦头短粗，芦碗少，肩头齐，主根粗短，须根多，腿少，根皮黄白色，纹浅	叶端渐尖，叶基楔形，叶卵形，茎基部多扁，有粗棱，近地面处茎多紫色或紫青色
二马牙	芦头较大马牙长，肩头尖，主根比大马牙长，腿明显	叶端、叶基同大马牙，叶披针形或椭圆形，叶长、宽比 3∶1，茎与大马牙相近
长脖	芦细长，芦碗较明显，主根细长，有腿，根皮黄色或褐色，纹深	叶端骤凸，叶基渐狭，叶长卵形，茎近地面处为青紫或青灰色，茎多细棱
圆膀圆芦	芦头长，芦碗较明显，主根长，根丰满，近肩处圆柱形，根皮黄白色，纹较深	叶端骤凸，叶基歪斜或渐狭，叶倒卵形，茎多为圆形

（二）选地与整地

1. 栽培方式　主要有伐林栽参、林下栽参和农田栽参 3 种。①伐林栽参：2014 年以来长白山脉和大小兴安岭基本停止天然林采伐，“伐林栽参”已成历史。②林下栽参：是选择较稀疏林地，砍倒灌木杂草，刨去树根，当年开垦整地，休闲一年栽参，此方式栽培的人参生长速度慢，产量也低，目前生产上主要采用农田栽参。林下栽参结合天然次生林更新，选择以柞（*Quercus* sp.）、椴（*Tilis* sp.）为主的阔叶混交林或针阔混交林，坡度 15°～ 20°，郁闭度为 0.6 左右为宜。③农田栽参：多选择背风向阳、土层深厚、土质疏松、肥沃、排水良好的砂质壤土或壤土，腐殖质含量为 7% ～ 16%，有机质大于 3%，孔隙度 71% ～ 78%，pH 值 5.5 ～ 6.5，前茬作物以禾谷类、豆科、石蒜科植物为好，忌烟草、麻、蔬菜等。避免选择施用化肥过多或被农药污染的土壤。

2. 土壤改良　春季翻耕前宜施入厩肥或秸秆肥，根据土壤养分状况确定厩肥或秸秆肥的施用量，还可用生石灰适当调整 pH 值，利于熟化土壤，消灭病虫害，增强肥力。一般可在播种移栽前，结合做畦等均匀施入相应的杀菌剂和杀虫剂等。

3. 整地　选地后，在春、秋两季草木枯萎时，将场地上的树根、乔灌木残枝、杂草及石块等清除干净。最好隔年整地，第一年进行绿色休闲，第二年进行黑色休闲，春、夏、秋多次深翻，翻耕深度为 30 ～ 40cm。山地多在前一年夏、秋两季刨头遍，翌年 7 或 9 月刨二遍。农田或荒地从 5 月开始每半个月翻 1 次，每年最少翻 6 ～ 8 次。翻耕土地时，第一次可每亩施入 5% 辛硫磷 1kg，以消灭地下害虫；第二次每亩施入 50% 退菌特 3kg，以防病害，并施入 2500 ～ 5000kg/ 亩的复合肥，也可在做畦或移栽时施入充分熟化有机肥。将土垅刨开，打碎土垡。在播种和移栽前做畦，通常育苗床宽 1.0 ～ 1.2m，高 26 ～ 30cm，作业道 1m。移栽床宽 1.0 ～ 1.2m，高 20 ～ 25cm，作业道 1m。做畦时应合理确定畦面走向，若是平地栽参一般采用“东南阳”或“露水阳”（指参棚高的一面面向东南方向），若是山地栽参多顺山坡做畦，宜用“东北阳”，农田做畦坡度小，选择“阳口”不受地势限制。做畦时间：春播一般在 4 月中下旬，秋播在 10 月中旬至结冰前。同时开好排水沟。

（三）繁殖方法

种子繁殖，直播或育苗移栽。

1. 种子培育及采收　留种田要隔离种植，采用单透棚遮阴，三年生植株全部摘蕾，四至五年生植株留种，及时疏花疏果，每株保留 25 ～ 30 个果实。在种子成熟前 1 个月，土壤含水量应保持在 50% 左右。果实变为鲜红色时及时采摘，搓洗除去果皮及果肉。种子阴干或直接处理。将果实脱去果肉、洗净晾干的种子称为“水籽”，将水籽自然风干之后的种子称为“干籽”，经过种子处理完成后熟的人工催芽种子称为“催芽籽”。

2. 种子处理 上年采收种子（干籽）于 6 月上中旬进行，当年采收鲜种（水籽）收获后立即催芽。干籽用冷水浸泡 24 小时，与 3 倍量湿砂土混拌（水籽直接与 3 倍量砂土混栽）。砂土为过筛腐殖土 3 份和细沙 1 份混匀调湿而成。沙子湿度为 20% ～ 30%，腐殖土湿度为 30% ～ 40%。鲜籽用 100 mg/kg 赤霉素浸泡 20 小时，用杀菌剂拌种消毒后发籽。经 3 ～ 4 个月，种子裂口率达 80%～ 90%，可秋播或移入窖内冷藏。

3. 播种育苗 分春、夏、秋播。春播于 4 月下旬播催芽籽，当年可出苗。夏播于 6 月底至 7 月中旬播种，当年采收水籽，翌春出苗。10 月下旬秋播完成形态后熟的裂口籽，翌春出苗。产区多用夏播和秋播。

播种方法有点播、条播、撒播，生产中常采用点播。按株行距 5cm×5cm 用点播器点播，每穴 1 ～ 2 粒种子。覆土 5 ～ 6cm，用木板轻轻填压，并用秸秆或草覆压。条播行距 6 ～ 7cm，每行播 50 ～ 60 粒种子。

4. 移栽 人参移栽制度多采用三三制（育苗 3 年，移栽 3 年）或二四制（育苗 2 年，移栽 4 年），6 年采收。移栽可分为春栽和秋栽。春栽在 4 月下旬，要适时早栽。生产中多用秋栽，一般于 10 月中旬开始，到结冻前结束。移栽中起苗要现起现栽，严防日晒风吹。选取参苗健壮，根呈乳白色、须芦完整、芽苞肥大、浆足、无病虫害、长 12cm 以上的大株作种栽。按参株芽苞饱满程度和大小进行分级，一般分为 3 级。栽植时分别移栽，单独管理。栽植前，参株用 50%多菌灵 500 倍液浸泡 10 分钟消毒灭菌。移栽密度应因地制宜，合理密植，通常二年生苗 70 株 /m^2，三年生苗 50 ～ 60 株 /m^2。栽植方式常采用 3 种：①平栽：参苗在畦内平放或根芽略高；②斜栽：参苗与畦面夹角为 30°；③立栽：参苗与畦面夹角为 60°。移栽后覆土，勿移动参苗位置或卷曲须根。覆土深度，根据参苗的大小和土质情况而定。

四、田间管理

（一）搭棚调光

人参喜阴怕涝，喜弱光怕暴晒淋雨，故出苗后应立即搭设荫棚。产区一般常用拱形棚遮阴。4 月下旬搭好棚架，根据出苗状况再上苫材。具体步骤如下：①立柱角：用硬杂木截取长度 130cm，直径 6 ～ 8cm 的立柱，下端削成尖状，立柱间距 170 ～ 200cm 插入地面，前后相对。②绑拱条：拱条长 160 ～ 180cm，拱棚弧度约 20°～ 25°，棚檐宽度 20cm，用铁丝将拱条绑在立柱上。③上棚膜：采用 6 ～ 8 道参网，宽度 220 ～ 240cm 的蓝色抗老化人参专业膜。④上遮阳网：移栽地透光率 50% ～ 60%，育苗田透光率 40% ～ 50%，一般选择与参膜等宽或略宽的遮阳网，并固定在棚上。利用拱形棚遮阴，人参生长整齐，发育健壮，病虫害较少，人参支头增大，浆气充足，根系发达。荫棚棚架的高度视参龄大小而定。一般一至三年生参苗，搭设前檐高 100 ～ 110cm，后檐高 66 ～ 70cm 的荫棚；三年生以上的参苗，搭设前檐高 110 ～ 130cm、后檐高 100 ～ 120cm 的荫棚。

（二）松土除草与扶苗培土

每年松土除草 4 ～ 5 次。育苗床只拔草不松土，每年 3 ～ 4 次。在床面上覆盖落叶或碎稻草可有效抑制杂草滋生。结合松土把伸出立柱外的参苗扶入棚内，同时要从床边取土覆在床面上，每次厚 1cm。

（三）灌溉排水

在人参生育期，土壤水分宜保持在 50% 左右，应做到干旱季节及时浇水，多雨季节及时排涝。

（四）追肥

一般于展叶期前后追肥，农田栽参地，宜追混合肥料，应以有机肥、复合肥、生物肥、配方肥为主。在 5 月下旬至 6 月中旬，6 月下旬或 7 月上旬分别进行。生长期可用 20g/L 过磷酸钙喷洒叶面和床面。

（五）摘蕾

花果生长消耗大量营养，不利于参根中淀粉、人参皂苷等营养成分积累。因此，实际生产中不留种植株要及时摘除花蕾，摘蕾比不摘蕾参根增产 10%。

（六）防寒及清园

为了使人参安全越冬，防止缓阳冻，在晚秋和早春采用覆土、覆落叶、盖草帘子防寒。冬季把作业道上的积雪推到床边、床面上，并盖匀，厚约 15cm。秋末结冻前或春季化冻时，及时撤除床面积雪。冬季积雪融化的雪水不得浸入或浸过参床，要及时清除积雪、疏通排水沟。床土化透、越冬芽要萌动时，撤去床面上的落叶、帘子或防寒土，用木耙将床面表土耧松。用 1% 硫酸铜液对棚盖、立柱、苗床、作业道、排水沟等全面喷雾消毒。

五、病虫害及其防治

（一）病害及其防治

人参病害有 20 余种，主要有黑斑病、锈腐病、疫病等。

1. 黑斑病 *Alternaria panax* Whetz　6 月初发生，7 月中旬至下旬发病较重。病菌侵染芦头、茎、叶、果实及根部，致使叶片脱落，茎秆枯死，种子干瘪，参根腐烂。防治方法：喷洒多抗霉素 200mg/kg、75% 百菌清 500 倍液，进入雨季改喷 25% 阿米西达悬浮剂 1500 倍液，或斑绝 1500 倍液、乙膦铝 400 倍液、瑞霉素 600 倍液等。

2. 锈腐病 *Cylindrocarpon destructans*（Zinss.）Scholtan、*C. panacicola*（Zinss.）Zhao et Zhu、C. *didymium* Harting　5 月下旬至 7 月为发病盛期，参龄越大，土壤湿度越大，发病越重。主要危害根、地下茎、芦头和越冬芽孢。根部感染后，初为褐色小点，后表皮破裂，病菌常从伤口侵入，最后造成参根全部腐烂。防治方法：每 100kg 床土中加入 1kg 哈茨木霉菌。

3. 疫病 *Phytophthora cactorum*（Leb. et Coh.）Schroet.　一般在 6 月上旬开始零星发生，至 7 ～ 8 月通透性差、湿度大的参畦很快蔓延。发病初期叶片出现暗绿色水渍状大圆斑，不久全株叶片似热水烫样，凋萎下垂。根部被害时，病部呈黄褐色，水渍状，逐渐扩展，软化腐烂，内部组织呈现黄褐色的不规则花纹，并有腥臭味。防治方法：茎叶发病初期喷洒瑞霉素 500 倍液、甲霜灵锰锌 500 倍液，全生育期喷 120 ～ 160 倍波尔多液。

（二）虫害及其防治

主要有金针虫、蝼蛄、蛴螬、地老虎、草地螟等。防治方法：①清洁田园，将杂草、枯枝落叶集中烧毁；②人工捕杀或黑光灯诱杀；③整地时施20%美曲磷脂（敌百虫）粉10～15g/m^2；④害虫发生时用800～1000倍90%晶体美曲磷脂液浇灌。

六、采收加工

（一）采收

参根重量和皂苷含量随生长年限增长而增加，从生产经营效益出发，以种植6～7年收获为宜。另外，各产区气候条件不同，采收期也不同。一般8月末至9月中下旬，茎叶变黄后开始收获。收获前半个月拆除参棚，先收茎叶，起参时从参床一端开始挖或刨，深以不伤须根为度。边刨边拣，抖净泥土，整齐摆于筐或箱内，运回加工。

（二）产地加工

1. 生晒参　传统加工多用六年生人参，近年来多用四年生参作加工原料。以芦、体齐全，浆足质实，无病残及伤疤的鲜参作为加工原料。将鲜参按大、小分别加工。除了保留芦、体和与主体粗细匀称的支根外，其他的艼、须全部下须掐掉。洗刷干净后按大、中、小分别摆放在烘干盘上，单层摆实，摆后送晒参场晾晒或入室烘干。烘烤生晒参的温度不宜过高，一般开始50℃为宜，3天后温度降为40℃，烘干开始每15～30分钟排潮一次。当参根达九成干时，就可出室晾晒，然后分等入库。

2. 红参　选择浆足质实、皮层无干淀粉积累，芦、体齐全的鲜参，并按大、中、小分开；在洗刷之前把体、腿上的细须进行下须，一般从须根基部3～4mm处掐断为宜；洗去沾附在根上的泥土及病疤残留物等；蒸制程序一致，都必须经过装盘、装锅、蒸参、出锅、摆参等步骤。目前烘干人参方法有炭火烘干、锅炉蒸汽管道烘干，还有热风烘干、远红外烘干等。烘干开始要经常排潮。烘干期间要严格掌握室温，并经常检查，严防温度低着色差，温度高或时间过长把参烤焦。为此，生产上是采取软化、下红须，再摆盘晾晒；三次晾晒与烘干，当含水量达13%左右时，可出室外分等入库。

3. 冻干参　冻干之前工艺要求与生晒参相同。冻干工艺是将洗刷晾晒后的鲜参放入冻干机冷冻室内，使其在-20℃～-15℃条件下迅速结冻，然后将冻干室减压。在减压过程中，以每小时升温20℃速度继续升温干燥，一直干燥到温度40℃时，取出放在80℃下干燥1天，就可分等入库。

七、药材质量要求

以条粗、质硬、完整者为佳。干品水分不得过12.0%，总灰分不得过5.0%，铅不得过5mg/kg；镉不得过1mg/kg，砷不得过2mg/kg，汞不得过0.2mg/kg，铜不得过20mg/kg，五氯硝基苯不得过0.1mg/kg，六氯苯不得过0.1mg/kg，七氯（七氯、环氧七氯之和）不得过0.05mg/kg，氯丹（顺式氯丹、反式氯丹、氧化氯丹之和）不得过0.1mg/kg，人参皂苷Rgl和人参皂苷Re的总量不得少于0.30%，人参皂苷Rb1不得少于0.20%。

三　七

三七 *Panax notoginseng*（Burk.）F. H. Chen. 为五加科人参属植物，以干燥根及根茎药用，药材名三七，是我国特有的名贵药材。味甘、微苦，性温；归肝、胃经；具有散瘀止血、消肿定痛等功效，用于咯血、吐血、便血、崩漏、外伤出血、胸腹刺痛、跌仆肿痛等症。三七也是我国最早的药食同源植物之一，有“金不换”“南国神草”之美誉。三七含多种皂苷，主要为达玛脂烷系皂苷及三七皂苷。此外，还含有田七氨酸、三七黄酮 B、槲皮素、三七素、无机微量元素和 16 种氨基酸。现已开发出以三七为主要原料的药品、保健品、化妆品 300 余种。

一、植物形态特征

多年生草本，株高 30 ～ 60cm。根状茎短，主根肉质膨大成圆锥形，有分枝，表面棕黄色或暗褐色。茎单生直立，无毛，圆柱形。掌状复叶，3 ～ 4 片轮生于茎端，小叶 5 ～ 7 片，膜质，长椭圆形至倒卵状，边缘有细锯齿，上面沿脉疏生刚毛。伞形花序单个顶生，淡黄绿色；子房下位。核果浆果状，近肾形，熟时红色。花期 6 ～ 8 月，果期 8 ～ 10 月。

二、生物学特性

（一）分布与产地

三七分布仅局限于我国西南部海拔 1500 ～ 1800m，北纬 23º30′附近的中高海拔地区，因此我国西南部是该属植物的现代分布中心，主要为云南省文山州与广西的那坡、靖西。由于全国 98%以上的三七种植面积和产量都在文山，质量上乘，文山被国家命名为“中国三七之乡”。

（二）对环境的适应性

三七属生态幅窄的亚热带高山阴性植物，喜冬暖夏凉的气候，不耐严寒与酷暑，喜半阴和潮湿的生态环境。要求有效积温 4500 ～ 5500℃，年降水量 1000 ～ 1300mm，无霜期 300 天以上。

1. 对温度的适应　三七属温带植物，不耐寒暑，最低忍受短期 0℃左右低温。生育期最适气温 20 ～ 25℃，最适土温 15 ～ 20℃。出苗期最适气温 15 ～ 20℃，最适土温 10 ～ 15℃，0℃以下持续低温会对幼苗产生冻害。温度低于 5℃，种子不会萌发，10℃萌发率为 86.67%，15℃萌发率达最高，为 93.33%，温度超过 20℃，种苗萌发率开始下降，30℃萌发率为零。生长期气温超过 33℃，且持续时间较长，会对植株造成危害，产生生理性病害。结果期气温低于 10℃，则影响种子成熟。

2. 对光照的适应　三七属阴生植物，光照不仅影响产量，还影响质量。不同生长发育阶段对光照的要求也不一样，一年生植株要求光照为自然光照的 8% ～ 12%，二年生植株为 12% ～ 15%，三年生植株为 15% ～ 20%。光照过强，植株死亡；光照太弱，植株茎秆细弱，根茎瘦小。长日照、低光强有利于优质药材的形成。

3. 对水分的适应　三七对水分的要求，包括土壤水分和棚内空气湿度两个方面。园内土壤水分如常年保持在 25% ～ 30%，则生产良好；若长时间超过 40%，易引发根部病害。空气湿度要求在 75% ～ 85%，低于 60%，会发生干叶病和其他病害。

4. 对土壤的适应 三七对土壤要求不高，以土层深厚、排水良好、富含腐殖质的砂壤土为宜。研究表明生长于火山岩红壤中的三七，皂苷含量较高，而生长于碳酸盐岩黄红壤的三七，皂苷含量较低。栽培以 5°～ 20°缓坡生荒地为佳，土壤 pH 值 5.5 ～ 7.0 为宜，忌连作。

（三）生长发育习性

多年生宿根性草本植物，播种后 3 ～ 4 年采收，人工栽培包括苗期和大田期。苗期，从播种至种苗移栽前这段时间。三七播种后，3 ～ 4 月出苗，约经 10 ～ 15 天后，幼叶逐渐展开，形成一个掌状复叶，俗称“子条”，供大田用。大田期，从移栽后直至采收的这段时间。三七种苗具有休眠特性，需要一定时间的低温（≤ 10℃）才能打破。种苗不耐储存，应及时栽种。三七从第二年起，便能开花，结实。一般 6 月中下旬现蕾，经 45 天左右于 8 月初开花，从始花至开花盛期约需 22 天。

三、栽培技术

（一）品种类型

三七是长期栽培驯化中形成的混杂群体，目前，生产上还没有严格意义上的品种，主要是绿三七（茎秆、块根断面颜色为绿色）和紫三七（茎秆、块根断面颜色为紫色），绿三七的折干率高于紫三七，栽培性状优良，表现为植株高大，产量高，而紫三七的活性成分含量高于绿三七。因此生产上，以绿茎紫块根为主要选育对象。

（二）选地与整地

选地应掌握“坡优于平”的原则，一般坡度为 5°～ 15°，富含腐殖质的砂壤土种植，且 6 年内未种过三七的地块为宜。地选好后，在前茬收获后或新开的生荒地均应进行“三犁三耙”。第一次耕作时间为 11 月初，以后每隔 15 天耕作一次，耕作深度为 30cm。做成宽 100 ～ 140cm，高 20 ～ 25cm 的畦，畦沟宽 20cm 左右，长度根据地形酌定，土壤上实下虚呈板瓦形。种植前要对土壤进行杀虫和灭菌处理。

（三）造园搭棚

由于三七为阴生植物，整地后，还要进行造园搭棚。专用遮阳网荫棚的建造按 3.0m×1.8m 打桩，顶端以木杆（或铁丝）固定，铺盖遮阳网，加放压膜线（铁线）于两排木杆中部，每空用铁线来回缠绕成“人”字状，将压膜线拉紧，固定于左右，高度以距地面 1.8m 左右为宜，使荫棚呈“M”形，以利防风和排水。

（四）繁殖方法

主要采用种子繁殖。

1. 留种 每年 10 ～ 11 月，应选择生长健壮、无病虫害的三至四年生三七留种。

2. 种子处理 三七种子为短命种子（自然条件下为 15 天），同时具有休眠特性，休眠期为 45 ～ 60 天，采收下的果实应及时搓去果皮，洗净后用广谱杀菌剂浸种 10 分钟消毒处理，或专用包衣剂包衣后播种。如不能及时播种，可将种子摊放于阴凉处或用湿沙贮藏。

3. 播种 在 12 月中下旬～翌年 1 月中下旬，以行株距 5cm×5cm 进行点播，然后均匀撒一层混合肥（以腐熟农家肥或与其他肥料混合），畦面盖一层松针或稻草，以保持畦面湿润和抑制杂草生长，每亩用种 18 万～ 20 万粒。也可采用地膜覆盖育苗，要及时破膜放苗。

4. 移栽　三七育苗一年后移栽。一般在 12 月至翌年 1 月移栽，起苗后按根的大小或重量分级移栽，种植密度为株行距按（10cm×12cm）～（10cm×15cm），每亩种植 2.6 万～ 3.2 万株。幼苗移栽前，在畦面按上述行距开沟（深 3 ～ 5cm），施厩肥和草木灰，并拌入磷肥、饼肥等作基肥，将种苗芽头向上倾斜 20°栽下，盖土 3cm 左右，浇透水，盖草保湿。

四、田间管理

（一）补苗

若在移栽后出现死苗、弱苗，在阴天或傍晚应及时更换补苗。

（二）除草培土

三七是浅根性植物，早春苗齐后，就及时清除园内杂草，不能中耕松土。除草时发现三七根茎及芽苞外露时，要及时覆上细土，并适当镇压。

（三）追肥

除施足基肥外，每年追肥两次。第一次在展叶期为 4 ～ 5 月，追肥时间在人工浇水 2 ～ 3 天后的早晨进行，每亩用农家肥 1500kg、硫酸钾 10kg，撒施于床面。第二次在 7 ～ 8 月，追肥的方法和数量同第一次，必要时还需进行根外追肥。三年生三七的留种田，在 9 ～ 10 月三七绿果期进行第三次追肥，此次施肥的技术要求及肥料种类、用量均与前两次相同。

（四）调节园内透光度

透光度是栽培过程中三七生态因子中的主要制约因子。三七在不同的生长发育时期要求的光照强度不同，一年生小苗极不耐强光，而三至四年生三七的抗光力增强。5 ～ 9 月温度较高，阳光较强，透光度应控制在 30% 以内，以 12% ～ 17% 为最佳；其他季节可根据气温适当增加透光度，如早春可调到 50% 以上。

（五）摘蕾

无须留种的田块，于 7 月中旬，当花序柄长至 3 ～ 5cm 左右时，将整个花序摘除，摘蕾可使产量提高 20% 以上。而留种田则要在开花初期进行疏花，促进籽粒饱满。

（六）冬季清园

每年 12 月，植株叶片逐渐变黄，出现枯萎时，就要将地上茎叶剪除，园内外杂草除净，集中到园外深埋或烧毁，露出的根要及时培土。清园后再用杀虫、杀菌剂进行全面消毒。

五、病虫害及其防治

（一）病害及其防治

1. 立枯病 *Rhizoctonia solani* Kuhn　多在 3 ～ 4 月低温多雨时危害严重，5 月以后温度升高，

发病减少。主要危害幼苗，通常在茎基部距土表 3 ～ 6cm 处发病，感病部位组织软化，茎基部出现黄褐色凹陷状病斑，长条形。防治方法：①合理轮作，轮作年限不低于 8 年；②发现病株及时拔除，用 5% 石灰水或硫酸铜浇灌病区；③发病时用 70% 甲基托布津 500 倍液喷雾，每 7 天 1 次，连续 2 ～ 3 次。

2. 根腐病 *Fusarium scirpi* Lab. et Fautr 一年四季均可发生，6 ～ 8 月发病严重。发病症状表现有两种：一种是根茎处出现褐色水渍状病变，茎秆基部腐烂中空，可见白色菌脓，闻有臭味，俗称“绿臭”；另一种在根部末端受害，呈黄色干腐，可见黄色纤维状或破麻袋片状的残留物，俗称“黄臭”。防治方法：①采用 8 年以上的轮作制度，可与玉米、烤烟等作物进行轮作；②拔出病株，用石灰消毒病穴；③发病时用 64% 杀毒矾 + 百菌清可湿性粉剂（1：1）300 ～ 500 倍液灌根。

3. 三七黑斑病 *Alternaria panax* Whetz 6 ～ 8 月高温多湿下发病严重，可危害三七植株的各个部位。受害后，出现灰褐色水渍状圆形病斑，之后腐烂脱落或干缩凹陷，可见黑色霉状物。防治方法：①用 58% 瑞毒霉锰锌和多抗霉素按 1：1 的比例配制成 500 倍液进行浸种 15 ～ 20 分钟，然后带药液播种、移栽；②增施钾肥和有机肥，不偏追施氮肥，不施用氨态氮肥；③发病期用 58% 瑞毒霉锰锌可湿性粉剂 500 倍液喷雾。

4. 三七圆斑病 *Mycocentrospora acerina*（Hartig）Deighto 6 月雨水多时发病严重。主要危害植株地上部，叶片受害时，初期产生黄色小点，很快扩展形成圆形褐色病斑，产生明显轮纹，病健交界处具黄色晕圈。防治方法：①合理施肥，增施钾肥，减少氮肥使用。②加强田间管理，及时调整荫棚内温湿度；③采用 70% 代森锰锌可湿性粉剂 500 倍液或 65% 代森锌可湿性粉剂 500 倍液喷雾，每隔 7 天 1 次，连续 2 ～ 3 次。

（二）虫害及其防治

1. 小地老虎 *Agrotis ypsilon* Rottemberg 4 月中旬～ 5 月中旬发生严重，常从地面咬断幼苗茎秆基部，或咬食茎叶造成折断或缺刻。防治方法：①在成虫期（4 ～ 5 月）用黑光灯诱杀；②发生期间，每天早上巡视七园，见有咬断或食伤植株，即在附近土里寻找捕杀；③用 90% 敌百虫 + 白糖、醋、白酒与切碎的白菜叶、甘蓝叶等拌匀制成毒饵，于日落后放于田间，$30g/10m^2$。

2. 蛞蝓 *Agriolimax* sp. 每年约发生 3 ～ 4 代，阴雨天危害严重，昼伏夜出。主要为害植株地上各部。出苗后，食害幼嫩茎叶，轻则茎秆被食害成疤痕，叶子成孔洞或残缺不全，重则幼苗被咬断吃光。防治方法：①结合冬春管理，用 1：2：200 波尔多液均匀喷洒地表 2 ～ 3 次，并在种植地周围撒施石灰粉；②发生时喷洒 20 倍茶枯液，或用蔬菜叶于傍晚撒在七园中，次日晨收集蛞蝓集中杀灭。

六、采收加工

（一）采收

三七移栽后 3 ～ 4 年采收，挖取根部，去净泥土。本品以夏秋采者，充实饱满品质较佳，称为“春七”。冬采者形瘦皱缩，质量较差，称为“冬三七”，也叫“冬七”。

（二）产地加工

1. 清洗 三七挖出后摘去茎叶、须根，留下根茎（称羊肠头）和块根，先用水雾润湿，后用高压水枪快速清洗，不宜长时间浸泡；或用专用清洗机清洗，出水后按个头大小分成大、中、小三级，分别放在竹席或水泥晒场上摊开曝晒或用烘干机烘干。

2. 修剪　经第一道工序处理的三七，在阳光下摊开曝晒 1 ～ 2 天，待根茎、侧根变软后，可用剪刀把他们从块根上分别剪下，为了保证主根的质量，剪除时机和方法十分重要。干燥的主根称为“七头”，较粗的支根单独入药为“筋条”，其根茎为“剪口”，最细的须根称为“绒根”。

3. 晒揉　已剪除根茎、侧根的三七块根晒至五成干时（手捏块根已软），便分次装入麻袋中，摊在平滑的木板或地面上，用手压住麻袋，来回揉搓，逐渐把外层粗皮（泥皮）去净以后，每晒一天揉搓一次，直至干透为止。

七、药材质量要求

三七以个大、体重、质坚、表面光滑、断面灰绿色或黄绿色为佳。干品总灰分不得过 6.0%，酸不溶性灰分不得过 3.0%，水分不得过 14.0%，人参皂苷 Rb1、人参皂苷 Rg1、三七皂苷 R1 的总量不得少于 5.0%。

当　归

当归 *Angelica sinensis*（Oliv.）Diels 为伞形科当归属植物，以干燥根药用，药材名当归，为常用药材之一。其味甘、辛，性温；具有补血活血、调经止痛、润肠通便等功效；用于血虚萎黄、眩晕心悸、月经不调、经闭痛经、虚寒腹痛、风湿痹痛、跌仆损伤、痈疽疮疡、肠燥便秘等症。当归根中含有挥发油、有机酸、香豆素、氨基酸、多糖等多种活性成分，具有抗血栓、抗凝血、抗炎镇痛、抗肿瘤、保肝利胆及增强免疫等药理作用。

一、植物形态特征

多年生草本，株高 0.4 ～ 1m。根圆柱状，分枝，有多数肉质须根，黄棕色，有浓郁香气。茎直立，有纵深沟纹。叶三出式二至三回羽状分裂。复伞形花序；花白色，雄蕊 5 枚；子房下位，2 室。双悬果椭圆至卵形，每分果有 5 条棱，侧棱成宽而薄的翅，每棱槽内 1 个油管，合生面 2 个油管。花期 6 ～ 7 月，果期 7 ～ 9 月。

二、生物学特性

（一）分布与产地

当归野生资源主要分布于甘肃岷县、宕昌、漳县、舟曲等地的高山丛林。商品主要来自栽培，主产于甘肃、云南、四川、陕西、贵州、湖北等地，尤以甘肃岷县栽培历史悠久，产量大、质量佳。

（二）对环境的适应性

1. 对温度的适应　当归耐寒，喜冷凉气候，生长最适温度为 20 ～ 24℃，3℃以下植株生理活动微弱，生长缓慢。最适春化温度为 0 ～ 5℃。

2. 对光照的适应　当归幼苗期喜阴，忌阳光直射，荫蔽度以 80% ～ 90% 为宜。成株喜光，光照不足不利于光合作用，影响产量。

3. 对水分的适应 当归抗旱、抗涝能力均较弱，土壤含水量 25% 时最利于生长，高于 40%，会因积水导致根系腐烂，低于 13%，会出现旱情，不利于生长。

4. 对土壤的适应 当归对土壤要求不严格，但以土层深厚、疏散肥沃、富含有机质、微酸性或中性的砂壤土、腐殖质土为好。忌连作。低洼积水或易板结的黏土、贫瘠土壤不宜种植。

（三）生长发育习性

当归种子较小，千粒重 1.2 ～ 2.2g（平均 1.8g）。6℃左右可萌发，20 ～ 25℃萌发最快，大于 35℃不能萌发。播种后 4 天即可发芽，15 天内出苗。当年种子发芽率约 60% ～ 80%，贮存 1 年后发芽率严重降低。从播种到采收一般需 3 年，生产上分为育苗期（第一年）、移栽成药期（第二年）和留种期（第三年）3 个时期。第一、二年为营养生长阶段，不抽薹，4 月上旬根系出现第一个生长峰，主要是伸长生长和形成侧根，8 月下旬根系体积膨大，干物质积累加快；地上部分 6 月中旬开始迅速生长，8 月中下旬开始下降，9 月下旬～ 10 月中旬生长停止，茎叶枯萎脱落。第三年转入生殖生长，当归属低温长日照类型植物，营养生长转向生殖生长需经过低温春化和大于 12 小时的日照阶段。一般 5 月下旬抽薹，6 月上旬开花，花期 1 个月左右，花落 7 ～ 10 天后出现果实，花序弯曲时种子成熟。

三、栽培技术

（一）品种类型

当归根据产地主要分秦归和云归两种，秦归主产于甘肃南部，云归主产于云南西部。从甘肃省地产当归中系统选育出的栽培品种“岷归 1 号”“岷归 2 号”具有产量高、品质优、抗逆性强等优点。此外，通过系统选育、重离子辐射生物育种等方法还选育出了岷归 3 号、岷归 4 号、岷归 5 号、岷归 6 号等新品种。

（二）选地与整地

1. 育苗地 宜选择阴凉湿润的生荒地或熟地，以疏松肥沃、结构良好、微酸性或中性的砂质壤土、黑土为宜。忌重茬。4 ～ 5 月耕翻，施足底肥，整平，做宽 1.0m、高 20cm 的畦面。

2. 栽植地 宜选择土层深厚、肥沃疏松、有机质含量较高、排水良好的地块。忌连作。结合深耕施入基肥，每亩施农家肥 5000kg、油渣 50 ～ 100kg，配合施入氮、磷等复合肥。秋季深耕 30cm 左右，耙细，整平，做宽 1.2m、高 25 ～ 30cm 畦面，畦间距 30 ～ 40cm。

（三）繁殖方法

采用种子繁殖。

1. 播种育苗

（1）采种及种子处理 以播种后第三年开花结实的种子作种。种子成熟前呈粉白色时采收，悬挂于室内通风干燥无烟处晾晒，充分干燥后脱粒备用。播种前 3 ～ 4 天先用温水浸种 24 小时，之后保湿催芽，种子露白时即可播种。

（2）播种 播种时间可根据产地自然条件而定。一般苗龄控制在 110 ～ 120 天以内，单根重控制在 0.4g 左右为宜。甘肃产区多在 6 月上、中旬，云南在 6 月中、下旬播种。撒播或条播。撒播将种子均匀撒入整平的畦面；条播在整好的畦面上按行距 15 ～ 20cm 横畦开沟，沟深

3～5cm，将种子均匀撒入沟内。播后覆土，整平畦面，盖草保湿遮光。播种量甘肃产区5kg左右/亩，云南产区7～10kg左右/亩。

（3）育苗　一般播种后10天左右出苗。待种子出苗后，选择阴天挑松盖草，并搭好控光棚架。小苗出土后，揭去盖草，搭在棚架上遮阴。苗期一般不追肥，注意适时除草、间苗。

（4）起苗贮藏　一般在10月上、中旬，气温降到5℃左右，地上叶片枯萎后起苗。挖出小苗抖去多余泥土，摘除残留叶片，保留1cm的叶柄。去除病、残、烂苗后，捆成小把（每把50～100株），置于阴凉、通风、干燥处，使其自然散失水分。待叶柄萎缩，根体变软（根组织含水量60%～65%），可贮藏待栽。室内堆藏或室外窖藏。

2. 移栽定植　次年3月下旬至4月上旬，选择根条顺直，叉根少，完好无病的种苗进行移栽。穴栽或沟栽。穴栽：在整好的畦面上，按株行距30×40cm交错开穴，穴深10～15cm，每穴栽大小均匀的2株，盖土没过种苗根茎2～3cm。沟栽：在整好的畦面上横向开沟，沟距40cm，深15cm，按3～5cm的株距将种苗按大、中、小相间摆于沟内，芽头距地面2cm，盖土2～3cm。移栽后，在地头或畦边栽植一些备用苗，以备缺苗补栽。

四、田间管理

（一）中耕除草

每年苗出齐后进行三次中耕除草。第一次在出苗初期，苗高5cm左右时进行，要早锄浅锄；苗高15cm左右时进行第二次除草，要稍深一些；第三次在苗高25cm左右时进行，中耕要深，并结合培土。封行后停止中耕，大草用手拔除。

（二）追肥

当归整个生长期需肥量较多，除施足底肥外，还应及时追肥。5月下旬茎叶生长盛期前以饼肥、熏肥和氮肥为主，促进地上部茎叶生长；7月中、下旬根增长期前以厩肥和磷钾肥为主，促进根系生长发育，获得高产。

（三）灌溉、排水

当归苗期需要湿润条件，干旱、降雨不足时应及时浇水。雨水较多时则要注意疏沟排水，尤其是生长后期，田间积水会引起根腐病，造成烂根。

（四）拔除早薹植株

早期抽薹严重影响药材产量和质量，是当归栽培中需要解决的关键问题。早期抽薹的植株，根部逐渐木质化，失去药用价值，但生命力强，生长快，消耗水肥，影响其他正常植株生长，应及时拔除。

五、病虫害及其防治

（一）病害及其防治

1. 根腐病 *Fusarium* sp.　5月初发病，6月危害严重。受害植株根部组织初呈褐色，而后腐烂呈黑色水渍状，随后变黄脱落，主根呈锈黄色腐烂，最后仅剩下纤维状物，地上部分枯黄死亡。防治方法：①与禾本科作物轮作；②雨后及时排除积水；③选用健壮无病种苗，用65%可湿性代森锌600倍液浸种苗10分钟，晾干后栽种；④发病初期及时拔除病株，并用石灰消毒病穴；⑤用50%多菌灵1000倍液全面浇灌病区。

2. 褐斑病 *Septoria* sp.　5月下旬发病，7～8月严重，直至10月。危害叶片，发病初期叶面上产生褐色斑点，病斑逐渐扩大，外围有褪绿晕圈，边缘呈红褐色，中心灰白色，后期出现小黑点，严重时全株枯死。防治方法：①冬季清园，彻底烧毁病残株，减少病菌来源；②发病初期及时摘除病叶，并喷1：1：（120～150）的波尔多液防治，每7～10天1次，连续2～3次。

3. 白粉病 *Erysiphe* sp.　叶、花、茎秆均受害，主要发生于叶片。发病初期叶面出现灰白色粉状病斑，之后不断蔓延至全叶布满白粉，逐渐枯死。防治方法：①及时拔除病株，集中烧毁；②轮作；③发病初期，喷1000倍50%甲基托布津或500倍65%代森锌防治，每10天1次，连续3～4次。

4. 菌核病 *Sclerotinia* sp.　7～8月危害较重。主要危害叶片和根，发病初期叶片变黄，后期整个植株萎蔫，叶柄组织腐烂破裂，根部组织腐烂形成空腔。防治方法：①与谷类作物轮作；②移栽前用0.05%代森铵浸泡种苗10分钟进行消毒，或移栽时穴内施石灰、草木灰；③发病前15天开始喷1000倍50%甲基托布津，每10天1次，连续3～4次；④秋收后清园，彻底清除发病植株和土壤中的菌核。

5. 麻口病 *Fusarium* sp.　主要危害根部，发病后根表皮出现黄褐色纵裂，形成伤斑，内部组织呈海绵状、木质化。防治方法：①选择生荒地、黑土地或地下害虫较少的地块种植；②合理轮作，深耕；③每亩用40%多菌灵胶悬剂250g或托布津600g加水150kg灌根，每株灌稀释液50g，5月上旬和6月中旬各灌1次。

（二）虫害及其防治

1. 小地老虎 *Agrotis ypsilon* Rottemberg　4～6月发生，咬断根茎，造成缺苗。防治方法：①改善田间排水条件，清除杂草，减少过渡寄主；②用50%辛硫磷乳油1000倍液、2.5%溴氰菊酯1000倍液施在幼苗上或根际处。

2. 蛴螬 *Gryllotalpa unispina* Saussure　主要危害根部，咬断根茎，造成缺苗。防治方法：①冬季深翻土地，清除杂草，消灭越冬虫卵；②用50%辛硫磷乳油或25%辛硫磷缓释剂0.1kg/亩，兑水1.5kg，拌细土或细沙15kg撒施后翻地；③用90%敌百虫1000～1500倍液浇灌根部。

3. 金针虫 *Pleonomus canaliculatus* Fald.（沟金针虫）、*Elateridae* sp.（细胸金针虫）　春秋两季为危害高峰，春季最为严重。咬食根部，导致植株枯萎。防治方法：①每50kg种子用75%辛硫磷乳油50g拌种；②以豆饼、花生饼或芝麻饼作诱料，粉碎、炒香后添加适量水分，按50：1的比例拌入60%的西维因粉剂，与种子混播或在害虫活动区诱杀。

六、采收加工

（一）采收

移栽当年（秋季直播在第二年）10月下旬，地上部分枯萎后即可采收。采收前先割去地上部分，留叶柄3～5cm，阳光下曝晒3～5天，加快根部成熟。挖起全根，抖落泥土，运回加工。

（二）产地加工

1. 晾晒　采挖的当归运回后，勿堆置，置于通风处晾晒，至根条失水变软、残留叶柄干缩。

2. 扎捆　晾晒好的当归，理顺侧根，切除残留叶柄，除去残留泥土，扎成小把，每把鲜重0.5kg 左右。扎把时，用藤条或树皮从头至尾缠绕数圈，成一圆锥体。扎好后放入烤筐，即可上棚熏烤。

3. 熏干　传统干燥方法主要采用烟火熏烤。在设有多层棚架的烤房内，将烤筐摆放在烤架上进行熏烤。熏烤以暗火为好，忌用明火，慢火徐徐加热，室内温度控制在 50 ～ 60℃。定期停火降温回潮，并上下翻动，使其干燥均一。熏烤 10 ～ 15 天后，待根内外干燥一致，折断时有清脆声，表面赤红色，断面乳白色即可。

七、药材质量要求

以主根粗长、油润、无虫霉、外皮黄棕色、断面黄白色、气味浓郁者为佳。干品水分含量不得过 15.0%，总灰分不得过 7.0%，酸不溶性灰分不得过 2.0%，挥发油含量不得少于 0.4%（mL/g），阿魏酸含量不得少于 0.050%。

地　黄

地黄 *Rehmannia glutinosa*（Gaertn.）Libosch. 为玄参科地黄属多年生草本植物，以干燥块茎入药，药材名地黄。根据加工方法的不同，药材有鲜地黄、生地黄、熟地黄之分。生地黄味甘，性寒，归心、肝、肾经，具清热凉血、养阴、生津功效；熟地黄味甘，性微温，归肝、肾经，具滋阴补血、补精填髓作用；鲜地黄味甘、苦，性寒，归心、肝、肾经，具清热生津、止血、凉血之功效。根茎含多种苷类成分，其中以环烯醚萜苷类为主，环烯醚萜苷类成分为主要活性成分，也是使地黄变黑的成分。

一、植物形态特征

多年生草本。株高 25 ～ 40cm，全株密被灰白色长柔毛。根茎肥大，呈块状，茎直立。基生叶丛生，叶片倒卵形或长椭圆形，先端钝，基部渐狭下延成长叶柄；花成稀疏的总状花序，顶生；紫红色或淡紫红色，二唇状；雄蕊 4，二强，着生于花冠筒的基部；子房上位。蒴果卵圆形，外为宿存花萼所包。

二、生物学特性

（一）分布与产地

目前地黄药材来自栽培，野生地黄一般不作药用，主产于河南、山东、山西，以河南省温县、武陟等地“古怀庆府”栽培历史最长，产量高，质量佳，故有“怀地黄”之称。

（二）对环境的适应性

属于喜光植物，当土温在 11 ～ 13℃，出苗要 30 ～ 45 天，25 ～ 28℃最适宜萌发温度，此时若土壤水分适合，10 ～ 20 天出土；8℃以下根茎不能萌芽。地黄喜温和气候和阳光充足的环境，但地黄有“三怕”，即怕旱、怕涝和怕病虫害。在土层深厚，疏松肥沃排水良好的砂质土壤，酸碱度以微碱的土壤环境为最佳。黏性大的红壤、黄壤或水稻土不宜种植地黄。

（三）生长发育习性

地黄生育期为 140 ～ 160 天。其根茎萌蘖力强，但与芽眼分布有关。根茎的生长比叶的生长约迟 45 天。生长发育分为 4 个阶段：幼苗生长期、抽薹开花期、丛叶繁茂期、枯萎采收期。

1. 幼苗生长期　块茎种植后，其芽眼萌动适宜温度为 25 ～ 28℃，约 15 天出苗，如温度在 8℃以下，则块茎不能萌芽，且易腐烂，因此在早春地温超过 10℃时方可下种。

2. 抽薹开花期　出苗后 20 天左右抽薹开花。开花的早晚、数量与品种、种栽部位和气候等相关。

3. 丛叶繁茂期　7 ～ 8 月地上部生长最旺盛。此时，地下块茎也迅速伸长，是增产的关键时期。当地温 15 ～ 17℃时，块茎迅速膨大，此时若土壤水分过大，不利于块茎膨大，且易造成块茎腐烂。土壤最适含水量为 25% ～ 30%。

4. 枯萎收获期　9 月下旬，生长速度放慢，地上部出现“炼顶”现象，即地上心部叶片开始枯死，叶片中的营养物质逐渐转移至块茎中。10 月上旬生长停滞，即为采收期。

三、栽培技术

（一）品种类型

我国地黄属植物有 6 个种，只有 1 种供药用，并有 2 个栽培变种，即怀庆地黄和苋桥地黄。目前大面积栽培的是怀庆地黄，主要品种有北京系列 1 号、2 号、3 号，金状元，及怀中 1 号等 20 多个。

（二）选地与整地

地黄宜在土层深厚、土质疏松、腐殖质多、地势干燥、能排能灌的中性和微酸性壤土或砂质壤土中生长，黏土中则生长不良。不宜连作。地黄一般应经 6 ～ 8 年轮作后，才能再行种植。前茬以小麦、玉米为好。油菜、花生、棉花和瓜类等不宜作地黄的前茬作物，否则易发生红蜘蛛或感染线虫病。

地选好后，于秋季深耕 30cm，结合深耕施入腐熟有机肥料 4000kg/ 亩，次年 3 月下旬亩施饼肥约 150kg。灌水后（视土壤水分含量酌情灌水）浅耕（约 15cm），并耙细整平做成畦，畦宽 120cm，畦高 15cm，畦间距 30cm，由于地黄生长对水分要求严格，故在整地时要求设畦沟、腰沟、田头沟三沟相连并与总排水沟相连，保证排水、灌水畅通。

（三）繁殖方法

块茎繁殖是生产中的主要繁殖方法。种子繁殖主要用于复壮，防止品种退化。

1. 块茎繁殖　选择健壮，外皮新鲜，没有黑斑，无虫眼的块茎作种栽，将其掰成 2 ～ 3cm 的小段，每段至少有 2 ～ 3 个芽眼。种栽太小或太大均不适用，太小，虽然发芽出土快，但幼苗不茁壮，产量不高；太大，用种量大，容易腐烂而缺株。也不宜选择生长在土表下 1 寸左右的根茎（俗称串皮根）留种，因用其作种栽容易发生退化。地黄多春栽，早地黄（或春地黄）河南产区 4 月上旬栽植，晚地黄（或麦茬地黄）于 5 月下旬至 6 月上旬栽植。适当密植能够增产，一般以 6000 ～ 7000 株 / 亩较好，但不同品种间有差异。

2. 种子繁殖　是在田间选择高产优质的单株，收集种子播在盆里或苗地里，先育一年苗，次年再选取大而健壮的块茎移到地里继续繁殖，第三年选择产量高而稳定的块茎繁殖，如此连续数年去劣存优。

四、田间管理

（一）间苗、补苗

当苗高 3 ～ 4cm，即 2 ～ 3 片叶时，要及时间苗。间苗时去劣留优，每穴留 1 株壮苗。发现缺苗及时补苗。补苗最好选阴雨天进行。补苗要尽量多带原土，补苗后要及时浇水，以利幼苗成活。

（二）中耕除草

在植株封垄前应经常松土除草。幼苗期浅松土两次。第一次结合间苗进行，注意不要松动块茎处；第二次在苗高 6 ～ 9cm 时进行，可稍深些。

（三）摘蕾、去“串皮根”和打底叶

为减少开花结实消耗养分，促进块茎生长，当植株孕蕾开花时，应结合除草及时将花蕾摘除，且对沿地表生长的“串皮根”及时除去，集中养分供块茎生长。8 月当底叶变黄时也要及时摘除黄叶。

（四）灌溉排水

地黄生长发育前期，生长较快，需水较多，应视地情浇水 1 ～ 2 次，但注意不要在发芽出土时浇水，否则易回苗，影响生长。进入伏天后正常年景下不应再浇水，若必须浇水，应掌握“三浇三不浇”原则，即久旱不雨浇水，施肥后浇水，夏季暴雨后浇井水一次，天不旱不浇水，正午不浇水，天阴欲雨不浇水。叶片中午萎蔫，晚上仍不能直立要浇水，否则不浇水。入伏后 7 ～ 8 月地下块茎进入迅速膨大期，此时土壤水分不应过大，雨后要及时排除田间积水，防止诱发各种病害。

（五）追肥

采用“少量多次的追肥方法”，分为叶面追肥和根际追肥。

1. 叶面追肥　在 5 片真叶以后叶面连续喷施 150 倍尿素水溶液 3 ～ 4 天，间隔 7 ～ 10 天。

2. 根际追肥　在生产中视苗情可追肥 3 次，但以 15 片真叶时最为关键，一般追施尿素 40kg/ 亩，过磷酸钙 20kg/ 亩，硫酸钾 40kg/ 亩。

五、病虫害及其防治

（一）病害及其防治

1. 斑枯病 *Septoria digitalis* Pass　是地黄的毁灭性病害，6 月中旬初发，7 月下旬进入第一个

发病高峰期，进入9月随气温降低，形成第二个发病高峰，持续到10月上中旬。如遇连阴雨天气骤晴病害蔓延更快。基部叶片先发病，初为淡黄褐色，圆形、方形或不规则形，无轮纹，后期暗灰色，上生细小黑点，病斑连片时，导致叶缘上卷，叶片焦枯。防治方法：①收获后，收集病叶，集中掩埋或烧毁；②加强水肥管理，避免大水漫灌，雨季及时排水，降低田间湿度；③增施磷钾肥，提高植株抗病能力；④在发病初期，先用80%比克600倍液喷洒，然后酌情选用50%多菌灵600倍或70%甲基托布津可湿性粉剂800倍液，间隔10日左右喷1次。

2. 枯萎病 ***Fusrrium solani*** **(mart.) App.et Wollenw** 包括根腐病和疫病两种类型。根腐病表现为地上部叶片萎蔫，地下部的茎基、须根和根茎变褐腐烂。疫病发生初期，病株基部叶片先从叶缘形成半圆形、水渍状病斑，后病斑愈合，蔓延至叶柄和茎基，导致整株萎蔫。防治方法：①起埂种植，埂高20～30cm；②严格控制土壤湿度，特别是在6～8月，严禁大水漫灌和中午浇水，开挖排水沟，防止雨季田间积水；③播种时用奇多念生物肥，每株0.25g撒施；④苗期发病前用2%农抗120水剂200倍液淋灌；⑤播种时用10%多毒水剂6kg/亩或50%福美双可湿性粉剂6kg/亩处理土壤；⑥6月开始，发现病株及时用50%敌克松500倍液或5%菌毒清400倍液加50%多菌灵500倍液喷淋2～3次，间隔7～10日喷淋1次。

3. 病毒病 一般在6月初发病，发病时部分或整株叶片上出现黄白色或黄色斑驳，常呈多角形或不规则形，叶片皱缩。防治方法：种植脱毒种苗，每2年更换1次。

此外，常见病害还有黄斑病、轮斑病、细菌性腐烂病、线虫病等。

（二）虫害及其防治

1. 小地老虎 ***Agrotis ypsilon*** **Rottemberg** 幼虫多在心叶处取食，在苗期危害严重，常造成缺苗断垄。防治方法：参阅人参地老虎防治。

2. 甜菜夜蛾 ***Spodoptera exigua*** **Hubner** 常将叶片咬成空洞状，严重时，仅剩下叶脉。防治方法：采用黑光灯诱杀成虫。各代成虫盛发期用杨树枝扎把诱蛾，消灭成虫；及时清除杂草，人工捕杀幼虫；在低龄幼虫发生期，可轮换使用10%除尽、20%米螨等农药喷洒。

除上述害虫外，还有牡荆肿爪跳甲、红蜘蛛、拟豹纹蛱蝶幼虫、棉铃虫和负蝗等。

六、采收加工

（一）采收

10月底当叶逐渐枯黄时即可采收。采收时先割去植株地上部分，在地边开沟，深30cm左右，然后顺沟逐行挖掘。从田中刨出后，去净表面附着的泥土杂物，按大小分别挑选分堆，以便上焙加工。鲜地黄不宜长时间存放，应及时加工。

（二）产地加工

干燥加工方法有烘干和晒干两种。

1. 烘干 将挑选好的鲜地黄，一、二级货装到母焙中，其余三、四、五级货堆放于子焙上，其厚度约45cm。装焙完成后，掌握火候是焙地黄的关键技术，50～60℃为宜，火候要稳定，切忌火候忽大忽小。初焙1天或1.5天时翻焙1次，以后每日翻焙1次到2次，随翻焙随拣出成货（表里柔软者），一般一焙需6～7天。焙好的生地下焙后，堆闷发汗3～4天，使表里干湿一致，再焙3～4小时，火候50℃为宜，下焙。将焙好的地黄再用文火焙2～3小时，火候60℃，全身发软时，取出，趁热搓成圆形，即为圆货生地。

2. 晒干　将采挖的块茎去净泥土后，直接在太阳下晾晒，晒一段时间后堆闷几日，然后再晒，一直晒到质地柔软、干燥为止。由于秋冬阳光弱，干燥慢，不仅费工，而且产品油性小。

七、药材质量要求

鲜地黄呈纺锤形，表面浅红黄色，肉质，易断，断面皮部淡黄白色，可见橘红色油点。

生地黄多呈不规则的团块状或长圆形，表面棕黑色或棕灰色，极皱缩，具不规则的横曲纹，体重质较软而韧，不易折断，断面棕黄色至黑色或乌黑色，有光泽，具黏性。以肥大、体重、断面乌黑油润者为佳。生地干品水分含量不得过15.0%，总灰分不得过8.0%，酸不溶性灰分不得过3.0%，水溶性浸出物含量不得少于65%，梓醇含量不得少于0.20%，地黄苷D含量不得少于0.10%。

丹　参

丹参 *Salvia miltiorrhiza* Bge. 为唇形科鼠尾草属植物，以干燥根及根茎药用，为常用药材之一。其味苦，性微寒；具有祛瘀止痛、活血通经、清心除烦等功效；用于月经不调、经闭痛经、癥瘕积聚、胸腹刺痛、热痹疼痛、疮疡肿痛、心烦不眠、肝脾肿大、心绞痛等症。现代化学及药理研究证明，丹参含有多种活性成分，主要有两大类，一类为脂溶性二萜醌类成分，如丹参酮ⅡA、隐丹参酮、丹参酮Ⅰ等，有很强的抗肿瘤、抗炎及保护心肌的作用，另一类为水溶性酚酸类成分，如迷迭香酸、原儿茶酸、丹酚酸等，多具有抗氧化、保肝以及抑制中枢神经系统的作用。

一、植物形态特征

多年生草本，株高50～70cm。根圆柱形，表面暗棕红色。茎四棱形，中空。叶对生，羽状复叶。轮伞花序6至多花，组成顶生或腋生假总状花序；花冠蓝紫色，筒内有毛环，上唇镰刀形，下唇短于上唇；雄蕊2枚，着生下唇基部；子房上位，4深裂，柱头2裂。小坚果黑色，椭圆形。花期6～8月，果期8～10月。

二、生物学特性

（一）分布与产地

丹参适应性较强，全国大部分省区均有分布。常野生于林缘坡地、沟边草丛、路旁等阳光充足、空气湿度大、较为湿润的地方。现全国大部分地区均有栽培，主产于河南、山东、四川、江苏、安徽等地。

（二）对环境的适应性

1. 对温度的适应　丹参喜温暖气候，在年平均气温12.5～17.1℃地区均可种植。生长最适温度为20～25℃，温度高于32℃时，生长发育受阻，越冬期温度低于-15℃时会遭受冻害。

2. 对光照的适应　丹参喜光，生长期内要求年日照时数1700～1900小时，旺长期要求日照时数6～8小时，6～9月日照时数大于600小时最佳，如果此期光照偏多，易出现干旱，相反光照偏少，不利于光合产物形成，影响产量。

3. 对水分的适应 丹参耐旱，怕涝。要求年降水量650～880mm之间，空气相对湿度65%～75%，大于80%或小于60%对生长发育都有一定影响，播种期要求降水量20～25mm，才能保证正常出苗。旺盛生长期（6～8月）要求降水量大于350mm为宜，在夏天雨季要注意田间排水，以防水渍烂根。

4. 对土壤的适应 丹参对土壤条件要求不严格，中性、微酸、微碱均可生长。但以土层深厚、中等肥沃、排水良好的砂壤土为宜。忌连作，也不适于与豆科作物轮作。

（三）生长发育习性

丹参种子细小，千粒重1.64g。18～22℃播种约15天出苗，当年种子出苗率70%～80%，陈年种子发芽率极低。无性繁殖时，当地温达到15～17℃时，根开始萌发，根条上段比下段发芽生根早。植株年生长发育分为3个阶段：3～7月为地上茎叶生长旺季，植株开始起薹、陆续开花结果、茎分枝；8～11月为地下根系生长旺季，根系加速分枝、膨大，大部分根发育成肉质根；11月底至翌年3月初为越冬期，平均气温10℃以下时，地上部分开始枯萎，地下部分生长缓慢。7～8月若连续出现30℃以上高温天气时，地上部分茎叶枯死。

三、栽培技术

（一）品种类型

通过收集与纯化山东、河北两地丹参种质资源，筛选出了圆叶、狭叶、矮茎、高茎4个品系，并用统计学方法比较了其生物学性状和产量差异，发现矮茎丹参生产性状优于其他种质，圆叶丹参单果产籽率最高，高茎丹参易感染病害。单倍体育种、多倍体育种、辐射育种、太空育种等工作均有开展。有些良种已经通过地方品种审定。

（二）选地与整地

1. 育苗地 应选择地势较高、土层疏松、灌溉方便的地块。结合翻地，每亩施充分腐熟的厩肥或土杂肥1000kg、磷酸二铵10kg，整细耙平后做成高25cm、宽1.2m的畦，畦沟宽30cm，四周开好排水沟，以待播种。

2. 种植地 宜选择向阳、土层深厚、疏松、肥沃、地势较高、排水良好的砂质壤土地块，若在山地种植，则宜选向阳的低山坡，坡度不宜太大。前茬作物收获后，每亩施农家肥1500～2000kg，深翻30cm以上，耙细整平，做成宽80cm、高25cm的畦，畦沟宽25cm。四周开好排水沟。

（三）繁殖方法

可采用种子繁殖、分根繁殖、扦插繁殖和芦头繁殖。生产上多采用种子繁殖。

1. 种子繁殖 可直播或育苗移栽。

（1）采种及种子处理 6～7月上旬，当丹参果穗2/3变枯黄时，剪下果穗，捆扎成束，置通风处晾3～5天，脱粒，晾干。若不及时播种，可将种子置于阴凉、干燥处保存。

（2）种子直播 7～8月或翌年3月播种。条播或穴播。条播：在整好的种植地上开深2～3cm的沟，将种子均匀撒入沟内，覆土，播种量0.5kg/亩。穴播：在种植地上按行距

30 ～ 40cm、株距 20 ～ 30cm 挖穴，每穴播入 5 ～ 10 粒种子，覆土。如天气干燥，播种前浇透水再播，15 天左右即可出苗，苗高 7cm 左右时进行间苗。

（3）育苗　6 月底或 7 月初，种子收获后即可播种。将种子与 2 ～ 3 倍细土混匀，均匀地撒播于苗床上，用扫帚拍打使种子和土壤充分接触，覆盖稻草，浇透水。用种量 2.5 ～ 3.5kg/ 亩。播种后 15 天即可出苗。齐苗后揭去覆盖物，若幼苗瘦弱，每亩可追施尿素 5kg。并应及时除草。当苗高 6 ～ 10cm 时间苗，并按株距 5cm 左右定苗。

2. 分根繁殖　选择一年生健壮无病虫害的鲜根作种根，根粗 1 ～ 1.5cm。将种根切成 5 ～ 7cm 长的根段。在苗床上按行株距 25cm×20cm 开穴，穴深 7 ～ 9cm，每穴施入粪肥或土杂肥约 0.5kg，并与底土拌匀，然后将种根栽入穴内，每穴栽 1 ～ 2 段，覆土 2 ～ 3cm。栽后 60 天左右可出苗。

3. 芦头繁殖　选择无病虫害的健壮植株，留长 2 ～ 2.5cm 的芦头作种苗，按行株距 25cm×20cm 挖穴，穴深约 5cm，每穴栽入种苗 1 株，芦头向上，覆土以盖住芦头为度，浇水。栽后 20 天左右可生根发芽。

4. 扦插繁殖　南方于 4 ～ 5 月，北方于 7 ～ 8 月进行。选择无病虫害、生长健壮的枝条，切成长约 10cm 的小段，保留部分叶片。在畦面上按行株距 20cm×10cm 开沟，将插穗斜插入土中 1/2 ～ 1/3。插后保持畦面湿润，搭棚遮阴，20 天左右即可生根。当根长 3cm 左右时可移栽。

5. 移栽　于 10 月下旬～ 11 月上旬或翌春 3 月初进行。在整好的种植地上，按行株距（20 ～ 25）cm×（20 ～ 25）cm 开穴，穴深以种苗根能伸直为宜。若苗根过长，则剪掉一部分，保留 10cm 长即可。将种苗直立于穴中，培土、压实至微露心芽，栽后浇水。

四、田间管理

（一）中耕除草

移栽后，当苗高 10cm 时松土除草 1 次，6 月中旬杂草生长速度加快时除草 1 次，8 月下旬再进行 1 次。

（二）摘除花蕾

除留种田外，其余地块均应及时摘除花蕾，以促进根部生长。摘蕾时避免损伤茎叶。据报道，在其他栽培条件一致的情况下，摘除花蕾与不摘花蕾的相比，鲜根可增产 12.98%，干根可增产 20% ～ 22.2%。

（三）追肥

除施足基肥外，还需追肥 3 次。第一次在植株返青时，每亩施人畜粪水 1500kg，或尿素 5kg；第二次在摘除一次花序后，每亩施腐熟人粪尿 1000kg、饼肥 50kg；第三次在 6、7 月间施长根肥，每亩施浓粪尿 1500kg、过磷酸钙 20kg、氯化钾 10kg。追施以沟施或穴施为好，施后即覆土盖没肥料。

（四）灌溉、排水

5 ～ 7 月为植株生长盛期，需水量较大，如遇干旱，应及时灌溉，保持土壤湿润。丹参怕积水，故雨季应及时排除田间积水，以防烂根。

五、病虫害及其防治

(一)病害及其防治

1. 根腐病 *Fusarium* sp. 5～11月发生，6～7月危害严重。开始根系中个别根条或地下茎部分受害，继而扩展到整个根系。被害部分发生湿烂，外皮变黑色。防治方法：①实行水旱轮作；②采用高垄种植，防止积水，发现病株及时拔除；③发病时用50%托布津800倍液喷雾，7～10天1次，连续2～3次。

2. 菌核病 *Sclerotinia glaioli*(Messey)Drayton 5月上旬开始发病，6～7月发病严重。病菌首先侵害茎基部、芽头及根茎部，使这些部位逐渐腐烂，变成褐色，植株枯萎死亡。防治方法：发病初期用井冈霉素、多菌灵合剂喷雾，也可用50%利克菌1000倍液喷雾或浇注。

3. 叶斑病 *Cercospora* sp. 5月初到秋末发病。病株叶片上出现深褐色病斑，直径1～8mm，近圆形或不规则形，严重时可使叶片枯死。防治方法：注意开沟排水，降低田间湿度，摘除茎部发病老叶，以利通风，减少病源，发病前后喷1:1:150波尔多液。

(二)虫害及其防治

1. 蛴螬 *Anomala* sp.、小地老虎 *Agrotisy ypsilon* Rottemberg. 4～6月发生，咬食幼苗根部。防治方法：用50%辛硫磷乳剂1000～1500倍液或90%敌百虫1000倍液浇根。

2. 金针虫[*Pleonomus canaliculatus* Faldemann(沟金针虫)、*Melanotus caudex* Lewis(甘薯金针虫)、*Agriotes fusicollis* miwa(细胸金针虫)] 5～8月大量发生，使植株枯萎。防治方法：同蛴螬防治。

3. 银纹夜蛾 *Plusia agnaia* Staudinger 5～10月为害，尤以5～6月严重。该虫将植株叶片咬成孔洞状，严重时叶片被吃光，是丹参的主要虫害。防治方法：用90%晶体敌百虫1000倍液，或者25%二二三乳剂250倍液，或25%杀虫脒水剂300～350倍液喷雾。

六、采收加工

(一)采收

种植后一年或一年以上采收。10月下旬至11月上旬地上部分枯萎时，选晴天采用人工或机械采收。人工采收时先将地上茎叶割除，在畦的一端开一深沟，使参根露出，顺畦向前挖出完整的根条，防止挖断。抖去泥土，运回加工。

(二)产地加工

运回后，剪除残茎。可将直径0.8cm以上的根从母根处切下，顺条理齐，暴晒至七八成干时，扎成小把，再晒至全干，即成条丹参。如不分粗细，晒干去杂后称为统丹参。

七、药材质量要求

以长圆柱形、顺直、表面红棕色、外皮紧贴不易剥落、有纵皱纹、质硬而脆、易折断、断面坚实、略呈角质样、断面灰黄色或黄棕色、菊花纹理明显者为佳。干品水分含量不得过13.0%，总灰分不得过10.0%，酸不溶性灰分不得过3.0%，丹参酮ⅡA、隐丹参酮和丹参酮Ⅰ的总量不得少于 0.25%，丹酚酸 B 含量不得少于 3.0%。

白 术

白术 *Atractylodes macrocephala* Koidz. 为菊科苍术属草本植物，又称于术、冬术、山精、山连、山姜、山蓟等。以干燥根茎入药，药材名白术，为常用中药，有“北参南术”之誉。其味苦、甘，性温；有健脾益气、燥湿利水、止汗、安胎等功效；用于脾虚食少、腹胀泄泻、痰饮眩悸、水肿、自汗、胎动不安等证。白术含有挥发油、倍半萜内酯、多炔等化学成分，具有利尿、抗癌、抗胃溃疡、解痉等药理作用。

一、植物形态特征

多年生草本，高 30 ～ 80cm。根茎粗大肥厚，呈拳状或蛙腿状。茎直立，基部木质化。单叶互生。头状花序单生于枝端，直径 2 ～ 4cm；总苞片 7 ～ 8 层，基部叶状苞片 1 轮，羽状深裂，包围总苞；花多数，全为管状花；花冠紫色。瘦果长圆状椭圆形，被黄白色绒毛，顶端有冠毛残留的圆形痕迹。花期 9 ～ 10 月，果期 10 ～ 11 月。

二、生物学特性

（一）分布与产地

白术自然分布于浙江、安徽一带，野生资源已濒临绝迹，现多为栽培品，全国大部分地区均可栽培。主产于浙江、安徽、湖南、江西、湖北等地，江苏、福建、四川、贵州、河北、山东、陕西等地亦有栽培。浙江白术种植历史悠久、产量大，其中以磐安、新昌、东阳、天台、嵊州等地的产量高、质量佳，为著名的“浙八味”之一。湖南的种植历史虽然不长，但生产发展较快，产量较大。

（二）对环境的适应性

1. 对温度的适应　较耐寒，能忍受短期 -10℃的低温。植株地上部分生长适宜温度为 20 ～ 25℃，地下部分根茎生长适宜温度为 26 ～ 28℃。种子在 15℃以上时开始萌发，18 ～ 21℃为发芽适宜温度，出苗后能忍耐短期霜冻。生长期内，日平均气温在 30℃以下时，植株的生长速度随着气温升高而逐渐加快；气温在 30℃以上时，植株地上部分生长受到抑制。

2. 对光照的适应　喜光，但在 7 ～ 8 月高温季节适当遮阴，有利于植株生长。

3. 对水分的适应　喜湿，怕旱，怕涝。种子发芽需要较多的水分。一般情况下，吸水量达到种子质量的 3 ～ 4 倍时，才能萌动发芽。白术生长期间对水分的要求比较严格，土壤含水量在 30% ～ 50%，空气相对湿度为 75% ～ 80% 时，对生长有利。

4. 对土壤的适应　对土壤要求不太严格，在微酸、微碱砂壤土或黏壤土上都能生长，但不同产地白术质量有差异。

（三）生长发育习性

白术播种后第一年根茎生长缓慢，至枯苗时根茎小，称为种栽。一般栽培两年收获。一年内根茎生长可分为 3 个阶段：①自 5 月中旬孕蕾初期至 8 月上中旬摘蕾期间，为花蕾生长发育期，此时根茎发育较慢；② 8 月中下旬花蕾摘除后到 10 月中旬，根茎生长逐渐加快，平均每天增重达 6.4%，尤以 8 月下旬至 9 月下旬根茎增长最快，这段时期如昼夜温差大，更有利于营养物质的积累，促进根茎膨大；③ 10 月中旬以后根茎增长速度下降，12 月以后生长停止，进入休眠期。

三、栽培技术

（一）品种类型

由于白术人工栽培的历史较长，在一些老产区品种退化、变异现象较为严重。因此，选育优良品种、稳定药材质量是今后研究的主要方向之一。目前，生产上可利用的白术栽培类型有 7 个，其中大叶单叶型白术的株高、分枝数和花蕾数都低于其他类型，而单个根茎鲜重、一级品率均高于其他类型，农艺性状表现良好。

（二）选地与整地

育苗地在平原地区宜选择土质疏松、肥力中等、排水良好、通风凉爽的砂壤土。土壤过于肥沃则幼苗生长过旺，当年开花，影响种栽的质量；在山区一般选择土层较厚、排水良好、有一定坡度的砂壤土地块种植，有条件的地方最好选用新垦荒地。不宜选用砂土或黏土地。移栽种植地的选择与育苗地相同，但对土壤肥力要求较高。忌连作，种过的地须间隔 3 年以上才能再种。不能与白菜、玄参、花生、甘薯、烟草等轮作，前作以禾本科植物为宜。

（三）繁殖方法

采用种子繁殖，育苗移栽或春季直播。生产上多采用春季直播。

1. 选种采种　宜选择茎秆较矮、叶片大、分枝少、花蕾大、无病虫害的健壮植株作为留种株。11 月上中旬收集成熟的种子。采种要在晴天露水干后进行。雨天或露水未干采种，容易腐烂或生芽，影响种子品质。种子脱粒晒干后，扬去茸毛和瘪籽，置通风阴凉处贮藏备用。注意种子不能久晒，以免降低发芽率。隔年种子一般不用。

2. 种子处理　生产用种子应选择色泽发亮、籽粒饱满、大小均匀一致的种子。将选好的种子先用 25 ～ 30℃的温水浸泡 12 ～ 24 小时，再用 50% 多菌灵 500 倍液浸种 30 分钟，然后捞出放入湿布袋置室内，每天用温水冲淋 1 次，待胚根露白时即可播种。

3. 播种时间　播种期因各地气候条件不同而略有差异。南方以 3 月下旬至 4 月上旬为好，北方以 4 月下旬为宜。过早播种易遭晚霜为害，过迟播种则由于温度较高，适宜生长时间短，幼苗长势较差，夏季易遭受病虫及杂草危害，药材产量低。

4. 播种方法　有条播、穴播和撒播三种。

（1）条播　在整好的畦面上按行距 15 ～ 20cm 开沟，沟深 3 ～ 5cm，播幅 7 ～ 9cm，沟底要平，将种子均匀撒于沟内，上盖一层火土灰或草木灰以盖没种子为度，再施饼肥和过磷酸钙，覆土至畦平，稍加镇压。

（2）穴播　在畦面上按株距 5cm、行距 15 ～ 20cm 挖穴点播，穴深 3 ～ 5cm，每穴播种子 3 粒左右，覆盖草木灰或火土灰，施饼肥和过磷酸钙，再盖细土至畦平。

（3）撒播　将种子均匀撒于畦面，覆火土灰、饼肥，再盖细土，厚约 3cm，然后再盖草保湿。每亩用种子 5 ～ 8kg。

5. 苗期管理　播种后 10 ～ 15 天开始出苗，出苗后及时除去盖草，并松土、除草、间苗。当苗高 6 ～ 8cm 时，按株距 4 ～ 6cm 定苗。苗期一般追肥两次，第一次在幼苗长出 2 ～ 3 片真叶时，每亩施用腐熟的稀人畜粪水 1500kg；第二次在 7 月，每亩施用腐熟的人畜粪水 2000 ～ 2500kg。如遇天气干旱要及时浇水，并在行间盖草，以减少水分蒸发；雨季应及时疏沟排水，以防烂根。生长后期如出现抽薹，应及时剪去花蕾，以促进根茎生长。

四、田间管理

（一）中耕除草

一般要进行 3 ～ 4 次。第一次中耕除草，行间宜深锄，植株旁宜浅锄，以促进根系伸展，以后几次松土宜浅，以免伤根。中耕宜先深后浅，5 月中旬植株封行后只除草不中耕，杂草宜用手拔除。

（二）摘蕾

植株在 5 ～ 6 月开始现蕾，8 ～ 10 月开花，花期长达 4 ～ 5 个月。为了减少养分消耗，促使营养物质集中于根部，除留种植株外，应在现蕾开花前，选晴天分期分批摘除花蕾。一般在 7 月上中旬至 8 月上旬分 2 ～ 3 次摘完。一般摘蕾比不摘蕾的能增产 30% ～ 80%。

（三）追肥

除施足基肥外，还要追肥 3 次。第一次追肥在 4 月上旬幼苗基本出齐后进行，每亩施腐熟人畜粪水 750kg 左右；第二次在 5 月下旬至 6 月上旬，每亩再追施 1 次人畜粪水 1000 ～ 1250kg 或硫酸铵 10 ～ 12kg（尿素则减半）；第三次在 7 月中旬至 8 月中旬，此时是根茎增长最快的时期。

（四）灌溉、排水

白术耐旱怕涝，土壤湿度过大容易感病，田间积水易导致死苗。因此，雨季要及时清理畦沟，排水防涝。8 月以后根茎迅速膨大，需充足水分，若遇干旱要及时浇水，保持田间湿润，以免影响药材产量和质量。

五、病虫害及其防治

（一）病害及其防治

1. 立枯病 ***Rhizoctonia solani*** **Kuhn**　在早春低温阴雨条件下为害较重。连作时发病严重，病株率在 60% ～ 90%。防治方法：①与禾本科植物轮作 3 年以上；②选择砂壤土，避免病土育苗，在播种和移栽前每亩用 50% 多菌灵 1 ～ 2kg 进行土壤消毒；③播前用种子重量 0.5% 的多菌灵拌种，出苗后用 50% 代森锰锌或 50% 甲基托布津 600 ～ 800 倍液喷雾。

2. 斑枯病 ***Septoria atractylodis*** **Yu et Chen.**　4 月下旬开始发病，6 ～ 8 月为发病盛期，雨季发病严重，病株率可达 45% ～ 60%。防治方法：①收获后彻底清洁田园，集中处理病株或残株落叶；②播种前用 50% 甲基托布津 1000 倍液或 50% 代森锰锌 500 倍液浸泡种子 3 分钟；③发病初期用 1 : 1 : 200 波尔多液或 50% 多菌灵 600 倍液喷雾，10 天喷 1 次，连续 3 ～ 4 次。

3. 白绢病 *Sclerotium rolfsii* Sacc. 多在4月下旬发生，6～8月为发病盛期，高温多雨容易造成病害蔓延，病株率可达35%～60%。防治方法：①加强田间管理，合理密植，与禾本科植物轮作。②选用无病种栽，并用50%退菌特1000倍液浸栽3～5分钟，晾干后播种，栽植前每亩用25%瑞毒霉颗粒剂1.5kg处理土壤。③发现病株拔除并烧毁，并用石灰消毒病穴，用50%多菌灵或50%甲基托布津500～1000倍液浇灌病区。

4. 根腐病 *Fusarium oxysporum* Schl. 一般4月中下旬开始发病，6～8月为发病高峰期，8月以后逐渐减轻。防治方法：①合理轮作；选择地势高燥、排灌良好的砂壤土种植。②加强田间管理，中耕时不能伤根系。③发病初期用50%多菌灵或70%甲基托布津800倍液喷施1～2次。

5. 锈病 *Puccinia atractylodis* Syd. 主要危害叶片。一般5月上旬发病，5月下旬至6月下旬为发病盛期，多雨高湿病害易流行。防治方法：①雨季及时排水，降低湿度，减少发病。②发病初期用97%敌锈钠300倍液或65%代森锌500倍液喷施，7～10天喷1次，连续2～3次。

（二）虫害及其防治

1. 白术长管蚜 *Macrosiphum* sp. 3月始发，4～6月危害严重，6月以后气温升高、降雨多，术蚜数量则减少，至8月虫口又略有增加。防治方法：①铲除杂草，减少越冬虫害。②发生期可用40%乐果乳油1500倍液、10%吡虫啉1500倍液、3%啶虫脒1500倍液喷雾，7天喷1次，各限用1次。

2. 白术术籽虫 *Homoeosoma* sp. 8～11月发生严重。防治方法：①实行水旱轮作；选育抗虫品种。②成虫产卵前，白术初花期喷药保护，可喷50%敌敌畏800倍液或40%乐果1500～2000倍液，7～10天喷1次，连续3～4次。

六、采收加工

（一）采收

在定植当年的10月下旬至11月上旬，当植株茎叶转枯变褐色时即可收获。采收过早，干物质还未充分积累，根茎鲜嫩，产量低，品质差，折干率也低；过晚采收则新芽萌发，根茎营养物质被消耗，影响药材品质。选晴天将植株挖起，抖去泥土，及时运回加工。

（二）产地加工

干燥加工方法有晒干和烘干两种。晒干的称生晒术，烘干的称烘术。

1. 生晒术 将采收运回的鲜白术，抖净泥土，剪去茎叶、须根，必要时用水洗净，置日光下晒干，一般需15～20天，日晒过程中经常翻动，直至干透为止。

2. 烘术 烘干时，最初火力可猛些，温度掌握在100℃左右，待蒸汽上升，外皮发热时，将温度降至60～70℃，每烘2～3小时上下翻动1次，在八成干时将根茎在室内堆放发汗5～6天，使内部水分慢慢向外渗透，然后再烘5～6小时，又堆放发汗1周，最后烘干至翻动时发出清脆响声，表明已完全干燥。

七、药材质量要求

以个大、表面灰黄色、断面黄白色、有云头、质坚实、无空心者为佳。干品水分不得过15.0%；总灰分不得过5.0%；二氧化硫残留量不得过400mg/kg；醇溶性浸出物不得少于35.0%。

党　参

党参 *Codonopsis pilosula*（Franch.）Nannf. 为桔梗科党参属植物，以干燥根药用，药材名党参，为常用药材之一。其味甘，性平。具有健脾益肺、生津养血等功效。用于脾肺气虚，食少倦怠，咳嗽虚喘，气血不足，面色萎黄，心悸气短，津伤口渴，内热消渴等症。现代化学及药理研究证明，党参含有多糖、党参苷、甾体类（如 α–波甾醇、豆甾醇）、三萜类（如蒲公英萜醇）、生物碱（如党参碱、胆碱）、挥发油、苍术内酯类、烟酸、香草酸、阿魏酸等活性成分，具有调节血糖、改善造血功能、抗炎、抗氧化、抗肿瘤、保护肝肾、增强肠胃功能及免疫调节等药理作用。

一、植物形态特征

多年生缠绕草质藤本，具白色乳汁。根肉质肥大，呈纺锤状或纺锤状圆柱形，较少分枝或中部以下略有分枝，灰黄色，头部常具多数瘤状茎痕，上端有细密环纹，下部疏生横长皮孔。茎细长、缠绕。叶互生，常卵形。花单生于枝端或叶腋；花冠阔钟状，浅裂，淡黄绿色，内有紫斑；雄蕊5，子房半下位，3室。蒴果椭圆形，种子多数，细小，卵形，棕褐色，光滑无毛。花期7～8月，果期9～10月。

二、生物学特性

（一）分布与产地

党参分布较广，我国山西、陕西、甘肃、四川、云南、西藏、贵州、湖北、河南、内蒙古及东北等地均有分布，常野生于荒山灌木草丛、林缘、林下及山坡路边。全国大部分地区均有栽培，主产于山西、陕西、甘肃、四川等地。

（二）对环境的适应性

1. 对温度的适应　党参耐寒，喜冷凉湿润气候，8～30℃下能正常生长，-25℃条件下根可在土壤中安全越冬。生长最适温度为10～25℃，高于30℃时生长受到抑制，生长期持续高温易导致地上部分枯萎和发生病害。

2. 对光照的适应　党参幼苗喜阴，成株喜阳。幼苗期需光量为15%～20%，需适当遮阴。随着苗龄的增长对光照的要求逐渐增加，栽植第一年植株需光量为65%～80%，从第二年开始需光量为90%～100%。二年生以上植株需移植于阳光充足的地方才能生长良好，光照不足，影响产量。

3. 对水分的适应　党参在年降水量500～1200mm，平均相对湿度70%左右的条件下可正常生长。播种期和幼苗期需水量较多，缺水影响出苗率及幼苗成活率。定植后对水分要求不严格，高温季节应注意田间排水，防止水渍烂根。

4. 对土壤的适应 党参为深根性植物，喜肥，适宜生长在土层深厚、疏松肥沃、富含腐殖质、排水良好的中性或偏酸性（pH 值在 5.5 ～ 7.5 之间）砂质壤土中。黏土、低洼地、盐碱地不宜种植。忌连作，前茬以禾谷类作物为好。

（三）生长发育习性

党参种子细小，千粒重 0.283 ～ 0.312g。无休眠期，在温度 10℃左右，湿度适宜的条件下即可萌发，最适萌发温度为 18 ～ 20℃。当年种子发芽率 85% 以上，室温下储存一年后发芽率严重降低。从播种到种子成熟一般需 2 年，2 年以后每年开花结果。一般 3 月下旬～ 4 月上旬出苗，苗期生长缓慢；6 月中旬～ 10 月中旬为快速营养生长期；8 ～ 9 月为根系生长旺盛期；10 月中、下旬地上部分枯萎，进入休眠期。低海拔地区种植 8 ～ 10 月部分植株开花结果，高海拔地区一年生植株不能开花。

三、栽培技术

（一）品种类型

党参基原植物有党参、素花党参和川党参。其中，党参抗逆性强，生长快，产量高，是商品党参的主要来源，产于山西者商品称“潞党”，产于东北者称“东党”；素花党参生长缓慢，质量较好，抗逆性较强，主要分布于甘肃、陕西、青海及四川西北部，商品称“西党”，陕西凤县和甘肃两地产者称“凤党”；川党参生长较快，产量高，主要分布于湖北西部、湖南西北部、四川北部和东部接壤地区及贵州北部，因多呈条状，称“条党”。此外，还有“晶党”“纹党”等多种商品类型。

（二）选地与整地

1. 育苗地 宜选择疏松肥沃、靠近水源、排水良好的砂质壤土地块。每亩施入厩肥 1500 ～ 2500kg，结合整地翻入土中，耙细，整平，做平畦或高畦。

2. 种植地 除盐碱地、涝洼地外，生地、熟地、山地、梯田等均可种植。以土层深厚、疏松肥沃、排水良好的砂质壤土为佳。施足基肥，常用厩肥或堆肥，每亩 3000 ～ 4000kg，加过磷酸钙 30 ～ 50kg。施后深耕 25 ～ 30cm，耙细，整平，做畦，四周开好排水沟。

（三）繁殖方法

种子直播或育苗移栽。生产上多采用育苗移栽，具体方法如下。

1. 采种及种子处理 选择生长 2 ～ 3 年，健壮、无病虫害植株，于 9 ～ 10 月果实呈黄白色、种子变褐色时采收，除去杂质后阴干，低温（10℃以下）贮存，待播。

播种选用当年新种子，播前用 40 ～ 50℃温水浸种，边搅拌边放入种子，待水温降至手温停止，再浸 5 分钟，捞出，装入纱布袋，用清水洗数次，再置于 15 ～ 20℃室内沙堆中，每隔 3 ～ 4 小时用清水淋洗 1 次，1 周左右种子裂口即可播种。

2. 播种育苗 春播 3 ～ 4 月，秋播 9 ～ 10 月。将种子与细土拌合，条播或撒播。每亩用种量 1.5kg 左右。条播按行距 10cm 开沟，沟深 3 ～ 4cm，将种子均匀播于沟内；撒播将种子均匀撒在整好的畦面。播后覆细土，加盖一层玉米秆或草。幼苗出土后逐渐揭去覆盖物。苗高 5cm

时，结合松土按株距 30cm 分次间苗。

3. 移栽　春播苗于秋末或翌年早春移栽，秋播苗于翌年秋末移栽。在整好的畦面按行距 15 ～ 25cm 开沟，沟深 15 ～ 25cm，将种苗按株距 6 ～ 10cm 斜放于沟内，也可横卧摆栽，覆细土，浇透定根水，上盖细土保墒。

四、田间管理

（一）中耕除草

出苗后应勤除杂草，特别是早春和苗期除草要及时。除草常与松土结合进行，松土宜浅，以防损伤参根。封行后停止中耕，可用手拔除杂草。

（二）追肥

追肥分土壤追施和叶面喷施两种。春季萌芽前在行间开沟结合松土除草施入腐熟圈肥、绿肥和堆肥，生长季节在根部附近追施尿素、过磷酸钙、硫酸钾等。叶面追肥以微量元素和磷肥为主，花期可每亩叶面喷施磷酸铵稀溶液 5kg。

（三）灌溉、排水

移栽后及时灌水，保证出苗，防止干枯。出苗前和苗期要保持畦面湿润，成活后可不需灌水或少灌水。雨季及时排除积水，防止烂根。

（四）搭架

苗高约 30cm 左右时，用竹竿或树枝插入行间设立支架，使茎蔓顺架生长，以利通风透光，减少病虫害，提高植株抗病力，促进生长。

（五）疏花

植株开花较多，非留种及当年收获植株要及时疏花，以减少养分消耗，促进根部生长。

五、病虫害及其防治

（一）病害及其防治

1. 根腐病 *Fusarium* sp.　上年已感染的参根 5 月中下旬发病，6 ～ 7 月发病严重；急性型根腐一般 6 月中下旬发病，8 月为发病高峰。主要危害根部，从须根、侧根开始逐步蔓延到主根，受害部位出现暗褐色病斑，而后变黑腐烂，植株枯萎死亡。防治方法：①移栽前用 40% 多菌灵 500 倍液浸泡种苗 30 分钟，晾干后栽植；②雨季及时排水；③发病初期用 50% 托布津 2000 倍液喷洒或灌根部，每 7 ～ 10 天 1 次，连续 2 ～ 3 次；④及时拔除病株，用石灰消毒病穴；⑤实行轮作；⑥收获后清园，彻底销毁病残株。

2. 锈病 *Puccinia campanumoeae* Pat.　6 ～ 7 月发生严重。主要危害叶片，茎及花托等部位亦受害。初期发病部位出现橙黄色微略隆起的孢斑（夏孢子堆），后期破裂，散出橙黄色夏孢子，引起叶片早枯。防治方法：①发病初期喷 25% 粉锈宁 1000 ～ 1500 倍液或 90% 敌锈钠 400 倍液，每 7 ～ 10 天 1 次，连续 2 ～ 3 次；②收获后清园，彻底销毁病残株，减少病原菌。

3. 霜霉病 *Peronospora* sp.　8～9月发病严重。主要危害叶片，受害叶面出现不规则褐色病斑，叶背有灰色霉状物，严重时叶片变褐、枯死。防治方法：①清除病残株，集中烧毁；②发病初期用70%百菌清1000倍液喷雾，每7天1次，连续2～3次。

（二）虫害及其防治

1. 地上害虫　主要有蚜虫 *Aphis gossypii* Glov.、红蜘蛛 *Tetranychus telarius* L. 等危害植株叶片、嫩茎、花蕾及顶芽等部位。吸食汁液，使叶片变黄脱落，花果受害后萎缩、干瘪，植株生长不良甚至枯萎死亡。防治方法：①冬季彻底清园，消灭越冬虫源；②蚜虫防治可用灭蚜松乳剂1500倍液、红蜘蛛防治可用50%杀螟松1500倍液喷雾，每5～7天1次，连续数次。

2. 地下害虫　主要有蛴螬 *Anomala* sp.、蝼蛄 *Gryllotalpa* sp.、小地老虎 *Agrotis ypsilon* Rott. 等危害地下根、幼苗的茎及叶片。防治方法：①清除杂草和枯枝落叶，消灭越冬幼虫及蛹；②用50%锌硫磷乳油700～1000倍液浇灌根际周围；③防治小地老虎可用50%甲胺磷乳剂1000倍液拌土或沙撒施；④防治蝼蛄用麦麸50kg炒香后晾干，拌入2.5%敌百虫粉1～1.5kg，于傍晚黄昏前诱杀；⑤防治蛴螬可人工捕杀，或用90%敌百虫1000倍液浇灌根际周围。

六、采收加工

（一）采收

一般在秋季地上部分茎叶枯萎时采收。直播一般3～4年采挖，育苗移栽2～3年采挖。采挖前先拔除支架，割去茎蔓，再采挖参根。挖根时要深挖，避免伤根造成根中乳汁外流。挖出后洗净泥土，运回加工。

（二）产地加工

按大小、粗细、长短分等级，分别晾晒，至三四成干，表皮略起润发软时，用手或木板揉搓，使皮部与木质部紧贴，充实饱满并富有弹性。之后再晒再搓，反复3～4次，至七八成干时，捆成小把，晒干即可。

七、药材质量要求

以条粗壮、质柔润、气味浓、嚼之无渣者为佳。干品水分含量不得过16.0%，总灰分不得过5.0%，二氧化硫残留量不得过400mg/kg。

白芷

白芷 *Angelica dahurica*（Fisch. ex Hoffm.）Benth. et Hook. f. 为伞形科当归属植物，以根供药用，药材名白芷。具有解表散寒、祛风止痛、宣通鼻窍、燥湿止痛、消肿排脓的功效，是参桂再造丸、上清丸、牛黄上清丸等中成药的主要原料。自古以来即医家和民众美容、保健常用的药材。其气芳香浓郁，还可用作食用香料和调味品。白芷中主要含有线型呋喃香豆素类成分，以欧前胡素为其代表性产物，尚有异欧前胡素、氧化前胡素、白当归素、佛手柑内酯等，具有抗炎、镇痛、抗病原微生物、扩张血管改善血液循环、解痉止痛等药理活性。

一、植物形态特征

多年生草本，高 1 ～ 2.5m。根圆柱形，外皮黄棕色，有浓烈气味。茎中空，粗壮，常带紫色。基生叶 1 回羽状分裂，有长柄，茎生叶 2 ～ 3 回羽状分裂，有囊状膨大的膜质叶鞘。复伞形花序顶生或腋生，直径 10 ～ 30cm，花小白色。双悬果黄棕色，扁圆形，无毛，背棱厚而钝圆，侧棱翅状。花期 7 ～ 8 月，果期 8 ～ 9 月。

二、生物学特性

（一）分布与产地

白芷分布于我国东北及华北地区，河南禹县、长葛与河北安国为其最适宜栽培区。

（二）对环境的适应性

1. 对温度的适应　白芷喜温暖、怕高温、能耐寒，适应性较强，在年平均气温 16 ～ 19℃地区均可种植。

2. 对光照的适应　白芷喜光照，生长期内要求年日照 1400 小时。对光照长短、强弱虽不甚敏感，但光照能促进其种子发芽。

3. 对水分的适应　白芷喜湿润，怕干旱，种植地要求年降雨量 1000 ～ 1200mm。

4. 对土壤的适应　适合生长于地势平坦、土层深厚、土壤肥沃、质地疏松、排水良好、含大量的磷、钾矿物质的弱碱性钙质砂土。

（三）生长发育习性

一般秋季播种，在温、湿度适宜条件下约 15 ～ 20 天出苗。幼苗初期生长缓慢，以小苗越冬。第二年为营养生长期，4 ～ 5 月植株生长最旺，4 月下旬～ 6 月根部生长最快，7 月中旬以后，植株渐变黄枯死，地上部分养分已全部转移至地下根部，进入短暂的休眠状（此时为收获药材的最佳期）。8 月下旬天气转凉时植株又重生新叶，继续进入第三年的生殖生长期，4 月下旬开始抽薹，5 月中旬～ 6 月上旬陆续开花，6 月下旬～ 7 月中旬种子依次成熟。

三、栽培技术

（一）品种类型

已系统选育出“川芷 1 号”“川芷 2 号”等新品种。

（二）选地与整地

前茬作物收获后，每亩施腐熟厩肥或堆肥 2000 ～ 3000kg，过磷酸钙 30kg 作为基肥，翻耕深度 30 ～ 40cm，翻后晒土使之风化，晒后再翻耕一次。整平耙细后开厢，厢宽 1.6 ～ 2m，厢沟深 25cm，厢沟宽 25cm，地四周开好排水沟。表土应力求细碎疏松。

（三）繁殖方法

采用种子繁殖。一般秋播，四川于白露至秋分之间。播种前可用 45℃温水浸种 12 小时或用沙土与种子混匀湿堆 1 ～ 2 天后使其吸足水分再行播种。多直播，条播、穴播、撒播均可，四川多用穴播。按行距 30 ～ 35cm，穴距 23 ～ 27cm 开穴，穴深 7 ～ 8cm，每穴播种 7 ～ 10 粒，每亩用种量 0.5 ～ 0.8kg。条播、穴播、撒播播后均不覆土，随即浇腐熟粪水，再用草木灰拌细土覆盖其上，以不露种子为度。然后轻踩或木板镇压，使种子和土壤密接。10 ～ 20 天即可出苗。

四、田间管理

（一）间苗定苗

第二年早春返青后，苗高约 5 ～ 7cm 时进行第一次间苗，条播每隔 5cm 留 1 株，穴播每穴留 5 ～ 8 株；苗高 10cm 左右时进行第二次间苗，条播每隔 10cm 留 1 株，穴播每穴留 3 ～ 5 株。间苗时，只保留叶柄呈青紫色的幼苗，拔去弱小的、过密的、叶柄青白色或黄绿色的和叶片距地面较高的幼苗。清明前后苗高约 15cm 时定苗，条播每隔 10 ～ 15cm 留苗 1 株。穴播每穴留 3 株，呈三角形错开。定苗时应将生长过旺，叶柄呈青白色的大苗拔除。

（二）中耕除草

结合间苗和定苗同时进行。

（三）施肥

春后营养生长旺盛，可追肥 3 ～ 4 次。第一、二次均在间苗、中耕后进行，第三、四次在定苗后和封垄前进行。第一次施肥，肥料宜薄、少，以后可逐渐加浓加多。封垄前的 1 次追肥可配施磷钾肥。追肥次数和每次的施肥量也可依据植株长势而定。

（四）灌溉排水

播种后，如土壤干燥应立即浇水，以后如无雨天，每隔几天就应浇水 1 次，保持幼苗出土前厢面湿润。雨季应及时开沟排除田间积水。

（五）拔除抽薹

第二年 5 月会有部分植株抽薹开花，发现抽薹植株及时拔除。

五、病虫害及其防治

（一）病害及其防治

1. 斑枯病 *Septoria dearnessii* Ell.et Ev.　一般 5 月初开始发病，直至收获均可感染。主要危害叶片，叶柄、茎及花序也可受害。叶片上病斑直径 1 ～ 3mm，初为暗绿色，逐渐扩大时受叶脉所限呈多角形，病斑部硬脆，天气干燥时，常破碎或裂碎，但不穿孔。防治方法：①彻底清除残桩和地面落叶，集中烧毁；②选择健壮、无病植株留种，并选择远离发病的地块种植；③合理密植，降低株间湿度；④发病初期，摘除病叶，并喷洒 1∶1∶100 波尔多液或 50% 退菌特 800 倍液，7 ～ 10 天一次，连续 2 ～ 3 次。

2. 灰斑病 *Ascochyata* sp.　植株生长后期发病严重，主要危害叶片、叶柄、茎及花序等部位。叶上病斑圆形、多角形或不规则形，初为黄色，后中央呈灰褐色，边缘褐色，有时不明显，常多个病斑愈合成大枯斑，造成叶片早枯。防治方法：①收获后清除田间残桩落叶，并集中烧毁；②5月下旬喷洒1次1：1：100波尔多液；③6月下旬开始选喷50%多菌灵500倍液或50%代森锰锌600倍液等药剂2～3次，间隔10～15天。

3. 立枯病 *Rhizoctonia solani* Kuhn　多发生于早春阴雨、土壤黏重、透气性较差的环境中，发病初期，幼苗基部出现黄褐色病斑，以后基部呈褐色环状并干缩凹陷，直至植株枯死。防治方法：发病初期用5%石灰水灌注，每7天灌1次，连续3次或4次。

（二）虫害及其防治

1. 根结线虫病 *Meloidogyne hapla* Chitwood　整个生长期间均可能发生。防治方法：①与禾本科作物轮作；②挑选无根瘤的种根移植留种；③种植前半月用石灰氮处理土壤。

2. 黄凤蝶 *Papilio machaon* Linnaeus　幼虫咬食叶片，咬成缺刻或仅留叶柄。防治方法：①在幼虫发生初期人工捕杀；②发生数量较多时用90%敌百虫1000倍液喷雾，每隔5～7天喷1次，连续喷3次。

六、采收加工

（一）采收

白芷因产地和播种时间的不同，收获期各异。春播的，河北在当年白露后，河南在霜降前后采收。秋播的，四川在播种后第二年的小暑至大暑，河南在大暑至白露，浙江在大暑至立秋，河北在处暑前后采收。茎叶枯黄时采挖，选择晴天，先割去地上部分，然后挖出全根。

（二）产地加工

将白芷曝晒1～2天后，除去泥土，剪去残留叶基，去掉须根，按大、中、小分级日晒夜收。不可堆厚，忌雨淋，否则易霉烂与黑心，降低质量，晚上收回摊放，直至完全干透为止。亦可烘干。

七、药材质量要求

以长圆锥形、表面具皮孔样横向突起、顶端有凹陷的茎痕、质坚实、断面白色、粉性、形成层环棕色、皮部散在多数棕色有点、气芳香、味辛、微苦者质量为佳。干品含水分不得过14.0%，总灰分不得过6.0%，二氧化硫残留量不得过150mg/kg，欧前胡素不得少于0.080%。

膜荚黄芪

膜荚黄芪 *Astragalus membranaceus*（Fisch.）Bge. 为豆科黄芪属植物，以干燥根药用，药材名称为“黄芪”。为常用滋补药材，有“补气固表之圣药”之称。其味甘，性温；具有补气固表、利尿排毒、排脓、敛疮生肌等功效；用于治疗气虚乏力、食少便溏、中气下陷、久泻脱肛、便血崩漏、表虚自汗、气虚水肿、痈疽难溃、久溃不敛、血虚萎黄、内热消渴等症。主要化学成分有皂苷类、黄酮类、多糖及氨基酸、微量元素等，具有抗肿瘤、保护心脑血管、提高免疫功能、调节血压、抗衰老等药理作用。

一、植物形态特征

多年生草本，高 90 ～ 160cm。主根深长浅棕色，粗壮顺直，断面鲜黄色。茎直立，有细棱。奇数羽状复叶互生，小叶 6 ～ 13 对，长卵圆形。总状花序，腋生，有花 10 ～ 25 朵；蝶形花冠黄色或淡黄色。荚果薄膜质，稍膨胀，半椭圆形。种子肾形，棕褐色。花期 6 ～ 8 月，果期 7 ～ 9 月。

二、生物学特性

（一）分布与产地

膜荚黄芪分布很广，从黑龙江向西延伸到吉林、辽宁、内蒙古、河北、山西、陕西、宁夏、甘肃、青海等省区。俄罗斯、朝鲜和蒙古也有分布。其中产于我国东北的膜荚黄芪俗称“北芪”，是优质地道药材。现商品以栽培为主。

（二）对环境的适应性

1. 对温度的适应 喜欢凉爽、耐寒怕热，分布区年均温在 2 ～ 8℃以上，全年无霜期 100 ～ 180 天。

2. 对光照的适应 适宜生长在海拔 800 ～ 1800m 的高原草地、林缘、山地。为长日照植物，幼苗细弱忌强光。

3. 对水分的适应 对土壤水分的要求比较严格，要求年降水量以 300 ～ 450mm 为宜。不喜欢过于湿润的环境，且耐旱性很强，要注意少量多次浇水，避免产生积水，导致根部发生腐烂。原则是不干则不浇，干则少量浇水。

4. 对土壤的适应 适宜于土层深厚，富含腐殖质，透水力强的中性和微碱性砂质壤上生长。土壤黏重，根生长缓慢，主根短，分枝多，常畸形；土壤砂性大，根纤维木质化程度大粉质少；土层薄，根多横生，分枝多，呈鸡爪形，质量差。在 pH 值 7 ～ 8 的砂壤土或冲积土中根垂直生长，长可达 1m 以上，品质好，产量高。忌重茬，不宜与马铃薯、菊、白术等连作。

（三）生长发育习性

植株根系深扎，吸收功能强，生长周期可达 5 ～ 10 年。整个生育时期包括 5 个阶段，即幼苗生长期、枯萎越冬期、返青期、孕蕾开花期、结果种熟期，需要两年以上的时间。种子具硬实性，一般硬实率在 40% ～ 80%，造成种子透性不良，吸水力差。生产上，一般播种前要对种子进行处理，提高发芽率。

三、栽培技术

（一）品种类型

变种蒙古黄芪在山西和内蒙古两省区广为栽培。膜荚黄芪目前尚未见新品种报道。

（二）选地与整地

1. 育苗地 选择土层深厚、土壤肥沃、疏松、排水灌溉便捷的土地，要求土层 >40cm。可使用撒播、条播形式育苗。条播时维持行距 15 ～ 20cm，每亩种子用量 1.5 ～ 2kg；撒播后覆盖土或细河沙 2cm，每亩种子用量 10 ～ 15kg。

2. 种植地　选山区、半山区地势向阳、土层深厚、土质肥沃的砂壤土域或棕色森林土种植。为了提高药材产量和药材质量等级，加强土壤透水性、透气性，一般在播种前的秋季，深耕 30 ～ 45cm，耕地前每亩地施用尿素 10 ～ 15kg，土杂肥 2500 ～ 3000kg，过磷酸钙 20 ～ 30kg 作为基肥，注意水土保持，避免与豆科作物轮作。

（三）繁殖方法

采用种子繁殖，直播或育苗移栽。

1. 采种及种子处理　一般在 9 ～ 10 月，果荚成熟下垂即可采收。要随熟随摘，采摘后晒干、脱粒、除杂，置通风干燥处贮藏。留种田，如加强管理，可连续采种 5 ～ 6 年。一般采用机械法、硫酸法和浸种催芽法对种子进行预处理。①机械处理：按 1 份沙子与 2 份种子均匀混合后置于石碾上，待外皮由棕黑色碾至灰棕色时即可播种。②硫酸处理：用浓硫酸处理硬实黄芪种子，发芽率达 90% 以上。方法是每克种子用 90% 的硫酸 5mL，在 30℃温度条件下，处理 2 分钟，随后用清水冲洗干净即可播种。③浸种催芽：播种前几日，白天用 50℃温开水浸种，晚上用冷水浸种，连续处理 2 个昼夜，捞出种子置于容器内，上盖湿布，放置 3 ～ 4 日，出芽后即可播种。

2. 种子直播　可在春、夏、秋三季播种。春播在 3 ～ 4 月进行，地温达到 5 ～ 8℃时即可播种，保持土壤湿润，15 天左右即可出苗；夏播在 6 ～ 7 月雨季到来时进行，土壤水分充足，气温高，播后 7 ～ 8 天即可出苗；秋播一般在 9 ～ 10 月土壤封冻前、地温稳定在 0 ～ 5℃时播种。

采用条播或穴播。条播行距 20cm 左右，沟深 3cm，播种量 2 ～ 2.5kg/ 亩。播种时，将种子用甲胺磷或菊酯类农药拌种防地下害虫，播后覆土 1.5 ～ 2cm，镇压，施底肥磷酸二铵 8 ～ 10kg/ 亩、硫酸钾 5 ～ 7kg/ 亩。播种至出苗期要保持地面湿润或加覆盖物以促进出苗。穴播多按 20 ～ 25cm 穴距开穴，每穴播种 3 ～ 10 粒，覆土 1.5cm，踩平，播种量 1kg/ 亩。

3. 育苗移栽　在春、夏季播种育苗，可采用撒播或条播。将种子撒在平畦内，覆土 2cm，用种量 15 ～ 20kg/ 亩，条播行距 15 ～ 20cm，用种量 2kg/ 亩。苗期加强田间管理。

移栽时，可秋季取苗贮藏到次年春季移栽，或越冬次春边挖边移栽。一般采用斜栽，株行距为（15 ～ 20）cm×（20 ～ 30）cm。起苗时应深挖，严防损伤根部，并将细小、自然分岔苗淘汰。栽后踩实或镇压紧密，浇足定根水。移栽最好趁雨天进行，利于成活。

四、田间管理

（一）中耕除草

为稀植作物，且幼苗生长较缓慢，须早锄草、勤中耕。在苗高 5cm 左右时，进行第一次间苗、中耕。在苗高 8 ～ 9cm 时进行第二次除草，定苗后进行第三次中耕除草。第二年及以后于 5 月、6 月、9 月各除草 1 次。幼苗期要保证田间无杂草。

（二）打顶摘心

在 7 月根据植株长势（60 ～ 70cm）打顶摘心，可增产 5% ～ 10%，还可推迟花期，提高种子产量和药材产量。

（三）追肥

定苗后要追施氮肥、磷肥和钾肥，三类肥料合理配施能提高药材产量与质量。一般田块追施硫酸铵 15 ～ 17kg/ 亩或尿素 10 ～ 12kg/ 亩、硫酸钾 7 ～ 8kg/ 亩、过磷酸钙 10kg/ 亩。花期追施过磷酸钙 5 ～ 10kg/ 亩、氮肥 7 ～ 10kg/ 亩，促进结实。开沟施肥，覆土压实，立即浇水。

（四）灌溉、排水

植株“喜水又怕水”，管理中要注意“灌水又排水”。生长过程中有两个需水高峰期，即播后出苗期和开花结荚期。播种后至出苗前一般不用浇水，如播后遇旱、出苗困难，可先在畦面覆盖少许麦秸或稻草然后浇水；开花结荚期视降水情况适量浇水。地中湿度过大时，应及时排水。

五、病虫害及其防治

（一）病害及其防治

1. 白粉病 *Erysiphe polygoni* D.C.　5 ～ 6 月开始发病，9 ～ 10 月发病率可达 100%。叶片、叶柄、嫩茎和荚果等发病部位布满白色粉末状霉层，严重时叶背及整株被白粉覆盖，后期呈灰白色，霉层中产生无数黑色小颗粒，造成大幅度减产。防治方法：①合理密植，注意株间通风透光；②实行轮作，尤其不要与豆科植物和易感染此病的作物连作；③发病初期用 25% 粉锈宁 1500 倍液或 1：1：120 波尔多液连续喷洒 2 ～ 3 次。

2. 根腐病 *Fusarium* sp.　多雨潮湿地区或季节易发生，一般发病率为 30% ～ 50%。根尖或侧根先发病并向内蔓延至主根，植株叶片变黄枯萎，发病后期茎基部及主根均呈红褐色干腐，侧根已腐烂，植株极易拔起。防治方法：①整地时进行土壤消毒；②对带病种苗进行消毒后再移栽；③及时拔除病株并烧毁；④用 50% 多菌灵 1000 倍液喷淋灌根，每 7 天 1 次，连续 2 ～ 3 次。

3. 锈病 *Uromyces punctatus*（Schw.）Curt　一般在北方地区于 4 月下旬发生，7 ～ 8 月严重。被害叶片背面生有大量锈菌孢子堆。锈菌孢子堆周围红褐色至暗褐色。叶面有黄色病斑，后期布满全叶，最后叶片枯死。防治方法：①实行轮作，合理密植；②彻底清除田间病残体；③及时喷洒硫制剂或 20% 粉锈宁可湿性粉剂 2000 倍液；④发病初期喷 80% 代森锰锌可湿性粉剂（1：800）～（1：600）倍液防治。

（二）虫害及其防治

1. 黄芪蚜虫［*Aphis craccivora* Koch（豆蚜或槐蚜），*Acyrthosi phon pisum*（Harris）（豌豆蚜）］　6 ～ 7 月大量发生，个别年份至 9 月。在植株生育前期大量豆蚜个体集中于顶梢的嫩茎和叶片背面吸食汁液，造成植株矮小，发育不良。防治方法：用 40% 乐果乳油 1500 ～ 2000 倍液喷雾，每周 1 次，连喷 2 ～ 3 次。

2. 黄芪根瘤象 *Sitona simillimus* Korotyaev　每年 5 月初成虫出土活动，大量取食叶片并交尾，产卵于土中，幼虫孵化后直接食害根部，使芪根密布坑凹。防治方法：移栽前用 5% 丁硫克百威颗粒剂进行土壤处理，后灌根 1 次。

3. 芫菁　取食茎、叶、花，喜食幼嫩部分，严重的可在几天之内将植株吃成光秆。防治方法：①冬季翻耕土地，消灭越冬幼虫；②人工捕虫；③用2.5%敌百虫粉剂喷粉，每1.5～2kg/亩，或喷施90%晶体敌百虫1000倍液75kg/亩，均可杀死成虫。

4. 食心虫 ***Bruchophagus* sp.、*Etiella zinckenella* Treitschke**　俗称钻荚虫，幼虫钻入荚果内蛀食种子，被蛀食的种子失去发芽能力。防治方法：①及时消除田内杂草，处理枯枝落叶，减少越冬虫源；②在盛花期和结果期各喷乐果乳油1000倍液1次。

六、采收加工

（一）采收

播种后3～4年采收。春季（4月末5月初）植株萌动前或秋季（10月末11月初）茎叶枯萎后采挖，采挖时避免挖断主根或损伤外皮。

（二）产地加工

除去泥土，趁鲜剪掉芦头，曝晒至七八成干时，剪去侧根及须根，将根捋直，分等级捆成小捆再晒干或烘干。

七、药材质量要求

以根条粗长、皱纹少、质坚而实、粉性足、味甜者为佳，根条细小、质较松、粉性小及顶端空心大者质次。干品水分含量不得过10.0%，总灰分含量不得过5.0%，黄芪甲苷不得少于0.080%。

黄　连

黄连 *Coptis chinensis* Franch. 为毛茛科黄连属植物，以干燥根茎药用，药材名黄连。其味苦，性寒；具有清热燥湿、泻火解毒的功效；用于治疗湿热痞满、呕吐吞酸、泻痢、黄疸、高热神昏、心火亢盛、心烦不寐、心悸不宁、血热吐衄、目赤、牙痛、消渴、痈肿疔疮等病症。现代化学研究证明，黄连根茎主要含小檗碱、表小檗碱、黄连碱、巴马汀等生物碱类成分。

同属植物三角叶黄连 *Coptis deltoidea* C.Y.cheng et Hsiao.、云南黄连 *Coptis teeta* Wall. 的干燥根茎亦作黄连药用，《中华人民共和国药典》均收载。黄连习称“味连”，三角叶黄连习称“雅连”，云南黄连习称“云连”。三角叶黄连、云南黄连种植面积很小、产量低，市场商品药材主要是味连。本书仅介绍黄连的栽培技术。

一、植物形态特征

多年生草本，株高15～25cm。根状茎黄色，常分枝，密生多数须根。叶基生，具长柄，卵状三角形，3全裂。花葶1～2条，二歧或多歧聚伞花序有3～8朵花；苞片披针形，3或5羽状深裂；萼片黄绿色，长椭圆状卵形；花瓣小，线状披针形，中央有蜜槽；雄蕊多数；心皮8～12，花柱微外弯。蓇葖果，种子7～8枚，褐色。2～3月开花，4～6月结果。

二、生物学特性

（一）分布与产地

黄连分布于重庆、湖北、四川、贵州、湖南、陕西南部。药材主产于重庆石柱和湖北利川，此二地素有“中国黄连之乡”之称，产量占全国总产量的90%左右，多为栽培。雅连分布于四川峨眉、洪雅一带，有少量栽培，野生已不多见。云连分布于云南西北部和西藏东南部，缅甸等地亦有分布。

（二）对环境的适应性

1. 对温度的适应 喜冷凉忌高温，冬季休眠期在气温 -8℃可正常越冬；3～4℃可生长，15～25℃生长迅速，低于6℃或高于35℃生长缓慢，超过38℃植株死亡。

2. 对光照的适应 为阴性植物，怕强光、喜弱光和散射光，在生产上多采用搭棚遮阴。栽培苗期喜阴，一般遮阴度达到85%左右，随着株龄增长对光照强度适应性增强，可逐渐增加光照。三、四、五年生黄连植株最适荫蔽度分别为60%、45%和全光照。

3. 对水分的适应 植株既不耐旱也不耐涝。要求年降水量792～1803mm，大气相对湿度80%～90%。属于浅根系植物，如遇干旱，疏松的表土层极易失水，要注意保持土壤湿润。遇雨水多或地块低洼造成田间积水，会引起植株烂根、导致死亡。

4. 对土壤的适应 植株生长土壤有黄棕壤、灰化棕壤、棕壤、棕红壤等。最适宜生长的土壤为棕红壤类土壤，土壤 pH 值 5.0～7.0。

（三）生长发育习性

种子细小，千粒重为1.1～1.4g。自然成熟种子须在5～10℃冷藏6～9个月完成种胚形态后熟、播种后在0～5℃低温下1～3个月完成生理后熟后才能萌发。植株每年3～7月地上部分发育最旺盛，8月后根茎生长速度加快，9月待生长的混合芽和叶芽开始形成，11月芽苞长大。自然成熟种子播种后，第二年出苗。出苗后的第二年或移栽第二年开始开花，1～2月抽薹，2～3月开花，4～5月为果期。以后每年开花结实。随着株龄增长，开花植株比例也随着增加，到第六年之后开花率不再上升。

三、栽培技术

（一）品种类型

生产中暂时没有认定或审定品种，但依据叶面颜色、叶片大小、叶面光泽等表型差异初步筛选出了大花叶黄连、小花叶黄连、有光叶黄连、无光叶黄连等4个品系，其中大花叶和无光叶品系质量较好、高产性状突出，适合推广种植。

（二）选地与整地

1. 育苗地 选土壤肥沃、富含腐殖质、土层深厚、排水良好的林地或林间空地、半阴半阳地，坡度15°～20°为好，土壤以微酸性至中性为宜，忌连作。11月，清除灌木杂草，整细耙平，做成1.2m宽、高25cm的畦，畦沟宽40cm、深20cm，做好畦后每亩施腐熟厩肥500～1000kg

或 100kg 磷肥，均匀铺于畦面，与表土拌匀。四周开好排水沟，同时搭建荫蔽度 80% 左右的荫棚。

2. 种植地

（1）生荒地　于头年夏秋季或栽种当年 3 ～ 4 月砍倒灌木杂草，选晴天将表土 7 ～ 10cm 的腐殖质土挖起，用土块拌和落叶、杂草等点火焚烧，保持暗火烟熏，见明火即加土。经数日，火灭土凉后翻堆。如腐殖层较厚，则只将地表腐殖土挖松，不必熏土。土地翻耕深约 15cm，整细耙平，以荫棚桩为中心做畦，畦宽 1.5m，沟宽 40cm，深 20cm，畦长随地形而定。做畦后，将所熏泥土铺于畦面上，厚约 20m。

（2）熟地　整地前每亩施入腐熟厩肥或土杂肥 4000 ～ 5000kg，深翻 20cm，耙平做畦。其整地方法与生荒地相同。

（3）林间地　选择松木或阔叶混交林地，树高 4 ～ 5m。砍去过密树枝，使林间荫蔽度保持在 70% 左右，若透光度过大，可搭棚遮阴。整地方法同生荒地。

（三）繁殖方法

主要采用种子繁殖。

1. 种子繁殖

（1）选种、采种及种子处理　选择四至五年生植株作为采种植株。在立夏前后将成熟果枝采下，堆放于室内阴凉处的竹席垫上 2 ～ 3 天，待果皮全部裂开时抖出种子，过筛，备藏。采收后的种子种胚尚未发育成熟，需在 5 ～ 10℃低温下经过 6 ～ 9 个月贮藏，当种子裂口后，将湿沙与种子按照 5∶1 的比例混合，选荫蔽良好处，埋入土中备用。

（2）直播　每亩用种 2.5 ～ 3kg，将处理过的种子拌和 20 ～ 30 倍细腐殖质土，均匀地撒于畦面上，用木板稍加压实，然后再盖一层稻草或秸秆，次年早春气温回升、幼苗出土后，揭除覆盖物。

（3）育苗　播种后用树枝、竹条、遮阳网等搭荫棚，遮蔽度要达到 80% 左右。育苗期一般为 3 年。3 ～ 4 月当幼苗长出 2 片真叶时，即进行第一次除草，保持株距 1cm 左右间苗。间苗后，每亩施入腐熟人畜粪水 1000kg 或尿素 3kg 加水 1000kg。6 ～ 7 月再追施上述肥料 1 次，施后在畦面上撒一层厚约 1cm 腐殖细土，便于幼苗扎根。10 ～ 11 月再追肥 1 次，每亩用饼肥 50kg 或干厩肥粉 150kg，以备越冬。

2. 移栽　多用二至三年生苗，一年四季均可移栽，尤以 3 ～ 5 月移栽为佳，宜在阴天进行。选择具 4 ～ 5 片真叶、高 9 ～ 12cm 粗壮幼苗，剪去过长须根，留根长 1.5 ～ 2.0cm，用水把秧苗根上的泥土淘洗干净，用多菌灵水浸 0.5 小时后栽植。在整好的畦面上，按行株距 10cm 开穴，穴深 6cm 左右，将苗直立放入，覆土稍加压实。

四、田间管理

（一）中耕除草

移栽后第一、第二年内，每年至少除草 4 ～ 5 次，保持畦面上无杂草；第三、第四年后，每年只需在春季、夏季采种后及秋季各除草 1 次；第五年以后，一般不必除草。

（二）摘除花薹

除留种植株外，从移栽后第二年起，每年 1 月底至 2 月上中旬及时摘除花薹。

（三）追肥

除施足底肥外，每年都要追肥，前期以氮肥为主，以利提苗；后期以磷、钾肥为主并结合农家肥，以促进根茎生长。

（四）补苗

移栽当年秋季及次年春季分别补苗一次，保证存苗率达 85% 以上。补栽苗要求为株高 8cm、有 6 片以上真叶的健壮大苗。

（五）拦棚边

用竹子、树枝插于棚周，以利荫蔽，并保持一定湿度和防止牛、马、羊进入践踏。

（六）棚架修补与拆棚

发现垮棚应及时修补、调整。到第四年秋后，拆去棚上盖材，使收获前的植株得到充分光照。

五、病虫害及其防治

（一）病害及其防治

1. 白粉病 *Erysiphe polygoni* DC. 一般 5 ～ 9 月发生。干旱时叶面呈现红黄不规则病斑，潮湿时叶正面有一层白色粉状物、叶背有水渍状暗褐斑点，严重时叶子凋落枯死。防治方法：喷洒 70% 代森锰锌可湿性粉剂 800 倍液。

2. 白绢病 *Sclerotium rolfsii* Sacc. 于 4 月下旬发生，6 ～ 8 月上旬为发病盛期。发病初期地上部分无明显症状，随后被害植株顶端凋谢，最后整株枯死。防治方法：50% 多菌灵可湿性粉剂 500 倍液淋灌。

3. 炭疽病 *Colletotrichurm* sp. 4 ～ 6 月发病。发病初期，叶脉上产生褐色略下陷小斑，病斑扩大后呈黑褐色并有不规则轮纹。叶柄部常出现深褐色水渍状病斑，后期略向内陷，造成枯柄落叶。防治方法：75% 百菌清可湿性粉剂加水喷雾。

4. 霉素病 4 ～ 5 月开始发病，7 ～ 8 月发病严重，多出现于轮作地或幼苗期。发病初期叶或叶柄上出现暗绿色不规则病斑，随后病斑变深色，患部变软，扭曲、呈半透明状，干燥或下垂。防治方法：75% 百菌清可湿性粉剂 600g 加水喷雾。

5. 根腐病 *Fusarium* sp. 4 ～ 5 月开始发病，7 ～ 8 月进入盛期。发病时须根变黑、干腐脱落。叶面初期现紫红色不规则病斑，叶背由黄绿色变紫红色，叶缘紫红色。病变从外叶逐渐发展到新叶，呈萎蔫状，严重时干枯至死。防治方法：75% 百菌清可湿性粉剂 600kg 加水喷雾。

（二）虫害及其防治

1. 蛴螬类 *Anomala* sp.　咬食叶柄基部，严重时成片幼苗被咬断。防治方法：90% 敌百虫可湿性粉剂 100g（1000 ～ 500 倍液）浇注。

2. 小地老虎 *Agrotis ypsilon* Rottemberg.　常从地面咬断幼苗并拖入洞内继续咬食，或咬食未出土幼芽，造成断苗缺株。防治方法：90% 敌百虫晶体粉 100g 拌切碎的新鲜嫩草撒在土表诱杀。

3. 黏虫 *Leucania separata* Walker.　5 ～ 6 月幼虫危害嫩叶，将叶吃成不规则缺刻，也危害花薹，严重时被吃成光杆。防治方法：10% 氯氰菊酯乳油 2000 ～ 4000 倍液喷雾。

六、采收加工

（一）采收

移栽种植 5 年后采收，收获时间 10 ～ 11 月为佳。选晴天，用二齿耙将植株挖起，抖去沙泥，剪去须根、叶柄及叶片，运回室内加工。

（二）产地加工

将鲜黄连直接置于烘房内烘干，当烘至一折就断时，趁热放到容器内撞去泥沙、须根和残余叶柄。

七、药材质量要求

以粗壮、连珠形、过桥短、须根少、质坚体重、断面红黄色、味极苦者为佳。干品水分不高于 11% ～ 13%，总灰分不高于 5.0%，酸不溶灰分不高于 1.5%。含小檗碱不少于 5.5%，表小檗碱不少于 0.8%，黄连碱不少于 1.6%，巴马汀不少于 1.5%。

甘　草

甘草 *Glycyrrhiza uralensis* Fisch. 为豆科甘草属植物，又称乌拉尔甘草，以干燥根及根茎药用，药材名甘草，属于常用大宗药材和国家重点专控药材。其味甘，性平；归心、肺、脾、胃经；具有补脾益气、清热解毒、祛痰止咳、缓急止痛、调和诸药等功效；用于脾胃虚弱，倦怠乏力，心悸气短，咳嗽痰多，脘腹、四肢挛急疼痛，痈肿疮毒，缓解药物毒性、烈性。现代研究证明，甘草主要含有三萜皂苷、黄酮、香豆素、有机酸、糖类等化学成分，具有抗病毒、抗菌、抗溃疡、保肝、抗炎、镇咳祛痰、抗肿瘤、抗突变、抗氧化、解毒等药理作用。

胀果甘草 *Glycyrrhiza inflata* Bat. 或光果甘草 *Glycyrrhiza glabra* L. 的干燥根及根茎也做甘草应用，本书仅介绍甘草的栽培技术。

一、植物形态特征

多年生宿根草本植物，高 50 ～ 100cm。根茎圆柱状，多横生；主根长而粗大，外皮红棕色至暗褐色，有甜味。茎直立。叶互生，奇数羽状复叶。总状花序腋生，花萼钟形；花冠蝶形，紫红色或蓝紫色；二体雄蕊。荚果呈镰刀状或环状弯曲。多数密集排列成球状，褐色，密被刺状腺毛。内有种子6～8粒。种子扁卵形，褐色或墨绿色。花期6～7月，果期7～9月。

二、生物学特性

（一）分布与产地

甘草是我国甘草资源分布最广泛的一种，主要分布于北纬36º～50º、东经75º～123º的区域内，包括河北、山西、内蒙古、辽宁、吉林、黑龙江、山东、陕西、甘肃、青海、宁夏、新疆等省区。胀果甘草分布于甘肃酒泉以西和新疆地区，光果甘草又称欧甘草或洋甘草，分布于新疆伊利和塔里木河流域。甘草、胀果甘草、光果甘草均为《国家重点保护野生药材物种名录》Ⅱ级保护物种。商品药材主要源于栽培，新疆、甘肃、宁夏、内蒙古等地有野生品产出。野生甘草商品，习惯上根据产地分为西草（或西北草）、东草和新疆草。西草为产于内蒙古西部、陕西北部、甘肃东部和宁夏等地者，其中产于鄂尔多斯高原杭锦旗黄河南岸（库布齐沙梁以外）地区的药材又称为“梁外草”。东草为产于山西东北部、河北北部、内蒙古东部以及辽宁、吉林、黑龙江西部等地者。新疆甘草产于新疆各地，通常是源于甘草、胀果甘草和光果甘草3种植物的混合品。

（二）对环境的适应性

甘草具有喜光、耐旱、耐热、耐盐碱和耐寒的特性。在年平均气温3～6℃，极端最低气温–43.5℃、无霜期130天、结冻期188天的条件下生长良好。在气候酷热的吐鲁番盆地，7月平均气温33℃、极端最高气温47℃、年最高气温在35℃以上的酷热日达100天、年降水量100mm以内、年蒸发量为2200～3010mm、空气相对湿度30%的条件下，甘草亦能生长。野生甘草群落常伴生罗布麻、胡杨、旱苇、沙蒿、麻黄等植物。土壤多为砂质土，酸碱度以中性或微碱性为宜。

1. 对温度的适应　对温度具有较强的适应性，野生甘草分布区的年均温度为3.5～9.6℃，最低温度在–30℃以下，最高温度在38.4℃。

2. 对光照的适应　是喜光植物，野生甘草分布区的年日照时数为2700～3360小时，充足的光照条件是甘草正常生长的重要保障。

3. 对水分的适应　甘草具有较强的耐干旱、耐沙埋的特性。野生甘草分布区的降水量一般在300mm左右，不少地区甚至在100mm以下，在干旱的荒漠地区甘草能形成单独的种群。

4. 对土壤的适应　甘草对土壤具有广泛的适应性。在栗钙土、灰钙土、黑垆土、石灰性草甸黑土、盐渍土上均能正常生长，但以含钙土壤最为适宜。土壤pH值在7.2～9.0范围内均可生长，但以8.0左右较为适宜。此外，甘草还具有一定的耐盐性，在总含盐量0.08%～0.89%的土壤上均可生长，但不能在重盐碱化的土壤或重盐碱土上生长。甘草是深根性植物，适宜于土层深厚、排水良好、地下水位较低的砂质或砂壤质土上生长，不宜在涝洼地和地下水位高的土壤中生长。

（三）生长发育习性

植株地上部分每年秋末冬初枯萎，以根及根茎在土壤中越冬。翌春4月由根茎萌发新芽，5月上中旬返青，6～7月开花结果，8～9月荚果成熟，9月中下旬进入枯萎期。5～7月地上茎和地下根茎生长较快，但主根增粗生长较慢，8～9月地上部分生长缓慢，而主根增粗较快。播种后 3 ～ 4 年即可收获。

三、栽培技术

（一）品种类型

甘草品种选育工作正处于研究阶段。也有学者通过常规育种从野生资源中选育出“乌新Ⅰ号”品种，发现其一年生根中甘草酸、甘草苷等成分含量高于同期野生甘草。

（二）选地与整地

育苗地选择地势平坦，土层深厚，质地疏松，肥沃，排水良好，不受风沙危害，有排灌条件的砂质壤土。播种前深翻土层 25 ～ 35cm，整平耙细，灌足底水。整地时适量施入充分腐熟的农家肥或复合肥，一般中等肥力的土壤每亩施腐熟有机肥 2000kg 左右，也可施用 15kg 磷酸二铵。华北、西北地区砂土地一般采用平畦，东北地区多采用高畦。

种植地选择地势高燥、土层深厚、地下水位低、排水良好、pH 值 8 ～ 8.5 的砂土、砂壤土或轻壤土为好。整地方法同育苗地。

（三）繁殖方法

有种子繁殖、根茎繁殖和分株繁殖。在生产中多采用种子繁殖。而种子繁殖又分直播法和育苗移栽法，后者是目前最为常用的一种生产方式。此处仅介绍种子育苗移栽法。

1. 选种　在种子成熟（叶枯、荚果变黄）后，选择健壮植株，采收饱满、无虫害的果实，晒干，脱粒获得种子。种子须在通风干燥处贮藏，由于甘草种子含甜味素，虫蛀率高，播种前应通过水浸淘去浮在上面的虫蛀种子，保证用于播种育苗的种子净度在 90% 以上。

2. 种子处理　由于甘草种皮坚硬，自然条件下难以发芽，所以种子处理是人工种植甘草的一项关键技术。种子处理方法包括机械碾磨和硫酸处理两种。

机械碾磨法是最为常用的方法。一般采用碾米机进行，要点是根据碾米机的类型、种粒大小、种子干燥程度，合理控制碾种的强度和次数。特别是种粒的均匀程度对于处理效果至关重要，一般在碾磨处理前，首先将种子过筛分级，然后分别进行碾磨处理。一般需要碾磨 1 ～ 2 遍，处理效果以用肉眼观察绝大部分种子的种皮失去光泽或轻微擦破，但种子完整，无其他损伤为宜。

硫酸处理法也是比较常用的方法，这种方法造价相对较高，但种粒大小不均匀不影响处理效果，比较适合少量种子样品的处理。具体做法是采用浓硫酸（98%），按照每千克种子 30 ～ 40mL 浓硫酸的比例进行均匀混合，并不时搅拌，使种子与浓硫酸充分接触，经适当时间后，倒入清水中漂洗干净，晾干即可。硫酸处理的技术要点是尽量使种子与浓硫酸充分接触，要时时注意种子腐蚀程度，一般以多数种子上出现黑色圆形的腐蚀斑点为宜。处理好的种子发芽率可达 90% 左右。

3. 育苗　分为春季育苗、夏季育苗和秋季育苗。一般多采用春季育苗，4 月下旬～ 5 月上旬在育苗地的畦面上进行播种。播前可浸种催芽，用种量 3.0 ～ 5.0kg/ 亩，采用宽幅条播（幅宽 20cm，幅间距 25cm），播后稍加镇压，盖草或覆盖地膜保湿，1 ～ 2 周后即可出苗。

4. 移栽　春季和秋季移栽均可。秋季移栽一般在 10 月初土壤上冻前进行，春季移栽一般在 4 月下旬～ 5 月中旬土壤解冻后进行。比较而言，与春季移栽相比，秋季移栽第二年春季返青早，可适当延长生长期，有利于高产。为了保证速生丰产，可采用分级移栽，在整好的种植地上开沟，沟深 8 ～ 12cm，沟宽 40cm 左右，沟间距 20cm，将根条水平摆于沟内，株距 10cm，覆土即可。移栽后最好灌透水 1 次。

四、田间管理

（一）间苗、定苗

当幼苗出现 3 片真叶、苗高 6cm 左右时，结合中耕除草进行间苗和定苗，定苗株距以 10 ～ 15cm 为宜。

（二）中耕除草

1. 育苗地 甘草从播种到幼苗封垄是杂草危害最为严重的时期，此时幼苗生长慢，田间杂草种类多、生长快，与幼苗争光、争水、争空间，影响幼苗的正常生长，要及时除草和中耕松土。一般在幼苗出现 5 ～ 7 片真叶时，进行第一次锄草松土，结合趟垄培土，提高地温，促进根生长；入伏后进行第二次中耕除草，再趟垄培土一次；立秋后拔除大草，地上部枯黄、霜后上冻前深趟一犁，培土压护根头越冬。

2. 移栽地 移栽成活后，当株高 10 ～ 15cm 时中耕除草，结合施追肥，趟垄培土一次，之后植株生长旺盛，主根增粗增重较快，近地面横向生长的根茎增多，要适当增加趟垄次数来切断横生根茎，促进主根生长，此时田间已封垄，杂草变少，只要注意拔除大草即可。第二年管理同第一年，适当增加趟垄次数，切断根茎，促进主根生长。

（三）追肥

追肥应以磷肥、钾肥为主。植株喜碱，土壤宜为弱碱性。第一年在施足基肥的基础上可不追肥；第二年春天在芽萌动前可追施部分有机肥，以圈肥为宜；第三年在雨季追施少量速效肥，一般追施磷酸二铵 15kg/ 亩。每年秋末甘草地上部分枯萎后，用 2000kg/ 亩腐熟农家肥覆盖畦面，以增加地温和土壤肥力。甘草根具有根瘤可以固氮，一般不缺氮素。

（四）灌溉、排水

干旱、半干旱地区直播地和育苗地，在出苗前后要保持土壤湿润。幼苗期（5 ～ 6 月）结合除草、施肥灌水 2 次，生长中期（7 ～ 8 月）结合除草、施肥灌水 1 次，生长中后期应保持适度干旱以利根系生长。有条件的地方入冬前可灌 1 次封冻水。土壤湿度过大会使根部腐烂，如有积水应及时排除。

五、病虫害及其防治

（一）病害及其防治

1. 锈病 ***Uromyces glycyrrhizae*** **（Rabh.）Magh.** 一般 5 ～ 6 月危害植株幼叶，感病叶背面产生黄褐色疱状病斑。防治方法：①集中病株残体烧毁；②发病初期喷 90% 敌锈钠 400 倍液，连喷两次，每次间隔 10 天左右。

2. 褐斑病 ***Cercospora astragali*** **Woronichin.** 一般 5 ～ 6 月危害植株幼叶，受害叶片产生圆

形和不规则形病斑，病斑中央灰褐色，边缘褐色，在病斑的正反面均有灰黑色霉状物。防治方法：①集中病残株烧毁；②发病初期喷 1∶1∶（100 ～ 160）波尔多液或 70% 甲基托布津可湿性粉剂 1500 ～ 2000 倍液，每 15 ～ 20 天 1 次，连喷 2 ～ 3 次。

3. 白粉病 *Erysiphe polygoni* D. C.　一般于 5 ～ 6 月发病，危害植株幼叶，被害叶正反面产生白粉，后期叶变黄枯死。防治方法：①集中病残株烧毁；②发病初期喷 15% 粉锈宁 800 ～ 1000 倍液或 0.2 ～ 0.3 波美度石硫合剂。

（二）虫害及其防治

1. 甘草种子小蜂 *Bruchophagus* sp.　危害种子。成虫产卵于青果期的种皮上，幼虫孵化后即蛀食种子，并在种子内化蛹，成虫羽化后，咬破种皮飞出。被害籽被蛀食一空，种皮和荚上留有圆形小羽化孔。此虫对种子的产量、质量影响较大。防治方法：①清园，减少虫源；②种子处理，去除虫籽或用西维因粉拌种。

2. 蚜虫 *Aphis craccivora* Koch.　5 ～ 8 月多附着于叶片背面与嫩茎处，淡绿、褐绿或黑绿色，刺吸汁液，严重时使叶片发黄脱落，影响结实和药材质量。防治方法：用吡虫啉 10% 可湿性粉 1500 倍液或蚜虱绝 25% 乳油 2000 ～ 2500 倍液喷洒全株，并在 5 ～ 7 天后再喷 1 次。

3. 跗粗角萤叶甲 *Diorhabold tarsalis* Weise.　危害植株叶片，整个生长季节都可发生，以 5 ～ 8 月为发生盛期，取食量大，严重时植株叶片全被吃光，只剩下茎秆和叶脉。防治方法：①在发生期用乐斯本 1000 ～ 1500 倍液于上午 11 时前喷雾；②秋冬季清除枯枝落叶。

4. 甘草胭脂蚧 *Porphyrophora sophorae* Arch.　于每年 4 月下旬开始为害，一直持续到 7 月下旬。发生时在土表下 5 ～ 15cm 根部可见有玫瑰色的“株体”。防治方法：①避免重茬，减少虫源；②在 3 月下旬～ 4 月上中旬若虫活动期及 8 月中旬～ 9 月上旬成虫交尾期，地面喷施 40% 乐斯本乳油 1000 倍液或夜晚在地面均匀撒施毒土，连续 3 次。

六、采收加工

（一）采收

1. 采收时间　育苗移栽后第二年可采收。春秋季均可进行，但以秋季落叶后采收为佳。春季采收要在枝叶萌发前。

2. 采收方法　可采用人工或机械采收的方法。人工采收时沿行两边先挖开深 20 ～ 30cm 土层后，揪住根头用力拔出。机械采收一般用犁深切 30 ～ 40cm，然后用耙将根耧出。

（二）产地加工

采收后去掉芦头、须根、泥土，依据直径大小加工成规定的长度，捋直、捆把，置通风干燥处晾干，勿曝晒。也有将外面的栓皮削去者，称为“粉草”。

七、药材质量要求

以外皮细紧、色红棕色、质坚实、体重、断面黄白色、粉性足、味甜者为佳。干品水分不得过 12.0%，总灰分不得过 7.0%，酸不溶性灰分不得过 2.0%，铅不得过 5mg/kg，镉不得过 1mg/kg，砷不得过 2mg/kg，汞不得过 0.2mg/kg，铜不得过 20mg/kg，五氯硝基苯不得过 0.1mg/kg，含甘草苷不得少于 0.50%，甘草酸不得少于 2.0%。

川 芎

川芎 *Ligusticum chuanxiong* Hort. 为伞形科藁本属植物，别名芎藭，以根茎供药用，药材名川芎，是著名的川产道地药材。其味辛，性温；归肝、胆、心包经；具有活血行气、祛风止痛的功效；用于治疗头风头痛、风湿痹痛等症。现代研究证明，川芎含有挥发油（如藁本内酯、3-丁酞内酯等）、生物碱（如川芎嗪、佩洛立灵）、酚酸（如阿魏酸、瑟丹酸、咖啡酸、原儿茶酸）等化学成分，具有抗心肌缺血、抗动脉硬化、抗血栓、抗脑缺血、抗老年性痴呆、抗纤维化、镇痛、镇静、抗炎、解热、抑菌、抗肿瘤等药理作用。

一、植物形态特征

多年生草本，高 30 ～ 70cm，全株有浓烈香气。根状茎发达，呈不规则结节状拳形团块。茎直立，圆柱形，中空，表面有纵直沟纹。茎下部的节膨大成盘状（俗称苓子），中部以上的节不膨大。叶互生，叶片轮廓卵状三角形，3 ～ 4 回三出式羽状全裂；茎下部叶具柄，基部扩大成鞘，茎上部叶几无柄。复伞形花序顶生或侧生，花瓣白色。双悬果，卵形。花期 7 ～ 8 月，果期 8 ～ 9 月。

二、生物学特性

（一）分布与产地

川芎分布区域较广，全国大部分地区均有栽培。四川、重庆、云南、贵州、湖北、陕西、江西、甘肃等省有分布。四川省的川芎具有近 2000 年的栽种和使用历史，产量占全国总产量的 90% 以上，尤以都江堰、彭州等地所产川芎量大质优。

（二）对环境的适应性

1. 对温度的适应 喜温，适宜生态环境为亚热带湿润气候区，在年均温 15.2 ～ 15.7℃地区可种植。最低温度不能低于 –10℃，最高温度不能高于 40℃。川芎的发叶、发根、幼苗生长、茎根膨大的最适温度为 20 ～ 30℃。

2. 对光照的适应 喜光。栽培地宜日照充足，生长期内要求年均日照 830 ～ 1350 小时。但出苗阶段忌烈日暴晒，需盖草隐蔽，否则幼苗容易枯死。

3. 对水分的适应 生长前期喜湿，后期喜干。宜在雨量充沛、比较湿润的环境生长。种植地要求年降雨量 1000mm 以上。幼苗出土需水分充足，表土过干容易缺苗。高温季节若雨水多，地面积水，块茎极易感病腐烂。

4. 对土壤的适应 种植川芎的土壤以砂质壤土、紫色土、水稻土为佳。熟化度高、有机质丰富、微生物活跃、结构良好、透水通气、供肥力强、磷素含量高的土壤能为川芎优质高产奠定良好的物质基础。过砂或过于黏重的土壤都不适宜种植川芎。

5. 对肥料的适应 川芎喜有机肥，对氮肥比较敏感，在施用农家肥的基础上，追施氮肥能显著提高产量，配施磷、钾肥效果好。

（三）生长发育习性

川芎的栽培分为苓种培育和药材生产两个方面。川芎苓种的培育期为 180 ～ 200 天，药材川芎的生长期为 280 ～ 290 天，可划分为育苓期、苗期、茎发生和生长期、倒苗期、二次茎叶发生期、抽茎期、根茎膨大期。各生育期有明显重叠。

12 月下旬～次年 7 月，为川芎培育苓种的时期。12 月下旬，从大田种植地里采挖专门栽种用作培育苓种的川芎植株，经过处理后运到苓种繁育地培育苓种。8 月上旬采挖苓种，栽种到大田种植地。9 月中旬～ 12 月中旬，是茎的发生与伸长期，叶片数增多，达到头年生长量的高峰。12 月下旬～次年 2 月为倒苗越冬期。2 月上旬，川芎开始发生新叶；3 月中旬开始抽茎，至 4 月川芎地上部分生长量最大。4 月中旬～ 5 月中下旬收获，块茎干物质积累量大，体积膨大。

三、栽培技术

（一）品种类型

通过收集四川省川芎种质资源，系统选育出“绿芎 1 号”“新绿芎 1 号”等新品种，并进行了推广种植。川芎传统栽培方式为山区繁种（山苓种）供坝区栽培，但近年来越来越多产区采用坝区繁种（坝苓种）直接供坝区栽培。

（二）选地与整地

1. 苓种繁育地　苓种繁育应在海拔 900 ～ 1500m，气候阴凉的深高山的阳山或浅低山半阴半阳地带培育，忌重茬。栽前翻耕除草，耙细整平。依地势和排水条件开厢，土地四周挖好排水沟。

2. 大田种植地　多在平坝、丘陵地区种植，当前作早稻灌浆后，放干田水，收割后铲去稻桩，翻耕或不翻耕。播种前开厢，开厢方法同苓种繁育地，开厢时要注意深沟高厢。每亩用堆肥或厩肥 2000kg 撒施于厢面，将肥料与表土混匀。

（三）繁殖方法

采用无性繁殖。繁殖材料是地上茎的茎节，称“苓子”（苓种），常在山区培育。

1. 培育苓种

（1）栽培抚芎　12 月下旬～翌年 1 月上中旬，选坝区川芎苗子生长健壮的田块，挖起根茎（俗称“抚芎”或“奶芎”），彻底剔除病株和直径 3cm 以下的小根茎，除去须根和泥土，阴干水气，然后运到山区栽种。按株行距 27cm×30cm 挖穴，每穴栽大个抚芎 1 个，中、小个抚芎 1 ～ 2 个。每亩用抚芎量约 200kg。

（2）收获苓子　7 月下旬～ 8 月上旬，当茎节盘显著膨大、略带紫色、茎秆呈花红色时，选阴天或晴天早晨采挖。选留发育正常的健壮植株，除去叶片和上部秆子节段，割下根茎作药用，将所收茎秆捆成小捆运下山。一般抚芎子与苓种的产出比为 1∶（4 ～ 6），亩产苓种约 800 ～ 1200kg。

2. 大田种植

（1）选种及苓子处理　苓种健壮与否直接影响川芎药材产量。以茎秆粗壮、茎节粗大、直径

1.5cm 左右、节间短、间距 6 ～ 8cm、每苗有 10 个左右茎节、无病虫的苓种为佳。8 月上中旬为播种适宜期，播种前仔细剔除有虫孔、节盘中空和节上无芽或芽已萌发的苓子。然后用 1∶50 倍大蒜液或 50% 多菌灵 500 倍液浸泡苓种 30 分钟，再在室内阴凉处摊晾 1 ～ 2 天。

（2）播种方法　将苓子芽头向上用手轻轻按压入土，以节盘接触到土壤为宜，外露一半在土表即可。栽后用土杂肥或混合堆肥覆盖苓子的节盘，并浇腐熟粪水，在厢面上盖 1 层稻草。每亩用苓子 30 ～ 40kg。四川药农栽苓专用工具称"菩耙子"。

四、田间管理

（一）苓种繁育地管理

1. 施肥　4 月上旬疏苗后进行第一次追肥，每亩追施草木灰 150kg，混入腐熟的饼肥 150kg 和人畜粪水 1000kg 施于行间。4 月下旬再进行第二次追肥。

2. 中耕除草　3 月上旬出苗，齐苗后进行 1 次中耕除草，以后多次除草。

3. 间苗、定苗　春分至清明苗高 12cm 左右时及时间苗定苗。定苗时，扒开根际周围的土壤，露出根茎顶端，每窝选留粗细均匀、生长健壮的地上茎 8 ～ 12 苗，其余的从基部割除。

4. 灌溉及排水　保持苓种繁育地四周排水良好，及时清理土沟中障碍物。苓种在雨水多、湿度大的条件下生长健壮，产量高。在 2 ～ 5 月苓种生长阶段如遇高温干旱要及时补水，以保证苓种正常生长。

5. 插枝扶秆　苗高 40cm 以后要注意插枝扶秆，以防倒伏。

（二）大田种植地管理

1. 补苗　对于发生缺苗、坏苗的，可选择阴天，挖取备用苓子补苗，带土移栽，补后必须浇水。补苗工作必须在秋分前结束。

2. 中耕除草　栽后半月幼苗出齐后，浅中耕一次，以后每隔 20 天左右中耕除草 1 次，注意只浅松表土，勿伤根。缺苗处，结合中耕进行补苗。

3. 肥水管理　从 9 月中旬起，每隔半月施用 1 次腐熟猪粪水提苗：第一次按 1 ∶ 5（腐熟猪粪：清水）施用，同时施用菜籽饼 50 ～ 100kg、稀土磷肥 20 ～ 40kg，穴施。第二次按 1 ∶ 4 施用。第三次按 1 ∶ 3 施用。每次每亩施用腐熟猪粪水 2000kg 左右。有机肥的施用应在霜降以前为宜。翌年元月，施干粪，并培土；2 ～ 3 月返青后，施一次薄粪水。

4. 生长控制　冬至前要注意打净老黄叶，1 月中旬川芎叶秆回苗枯黄后要人工全部扯除，减少养分消耗，促进地下根茎生长。4 月上旬对长势旺的地上部分摘心打顶。

五、病虫害及其防治

（一）病害及其防治

1. 根腐病 *Fusarium* sp.　苓种培育及大田种植均可发生，4 月中下旬～ 6 月中旬进入盛发期。发病初期，地上部从外围的叶片开始褪色变黄。地下块茎的病部初呈褐色至红褐色，水渍状，然后髓部变黑；严重者整株焦枯死亡，剖开植株茎干见维管束变为褐色。防治方法：①选用无病根茎栽培；②合理轮作；③注意排水；④根腐病发生后立即拔出病株，集中处理，以防止蔓延；⑤栽种前配合施用木霉菌制剂等生物制剂；⑥发生初期，用 70% 百菌清可湿性粉剂 1000 倍液等进行叶面喷施防治，7 ～ 10 天 1 次，连喷 2 ～ 3 次。

2. 白粉病 *Erysiphe polygoni* DC.　发生在高山苓种生产地，主要危害叶片。植株感病后，下部叶片表面出现灰白色的白粉，后逐渐向上部叶片和茎秆蔓延，到后期病部出现黑色小点，严重时使茎叶变黄枯死。川芎的整个生长期均可受害，夏秋季高温多雨季节发病严重。防治方法：①清理田园；②合理轮作；③发病初期，用 25% 粉锈宁 1500 倍液喷洒叶片，每 7 ～ 10 天 1 次，连续进行 2 ～ 3 次。

3. 斑枯病 *Septoria* sp.　主要危害叶片。发病后叶片上呈现近圆形至多角形黄褐色病斑，中央稍浅，后期病部长出黑色小粒点状。病害盛发期在川芎生长后期。防治方法：①收获后清理田园；②清除植株下部病叶、老黄叶，减少越冬菌源；③发病初期，用 65% 的代森锌 500 倍液等杀菌剂喷雾。

（二）虫害及其防治

1. 川芎茎节蛾 *Epinotia leucantha* meyrick　又名钻心虫，山区育苓阶段危害最烈。幼虫初期危害茎顶部，随后从心叶或叶鞘处蛀入茎秆，咬食节盘，造成“通秆”，使全株枯死。6 ～ 7 月发生严重。防治方法：①栽植前要剔除有虫孔及节盘上无芽的苓子；②用频振式杀虫灯诱杀茎节蛾的成虫；③在贮藏苓子时，用 80% 敌百虫晶体 800 ～ 1500 倍液喷射预防；④在栽种前，用 80% 敌百虫加水 800 倍液浸泡苓子 1 小时后栽种；⑤发生初期，用 40% 辛硫磷乳油 1000 倍液等杀虫剂喷雾。

2. 川芎蛴螬（宽褐齿爪鳃金龟 *Holotrichia lata* Brenske）　取食川芎须根和主根，造成地上部枯黄，严重影响药材产量。7 月中旬进入危害盛期，在 9 ～ 10 月咬食幼苗，在苓种生产后期咬食川芎。防治方法：①通过深耕细耙机械杀伤或将害虫翻至地面，使其幼虫暴晒而死或被鸟类啄食；②清洁田园；③用频振式杀虫灯诱杀成虫；④用 90% 敌百虫晶体 1000 ～ 1500 倍液等灌窝；⑤黄昏后直接捕杀成虫。

六、采收加工

（一）采收

平原地区在栽后第二年 5 月下旬～ 6 月上旬采收，山区在 7 月中旬～ 8 月下旬采收。择晴天，挖出根茎，抖掉泥土，除去茎叶。在田间稍晾水气，运回及时干燥。

（二）产地加工

收获后选晴天及时晒干、阴干或炕干，有条件的地方可选用微波干燥法和远红外干燥法。忌暴晒和烈火烘炕。干后抖去泥沙，放入专用的撞篼抖撞掉须根和泥沙。

七、药材质量要求

以结节状拳形团块、表面有多数平行隆起轮节、顶端有凹陷的茎痕、质坚实、断面黄白色、散在有黄棕色油室、形成层环波状、气浓香、味苦辛稍麻舌、微回甜者质量为佳。干品含水分不得过 12.0%，总灰分不得过 6.0%，酸不溶性灰分不得过 2.0%，含阿魏酸不得少于 0.10%。

浙贝母

浙贝母 *Fritillaria thunbergii* miq. 为百合科贝母属植物，以干燥鳞茎药用，药材名浙贝母，亦名浙贝、大贝、象贝、元宝贝、珠贝，属于常用中药。其味苦，性寒；具有清热化痰止咳、解毒散结消痈等功效；用于治疗风热咳嗽、痰火咳嗽、肺痈、乳痈、瘰疬、疮毒等症。鳞茎主要含浙贝母碱、去氢浙贝母碱。此外，尚含四种微量生物碱，即贝母丁碱、贝母芬碱、贝母辛碱、贝母定碱，亦含贝母醇等甾醇类化合物。

一、植物形态特征

多年生草本植物。地下鳞茎球形或扁形，白色，上下微凹，直径 2 ～ 6cm。一个鳞茎有两个心芽。茎单生。单叶，无柄，下部叶对生或近对生，上部叶互生，顶端呈卷须状。花单生于茎项或上部叶腋间，有短梗，3 ～ 9 朵，钟状，开放时下垂；花被 6 片，淡黄绿色。蒴果。种子扁平，近半圆形。花期 3 ～ 4 月，果期 4 ～ 5 月。

二、生物学特性

（一）分布与产地

浙贝母主产浙江宁波鄞州区和磐安，江苏南通地区已成为浙贝母种用鳞茎最主要的生产地之一。此外，安徽、江西、湖南等省亦有栽培。

（二）对环境的适应性

1. 对温度的适应　浙贝母喜温凉气候，鳞茎的生长适温在 7 ～ 25℃，以 15℃为宜；地上部分生长适温在 4 ～ 30℃，低于 -3℃则植株受冻、叶子萎蔫，高于 30℃植株顶部出现枯黄。地下鳞茎膨大生长适温为 10 ～ 25℃，高于 25℃将导致鳞茎休眠。开花适宜温度为 22℃左右。

2. 对光照的适应　生长期间要求阳光充足。研究表明，浙贝母生长期间搭棚遮阴时，产量下降 30% ～ 50%。

3. 对水分的适应　要求湿润的土壤环境。研究表明，土壤含水量 27% 时最有利于植株生长，降为 6% 时则不能生长。发根的土壤含水量以 20% ～ 28% 较宜，低于 10% 时不能发根。浙贝母植株在不同的生长时期对水分的要求是不相同的，一般出苗前需水量较少，出苗后到株高生长停止（2 月初～ 4 月初）需水量最多，若此时月平均降水量在 40mm 以下，植株生长就会受到影响。

4. 对土壤的适应　植株对土壤的要求比较严格，适合在透水性好、微酸性或中性的砂质壤土中生长，土层厚度宜在 40 ～ 50cm 以上。

（三）生长发育习性

1. 根的生长　根原基于 5 月中旬形成，随着气温升高，根原基生长发育受到抑制。9 月底根开始生长，12 月底前根系基本形成。到次年 3 月根量达到极限，随后逐渐停止生长，4 月底枯死。

2. 芽、茎和叶的生长　在休眠期内，芽的后熟及分化非常缓慢。9 月开始芽的分化显著加快，到10月上旬生长点上可见许多突起，11月中旬芽内部幼蕾分化已十分清楚，叶片分化已全部完成。12月中旬，在芽中已可见雄蕊，剥开幼芽，肉眼可见花蕾。12月中旬芽长不到2cm，而12月下旬后，芽迅速生长。2月上旬幼苗开始生长出苗，气温17℃左右时，地上部植株生长迅速，株高在3月下旬～4月上旬达到最高。气温超过20℃时，植株生长缓慢。出苗后，叶片逐渐展开，叶面积不断扩大。叶片数在芽分化时已经形成，不再增加。

3. 鳞茎的生长　鳞茎膨大有两个时期，第一个时期是在出土前的11月间或12月上旬，第二个时期是在2月下旬～5月中上旬。

4. 花与果实的发育　开花初期花梗是伸直的，到花将要开时，花梗向下弯曲，花期3～4月。开花后结果，蒴果具6等宽的纵翼，成熟时室背开裂，每果有种子50～100粒，果期4～5月。花谢后40天左右植株枯萎，种子成熟。

5. 种子特性　种子扁平，近半圆形。边缘具翼，淡棕色，一般长0.6cm，宽0.5cm，厚约0.1cm。种子具有胚后熟现象，播前需处理，使胚后熟完成，播后才能顺利萌发。

三、栽培技术

（一）品种类型

产区常用的农家品种有细叶种（铁杆）、大叶种（玉贝）、轮叶种、小立子、多籽种等。其中多籽种具有产量高、折干率高、繁殖力强、抗灰霉病性较强等优点，但种鳞茎过夏易受病虫为害。而大叶种的产量高，繁殖力也较强，抗性较强，种鳞茎过夏对病虫害有较强的抗性。因此，目前生产上多采用大叶种和多籽种。

（二）选地与整地

宜选土层深厚、疏松、含腐殖质丰富的砂质壤土，种子田更要注意透水性要好。浙贝母不宜连作，如受条件限制必须连作，也不要超过2～3次。前作一般为芋艿、玉米、黄豆、番薯等。选地后，翻耕深度在18～21cm，耙细整平，按宽200cm，高12～15cm做畦，畦沟宽30cm左右。每亩施腐熟厩肥或堆肥3000～5000kg，均匀撒于畦面上。

（三）繁殖方法

繁殖方法有种子繁殖和鳞茎繁殖，生产上以鳞茎繁殖为主。种子繁殖从播种到收获需5年时间，因此很少采用。这里仅介绍鳞茎繁殖方法。

1. 留种　浙贝母植株地上部分5月中、下旬全株枯黄，作商品的鳞茎在植株枯萎后就要采挖，但种用鳞茎要到9月下旬～10月上旬才栽种，留种过夏的方法主要有3种：①室内过夏，种子田的植株枯萎后，将鳞茎挖起，然后一层沙一层鳞茎堆放在阴凉通风处；②移地过夏，把挖出的鳞茎集中贮存，贮存地应选地势高、排水好、阴凉的地方；③田间过夏，大量的种用鳞茎不便于采用室内过夏和移地过夏时，可采用繁育种用鳞茎的地块即种子田不采挖的田间过夏，过夏的种子田可套种瓜类、豆类、蔬菜、甘薯等作物。

2. 栽种　把直径4～5cm的鳞茎用于种子田栽种，其余各档均可用于商品田栽种。一般在9月中旬～10月上旬栽种较好，下种时种子田先种，商品田后种。种子田密度以株距15cm、行距18～20cm，每亩种15000～16000株为宜。商品田若用直径50cm以上鳞茎，则株距18cm，行距21cm，每亩种12000～13000株为宜；直径4cm以下鳞茎的株距13.5～15cm，行距18cm左右，每亩种 17000 ～ 19000 株。栽种深度应掌握“种子田要深，商品田要浅；种茎大略深，种茎小略浅”的原则。

四、田间管理

（一）中耕除草

中耕除草最好在苗未出土前和植株生长前期进行，过迟容易削伤茎秆和地下新鳞茎。一般分别在 2 月上旬、2 月下旬～ 3 月下旬、4 月上旬进行 3 ～ 4 次。

（二）摘花打顶

一般在 3 月中下旬植株有 1 ～ 2 朵花开放时摘花打顶，将花连同 6 ～ 9cm 的枝梢一起摘去。摘花打顶宜在晴天进行，以免雨水进入伤口，引起腐烂。

（三）追肥

追肥要结合中耕除草进行。在 2 月上、中旬施苗肥，每亩施人粪尿 1500kg 或硫酸铵 10 ～ 15kg，分 2 次施，相隔 10 ～ 15 天。花肥在摘花后施入，肥料种类和数量与苗肥相似，种植密度大、生长茂盛的种子田可少施或不施。

（四）灌溉、排水

浙贝母生长需土壤湿润的环境，田间既不能积水，也不能过于干旱。浙江产区在此期间一般雨量充沛，无须灌溉，但遇干旱年份，应适当灌溉。雨后要及时排除积水，暴雨后及阴雨季节要及时检查，开通排水沟。

五、病虫害及其防治

（一）病害及其防治

1. 灰霉病 ***Botrytis elliptica*** **（Berk.）Cke.**　一般在 3 月下旬～ 4 月初开始发生，4 月中旬盛发。危害地上部分。发病后先在叶片上出现淡褐色小点，边缘有明显的水渍状环，花被害后干缩不能开放，被害部分能长出灰色霉状物。防治方法：①实行轮作；②从 3 月下旬开始，喷施 1∶1∶100 的波尔多液，每隔 10 天左右喷 1 次，连喷 3 ～ 4 次。

2. 黑斑病 ***Alternaria alternate*** **（Riss.）Keissler.**　一般在 3 月下旬开始为害，直至地上部枯死。发病先从叶尖开始，叶色变淡，出现水渍状褐色病斑，病部与健部有明显界限。在潮湿情况下病斑上有黑色霉状物。防治方法：①收获后，清除残株病叶；②实行轮作；③ 4 月上旬开始，结合防治灰霉病，喷施 1∶1∶100 波尔多液，每隔 10 天喷 1 次，连喷 3 ～ 4 次。

（二）虫害及其防治

主要虫害为蛴螬，是铜绿丽金龟子 *Anomala corpulenta* Motschulsky. 幼虫。受害鳞茎成麻点状或凹凸不平的空洞状。从 4 月中旬起少量为害鳞茎，过夏期间为害最盛，到 11 月中旬后停止为害。防治方法：①冬季清除杂草，深翻土地，消灭越冬虫口；②施用腐熟的厩肥、堆肥，并覆土盖肥，减少成虫产卵量；③用黑光灯诱杀成虫。

六、采收加工

（一）采收

1. 商品鳞茎收获　5月上、中旬当植株地上部枯萎时，商品鳞茎即可收获。在后作可适当推迟的情况下，商品鳞茎应在植株地上部分完全枯萎后收获，因地上部分枯萎期间地下鳞茎仍在增长。选晴天收获，阴雨天起土会使商品浙贝母腐烂，造成损失。

2. 种子鳞茎收获　种子鳞茎在9月中旬～10月上旬起土，边起土边下种，符合标准的鳞茎种在种子田，其他则种在商品田。

（二）产地加工

1. 贝壳灰加工法

（1）去泥　将收获的鳞茎放在竹筐里，用水将起土时所带的泥土洗去。

（2）分级　见较大的鳞茎（直径3cm以上），将鳞片分开，挖去心芽，以便加工成元宝贝，习称“大贝”。较小的鳞茎不去心芽，加工成“珠贝”。

（3）去皮加贝壳灰　将分级后的鲜鳞茎装入机动或人力擦桶内，来回振动，使鳞茎相互碰擦15～20分钟，直至表皮脱净，浆液渗出为止。按每50kg去皮鳞茎加2～3kg贝壳灰比例加入贝壳灰，再振动10～15分钟，倒入箩筐内，放置过夜。次日在太阳下晒，直至晒干。

2. 切片干燥法　取鳞茎，大小分开，洗净，除去心芽，趁鲜用切片机切成3～4mm的薄片，在70～80℃下烘6～12小时即可，习称“浙贝片”。

七、药材质量要求

以鳞叶肥厚、表面及断面白色、粉性足者为佳。干品水分不得过18.0%，总灰分不得过6.0%，醇溶性浸出物不得少于8.0%，含贝母素甲和贝母素乙的总量不得少于0.080%。

菘　蓝

菘蓝 *Isatis indigotica* Fort. 为十字花科菘蓝属植物，以干燥根入药为板蓝根，以干燥叶入药为大青叶，鲜叶或茎叶加工制成深蓝色粉末状物称青黛。三者均为常用中药，药性相似。性寒、味苦；具有清热解毒、凉血消肿之功效；主治流行性感冒、流行性乙型脑炎、流行性腮腺炎、流行性脑脊髓膜炎、急性传染性肝炎、扁桃体炎、咽喉肿痛、痈肿疮毒等症。板蓝根主要含有生物碱（如靛蓝，靛玉红）、含硫化合物［如（R，S）-告依春］、核苷、多糖、有机酸等化学成分，具有抗菌抗病毒、抗内毒素、抗炎、抗肿瘤、免疫调节等药理作用。

一、植物形态特征

二年生草本，株高40～120cm。主根长圆柱形，肉质肥厚。基生叶有柄，叶片倒卵形至倒披针形，茎生叶无柄，叶片卵状披针形或披针形，有白粉，基部耳垂形，半抱茎，近全缘。复总状花序，花黄色。短角果矩圆形，扁平，边缘有翅，成熟时黑紫色。种子1粒，稀2～3粒，呈长圆形。

二、生物学特性

（一）分布与产地

全国各地均有栽培。商品药材来源于栽培，主产于安徽太和，黑龙江八井子，河北唐自头、玉田、郭家屯等地。

（二）对环境的适应性

1. 对温度的适应 菘蓝喜温，主产区之一的安徽亳州，年平均气温 14.5℃，全年 0℃以上积温 5338℃，10℃以上活动积温 4758.7℃，无霜期 209 天，年极端最低气温 –14℃。

2. 对水分的适应 菘蓝喜湿润气候，耐旱，怕涝。

3. 对光照的适应 菘蓝喜光，年平均日照时数 2500 小时。

4. 对土壤的适应 菘蓝耐肥性较强，肥沃和深厚的土层是其生长发育的必要条件。宜选土层深厚、疏松肥沃、排水良好的砂质壤土。对土壤的酸碱度要求不严，pH 值 6.5 ～ 8 的土壤都能适应，一般以内陆及沿海一带微碱性的土壤最为适宜，地势低洼易积水土地不宜种植。

（三）生长发育习性

菘蓝为越年生、长日照型植物。4 月上中旬播种，种子在 15 ～ 30℃温度下萌发良好。当年只能进行营养生长，形成莲座状叶簇，露地越冬，经过春化阶段，于翌年 3 月上旬抽薹，3 月中旬为开花期，4 月下旬～ 5 月下旬为结果期，6 月上旬即可收获种子，全生育期为 9 ～ 10 个月。

三、栽培技术

（一）品种类型

菘蓝的栽培历史较长，种质分化比较明显，生产中形成了具有不同特征的白菜叶型、芥菜叶型、甘蓝叶型等栽培类型，人工选育出的新品种有“定蓝 1 号”“冀蓝 1 号”等。经秋水仙碱诱导形成的四倍体菘蓝，具有叶色深绿、叶片宽厚、叶面粗糙、叶缘锯齿状、长势旺盛、分蘖能力强、气孔巨大、保卫细胞叶绿体数目增多等特征，根、叶产量显著提高，但由于根、叶中靛蓝、靛玉红等活性成分含量发生了变化，其药用价值有待商榷。

（二）选地与整地

菘蓝为深根性植物，宜选土层深厚、排水良好、疏松肥沃的砂质壤土及内陆平原和冲积土地种植。播种前一般先深翻地 20 ～ 30cm，砂地可稍浅，每亩施基肥 2000 ～ 3000kg，基肥种类以厩肥、绿肥和焦泥灰为主。前茬作物收获后及时翻耕，翻入土内，耕后细耙，使土地平整。在北方雨水少的地区做平畦，南方做高畦以利排水，畦宽 1.5 ～ 2m，高约 20cm，畦两侧开好排水沟。也可用 90% 敌百虫 800 倍液或用 50% 辛硫磷乳油 800 倍液拌炒香的玉米糁，耕地时翻入，除杀地下害虫。

（三）繁殖方法

1. 种子繁殖 选择粒粒饱满、发芽率为 80% 以上的种子。4 月上旬播种，常用宽行条播或撒播。播前把种子用清水浸泡12～24小时，捞出，晾干，随即拌于细土进行播种。先按行距20～25cm在畦面开出1.5cm浅沟，将种子均匀撒入沟内，播后在其上盖一层2～3cm厚的草木灰或细土，每亩用种量1～2kg。若以收获种子为目的则采用秋播，在9月开始播种萌发，经过春化过程后开花结实。也可春播或夏播，到10～11月采叶后，挖出全根，将不分杈的根条按一定的行株距移栽留种。

2. 再生栽培　7～8月夏季高温季节，种子播种出苗受一定影响，可以利用前茬植株的强大根茎再萌芽生产。一般在6月中下旬，前茬菘蓝采收时保留一部分粗壮植株不采收，培育植株根茎继续生长。

四、田间管理

（一）间苗、定苗

当苗高3cm时，行间浅耕松土，并拔除苗间杂草；当苗高8～10cm时，需及时间苗，按株行距（7～10）cm×（20～25）cm定苗。间苗时去弱留强，如缺苗需及时补苗。

（二）中耕除草

由于杂草与菘蓝同时生长，在间苗的同时，需中耕、松土、除草，往后根据杂草生长情况及土壤板结情况及时除草、松土。

（三）追肥

种子繁殖定苗后，根据幼苗生长情况，结合中耕除草，适当追肥。一般在5月下旬至6月上旬，每亩追施硫酸铵10kg、过磷酸钙7.5～15kg，混合施入行间；凡生长良好的在6月下旬到8月中下旬可采收二次叶片，采叶后及时重施腐熟粪肥，以促进叶片生长。可施用磷钾肥和草木灰，促使根部生长粗大，产根量高。

再生栽培时，仅保留根茎1～2cm露出地面，割后10天左右，小苗基本齐苗后追一次水肥，每亩施水溶性肥料（氮：磷：钾为32：10：10）5kg，通过水肥一体化喷施叶面，同时需注意避开高温，并加强萌芽后水分管理。

（四）灌溉、排水

菘蓝生长前期水分不宜太多，以促进根部向下生长，后期可适当多浇水。如遇伏天干旱天气，可在早晚灌水，切勿在阳光下进行，以免高温烧伤叶片，影响植株生长。多雨地区和季节，畦间沟加深，大田四周加开深沟，以利及时排水，避免烂根。

（五）间套作

留种地内，可间种蔬菜或其他药材，畦埂上可种玉米，以增加收益。

五、病虫害及其防治

（一）病害及其防治

1. 霜霉菌 *Peronospora isatidis* Gaum　一般于6月上旬开始发病，7月中旬发病严重。主要危害叶片，发病初期，叶片产生黄白色病斑，叶背出现似浓霜样的霉斑，随着病害的发展，叶色变黄，最后呈褐色干枯。防治方法：①雨季注意排水；②在板蓝根收获时，清除枯枝落叶等病残组织；③发病初期用 1：1：200 的波尔多液喷雾，或用 60% 的代森锌 600 倍液或 50% 的多菌灵 500 倍液喷雾；④增施磷、钾肥提高抗病能力。

2. 菌核病 *Sclerotinia sclerotiorum*（Lib.）de Bary 在高温多雨的 5 ～ 6 月间发病最重。危害全株，发病初期呈水渍状，后为青褐色，最后腐烂。茎秆受害后，布满白色菌丝，皮层软腐，茎中空，内有黑色不规则的鼠粪状菌核，使整枝变白倒伏而枯死，种子干瘪，颗粒无收。防治方法：①实行水旱轮作或与禾本科作物轮作；②增施磷肥；③开沟排水，降低田间温度；④及时拔除病株；⑤发病初期用 65% 代森锌 500 ～ 600 倍喷雾，或用 50% 多菌灵、托布津 500 ～ 1000 倍液集中喷洒植株中下部，隔 7 天喷 1 次，连续 2 ～ 3 次。

3. 根腐病 *Fusarium solani*（Mart.）App. et Wr. 一般在高温高湿的 5 月中下旬开始发生，6 ～ 7 月为盛期。主要危害根部造成根部腐烂。防治方法：①选择地势略高、排水通畅的地块种植，并实行轮作；②增施磷、钾肥，提高抗病能力；③发病初期喷洒 75% 百菌清可湿性粉剂 600 倍液或用 70% 敌克松 1000 倍液浇灌病株根部；④及时排水并拔除病株。

4. 叶枯病 主要危害叶片，7 ～ 8 月多雨高温时发病严重，从叶尖或叶缘向内延伸，呈不规则黑褐色病斑迅速延伸。防治方法：①合理轮作，增施磷、钾肥；②发病初期用 70% 代森锰锌 500 倍液，或用杀毒矾 800 倍液喷雾，每隔 7 ～ 10 天喷 1 次，喷 2 ～ 3 次。

（二）虫害及其防治

1. 菜粉蝶（菜青虫）*Pieris rapae* L. 整个生长期受菜粉蝶幼虫危害最严重。幼虫啃食叶片，形成许多小孔或缺刻。防治方法：①清除田间残株、枯叶，翻地以减少越冬场所；②幼虫可用苏芸金杆菌可湿性粉剂 800 ～ 1000 倍液，或 90% 晶体敌百虫 1000 ～ 1500 倍液喷雾；③成虫可在田间设黑光灯诱杀。

2. 小菜蛾 *Plutella maculipennis* Curt. 幼虫取食叶片，成虫在夜间活动，白天多隐蔽于植物叶片背面。防治方法：同菜青虫。

3. 桃蚜 *Myzus persicae* Sulz. 幼虫或成虫吸食叶片、花蕾汁液。多于早春危害刚抽生的花蕾，使花蕾萎缩，不能开花，茎叶发黄，影响种子质量。防治方法：①收获后或冬季清理田间枯枝、落叶和杂草，集中烧毁；②发生期用 4% 乐果乳油 1500 ～ 2000 倍液喷杀；③生物防治，释放草蛉幼虫。

4. 潜叶蝇 寄生于叶片中，叶片受害呈不规则曲线，严重的整叶失绿。防治方法：用 1.8% 阿维菌素乳油 2000 倍液，或 1.8% 高效氯氰菊酯乳油 1000 倍液等喷雾。

六、采收加工

（一）采收

1. 大青叶 一年可采收 3 次，第一次在夏至前后，第二次在处暑到白露间，第三次在霜降前。采收应选晴天，用镰刀距地面约 3cm 处割取叶子。

2. 板蓝根 应于入冬前选晴天采挖，割去地上叶子后，靠畦边顺行挖 50 ～ 70cm 深的沟，仔细将根挖出，切勿将根挖断。起根后去净泥土和茎叶，摊晒至七八成干，扎成小捆，再晒至全干即可，遇阴雨天可烘干。

（二）产地加工

1. 大青叶　采收后的叶子，拣除杂质，晒干或烘干即可。

2. 板蓝根　挖取的板蓝根，去净泥土、芦头和茎叶，摊晒至七八成干，扎成小捆后再晒至全干。

七、药材质量要求

大青叶以叶大、少破碎、干净、色墨绿、无霉变者为佳。干品水分不得过13%，醇溶性浸出物不得少于16%，靛玉红含量不得少于0.020%。

板蓝根以根平直、粗壮、坚实、粉性足者为佳。干品水分不得过15%，总灰分不得过9%，酸不溶性灰分不得过2%，醇溶性浸出物不得少于25%，（R，S）- 告依春不得少于0.020%。

防　风

防风 *Saposhnikovia divaricata*（Turcz.）Schischk. 为伞形科防风属植物，干燥根入药，药材名为防风，又名关防风、西防风、旁风。味辛、甘，性微温；归膀胱、肝、脾经；具有祛风解表、胜湿止痛、止痉等功效；用于治疗感冒头痛、风湿痹痛、风疹瘙痒、破伤风。现代研究证明，主要含有色原酮（如升麻素、升麻素苷、5-O- 甲基维斯阿米醇、5-O- 甲基维斯阿米醇苷、亥茅酚、亥茅酚苷）、香豆素（如香柑内酯、珊瑚菜素）、挥发油（如人参炔醇、β - 没药烯）、聚炔、多糖等化学成分，具有解热、镇痛、抗炎、抗菌等药理作用。

一、植物形态特征

多年生草本。根粗壮，细长圆柱形，淡黄棕色。根头处被有纤维状叶残基及明显的环纹。茎单生，基部分枝较多，有细棱，基生叶丛生，基部有宽叶鞘。叶片卵形或长圆形，二回或近于三回羽状分裂。茎生叶有宽叶鞘。复伞形花序多数，小伞形花序有花4～10；无总苞片；小总苞片4～6，萼齿短三角形；花瓣倒卵形，白色。双悬果狭圆形或椭圆形；每棱槽内通常有油管1。花期8～9月，果期9～10月。

二、生物学特性

（一）分布与产地

分布于华北、东北地区及山东、河南、陕西、甘肃、青海、宁夏等省，被《国家重点保护野生药材物种名录》列为三级保护。商品药材来源于栽培或野生。古今防风的产区变化较大，古代产区多在河北、山东、河南省境内，现野生防风主产于东北地区及内蒙古，药材称“关防风”，栽培药材主产于东北地区及河北、山西、内蒙古、陕西、宁夏等省区。

（二）对环境的适应性

1. 对温度的适应　防风是喜温植物。种子容易萌发，当温度在15～25℃时均可萌发，新鲜种子发芽率在75%～80%，发芽适宜温度为15℃，如果有足够的水分，10～15天即可出苗。防风耐寒性也较强。

2. 对光照的适应 喜阳光充足、凉爽的气候。

3. 对水分的适应 幼苗期怕干旱，成株有较强的耐旱能力和耐盐碱性，怕雨涝和积水。

4. 对土壤的适应 适宜砂质壤土，不适宜酸性强、黏性重的土壤。

（三）生长发育习性

种子萌发后，胚根从果冠端伸出，由胚根发育成直根系。为深根植物，早春以地上茎叶生长为主，根部生长缓慢，夏季植株进入营养生长旺盛期，根部生长随着加快，长度增加。秋季以根部增粗生长为主，并且储存丰富的养分。

播种后第一年只进行营养生长，莲座形态，叶丛生，不抽薹开花，田间可自然越冬。经过冬春季气候适宜时返青，植株生长迅速，并逐渐抽茎分枝，开花结实。花为极端的雌、雄蕊异熟，雄蕊的发育早于雌蕊的发育，花药开裂散粉时，自花的花柱不具备授粉的条件，因此防风为异花传粉。开花之后进入结果期。果实成熟后裂开成二分果。含种子 1 枚。

种子寿命短，发芽能力较低。新鲜种子活力为 75% ～ 85%，发芽率为 50% ～ 68%，贮藏 1 年的种子，发芽率降为 20% 左右，贮藏 2 年的种子基本丧失发芽能力。因此一般隔年种子不能作种用。低温贮藏可提高发芽率。种子播种前需放在温水中浸泡 18 ～ 24 小时，使其充分吸水以利发芽。人工种植必须用当年新产种子。将带种子植株采收后放于阴凉处，后熟 5 ～ 7 天，然后晒干、脱粒，贮藏到阴凉干燥处备用。

三、栽培技术

（一）品种类型

依照产地不同，分为关防风、口防风、西防风和山防风等。关防风又称“东防风”。主产于黑龙江安达、泰康，吉林挑安、镇责，辽宁昭盟、铁岭等地区，尤以黑龙江齐齐哈尔和内蒙古扎鲁特旗以北所产品质优良，产量大，属传统“关药”之一。西防风产于内蒙古的化德、商都，河北省的张家口、承德地区及山西安泽、沁源等地，其产量少，品质略逊关防风。口防风产于河北、山西及内蒙古中部，因主产于河北张家口而得名。山防风又名“黄防风”“青防风”，主产于河北省保定、唐山及山东省，质量稍逊。

（二）选地与整地

一般应选地面干爽向阳、排水良好、土层深厚的地块，以生荒地或二荒地为好。种子田可用熟地。低洼地不宜种植。

整地前施足基肥，每亩施农家肥 3000 ～ 5000kg，深耕细耙，做成高畦。高畦宽 1.2m，高 20 ～ 30cm，畦的长度视地块的具体长度而定。若为了采收种子，则以做垄为好，一般垄宽 70cm。

（三）繁殖方法

以种子繁殖为主，也可进行根插繁殖。

1. 种子繁殖 春、夏、秋季均可播种。春播在 3 月下旬～ 5 月中下旬，夏播在 6 月下旬～ 7 月上旬，秋播在 9 ～ 10 月进行。播前将种子用清水浸泡一天后捞出，用湿布或麻袋盖住，保持湿润，种子开始萌发时播种。按行距 30cm 开沟条播，沟深 2cm，将种子均匀播入沟内，覆土盖平，稍加镇压，盖草浇水或盖农膜，保持土壤湿润。用种子量 1 ～ 2kg ／亩。

2. 根插繁殖　在秋季或早春收获药材时，挖取粗为 0.7cm 以上的根条，截成 3 ～ 5cm 长的小段作为插条，按行距 50cm、株距 15cm，挖穴栽种，穴深 6 ～ 8cm，每穴垂直或斜插一根插条，然后覆土 3 ～ 5cm 掩埋。栽种时要特别注意根的上端向上，不能倒栽。用根量为 50kg/ 亩。或冬季将种根在大棚内按行株距 10cm×5cm 假植育苗，第二年早春有 1 ～ 2 片叶子时移栽，没有萌芽的种根不能种植。无性繁殖的出苗和保苗率较高。

四、田间管理

（一）间苗定苗

直播出苗后，当苗高 5cm 时，按株距 7cm 间苗，苗高 10 ～ 15cm 时，按 13 ～ 16cm 株距定苗。

（二）移栽

在春季从育苗田中挖取一年生幼苗进行移栽。可以采取平栽或直栽法。平栽又称为卧栽。在畦田上开沟 10 ～ 15cm，将根平放在沟内，株距为 10 ～ 15cm，如果根过长，可以交叉排列，也可以挖深沟将根斜放，株距为 10 ～ 15cm。

（三）除草、培土

在生长期间，特别是 6 月以前，要进行多次除草，保持田间清洁。当植株封垄时，为了防止倒伏，保持通风透光，可以摘除部分老叶，然后在根部培土。进入冬季时可以结合畦田清理，再次进行培土，便于顺利越冬。

（四）追肥

每年 6 月上旬和 8 月下旬，各进行一次追肥，分别用腐熟的人粪尿、堆肥和过磷酸钙，开沟施于行间。

（五）除薹

在生长的第二年开花抽薹，影响根的生长，因为抽薹开花后，不但会消耗大量养分，同时根部会枯烂并木质化，不能生产出合乎质量的药材，即使采挖回来，也不能作药用，因此必须进行除薹。除薹的方法是在花茎刚刚长出 3 ～ 5cm 时，把花茎抽除。

（六）排水

防风耐旱能力很强，因此一般不用进行灌溉，但应该注意排水。雨季过长，田间很容易积水，此时，如果不进行排水，土壤过湿，根极容易腐烂。

（七）轮作栽培

不能连作，如果连续栽种，造成重茬，不但植株生长不良，而且根生长得也不好，产量也大大降低，因此应避免重茬。

五、病虫害及其防治

（一）病害及其防治

1. 根腐病 *Fusarium oxysporum* Schl. 高温多雨季节易发，根际腐烂，叶片枯萎、变黄、枯死。防治方法：①拔除病株，用 70% 五氯硝基粉剂拌草木灰（1：10）施于根周围并覆土或撒石灰粉消毒病穴；②注意开沟排水，降低田间湿度。

2. 白粉病 *Erysiphe polygoni* D.C. 夏秋季为害，叶片两边先出现白粉状物，后出现黑色小点，严重时叶片脱落。防治方法：①注意通风透光；②增施磷、钾肥；③病期喷洒 50% 多菌灵 1000 倍液，或 2% ～ 5% 锈宁 1000 倍液。

3. 斑枯病 *Septoria atractylodis* Yu et Chen. 主要危害叶片。病斑生在叶两面，圆形至近圆形，大小 25mm，褐色，中央色稍浅，上生黑色小粒点，即病原菌分生孢子器。茎秆染病产生类似的症状。防治方法：①入冬前清洁田园，烧掉病残体，减少菌源；②发病初期喷洒 36% 甲基硫菌悬浮剂 600 倍液。

（二）虫害及其防治

1. 黄粉蝶 *Papilio machaon* Linnaeus 幼虫咬食叶片、花蕾，5 月开始为害。防治方法：幼龄期用 90% 敌百虫 800 倍液喷治，每周 1 次，连续数次。

2. 黄翅茴香螟 现蕾开花期发生，幼虫在花蕾上结网，咬食花与果实。防治方法：在早晨或傍晚喷洒 90% 敌百虫 800 倍液。

六、采收加工

（一）采收

1. 根的采收 一般在 2 ～ 3 年采挖。耙荒平播的防风在生长 6 ～ 7 年后收获比较理想。收获时间为 10 月中旬～ 11 月中旬，也可以在春季植株萌动前进行采挖。春季根插繁殖的防风，在水肥充足、生长茂盛的情况下，当年即可收获。秋季用根插繁殖的防风，一般在第二年的秋季进行采挖。因根较深且较脆，很容易被挖断，采挖时需从畦田的一端开深沟，按顺序采挖。挖掘工具用特制的齿长 20 ～ 30cm 的四股叉为好。

2. 种子的采收 目前防风种子来源比较混乱，生产田不能生产种子，因此应该建立种子田，在种子田中留种进行良种繁育。种子田应选择三年生健壮、无病的植株采集种子；同时在植株开花期间适当追施磷、钾肥。果实成熟后，从茎基部将花茎割下，放在室内进行阴干。干燥后脱粒，用麻袋或胶丝袋装好，放在通风干燥处贮存。种子不宜在阳光下晾晒，以免降低种子的发芽率。

（二）产地加工

春季或秋季采挖未抽花薹植株的根，除去须根及泥沙，晒干。在田间除去残留的茎叶和泥土，趁鲜切去芦头，分等晾晒。当晾晒至半干时，捆成 1.2 ～ 2kg 的小把，再晾晒几天，再紧一次把，待全部晾晒干燥后，即可成为商品。

七、药材质量要求

以条粗长、单枝顺直、根头部环纹紧密（蚯蚓头明显）、质松软、断面菊花心明显者为佳。干品水分不得过 10.0%，总灰分不得过 10.0%，酸不溶性灰分不得过 6.5%，升麻素苷和 5-O- 甲基维斯阿米醇苷总量不得少于 0.24%。

延胡索

延胡索 *Corydalis yanhusuo* W.T.Wang 为罂粟科紫堇属植物，以其干燥块茎入药，药材名元胡，为常用中药。其味辛、苦，性温；归肝、脾经；具有活血化瘀、行气止痛的功效；用于胸胁脘腹疼痛、经闭痛经、产后瘀阻、跌打肿痛等病症。现代研究证明，延胡索主要化学成分为生物碱，其中以延胡索甲素、延胡索乙素、延胡索丙素、延胡索丁素等为主，具有镇痛、镇静催眠、抗脑缺血、保护胃溃疡等药理作用。

一、植物形态特征

多年生草本，高 10 ～ 30cm。块茎扁球形，直径 0.5 ～ 2.5cm，断面深黄色。茎常单一，纤细稍肉质。叶片宽三角形，基生叶长 3 ～ 6cm，二回三出全裂，茎生叶较小。总状花序顶生，疏生花 3 ～ 8 朵；花冠淡紫红色，花瓣 4。蒴果条形，长 1.7 ～ 2.2cm。种子 1 列，数粒，细小，黑色，有光泽。花期 3 ～ 4 月，果期 4 ～ 5 月。

二、生物学特性

（一）分布与产地

延胡索自然分布于我国的安徽，江苏，浙江中部（东阳、磐安），湖北（英山），河南（唐河、信阳）一带，于北纬 30° 12′～ 32° 36′，东经 112° 48′～ 120° 06′之间。浙江、安徽、江苏、河南、山东、湖南、湖北等省区多有栽培，以浙江为道地产区，是著名的“浙八味”之一，主产于浙江东阳、磐安、千祥、永康、缙云等地。近年来陕西汉中地区也发展为主产地。

（二）对环境的适应性

1. 对温度的适应　适宜生长在温和气候条件下，能耐寒（北方地区耐严寒）。植株各部分生长适宜温度为：根及顶芽萌发 18 ～ 20℃；地下茎 6 ～ 10℃；出苗 6 ～ 8℃；地上部分 10 ～ 16℃；地下根茎 14 ～ 18℃。

2. 对光照的适应　生长期间需要充足的阳光，以利于养分积累。

3. 对水分的适应　要求湿润环境，怕积水，怕干旱，生长期雨水要均匀。

4. 对土壤的适应　根系生长较浅，又集中分布在表土 5 ～ 20cm 内，因此要求表土层土壤质地疏松，过黏和过砂的土壤均生长不良。土壤性质以近中性或微酸性为宜，pH 值 5 ～ 5.5 较为合适。

（三）生长发育习性

每个生长发育周期均跨两个年度，第一年秋栽种块茎，当年幼苗不出土，仅萌生根系和地下茎，第二年的1月下旬～2月上旬，气温4～5℃时，幼苗则开始顶出土面。7～10℃为出苗适期，3～4月出蕾开花，4～5月结实，5月中旬气温20～22℃时，叶片开始出现焦枯点，随后迅速干枯。温度至25℃时，植株成片枯萎，进入夏季休眠期。

地下茎的生长发育可划分为两个阶段。第一阶段是地下茎的生长期：地温（指土壤下5cm处）23～25℃时，母块茎（即种块茎）萌发出新根，与此同时，沿水平方向抽生地下茎，形成"茎鞭"；11月下旬～12月上旬生出第一个茎节，至次年2月上、中旬抽出2～4根地下茎，每根可以生长2～5个茎节，以12月上旬～次年1月期间地下茎生长最快。第二个阶段是新块茎的形成期：新生块茎视其着生部位可划分为母元胡、子元胡，母元胡由母块茎组织发育而成，即当种块茎腐烂，其内形成层细胞分裂，长出更新的块茎，子元胡则由新抽生的地下茎节（茎鞭上的节）膨大而来，靠近种块茎的茎节先增大，然后向外顺序推延，距离越远则越晚。一般3月中旬～4月下旬陆续形成新块茎，并不断增粗。子元胡形成和膨大约需要50天，尤以3月中旬～4月中旬增重速度最快。据观察，每个植株结母元胡约1～3个，子元胡约7～15个。从下种到收获共约210天。

三、栽培技术

（一）品种类型

目前生产上可利用的延胡索农家品种有大叶型、小叶型和混合型3种，其中大叶型延胡索生长旺盛，植株高大，块茎籽粒均匀，一级品率和百粒重较高，适宜在生产上推广应用。

"浙胡1号"是从传统农家品种中选育出的优质、高产、抗性强的大叶型新品种，适宜在浙江省各地及全国大部分地区种植。

（二）选地与整地

选择阳光充足、地势较高、排水良好、表土层疏松而富含腐殖质的砂质壤土，土壤酸碱度中性、微酸性、微碱性均可，黏土、涝洼地则不宜生长。忌连作，需间隔3～4年再种。前茬植物以小麦、水稻、豆科作物为好，勿用晚稻和棉花地。当早秋作物收获后应及时整地，将地深耕25cm左右，长江以南地区做成畦面宽1～1.3m的龟背形畦面，畦沟宽35cm；北方地区，如山东等地，做成东西向0.6m宽、高20cm的小高畦。每亩施发酵腐熟的圈肥或土杂肥2500kg，捣细过筛。有条件的每亩再加施发酵后捣细的豆饼肥75kg和过磷酸钙25kg，撒在畦面再用锄浅锄，使肥料与土充分混合均匀，然后耙平，以待栽种。延胡索根浅喜肥，生长季节又短，故施足基肥是增长的关键。

（三）繁殖方法

生产上主要以块茎繁殖。亦可用种子繁殖，但生长周期长，多不采用。这里仅介绍块茎繁殖的方法。

1. 留种与种栽贮藏　5月收获时，选当年新生的块茎，剔除母子，以无病虫害、形体整齐、直径1.2～1.6cm的块茎作种栽。在南方多雨的地区，块茎收获后在室内摊晾数天，待表面泥土发白脱落时贮藏，在北方春季少雨的地区，收获后可立即贮藏。选择阴凉、干燥、下雨不进水、不漏雨的地方围一长方形的圈，也可挖浅坑，地面铺上厚1cm左右稍湿润的细沙，上放块茎约2cm厚，上面再盖上约1cm厚细沙。贮藏期间每半月检查一次，如发现干旱，则可稍加些水，若过湿有腐烂现象时，及时拣去腐烂块茎。

2. 栽种

（1）栽种期　栽种期应根据各地区的气候条件，宜早不宜晚，一般在9月下旬～10月上旬为宜。早栽种则先发根后发芽，有利于植株的生长发育，晚栽则植根细短，根数少，幼苗生长较弱，产量降低。浙江地区一般在9月下旬～11月上旬为适期，山东地区多在9月下旬，北京则以9月初为好。

（2）栽种方法　栽种时如土地干旱，应先向畦沟内灌水，待水渗透至畦里表土稍松散时再栽。栽种之前块茎用50%退菌特可湿粉1000倍液浸5分钟，稍晾干后再种。在畦面上按行距18～22cm开浅沟，沟深6～8cm。按株距5～7cm，在沟内交互排列两列种茎，芽头向上摆正，再覆土6～8cm。

四、田间管理

（一）除草

延胡索的根系分布很浅，地下茎又沿着表土生长，因此一般不宜中耕松土，以防伤害地下茎。但是除草要及时进行，应在草小时拔除，待草长高，拔时容易将苗带出，应特别注意，也可用尖竹片辅助除草。一般拔草4次，第一次在刚刚出苗时进行，以利于出苗；第二次在2月中旬；第三次在3月中旬；第四次在清明前后。

（二）追肥

在浙江有“施足基肥，重施腊肥，巧施苗肥”的丰产经验。腊肥也即冬肥，在11月下旬～12月上旬每亩施饼肥50kg，均匀撒在垄面上，再施厩肥1500～2000kg，人粪尿肥1000kg，覆盖少量泥土，此次施肥可保持土壤疏松，又能防冻保苗，有利于植物的生长。北方地区在地冻前，结合浇水施人粪尿肥一次。苗期，在南方一般追肥2次，第一次在2月初，第二次在4月上旬，施人粪尿肥，每亩1000～1500kg或硫酸铵10kg。

（三）灌溉、排水

延胡索在生长期要求雨水均匀。根据浙江东阳经验，要使延胡索生长好，清明前后“三晴三雨”。因为这时正是延胡索块茎迅速膨大的时期，需要一定的水分，要求土壤湿润，如遇天旱则应灌水。4～5月间气温上升，枝叶繁茂，光合作用强，有机物质大量积累，块茎膨大也快，因此需要供给一定量的水分，一般于4月中、下旬～5月间每周浇水一次，灌水以清晨或傍晚为好，不宜在中午烈日下进行，每次灌水量不宜过大，应使水徐徐流入沟中，不能没过垄面，以免表土结板，不利于植株生长。收获前不宜多灌水，因土质稍干对产量和质量均有利。北方地区于地冻前需灌冻水一次。南方春雨较多的地区，应注意排水，垄沟不可积水。

（四）间作

在延胡索的畦沟中，4月中旬可适时撒播菠菜。北方地区在畦沟中点播早玉米，有利于北方干旱气候下的保湿。秋分时候玉米快成熟时，玉米行间再种上白菜。这样间作套种能增加经济收入，对延胡索的生长也有利。

五、病虫害及其防治

（一）病害及其防治

1. 霜霉病 ***Peronospora corydalis*** **de Bary.** 常在低温多湿的春季发生，主要危害叶片。防治方法：①在播种时，用火烧土（熏土）垫盖种块茎；②拔除病株，用石灰消毒病穴；③与禾本科植物 3～4 年轮作；④雨季及时排水，降低田间湿度；⑤发病初期用 65% 代森锌可湿性粉剂 600 倍液喷雾，喷药时要使叶背腹两面都着药。

2. 锈病 ***Puccinia brandegei*** **Peck.** 3 月上、中旬开始发生，4 月危害严重。防治方法：①加强田间管理，增施磷、钾肥，提高抗病能力；②及时排除田间积水，降低田间湿度；③发病初期喷 65% 代森锌可湿性粉剂 600 倍液，或 25% 粉锈宁可湿性粉剂 1000 倍液。

3. 菌核病 ***Sclerotinia sclerotiorum*** **（Lib.）de Bary** 在 3 月中旬开始发生，4 月发病最严重。防治方法：①拔除病株，用石灰消毒病穴；②实行水旱轮作；③增施磷、钾肥；④施用 1∶1∶160 石硫合剂于植物基部。

（二）虫害及其防治

主要有小地老虎 *Agrotis ypsilon* Rottemberg.、蛴螬 *Anomala* sp. 咬食幼苗。防治方法：①施用的粪肥要充分腐热；②田间发生期用 90% 敌百虫 1000～1500 倍液灌穴；③用 75% 辛硫磷乳油 700 倍液浇灌。

六、采收加工

（一）采收

在立夏后 5～10 天，地上茎叶完全枯死，是延胡索收获最适期。过早采收，在谷雨后立夏前，地下块茎尚未成熟，过晚采收，块茎生出新芽质量也差。

选择晴天，在土壤呈半干燥状态时进行采收。采收时先将畦面上的杂草用铁耙除掉，然后，先浅翻，一边翻土一边拣取块茎，然后再深翻一遍，敲碎泥块，收净地下块茎。

（二）产地加工

1. 分级过筛 筛孔直径为 1.2cm，将块茎放在筛子上过筛，分为大小两档，拣去泥块和杂草。

2. 洗净 将块茎装入箩筐，浸入水中用手搓或脚踩去外皮，用水洗净后沥干。

3. 浸煮 用大锅盛水烧沸，将块茎倒入锅内，以浸没块茎为度。煮时要不断搅动，使其受热均匀。大块茎煮 4～6 分钟，小块茎煮 3～4 分钟。待块茎的横切面全部呈黄色时，即可捞起。一锅清水一般可连续煮 3～5 次，但每次放入块茎时，要加清水，以保持一定的水位。块茎若煮得不透，外观虽好，但易虫蛀变质，难以贮藏，煮得过熟则折干率降低，表面皱缩。

4. 晒干 将煮好的块茎进行摊晒。晒时，要勤翻动。晒 3～4 天后，放在室内返潮，使内部的水分外渗。然后再继续晒 2～3 天，即可干燥。如遇雨天，可在 50～60℃的烘房内微火烘干。

七、药材质量要求

以个大、饱满、质坚、色黄、内色黄亮者为佳。干品水分不得过15.0%，总灰分不得过4.0%，每1000g含黄曲霉毒素B1不得过5ppm，含黄曲霉毒素G2、黄曲霉毒素G1、黄曲霉毒素B2、黄曲霉毒素B1的总量不得过10ppm，醇溶性浸出物不得少于13.0%，延胡索乙素不得少于0.050%。

北细辛

北细辛 *Asarum hetreotropoides* Fr. Schmidt var. *mandshuricum*（Maxim）Kitag. 为马兜铃科细辛属植物，干燥根及根茎药用，药材名细辛，为最常用的中药之一。性温、味辛；具有祛风散寒、通窍止痛、温肺化饮、解表祛湿等功效；用于治疗风寒感冒、鼻塞头痛、牙痛、痰饮咳喘、风寒湿痹、口舌生疮等症。主要含有甲基丁香酚、甲基胡椒酚、黄樟醚、β－蒎烯、榄香脂素、优葛缕酮等挥发油成分，具有镇静、催眠、解热、镇痛、祛痰、平喘、抗炎、免疫抑制、抗菌、抗病毒等药理作用。

一、植物形态特征

多年生草本，根状茎横走，直径约3mm，根细长，直径约1mm，味辛香。叶常2，基生，叶片卵状心形或近肾形。花单一由两叶间抽出，花被筒部弧形，紫褐色。蒴果浆果状，半球形，长约10mm，直径约12mm。种子多数，种皮坚硬，被黑色肉质附属物。花期5月，果期6月。

二、生物学特性

（一）分布与产地

北细辛分布于东北及山西、陕西、山东和河南等省，部分地区有栽培，主产于辽宁为主的东北三省东部山区。以辽宁产的质量为佳。

（二）对环境的适应性

1. 对温度的适应 为阴性植物。田间地温达8℃时开始萌动，10～12℃时出苗，17℃开始开花，最适宜的生长发育温度为20～22℃。超过26℃以上或低于5℃时生长受到抑制。9月下旬至10月上旬地上植株枯萎，随之进入冬季休眠。休眠期细辛能耐–40℃的严寒。

2. 对光照的适应 喜阴。一般于6月上旬前不怕自然光直射，6月中旬～9月中旬应适当遮阴，林下和山地栽培适宜郁闭度为50%～60%，农田栽培适宜郁闭度为60%。光照过弱，产量及挥发油含量低；过强则叶片发黄，易灼伤叶片，以致全株死亡。

3. 对水分的适应 吸水能力较弱，野生植株多生长在山中下部林荫湿润处。人工栽培植株种子萌发时，土壤含水量以30%～40%为宜，生育期间怕积水，小苗怕干旱。

4. 对土壤的适应 多生于疏林下或荒山灌木草丛中，土壤多为有机质丰富的腐殖土。利用林下或山地栽培时，应选择排水良好、疏松肥沃的砂质壤土。

（三）生长发育习性

北细辛鲜活种子千粒重17g左右，种子自然成熟后放在干燥环境下存放40天后发芽率降为29%，放60天后种子发芽率只有2%。种子和上胚轴具有休眠特性，自然成熟的种子种胚尚未完全成熟，处于胚原基或心形胚初级阶段。播种后，在适宜条件下也不能萌发，需经过一段时间完成形态后熟。越冬芽基本在每年7月分化完毕，8～9月长大，到枯萎时芽苞内具有翌年地上的各个器官雏形。芽苞具有休眠特性。花期在5月，果实一般在6月中、下旬成熟，果熟后破裂，种子自然落地。

三、栽培技术

（一）品种类型

通过收集与纯化东北地区的北细辛种质资源，筛选出遗传表现稳定的3个品系，即“北细01”“北细02”和“北细03”，并用统计学方法比较了其生物学性状和产量差异，“北细03”的产量和发育芽数均高于其他两个品系，为北细辛的优良品系。

（二）选地与整地

1. 林下栽培　林下栽培以选择北坡为宜，其次为东坡、西坡，南坡土壤瘠薄，易干旱和受缓阳冻害，一般不宜选用；树种以阔叶林、针阔混交林或灌木林地为好；地块坡度为20°以下、土壤pH值6.5左右、土层深厚、疏松肥沃的腐殖土最为适宜。

2. 山地栽培　利用山地栽培，最好选择北坡，东坡、西坡亦可。附近要有水源，以方便浇水和喷药。地块以坡度为20°以下、地势较平坦、土层较厚、疏松肥沃的腐殖土或山地棕壤土为好。

3. 农田栽培　利用农田栽培，要远离工业区，地块以排灌方便，土质疏松肥沃，pH值6.5左右，前茬作物为豆类的砂壤土较好。低洼易涝地、易干旱的砂土地和盐碱地不宜选用。

4. 参后地栽培　参后地（也称老参地）种植，既能充分利用土地，又能合理利用原有参棚架材。

（三）繁殖方法

主要用种子繁殖，也可采用无性繁殖，如野生移栽、顶芽繁殖。

1. 种子直播　采收种子趁鲜直接播种，生长3～4年后，直接收获入药。

（1）采种　根据北细辛果实成熟期的特征，须分批采收，防止果实成熟破裂。6月中下旬果实成熟，由红紫色变为粉白色或青白色时采收。果实应在阴凉处放置2～3天，待果皮变软成粉状时，搓去果肉，用水将种子冲洗出来，吹干水或在阴凉处晾干即可趁鲜播种。

（2）播种　细辛种子寿命短，在室内干燥条件下，存放20天，发芽率就会显著下降，所以要趁鲜播种，播期一般在7月上中旬，最迟不能晚于8月上中旬。播种方法有撒播和条播。撒播鲜种用量8～10kg，条播6～8kg。

2. 播种育苗　细辛是多年生植物，生长发育周期长，一般林间播种6～8年才能大量开花结果。多数地方采用育苗移栽方法，先播种育苗3年，然后移栽。育苗圃地的选地、整地、播种等措施与种子直播方法相同，只是播种量大。种子间距为1cm，第三年秋天起苗移栽。

3. 移栽

（1）种子育苗移栽　10 月起三年生北细辛苗，分大、中、小三类分别移栽定植。栽种时，横床开沟，行距 15cm，沟深 9 ～ 10cm，8 ～ 10cm 摆苗，使须根舒展，覆土 3 ～ 5cm。春天移栽，应在芽孢未萌动之前进行。如果移栽过晚，需大量浇水，并需较长时间缓苗，否则影响植株的生长发育。

（2）根茎先端移栽法　在北细辛采收作货的同时，将根茎先端连同须根取下作播种材料。一般根茎长 2 ～ 3cm，其上有须根 10 条左右，芽孢 1 ～ 2 个。

四、田间管理

（一）中耕除草

移栽地块每年中耕除草 3 次左右，行间松土要深些，大约 3cm 左右。

（二）施肥灌水

一般每年进行 2 次施肥，第一次在 5 月上中旬，第二次在 7 月中下旬，肥料以猪粪混拌过磷酸钙为好。缺雨干旱时注意灌水。

（三）调节光照

细辛虽然喜阴，但生育期仍需有一定强度光照，否则生长缓慢，产量低，病害多。一年及二年生抗光力弱，遮阴可大些，郁闭度 60% ～ 70% 为宜。三年和四年生抗光能力增强，郁闭度 40% 为宜。林间或林下栽培时，可适当疏整树冠；利用荒地、参地栽培时，可搭棚遮阴。

（四）追肥

为保证植株正常生长的营养供应，获得高产，就得适时追肥。细辛在一地生长多年，要每年追肥。除在秋末压蒙头肥外，生长期间还需补肥，可在其展叶时施入充分腐熟的豆饼肥；也可追施速效性肥料。高年生的细辛，因须根盘结贯穿床内，可不开槽施肥，以免伤根。天旱土干要灌水，将水浇到覆盖物上，让其慢慢渗入土中。

（五）摘蕾

细辛生产中要建立留种田，生产田在植株现蕾期将花蕾摘除。据报道，摘蕾较不摘蕾增产 10% 以上，挥发油含量也较不摘蕾高。

五、病虫害及其防治

（一）病害及其防治

1. 立枯病 *Rhizoctonia solani* Kuhn　多发生在多年不移栽的地块，由于土壤湿度过大又板结，因此感病较重。防治方法：①适当加大通风透光，及时松土，保持土壤通气良好；②多施磷、钾肥，使植株生长健壮，增加抗病力；③严重病区可用 1% 硫酸铜液消毒杀菌。

2. 疫病 *Phytophthora cactorum*（Leb. et Coh.）Schirt　多雨、土壤湿度大，尤其是降雨集中，高温多湿时传播迅速。多侵害叶片、叶柄、茎，也侵害根部。病斑水渍状，绿褐色，空气潮湿时发展很快，可使全叶萎蔫腐烂。防治方法：①清除病残叶、轮作，注意通风排水，经常松土；②在发病初期喷施代森铵600倍液或75%百菌清600倍液。

3. 锈病　在雨多湿度大情况下发病。叶上有黄褐色椭圆形病斑隆起，表皮破裂，散出黄褐色粉末，为病菌的夏孢子。秋末叶上形成黑色小疮斑，为病菌的冬孢子堆。防治方法：①及时松土，改善土壤排水和通气条件，防止雨涝；②发病初期喷25%粉锈宁500倍液。

4. 菌核病 *Sclerotinia asari* Wu et C.R.Wang　病菌以菌核在病根上过冬，是第二年的侵染来源。土壤化冻到出苗时为发病盛期，早春土壤低温多湿，易于发病，种植过密也易于发病。主要侵害根部，病斑褐色，在蔓延时可长出白色菌丝层，以后形成黑色菌核。地上部分萎蔫，甚至死亡。病菌也可以危害叶、茎和果实。防治方法：①早春适时提高床土温度，减少湿度；②发病初期喷50%速克灵500～800倍液或用50%多菌灵500倍液灌浇。

（二）虫害及其防治

1. 黑毛虫 *Luchodorfia puziloi* Ersh　为细辛凤蝶的幼虫，一年发生一代，以蛹态越冬，四月中旬开始羽化。卵成块产于细辛叶部背面。幼虫于6月末～7月初陆续化蛹越冬，多隐藏于落叶背面、植株茎秆叶片隐藏处。咬食叶片，发生严重时全部被吃空，为细辛的毁灭性虫害。防治方法：用灭幼脲3号、BT乳剂或粉剂、青虫菌等喷雾。

2. 小地老虎 *Agrotis ypsilon* Rottemberg.　咬食芽孢，截断叶柄及根茎。防治方法：每亩用1～1.5kg美曲膦脂粉撒施，也可用1000倍可湿性美曲磷脂液喷雾。

六、采收加工

（一）采收

种子直播，生长3～4年即可采收。育苗移栽地，根据实生苗的年限不同，采收时间也略有不同。如栽二年生苗，栽后生长3～4年即可采收；三年生苗，栽后2～3年即可采收。当前为了收种子，可延迟至5～6年。野生苗移栽3年，即可收获。如为采收种子，可延至6年，生长7年以上易得病害，且根扭结成板，无法收获。

野生细辛习惯5～6月采收。而人工栽培细辛，每年收获时期各地不同，但多以8月采收质量好、产量高。

（二）产地加工

采收后摘除枯叶、黄叶，去净泥土，每10株捆一把，在通风阴凉处晾干，切忌水洗或日晒，水洗后叶片发黑，根发白，曝晒后，降低气味，影响质量。

七、药材质量要求

以根多、色灰黄、香气浓、味麻辣者为佳。干品水分含量不得过10.0%，总灰分不得过12.0%，酸不溶性灰分不得过5.0%，含细辛脂素不得少于0.050%。

天　麻

天麻 *Gastrodia elata* Bl. 为兰科植物天麻属植物，以干燥块茎药用，药材名天麻，为常见名贵药材之一。其性平，味甘；归肝经；具有息风止痉、平抑肝阳、祛风通络等功效；用于头痛眩晕、肢体麻木、小儿惊风、癫痫抽搐、破伤风。现代研究证明，天麻主要含有苯乙醇（如天麻素、天麻醚苷、香荚兰醇）、甾醇、多糖、有机酸等化学成分，具有镇静、镇痛、抗惊厥、抗衰老、增强免疫、降低血压等药理作用。

一、植物形态特征

多年生草本植物，其特殊的生活方式主要表现在从种子萌发的原球茎、营养繁殖茎、白麻到商品剑麻均需要蜜环菌的侵染提供营养。地上部分只有在开花时才抽出花茎，高 0.5 ～ 1.3m，全体不含叶绿素。茎秆和鳞叶均为赤褐色，无根，地下只有肉质肥厚的块茎，长扁圆形，上有均匀的环节，节处具膜质鳞片。自然条件下，每年夏季茎（即花葶）端开花，总状花序，花黄或绿色，歪壶形，开花授粉后如温度在 25℃左右，果实约 20 天即可成熟；果长卵形，淡褐色。每果具种子万粒以上，种子极微小。

二、生物学特性

（一）分布与产地

分布于热带、亚热带、温带及寒温带的山地。国内分布于华中、西南地区以及河北、辽宁、吉林、安徽、江西、陕西、甘肃等省，被列入《中国植物红皮书——稀有濒危植物》名录。陕西、贵州、云南、四川等省有栽培，商品药材主要来源于栽培，主产于陕西汉中、贵州毕节、云南昭通等地。野生天麻中贵州、四川、云南所产质量较佳。

（二）对环境的适应性

1. 对温度的适应　喜生长在夏季凉爽、冬季又不十分寒冷的环境中，最适生长温度是 10 ～ 30℃。其中最适温度为 20℃以上且不超过 25℃。温度超过 30℃，天麻和蜜环菌生长受抑制。冬季只要土层温度不低于 –5℃，均可安全越冬。

2. 对光照的适应　植株花茎具有一定趋光性，抽薹出土后（约 2 个月）需要一定散射光照射，但忌强光，应注意搭棚遮阴，减少直射光照射。

3. 对水分的适应　主产区年均降水在 1000mm 以上，空气相对湿度 80% 左右，土壤含水量保持在 55% 左右，越冬期可以维持在 30% ～ 40%。3 ～ 4 月是块茎萌动期，6 ～ 9 月是块茎生长旺盛期，这两个时期需要特别注意保持适宜的土壤水分。

4. 对土壤的适应　适宜生长在腐殖质丰富且湿润的砂质壤土。为避免连作障碍，一般以未种植过天麻，pH 值 5 ～ 6.5，质地疏松，保水、保温、透气性良好的土壤为宜，以林地种植居多。

（三）生长发育习性

天麻种子极细小，萌发率极低，采用小菇属真菌萌发菌可有效提高种子萌发率。在适宜水分和温度条件下，种子经 20 ～ 30 天即可发芽形成营养繁殖茎，经蜜环菌侵染以获得营养，在顶端生出白麻，侧芽可长出白麻和米麻。入冬前白麻生长至 6 ～ 7cm 长，直径达到 1.5 ～ 2cm，可作为无性繁殖的种麻（也称零代麻），米麻则经蜜环菌第二次侵染进行无性繁殖，至越冬前形成白麻（也称一代麻）。来年，以零代麻或一代麻作为种麻进行移栽，经蜜环菌侵染后在白麻营养繁殖茎顶端形成顶芽，至越冬前形成剑麻（也称商品麻）。剑麻越冬后，于 4 ～ 5 月温度上升后，顶芽开始萌动、发芽、抽薹、开花、结果，形成天麻种子。花的花药被药帽盖住，且花粉呈块状不易分开，自然条件下花葶的结实率仅 20% 左右，通过人工辅助授粉可使结实率达到 98%。

三、栽培技术

（一）品种类型

根据植株花、茎颜色及块茎形状等特征，生产中有红天麻、乌天麻、绿天麻和黄天麻 4 个栽培类型，其中红天麻和乌天麻种植范围和面积较大。红天麻适宜海拔为 500 ～ 1500m，主要栽培于我国长江流域诸省、东北地区和西南地区，具有生长快、适应性强、产量高等优点；乌天麻适宜海拔为 1500m 以上山区，主要栽培于云南东北部和西北部、贵州、四川、湖北及东北长白山区，因折干率高、品质佳等优点，深受市场欢迎，但缺点是生长周期长、耐旱力较差。从 20 世纪 90 年代开始，通过红天麻和乌天麻杂交选育出多个兼具两者优点的杂交品种，已广泛应用于生产。

（二）选地和整地

天麻喜凉爽、潮湿环境，适合在海拔 1200 ～ 1600m 的山区栽种，选择不能被太阳直射的斜坡或林地，林地以板栗林、青杠林等阔叶林为佳。天麻栽培不以“亩”为单位，而是以“窝”“穴”或“窖”为单位，不同产区窝的面积不统一，可根据地形扩大或缩小。若采用林下仿生种植，一般每平方米可种植 3 ～ 4 窝。对整地要求不严，为方便排水，窝地面应保持一定坡度。

（三）繁殖方法

分为有性繁殖和无性繁殖两种，有性繁殖主要生产无性繁殖所需的种麻，无性繁殖主要生产商品麻。

1. 有性繁殖

（1）种子准备　选择无损伤、健壮、无病害、顶芽饱满、重量在 100g 以上的剑麻，采用沙或细土于室内或温室大棚里进行假植，温度控制在 16 ～ 20℃，待抽薹开花后，进行人工授粉，授粉后 20 天左右即可获得成熟蒴果。每个蒴果含种子 3 万～ 5 万粒，种子保存时间不宜过长，应随采随种。

（2）菌材及菌床准备　菌床可提前准备，也可播种时准备，以提前准备较好。①菌材选择：选择青冈、板栗、野樱桃、桦树等作为菌材，以直径 3 ～ 7cm 新鲜树干、枝条为宜，锯成 30 ～ 50cm 长的木段，每段须把树皮砍成深达木质部 3mm 左右的鱼鳞口 2 ～ 3 列。②菌材摆放：将菌材平放至挖好的窖里，菌材间隔 2 ～ 3cm。若斜坡种植，菌材摆放须呈斜平面。摆放菌材时，须压紧、压实，若有空隙易造成坑窖积水、杂菌污染。③摆放菌种：每段木材两端和菌材中部均需放置蜜环菌菌块，菌块大小约为 $9cm^3$，一般每平方米用蜜环菌菌种约 1 瓶。

（3）播种　播种时间一般为每年 5 ～ 8 月。①拌种：将成熟种子均匀撒在准备好的萌发菌上，充分拌匀。一般每平方米用蒴果 10 ～ 15 个，萌发菌用量 1 ～ 2 瓶。②撒种：将提前准备好的菌床挖开，取出菌棒，在穴底先铺一薄层壳斗科树种的湿树叶，再均匀撒上适量拌好的种子。然后将菌棒按照原样摆放，均匀铺上一层细土，再在菌棒上层均匀撒上适量拌好的种子和湿树叶，最好适量补充菌材树种的小树枝和蜜环菌。最后，用土将穴填平并高出 5 ～ 10cm，覆土要实而不紧。若种植地较干旱，宜在穴顶铺放一层树叶保湿。

2. 无性繁殖 为商品天麻的主要栽培方法。

（1）种麻准备 一般于 11 月～翌年 3 月，选用有性繁殖所产的完好、无病虫害的白头麻作为无性繁殖的种麻，每平方米用种麻约 500g。

（2）种植方法 一般在冬季或春季种植，生产中常采用提前培养菌床或“三下窝”法，以提前培养菌床的方法产量较高。将提前培养好的菌床挖开，或现准备菌床，在菌棒两端和中间分别放置种麻，再适量补充小树枝和蜜环菌，最好再均匀撒上一层湿树叶，最后将穴填平并高出 5 ～ 10cm，要求实而不紧。

四、田间管理

（一）防寒

冬栽天麻在田间越冬，为防止冻害，必须在 11 月覆盖砂土或树叶 20 ～ 30cm 以上，翌年开春后再除去。

（二）调节温度

开春后，为加快生长，应及时覆盖地膜增温，5 月中旬气温升高后又必须撤去地膜，待 9 月下旬再盖上地膜，以延长生长期。夏季高温时要覆草或搭棚遮阴，把地温控制在 28℃以下。

（三）防旱排涝

春季干旱要及时浇水、松土，使砂土含水量在 40% 左右。6 ～ 8 月，生长旺盛需水量增大，可使砂土含水量达 50% ～ 60%。雨季注意排水，防止积水造成腐烂。9 月下旬后，气温逐渐降低，天麻生长缓慢，但蜜环菌在 6℃时仍可生长，这时水分大，蜜环菌生长旺盛，可侵染新生麻。这种环境条件不利于天麻生长，而有利于蜜环菌生长，从而使蜜环菌进一步侵染入天麻块茎内层，引起麻体腐烂。因此，9 ～ 10 月要特别注意防涝。

五、病虫害及其防治

（一）病害及其防治

1. 块茎腐烂 染病块茎早期出现黑斑，后期腐烂。防治方法：①杂菌污染的穴不能再栽天麻；②培养菌枝、菌材、菌床时选用菌种一定要纯；③培养菌材、菌床时尽量不用干材培菌；④菌坑不宜过大、过深。

2. 日灼病 主要是有性繁殖时栽种的剑麻由于遮阴不良、烈日照射花茎而引起。表现为植株花茎向阳面受强光照射后颜色加深、变黑，遇阴雨染霉菌，茎秆倒伏。防治方法：育种圃应选择树荫下或遮阴的地方。

（二）虫害及其防治

1. 蝼蛄 咀食块茎，使与天麻接触的蜜环菌菌索断裂，破坏天麻与蜜环菌的关系。防治方法：用 90% 敌百虫 30 倍液拌成毒谷或毒饵诱杀。

2. 蛴螬 ***Anomala carpulenta*** **Motschulsky** 幼虫咀食块茎，咬成空洞，并在菌材上蛀洞越冬，毁坏菌材。防治方法：①选择无病虫害的栽培基质；②设置黑光灯或用有效药剂诱杀。

3. 介壳虫 收获时常见于有粉蚧群集于块茎上，受害块茎色深，严重时块茎瘦小停止生长，有时在菌材上也可见到群集的粉蚧。防治方法：①发现块茎或菌材上有粉蚧，如系个别穴发生，应将菌棒放在原穴中架火焚烧；②白麻、米麻和剑麻一齐水煮加工入药，不能与其他种麻混合，更不能作种麻用；③若大部分栽培穴都遭介壳虫危害，就应将天麻全部加工，所有菌棒烧毁处理，此块地也要停止种天麻，杜绝蔓延。

六、采收加工

（一）采收

有性繁殖者一般于播种当年或播种后一年半采挖，主要是收获无性繁殖的麻种。无性繁殖者一般于移栽一年后采挖，主要收获商品天麻。采挖宜在晴天进行，应小心翻挖，防止麻种或商品麻损伤。

（二）产地加工

1. 分级、清洗 块茎大小及完好程度直接影响蒸煮时间和干燥速率，应根据块茎大小分为不同等级，然后用水冲洗干净。

2. 蒸煮 将洗净后的天麻分等放在沸水中煮，要轻轻地翻动几次，使受热均匀，煮至呈透明状或用竹签顺利插入即可，捞出，用清水浸洗，然后晒干或烘干。

3. 晒干或烘干 烘干时初温掌握在 50℃左右，待水汽敞干之后，可升温至 60℃慢慢干燥。当烘至 7 ～ 8 成干时，取出用手压扁整形，堆起来外用麻袋等物盖严，使之发汗 1 ～ 2 天，然后再进烘房至全部干燥。

七、药材质量要求

以自然扁平、椭圆体滑、体坚完整、肉质丰满、表面黄白色、折断面角质状、胶质淡黄色为佳。干品水分不得过 15.0%，总灰分不得过 4.5%，二氧化硫残留量不得超过 400mg/kg，醇溶性浸出物不得少于 15%，天麻素和对羟基苯甲醇的总量不得少于 0.25%。

柴　胡

柴胡 *Bupleurum chinensis* DC. 为伞形科柴胡属植物，以干燥根入药，药材习称“北柴胡”，属于常用中药。味苦，性微寒；归肝、胆、肺经；具有疏散退热、疏肝解郁、升举阳气等功效；常用于治疗感冒发热、寒热往来、胸胁胀痛、月经不调、子宫脱垂、脱肛等症。现代研究证明，柴胡主要含有皂苷类、挥发油、植物甾醇、香豆素、脂肪酸等化学成分，其中皂苷和挥发油为主要活性成分，具有解热、镇痛、抗炎、促进免疫、抗肝损伤及抗辐射损伤等药理作用。

一、植物形态特征

多年生草本，高 50 ～ 85cm。主根较粗大，质地坚硬。茎单一或数茎丛生，多分枝，表面有纵纹，实心，呈之字形曲折。叶互生；基生叶倒披针形或狭长椭圆形；茎生叶长圆状披针形，基部收缩成叶鞘，抱茎，上面鲜绿色，下面淡绿色。复伞形花序，顶生或侧生；花瓣鲜黄色。双悬果长椭圆形，棕褐色。花期 7 ～ 9 月，果期 9 ～ 11 月。

二、生物学特性

（一）分布与产地

主要分布于我国东北、华北、西北、华东各地，朝鲜、日本、俄罗斯也有分布。野生柴胡常生于向阳荒山坡、小灌木丛、丘陵、林缘、林中空地等处，药材主产于甘肃、陕西、山西及河北、河南、黑龙江、吉林、内蒙古、山东等地。

（二）对环境的适应性

1. 对温度的适应　喜温暖湿润气候，忌高温。种子最适发芽温度为 15 ～ 22℃，10 ～ 15 天开始发芽，低于 15℃发芽较慢，高于 25℃则抑制发芽。耐寒。

2. 对光照的适应　幼苗期忌强光直射。

3. 对水分的适应　忌涝，有较强的耐旱性。

4. 对土壤的适应　以砂壤土和腐殖土生长为宜。土壤 pH 值 5.5 ～ 6.5。

（三）生长发育习性

1. 根的生长　一般播种后 20 ～ 30 天出苗，出苗后即进入 30 ～ 60 天的营养生长期，同时根开始生长，但增长缓慢，从花期开始进入稳步快速增长期。此后，根重开始进入缓慢增长期，直至结实期（即形成秋生分蘖苗），再次进入快速增长期，直到越冬前。

2. 茎和叶的生长　播种后第一年，除个别情况外，植株均不抽茎，只有基生叶，10 月中旬逐渐枯萎进入越冬休眠期。次年，返青后叶片数目和大小增长迅速。进入抽薹孕蕾期，叶片数目增加较慢，但大小增长迅速。开花结果至枯萎之前，地上部增长量极小。

3. 花的发育　栽培第一年只有很少植株开少量花，尚不能产籽，越冬后次年 6 月中下旬开始抽薹，7 月中旬现蕾，花期 8 ～ 9 月。

4. 果实的发育　开花后结果，双悬果长椭圆形，棕褐色，两侧略扁，分果有 5 条明显主棱，每个棱部分布 3 条油管，接合面有 4 条油管。果期 9 ～ 10 月。

5. 种子特性　种子扁平，表面粗糙，近半圆形，边缘具翼，棕褐色。开花到种子成熟需要 45 ～ 55 天，成株年生长期 185 ～ 210 天。种子较小，长 2.5 ～ 3.5mm，中心宽度 0.7 ～ 1.2mm，厚度仅为 1mm 左右，外观性状差异较大，胚较小，包藏在胚乳中。千粒重差距较大，一般为 1.35 ～ 1.85g，优质种子千粒重可达 1.90g 以上。新采收种子有胚后熟现象，如在阴凉通风处存放 1 个月，种子发芽率为 60% ～ 70%；若采收种子自然存放 14 天后，继而进行 5℃以下低温储藏 14 天，发芽率为 70% ～ 80%。贮存条件相同的种子，用水浸种 24 小时，发芽率可提高 10% ～ 15%，最适发芽温度为 15 ～ 22℃，10 ～ 15 天开始发芽，低于 15℃发芽较慢，高于 25℃则抑制发芽。随着贮存时间延长，种子发芽率逐渐降低，贮存 12 个月后发芽率几乎为零，故生产上不能使用隔年种子。

三、栽培技术

（一）品种类型

目前国内选育出的柴胡品种主要有：中柴 1 号，中柴 2 号，中柴 3 号，中红柴 1 号，陇柴 1 号，川北柴 1 号，川红柴 1 号等。已经推广种植的有：冀柴 1 号，适合于太行山区种植，具有明显的抗旱、抗病等优势。

（二）选地与整地

选择土质疏松肥沃的砂壤土或腐殖质丰富、地势较平或坡度小于 20°以下的地块，种植地还要有较好的排灌条件。

整地时，应先清除石块等杂物，深翻 25 ～ 30cm，施用充分腐熟农家肥 750 ～ 1000kg/ 亩作基肥。耙细整平后做畦，畦高 20 ～ 25cm、宽 1.2m。畦间留宽 25 ～ 30cm 作业道。

（三）繁殖方法

用种子繁殖，直播或育苗移栽，大生产采用直播。

1. 直播 当年采收的种子秋播时无须做任何处理，结合整地即时播种，这样既经济实用又有很高的出苗率。春播时将种子用 30℃温水浸泡 24 小时，中间更换 1 次水。如果需要种子灭菌，可用 0.1% 高锰酸钾溶液浸种。生产上亦可用湿沙层积法处理种子。

春播宜在 3 月下旬～ 4 月上旬，秋播应在霜降前。播种时按行距 15 ～ 18cm、深度 2.5 ～ 3cm 开沟，播种时可拌入 2 ～ 3 倍细湿沙（握之成团、松之即散）均匀撒入沟内，覆土厚 1.5 ～ 2cm，稍加镇压，浇透水，覆草保湿、保温。用种量 1.25 ～ 1.50kg/ 亩。出土后撤去盖草，出苗期约 10 ～ 15 天，期间应保持土壤湿润，防止干旱；灌溉时应选择气温较低的清晨进行，小苗出齐后要适当控制水量，避免徒长。苗期根据幼苗长势，合理进行除草、间苗、补苗。当苗高 10cm 左右时，按株距 15cm 定苗。

2. 育苗移栽

（1）育苗可分为温室育苗和室外拱膜育苗 温室育苗应在 3 月上旬进行，室外拱膜育苗应在 3 月下旬～ 4 月中上旬进行，做畦，高 5 ～ 6cm、宽 1 ～ 1.2m，行距 10 ～ 15cm，条播。育苗期应保持土壤湿润、适宜发芽温度，高温时注意通风。一般 20 天左右出苗。出苗后，揭去覆盖物，加强田间管理，培育一年，翌年出圃移栽。

（2）移栽与定植 定植应于 3 ～ 4 月，或当小苗长出 4 ～ 5 片真叶、高度在 5 ～ 6cm 时进行，按行距 15 ～ 18cm、株距 3 ～ 4cm，穴栽，每穴栽苗 1 ～ 2 株。或按行距 20cm 横向开沟，沟深 10cm，按株距 15cm 栽种。栽后及时覆土，浇定根水。定植后保墒保苗工作是创造高产的关键。

四、田间管理

（一）中耕除草

及时除草，在苗高 5 ～ 6cm 时直至封行前每月进行 1 次中耕除草。

（二）追肥

第一年施肥2次。第一次在5月下旬，以追施氮肥为主，通常采用根部追肥或叶面喷肥，根部追肥用硫酸铵10～15kg/亩，叶面喷肥浓度0.3%～0.5%。第二次在8月上、下旬，以磷、钾肥为主，可叶面喷施浓度0.3%～0.5%磷酸二氢钾，7天/次，连续3次，或根部浇灌1%～2%磷、钾肥水溶液。

第二年返青前撒施腐熟厩肥750～1000kg/亩，稍加灌溉。谷雨过后松土除草。6月下旬、7月中旬再进行以磷、钾肥为主的叶面喷肥。

（三）摘心除蕾

一年生植株如有抽薹，应及时摘心除蕾或拔除；二年生植株除作留种外，其余应在7～8月进行摘心除蕾。

五、病虫害及其防治

（一）病害及其防治

1. 斑枯病 *Septoria amphigena* miyake.　主要危害叶片，发病严重时，叶上病斑连成一片，导致叶片枯死。防治方法：①植株枯萎后进行清园，或烧或深埋，减少病原菌；②合理施肥、灌水，雨天做好排水；③发病前喷洒1：1：160波尔多液；④发病后喷洒40%代森锌1000倍液、50%多菌灵600倍液等，每隔7～10天喷1次，连续2～3次。

2. 白粉病 *Erysiphe* sp.　发病初期叶面出现灰白色粉状病斑，后期出现黑色小颗粒，病情发展迅速，全叶布满白粉，逐渐枯死。防治方法：①及时拔除病株，集中烧毁；②实行轮作；③发病初期喷洒50%甲基托布津1000倍液，或80%多菌灵200倍液，每隔10天喷1次，连续3～4次。

3. 根腐病 *Fusarium* sp.　发病初期少数支根、须根变褐腐烂，后逐渐向主根扩展，终至整个根系腐烂，地上叶片变褐至枯黄，最终整株死亡。防治方法：①移栽或定植时选择壮苗，剔除病株、弱苗；②移栽前，每亩用1.3kg 50%利克菌拌土撒施，或65%代森锌200倍液均匀喷洒；③及时拔除病株，集中烧毁；④病穴中施石灰粉，并用50%退菌特600～1000倍液或50%托布津800～1000倍液喷洒病区。

（二）虫害及其防治

1. 蚜虫　主要是棉蚜 *Aphis gossypii* Glover. 和桃蚜 *Myzus persicae* Sulz.，多危害茎梢，常密集成堆吸食内部汁液。防治方法：用40%乐果乳油1500～2000倍液喷雾，每7天1次。

2. 地老虎、蛴螬等　咬食植株根部。防治方法：用敌百虫拌毒饵诱杀或捕杀。

六、采收加工

（一）采收

播种后生长1～2年即可采收。8～9月果后期为最佳采收期。一年生根中柴胡总皂苷含量较高，为1.57%左右，二年生根中柴胡总皂苷含量为1.19%。仅从活性成分看采收一年生的好，但考虑到二年生柴胡根的产量高于一年生的二倍以上，故以采收二年生柴胡为宜。采挖时尽可能避免断根。

（二）产地加工

采挖后，抖净泥土，剪去芦头和基生叶，晾晒 1 ～ 2 天，用小木棍进行敲打，使残存的泥土脱净，晒至八成干，用线绳捆扎成小把，每把根头部直径不超过 10cm 为宜，再晒干或烘干，烘干温度应控制在 60 ～ 70℃。折干率约 3.7∶1，一般一年生植株产 40 ～ 90kg/ 亩干根，二年生产 80 ～ 150kg/ 亩干根。

七、药材质量要求

以条粗长、须根少者为佳。干品水分不得过 10.0%，总灰分不得过 8.0%，酸不溶性灰分不得过 3.0%，柴胡皂苷 a 和柴胡皂苷 d 的总量不得少于 0.30%。

紫　菀

紫菀 *Aster tataricus* L. f. 为菊科多年生草本植物，以干燥根及根茎药用，药材名为紫菀，又称“小辫儿”。其味辛、苦，性温；具有润肺下气、消痰止咳等功效；用于痰多喘咳、新久咳嗽、劳嗽咳血。现代研究证明，紫菀含有挥发油（如毛叶醇、乙酸毛叶酯、茴香醚）、三萜（如无羁萜，表无羁萜醇，紫菀酮，紫菀皂苷 A、B、C、D）、肽类（如紫菀五肽 A、B、C）、二萜、酰胺等化学成分，具有祛痰、抗菌、抗病毒、抗肿瘤、抗氧化等药理作用。

一、植物形态特征

多年生草本，茎疏被粗毛。叶疏生，基生叶长圆状或椭圆状匙形，下半部渐狭成长柄，连柄长 20 ～ 50cm，边缘有具小尖头的圆齿或浅齿；茎下部叶匙状长圆形，渐狭或急狭成具宽翅的柄，边缘除顶部外有密锯齿；中部叶长圆形或长圆披针形，无柄，全缘或有浅齿；上部叶狭小；叶厚纸质，上面被短糙毛，下面疏被短粗毛，沿脉较密，侧脉 5 ～ 10 对。头状花序径 2.5 ～ 4.5cm，多数在茎枝顶端排成复伞房状，花序梗长，有线形苞叶；总苞半球形，总苞片 3 层，线形或线状披针形，先端尖或圆，被密短毛，边缘宽膜质且带红紫色；舌状花约 20 个，舌片蓝紫色。瘦果倒卵状长圆形，紫褐色，上部被疏粗毛；冠毛污白或带红色，有多数糙毛。花期 7 ～ 9 月，果期 8 ～ 10 月。

二、生物学特性

（一）分布与产地

分布于河北、山西、内蒙古、黑龙江、吉林、辽宁、安徽、陕西、甘肃、青海等省区。商品药材来源于栽培，主产于河北、安徽等省。河北安国所产紫菀，根粗且长，质柔韧，质地纯正，药效良好，畅销全国各地，称为“祁紫菀”。

（二）对环境的适应性

1. 对温度的适应　耐寒性明显，自然露地条件下，在华北、东北三省均能自然越冬。

2. 对光照的适应　为短日照植物，开花要求 8 ～ 9 小时的日照长度。

3. 对水分的适应　较耐涝，怕旱，喜肥。喜湿润，在地势平坦、不积水的土地上栽培，植株长势好。与其他根类药材相比比较耐涝，遇短时间浸水后，仍能正常生长。怕干旱，尤其是6～7月营养生长盛期若遇干旱，会造成大幅度减产。在地势较高、没有灌溉条件的地方栽培，生长较差。

4. 对土壤的适应　喜疏松透气性良好的土壤和湿润环境。对土壤适应性强，除盐碱地外，均能生长，但以疏松肥沃湿润的壤土及砂壤土为佳。

（三）生长发育习性

冬季将种栽种下后，先发芽，后生根。第二年惊蛰种栽已萌动，白色，但未生根。5～10cm土壤温度低于10℃植株不发根。土壤温度15℃时，发根需要5天，土壤温度17～18℃时正常发根，土壤温度20℃时发根很快，仅需3天。因此，5～10cm土壤温度15℃的时期为适宜栽植期。栽植后随气温上升，土壤温度逐渐升高，适合发根，有利于幼苗成活和生长。植株地上部分（一年生植株主要是叶片，二年生植株包括叶、茎、蕾、花、种子等器官）生长以25～30℃的气温较为适宜。当气温低于20℃时，茎叶生长缓慢。气温超过35℃时，因呼吸强度过高、消耗营养多以及高温对光合作用的抑制作用，导致植株生长缓慢。根茎和根的生长受土壤温度和日夜温度差影响。土壤温度21～29℃时，随着温度升高，根茎发生数量多，生长快。根茎膨大阶段，日夜温差大，夜间土壤温度低（15～18℃）时，有利于促进根茎增粗和根的充实。在日夜温差大、夜间土壤温度低的条件下，白天植株地上部叶片光合作用强，呼吸作用弱，养分消耗少，向根茎和根运输的物质多，从而促进根茎和根的增粗生长。至5月底，叶子已长达20～30cm，以后继续增大。霜降后叶子逐渐枯黄，至小雪叶子完全枯黄。

三、栽培技术

（一）品种类型

我国人工栽培紫菀长期采用根茎繁殖，出现了种质退化和种质混杂的现象，生产中尚未培育出优良品种。

（二）选地与整地

选择地势平坦、土层深厚、疏松肥沃、排水良好的地块作为栽植地块，种植前深翻土壤30cm以上，结合耕翻，每亩施入腐熟厩肥3000kg、过磷酸钙50kg，翻入土中作基肥，于播前再浅耕20cm，整平耢细后做宽1.3m高畦，畦沟宽40cm，四周开好排水沟。

（三）繁殖方法

用根状茎繁殖，春、秋两季栽植。春栽于4月上旬，秋栽于10月下旬进行。实际生产上多采用秋栽，在北方寒冷地区防止种苗冬季在地里冻死，只能春天栽。在刨收时，选择粗壮节密、色白较嫩带有紫红色、无虫伤斑痕、接近地面的根状茎作种栽，芦头部的根状茎栽植后容易抽薹开花，影响根的产量和质量，不宜作种栽。

种栽于秋栽时随刨随栽。栽前将选好的根状茎剪成6cm左右的小段，每段带有芽眼2～3个，以根状茎新鲜、芽眼明显的发芽力强。按行距33cm开深6.7～8.3cm的浅沟，把剪好的种栽按株距16.5cm平放于沟内，每撮摆放2～3根，盖土后轻轻镇压并浇水。每亩需用根状茎

10～15kg。一般温度达18～20℃时，20天可出苗，苗未出齐前注意保墒保苗。若春栽则需进行窖藏，具体方法是：种栽稍晾，放地窖贮藏，窖底铺沙，然后一层种栽一层沙，最上面盖沙，窖内温度以不结冰为度，防止发热霉烂，贮藏到翌年春栽种。

四、田间管理

1. 中耕除草 每年进行3～4次。第一次在齐苗后，宜浅松土，避免伤根；第二次在苗高7～9cm；第三次在植株封行前，封行之后如有杂草用手拔除。

2. 灌溉 生长期间应经常保持土壤湿润，尤其在北方干旱地区应注意灌溉，无论秋栽或春栽，在苗期均应适当灌溉，但地面不能过于潮湿，以免影响根系生长。春栽如遇干旱，出苗前浇水1～2次，如墒情适宜10～15天可出苗。秋栽封冻前浇一次水，并盖土杂肥以防寒保墒。6月是叶片生长茂盛时期，需大量水分，也是北方旱季，应注意多浇水勤松土，7～8月间北方雨季，田间不能积水，否则易造成烂根。9月间雨季过后，正值根系发育期需适当灌溉。

3. 追肥 一般要进行2次，第一次在6月间，第二次在7月上、中旬，每次每亩沟施人畜粪水2000kg，并配施10～15kg过磷酸钙，施肥后适当增加灌溉次数。

4. 摘除花薹 除留种植株外，生产上采用剪除花薹的方法促进根部生长，8～9月发现植株抽薹选晴天全部剪除。

五、病虫害及其防治

（一）病害及其防治

1. 立枯病 *Rhizoctonia solani* Kuhn 4～6月发病。发病初期，茎基部发生褐色斑点。发病严重时，病斑扩大呈棕褐色，茎基病部收缩、腐烂，在病部及株旁表土可见白色蛛丝状菌丝，最后苗倒伏枯死。防治方法：①选地势高燥、排水良好地块种植；②用无病虫害种苗；③病前喷1∶1∶100波尔多液，每隔10～14天喷1次。

2. 斑枯病 *Septoria tatarica* Syd. 主要危害叶部。病斑呈不规则形，初期为水渍状，后期为褐色，严重时叶片枯死。夏季多发，尤以高温、多湿时节发病严重。防治方法：①轮作；②发病前和发病初期用1∶1∶120波尔多液或200倍多抗霉素溶液喷雾；③收获后清园，清除枯枝落叶、残体。

3. 白粉病 *Erysiphe* sp. 6～10月发生，主要危害叶片、叶柄。发病初期叶片正反面产生白色圆形粉状斑点，后逐渐扩展为边缘不明显的连片白斑，上面布满粉状霉菌。防治方法：①收获后清除田间枯枝落叶和残叶；②喷施石硫合剂；③用75%百菌清500～800倍液喷雾。

4. 黑斑病 *Alternaria alternate*（Friss.）Keissler. 初期叶片产生不规则褐色斑，随病斑扩大，叶片黑褐色枯死，茎部、茎梢呈褐色，茎逐渐变细、头部下垂或折倒，潮湿时病部可见灰色霉状物。防治方法：①拔除病株，集中处理，并在病穴撒生石灰粉消毒；②发病期喷1∶1∶100波尔多液，每隔10～14天喷1次。

（二）虫害及其防治

1. 小地老虎 *Agrotis ypsilon* Rottemberg. 三龄后的幼虫咬断幼茎。一至二龄幼虫危害心叶或嫩叶，或咬食幼芽，造成缺苗断垄。三龄幼虫潜伏在土下，第一代幼虫在4月下旬～5月中旬发生，苗期危害严重。防治方法：①清除种植地周围的杂草和枯枝落叶，消灭越冬幼虫和蛹；②用泡桐叶或莴苣叶诱捕幼虫，于每日清晨到田间捕捉；③对高龄幼虫也可在清晨到田间检查，如果发现有断苗，拨开附近的土块进行捕杀。

2. 紫苏野螟 *Pyrausta phoenicealis* Hubner　幼虫咬食叶片和枝梢，常造成枝梢折断，北京7～9月为害，一年3代以老熟幼虫在土壤内滞育越冬。防治方法：清园处理枯枝落叶，收获后翻耕土地，减少越冬虫源。

六、采收加工

（一）采收

霜降前后为最佳采收时间，如秋季来不及采收，春季2月萌发前采挖。采挖时先割去地上枯萎茎叶，稍浇水湿润土壤，使土壤稍疏散，然后小心挖出地下根及根状茎，切勿弄断须根，挖出后抖净泥土。

（二）产地加工

将挖出的紫菀根茎顺割数刀，放干燥处晒至半干，编成辫子或切成段后再晒至全干。

七、药材质量要求

以质地柔韧、气微香者为佳。干品水分不得过15.0%，总灰分不得过15.0%，酸不溶性灰分不得过8.0%，水溶性浸出物（热浸法）不得少于45.0%，紫菀酮含量不得少于0.15%。

半　夏

半夏 *Pinellia ternata*（Thunb.）Breit. 为天南星科半夏属草本植物，以干燥块茎药用，药材名半夏，为常用药材。其味辛，性温；具有燥湿化痰、降逆止呕、消痞散结等功效；用于痰多咳喘、痰饮眩晕、痰厥头痛、呕吐反胃、胸脘痞闷、梅核气等症，生用外治痈肿痰核。现代研究发现，半夏含有挥发油（如3–乙酰氨基–5–甲基异噁唑、丁基乙烯基醚）、生物碱（如左旋麻黄碱、胆碱）、半夏蛋白（如半夏凝集素PTL）、有机酸类（如琥珀酸）等化学成分，具有镇咳祛痰、止呕、抗胃溃疡、凝血、抗肿瘤等药理作用。

一、植物形态特征

多年生草本。地下块茎球形或扁球形。叶幼时单叶，2～3年后为三出复叶。实生苗和珠芽繁殖的幼苗叶片为全缘单叶；成年植株叶3全裂。肉穗花序顶生，花序梗常较叶柄长；佛焰苞绿色。花单性，雌雄同株。浆果卵圆形，顶端尖，成熟时红色，内有种子1枚。种子椭圆形，两端尖，灰绿色。花期4～7月，果期8～9月。

二、生物学特性

（一）分布与产地

分布范围较广，国内除内蒙古、新疆、青海、西藏未见野生外，其余各省区均有分布。日本、朝鲜等国也有分布。商品药材来源于栽培或野生，主产于甘肃、贵州、四川、河北、山东、山西等省。

（二）对环境的适应性

半夏为浅根性植物，喜温暖、湿润气候，能耐寒，怕高温，怕强光，耐隐蔽但不喜阴，怕干旱。具多种繁殖方式、较强的耐受性和较宽的生态幅，对环境有高度适应性。

1. 对温度的适应　喜温暖，怕炎热。生长最低温度为10℃左右，当平均气温达15～27℃时，生长最茂盛，30℃以上生长缓慢。最高温度超过35℃，没有遮阴条件时地上部分会相继死亡。生长适温为23～29℃。

2. 对光照的适应　耐阴。适当遮光能生长繁茂。夏季宜在半阴半阳中生长，畏强光；在阳光直射或水分不足情况下，易发生倒苗。不同生长发育时期要求的遮阴度不同。

3. 对水分的适应　既喜水又怕水，当土壤湿度超出一定限度，反而生长不良，造成烂根、烂茎、倒苗死亡，块茎产量下降。土壤含水量以20%～30%为宜。

4. 对土壤的适应　对土壤要求不严，除盐碱土、砾土、重黏土及易积水之地不宜种植外，其他土壤均可种植，但以疏松、深厚、肥沃、pH值6～7的中性砂质壤土较为适宜。

5. 对海拔高度的适应　野生半夏在我国低海拔和2000m以上均有分布。高海拔地区夏季气温较低，比较适宜半夏生长，也有利于半夏产量提高。南方低海拔地区，在海拔1300～1710m范围内，随海拔高度增加产量不断递增。

（三）生长发育习性

生长发育过程可分为出苗期、旺长期、珠芽期、花果期和倒苗期。从出苗至倒苗的天数计算，一般情况下，春季为50～60天，夏季为50～60天，秋季为45～60天。每年出苗2～3次：第一次为3月下旬～4月上旬，第二次在6月上、中旬，第三次在9月上、中旬。相应的倒苗期则分别发生在6月上旬、8月下旬、11月下旬。年生长期内表现出春、秋两个生长旺长期，大部分居群在5月有1个抽薹开花高峰期。珠芽萌生初期在4月初，萌生高峰期为4月中旬，成熟期为4月下旬～5月上旬，6～7月珠芽增殖数为最多，约占总数的50%以上。5～8月为地下块茎生长期，此时其母茎与第一批珠芽膨大加快。花期一般在5～7月，果期6～9月。

三、栽培技术

（一）品种类型

由于产地生态环境变化和人为选择，半夏植株形态发生了较大变异，如叶型、珠芽（数量和着生位置）、块茎（大小和形状）等。研究表明，线形叶型半夏形成珠芽数量最多，芍药叶型半夏形成珠芽数量最少。种茎越大形成珠芽就越多，产量越高。土中形成的珠芽重量明显大于地上形成的珠芽重量。

（二）选地与整地

选择湿润肥沃、保水保肥力强、质地疏松、排灌良好的砂质壤土或壤土地种植，也可选择半阴半阳的缓坡山地，涝洼地、盐碱地不宜种植。前茬选豆科作物为宜，可与玉米、油菜、小麦、果木进行间套种。选好地后，于头年10～11月深翻土地20cm左右，除去石砾及杂草，使其风化。结合整地，每亩施农家肥5000kg、饼肥100kg和过磷酸钙60kg，翻入土中作基肥。播前再耕翻1次，然后整细耙平。南方雨水较多的地方宜做成宽1.2～1.5m、高30cm的高畦，畦沟宽40cm。北方浅耕后可做成宽0.8～1.2m的平畦，畦宽、高分别为30cm和15cm。畦埂要踏实整平，以便进行春播催芽和苗期覆盖地膜。

（三）繁殖方法

有块茎繁殖、珠芽繁殖、种子繁殖3种繁殖方式。种子和珠芽繁殖当年不能收获，用块茎繁殖当年就能收获，所以生产上以块茎繁殖为主。

1. 选种材　选择生长健壮、无病虫害的中、小块茎做种茎。种茎选好后，将其拌以干湿适中的细沙土，贮藏于通风阴凉处，于当年冬季或翌年春季取出。播种前用多菌灵中等浓度水平、较长时间浸泡，能有效控制烂种和提高产量。

2. 播种　冬季或春季均可种植，以春栽为好。春栽宜早不宜迟。一般早春5cm地温稳定在6～8℃时，即可进行种茎催芽，种茎的芽鞘发白时即可栽种。在整细耙平的畦面上开横沟条播。行距12～15cm，株距5～10cm，沟宽10cm，深5cm左右，沟底要平，在每条沟内交错排列两行，芽向上摆入沟内。栽后，上面施一层混合肥土，每亩用量2000kg左右。然后，将沟土提上覆盖，厚5～7cm，耧平，稍加镇压。每亩需种茎50～60kg，适当密植，生长均匀且产量高。栽后遇干旱天气，要及时浇水，始终保持土壤湿润。栽后盖上地膜。可选用普通农用地膜（厚0.014mm）或高密度地膜（0.008mm）。地膜宽度视畦的宽窄而定。

四、田间管理

（一）揭地膜

4月上旬～下旬，当气温稳定在15～18℃，出苗达50%左右时，揭去地膜，以防膜内高温烤伤小苗。去膜前，应先进行炼苗。采用早春催芽和苗期地膜覆盖的半夏，可早出苗20天，增产83%左右。

（二）中耕除草

除草是半夏种植取得成功的关键措施之一。半夏出苗之时也是杂草生长之时，条播半夏的行间可用较窄的锄头除草，与半夏苗生长较近的杂草则用拔除的方法，尽量避免伤根。要求除早、除小、除尽、不伤根，不让杂草影响植株生长，应当根据杂草的生长情况具体确定除草次数和时间，一般2～3次。

（三）灌溉、排水

半夏怕旱，在播前应浇透水。干旱时最好浇湿土地而不能漫灌，以免发生腐烂病。多雨时及时清理畦沟，排水防渍，避免块茎发生腐烂。

（四）追肥

半夏为喜肥植物，生长期中应注意适当多施肥料。施肥应以农家肥为主。出苗后，可按每亩撒施尿素3～4kg催苗。此后，应在每次倒苗后在植株周围施用腐熟粪水肥，每亩为2000kg，随后培土。生长中后期可视生长情况每亩叶面喷施0.2%磷酸二氢钾溶液50kg。夏季高温时叶面喷施适当浓度亚硫酸氢钠液，有明显增产效果。在大田栽培中应当施足基肥，并在6月中旬和8

月下旬前后及时追施氮、磷和钾肥，并适当提高钾的比例。追肥方式可采用地下浇施和叶面喷施相结合的方式。

（五）培土

在6～8月间，成熟的珠芽和种子陆续落于地上时要进行培土，从畦沟取细土均匀地撒在畦面上，厚1～2cm。追肥培土后无雨，应及时浇水。一般培土2次，使地面上的珠芽尽量埋起来，促进新株萌发。因半夏珠芽形成不断，培土应当根据情况而进行，经常松土保墒。

（六）摘除花蕾

半夏花期不一致，除留种外，务必及时摘除花蕾。此外，半夏繁殖力强，往往成为后茬作物的顽强杂草，不易清除，故必须经常摘除花蕾，减少种子脱落萌发成为后茬作物的杂草。

五、病虫害及其防治

（一）病害及其防治

1. 根腐病 *Fusarium* sp.　多发生在高温多湿季节和越夏种茎贮藏期间。染病后地下块茎腐烂，随即地上部分变黄倒苗死亡。防治方法：①选择无病种进行栽培，并在种前用5%草木灰溶液或50%多菌灵1000倍液浸种；②雨后及时疏沟排水；③发病初期，拔除病株并用5%石灰乳淋穴，防止病原蔓延。

2. 病毒病 *Dasheen mosaic* Virus（D.M.V.）　多在夏季发生。为全株性病害，发病时，叶片上产生黄色不规则的斑，使叶片变为花叶症状，叶片变形、皱缩、卷曲，直至枯死；植株生长不良，地下块根畸形瘦小，质地变劣。防治方法：①选无病植株留种，并进行轮作；②出苗后在苗地喷洒1次40%乐果2000倍液或80%敌敌畏1500倍液，每隔5～7天喷1次，连续2～3次；③发现病株立即拔除，集中烧毁深埋，病穴用5%石灰乳浇灌。

（二）虫害及其防治

1. 芋双线天蛾 *Theretra oldenlandiae*（Fabricius）Rothschild et Jordan　是半夏生长期间危害极大的食叶性害虫。每年可发生3～5代，以蛹在土中越冬。8～9月幼虫发生数量最多。成虫白天潜伏在荫蔽处，黄昏时开始取食花蜜，趋光性强。卵散产于半夏叶背面，幼虫孵化后取食卵壳，并在叶背取食叶肉，残留表皮。防治方法：①结合中耕除草捕杀幼虫；②利用黑光灯诱杀成虫；③5月中旬～11月中旬幼虫发生时，用50%辛硫磷乳油1000～1500倍液喷雾或90%晶体敌百虫800～1000倍液喷洒，每5～7天喷1次，连续2～3次。

2. 红天蛾 *Deilephila elpenor lewisi* Butler　主要在5～10月造成危害，尤以5月中旬～7月中旬发生量大。以幼虫咬食叶片，食量很大，发生严重时，将叶片咬成缺刻或吃光。防治方法：参考芋双线天蛾。

六、采收加工

（一）采收

块茎繁殖的于当年或第二年采收。当夏、秋季茎叶枯萎倒苗后采挖。采收选晴天进行，从畦的一端小心将块茎挖出，避免损伤。抖去泥沙，装入筐内，运回及时加工。

（二）产地加工

先洗净，再按大、中、小分级，分别装入麻袋内，在地上轻轻摔打几下，然后倒入清水缸中，反复揉搓，或将块茎放入筐内或麻袋内，在流水中用木棒撞击，也可用去皮机除净外皮。取出晾晒，并不断翻动，期间不能遇露水。拌入石灰，促使水分外渗，再晒干或烘干。若采用炭火或炉火烘干时，温度一般应控制在 35 ～ 60℃。并要微火勤翻，以免出现僵子造成损失。

七、药材质量要求

以个大、皮净、色白、质坚、粉足者为佳。干品水分不得过 13.0%，总灰分不得过 4.0%，水溶性浸出物（冷浸法）不得少于 7.5%。

乌　头

乌头 *Aconitum carmichaelii* Debx. 为毛茛科乌头属植物，以其主根（母根）入药，药材名“川乌”，味辛、苦，性大热，大毒，具有祛风除湿、温经、散寒止痛之功效。其侧根（子根）的加工品入药，药材称“附子”，具有回阳救逆、补火助阳、温中止痛、散寒燥湿等功效，是著名的川产道地药材。川乌主要含有双酯型乌头碱，如乌头碱、新乌头碱、次乌头碱等，具有强烈毒性。附子经过加工解毒，双酯型生物碱水解生成苯甲酰乌头原碱、苯甲酰新乌头原碱、苯甲酰次乌头原碱等单酯型生物碱和乌头原碱、新乌头原碱、次乌头原碱等醇胺型生物碱，毒性降低。乌头类生物碱有镇痛、抗炎与局麻作用，新乌头碱为镇痛的主要活性成分。附子还含有去甲乌药碱、氯化棍掌碱及去甲猪毛菜碱等，有强心作用。

一、植物形态特征

多年生草本植物，高 60 ～ 150cm。块根肉质，倒圆锥形或倒卵圆形。茎直立，圆柱形。叶互生，薄革质或纸质；茎下部叶在花期枯萎。总状花序顶生或腋生；下部苞片 3 裂，上部苞片披针形；萼片 5，花瓣状，蓝紫色，外被短柔毛，上萼片高盔状，侧萼片近圆形；花瓣无毛，通常拳卷；雄蕊多数；心皮 3 ～ 5，离生。蓇葖果长圆形，种子三棱形，黄棕色，仅在两面密生横膜翅。花期 6 ～ 7 月，果期 7 ～ 8 月。

二、生物学特性

（一）分布与产地

分布于长江中下游各省，北至秦岭和山东东部，南至广西北部。附子主产于四川江油、布拖、平武及陕西城固、鄠邑区、南郑等地，以四川“江油附子”质量最佳。

（二）对环境的适应性

1. 对温度的适应　怕高温，有一定耐寒性。在年平均气温 13.7 ～ 16.3℃地区均可种植。在地温 9℃以上时开始萌发出苗，气温稳定在 10℃以上时开始抽茎，地温达 27℃左右时块根生长最快。宿存块根在 –10℃以下能越冬。

2. 对光照的适应　喜光照充足的环境，生长期内要求年日照时间 900 ～ 1500 小时，但高温强光常影响其正常生长。

3. 对水分的适应　喜湿润环境，干旱时块根生长发育缓慢，水涝容易造成烂根和病害严重。

4. 对土壤的适应　对土壤适应性较强。人工栽培宜选择土层深厚、疏松肥沃、排水良好的壤土、砂质壤土或紫色土，以有机质含量高、含氮丰富、磷钾适中为好。

（三）生长发育习性

从种子播种到形成新的种子需要两个生育周期。生产上一般采用块根繁殖。大雪至冬至均可栽种，以冬至前 6 ～ 10 天为播种适宜期。在 12 月上、中旬栽种者先发根后出苗，产量高、品质好；在 12 月、次年 1 月栽种者则先出苗后发根，产量低、品质差。次年 2 月地温 9℃以上时开始出苗，3 月上旬地下茎节长出白色根茎，3 月中旬开始长出侧根。5 月下旬至 6 月下旬是附子膨大增长时期，7 月下旬是附子采收时期，产量最高。全生长期 211 ～ 220 天。

三、栽培技术

（一）品种选择

栽培乌头以叶形等特征可区分为不同品系，如南瓜叶型、大花叶型、小花叶型、艾叶型、丝瓜叶型。四川江油、凉山布拖及陕西汉中地区栽培的附子以“花叶”和“艾叶”品系为主。

（二）选地与整地

1. 育苗地　选择土层深厚、疏松肥沃、海拔 1000m 左右凉爽的阳坡地，前 4 年内没种过乌头，前作不是乌头白绢病的寄主植物（如茄科植物）的地块为宜。选定后翻耕并整平整细，做成 1m 宽高畦。结合做畦，每亩施腐熟厩肥、土杂肥 2000 ～ 3000kg，饼肥 50 ～ 75kg，过磷酸钙 15 ～ 20kg 为基肥。

2. 种植地　选择气候温和湿润的平地，要求土层深厚、疏松肥沃、排水良好。产区多与水田实行 3 年轮作，或与旱田实行 6 年轮作。前作以水稻最好，水稻收获后，放干田水，耕翻，深度 20 ～ 25cm。栽种前耙细整平，然后开厢。整地时施足底肥，每亩用干粪（猪、牛圈肥）4000kg、过磷酸钙 50kg、油饼 50 ～ 100kg，三肥混合拌匀并堆沤 7 天左右后，撒施厢面，用锄翻入土中，与土壤充分混匀，然后将厢面整成龟背形，四周开好排水沟。

（三）繁殖方法

生产上多采用块根繁殖。采收后剔除病残块根，切去过长须根，然后按大、中、小分为三级，一级每 100 个块根重 2kg，二级重 0.75 ～ 1.75kg，三级重 0.25 ～ 0.5kg，一、三级块根作新种根田的播种材料，二级块根作商品田的播种材料。分级后的块根，先放在背风阴凉的地方摊开晾 7 ～ 15 天，使皮层水分稍干。栽种前，用 50%退菌特 0.5kg、尿素 0.5kg，兑水 250kg 浸种根 3 小时。12 月上、中旬栽种，用木质压印器（又称印耙子）开穴，开成两行错穴。压印器齿的株行距均为 17cm，齿长 5cm，宽厚各 3cm。开穴后将选好的块根栽于穴中，每穴大的块根栽 1 个，小的块根栽 2 个，并使绊（即附子从母株上摘下的痕迹）都向厢心，芽口向上稍仰，并稍露出厢面，产区俗称“背靠背”，这样便于修根，因为脱落痕一侧不会形成子根。每隔 7 ～ 10 株，还应在穴外多栽 1 ～ 2 个块根，以备补苗用。播后立即将畦沟土覆于畦面块根上，芽上土厚 5 ～ 7cm。

四、田间管理

（一）清沟、补苗及除草

栽种后出苗前，用耙子将畦面土块打碎耧平，大的土块应扒入畦沟打碎后再覆回畦面，使沟底平坦不积水，防止灌溉或雨后田间积水。2 月中下旬幼苗出齐后，发现病株立即拔除烧毁，缺窝用预备苗补栽，补苗宜早不宜迟。在生长发育期间发现田间有杂草要及时拔除。

（二）追肥

一般追肥 3 次：第一次以催苗为主，在补苗后 10 天左右；第二次在 4 月中旬（第一次修根后）；第三次在 5 月上旬块根膨大期时。

（三）修根留绊

通常修根 2 次：第一次在清明前后、苗高 15cm 左右时进行，先用横摘法去掉基生叶，然后用附铲刨开植株附近的泥土，露出母块根，把较小而多余的块根刨掉（现多用手），每穴留下母根两边较大的侧生块根各 1 个（扁担绊），修完立即盖土；第二次在立夏前后，方法与第一次相同，主要是去掉新生的小块根。修根时，注意刨土不宜过深，以免伤及母根。

（四）摘尖掰芽

于 4 月上旬摘尖，一般打尖要进行 3 ～ 5 次。用铁签或竹签轻轻切去嫩尖，一般每株留叶 7 ～ 8 片，叶小而密的可留 8 ～ 9 片。打尖后，叶腋最易生长腋芽，每周都必须摘芽 1 ～ 2 次，立夏后腋芽生长更快，要及时摘除，掰芽时勿伤叶片。

（五）灌溉与排水

幼苗出土后应保持土壤湿润，遇干旱应及时灌水，一般每半月灌水一次，以水从畦沟内流过不积水为度。6 月上旬进入雨季，大雨后要及时排除田中积水，以免造成块根腐烂。

（六）套作

为充分利用地力，产区可在乌头地里套种其他作物。冬季可畦边套种菠菜、莴苣（笋）、白菜等蔬菜，春季可在畦边的阳面套种玉米。

五、病虫害及其防治

（一）病害及其防治

1. 白绢病 *Sclerotium rolfsii* Sacc. 夏季高温、高湿易发此病。主要危害植株根部，发病时根茎处逐渐腐烂，在茎基部或根部可见白色绢丝状菌丝和黑褐色似菜籽状菌核。防治方法：①选无病种根，栽种前用 40% 多菌灵浸种 3 小时；②与水稻等禾本科作物轮作；③雨季及时排水；④用 50% 多菌灵或 50% 甲基托布津 1000 倍液灌根；⑤发现病株连同周围的土一起挖出，撒石灰消毒病穴。

2. 霜霉病 ***Peronospora aconiti*** **Yu**　主要危害苗期叶片。前期发病幼苗心叶显灰白色，称为“灰苗”；中、后期染病植株顶部叶片呈扭曲状，颜色灰白，称为“白尖”；全株发病后，茎秆破裂，最后枯死。防治方法：①苗期发现灰苗时，拔除干净并烧毁或深埋，并用 1∶1∶200 波尔多液、65%代森锌 600 ～ 800 倍液或 50%退菌特 800 ～ 1000 倍液连续喷 3 ～ 4 次；②除去过多的枝叶，保持通风透光。

3. 叶斑病 ***Septoria aconiti*** **Bace.**　危害叶片，俗称“麻叶”。3 ～ 8 月发病，4 月下旬为高发期。自基部向上发病，叶片上呈现圆形或椭圆形病斑，后期病斑上产生黑色小点，有的具轮纹，严重时叶片枯死。防治方法：①忌连作；②发病期喷洒 40% 多菌灵 500 倍液、70% 甲基托布津 1000 倍液或 1∶1∶150 波尔多液，每 10 ～ 15 天喷 1 次。

（二）虫害及其防治

1. 银纹夜蛾 ***Plusia agnata*** **Staudinger**　为害叶片，将叶片咬成孔洞。防治方法：①幼龄期用 90% 敌百虫原药 1000 倍液喷雾；②成虫可用黑光灯诱杀。

2. 黑绒腮金龟子 ***Maladera oroentalis*** **Motschulsky 和棕色金龟子** ***Holotrichia titanis*** **Reitter**　幼虫危害主根，咬成孔洞或咬断主根。防治方法：①整地时用辛硫磷 1kg/ 亩，兑水 500kg 喷洒土面，再翻耕；②苗期发现植株萎蔫刨开土壤杀死幼虫。

六、采收加工

（一）采收

一般在栽后第二年 6 月下旬～ 8 月上旬采挖，除去茎叶，抖去泥土，去掉须根，将子根（泥附子）与母根（乌头）分开。母根晒干，即“川乌”。子根即是“泥附子”，再按大小分开后进行产地加工。

（二）产地加工

生附子含有多种乌头碱，有剧毒，不能直接服用，必须经过加工炮制后方可入药。一般采收后 24 小时内，放入食用胆巴水（制食盐的副产品，主要成分为氯化镁）内浸渍，以防腐烂并降低毒性。然后经浸泡、切片、煮蒸等加工过程，制成各种不同规格的附子产品。药典中收载以下 3 种：①盐附子：取个大、均匀的泥附子，洗净，浸入胆巴的水溶液中过夜，再加食盐，继续浸泡，每日取出晒晾，并逐渐延长晒晾时间，直至附子表面出现大量结晶盐粒（盐霜）、体质变硬为止；②黑顺片：取泥附子，按大小分别洗净，浸入胆巴的水溶液中数日，连同浸液煮至透心，捞出，水漂，纵切成厚约 0.5cm 的片，再用水浸漂，用调色液使附片染成浓茶色，取出，蒸至出现油面、光泽后，烘至半干，再晒干或继续烘干；③白附片：选择大小均匀的泥附子，洗净，浸入胆巴的水溶液中数日，连同浸液煮至透心，捞出，剥去外皮，纵切成厚约 0.3cm 的片，用水浸漂，取出，蒸透，晒干。

七、药材质量要求

川乌以圆锥形、质坚实、断面类白色、粉性、形成层环纹多角形、味辛辣麻舌者为佳。干品含水分不得过 12.0，总灰分不得过 9.0%，酸不溶性灰分不得过 2.0%；含乌头碱、次乌头碱和新乌头碱的总量应为 0.050% ～ 0.17%。

盐附子圆锥形，上部肥满有芽痕，下部有支根痕，表面黄褐色或黑褐色，附有结晶盐，体重，气微，味咸而麻舌。黑顺片为上宽下窄的纵切片，外皮黑褐色，切面暗黄色，油润具有光泽，半透明，质硬而脆，断面角质样，气微味淡。白附片无外皮，黄白色，半透明。附子干品水分含量不得过 15.0%，含双酯型生物碱以新乌头碱、次乌头碱和乌头碱的总量计不得过 0.020%；含苯甲酰新乌头原碱、苯甲酰乌头原碱和苯甲酰次乌头原碱的总量不得少于 0.010%。

思考题：

1. 根据根形不同人参有哪些主要类型，各有什么特征？
2. 简述三七对生态环境的要求。
3. 简述当归的种子繁殖技术。
4. 地黄的主要病害有哪些？如何进行防治？
5. 繁殖丹参有哪些方法？各有什么特点？
6. 简述白术的种子繁殖技术。
7. 党参主要有哪些商品类型？与原植物、产地有何关系？
8. 简述白芷的种子繁殖方法。
9. 膜荚黄芪主要病虫害有哪些？如何进行防治？
10. 简述黄连植株对环境的适应性。
11. 简述甘草的繁殖方法。
12. 简述川芎的繁殖方法。
13. 浙贝母的主要田间管理措施有哪些？
14. 简述菘蓝的主要病虫害及其防治方法。
15. 简述防风的分布、产地与商品类型。
16. 简述延胡索的繁殖方法。
17. 简述北细辛对环境的适应性。
18. 天麻栽培过程中的关键环节有哪些？
19. 简述柴胡的生长发育习性。
20. 简述紫菀的繁殖方法。
21. 半夏主要有哪些病虫害？如何防治？
22. 生产中乌头种质有哪些品系？

第十章
以皮或茎木入药植物栽培技术

扫一扫，查阅本章数字资源，含PPT、音视频、图片等

杜　仲

杜仲 *Eucommia ulmoides* Oliv. 为杜仲科植物，以干燥树皮入药，药材名杜仲。其性甘、微辛，温；入肝、肾经；具有补肝肾、强筋骨、安胎、降血压等功效；用于肝肾不足、腰膝酸痛、筋骨无力、头晕目眩、妊娠漏血、胎动不安等。现代化学研究证明，其主要活性成分有木脂素类、环烯醚萜类、苯丙素类、黄酮类、多糖类、杜仲胶等。

一、植物形态特征

落叶乔木，株高可达 20m。树皮棕灰色，粗糙。小枝平滑无毛，具片状髓心。叶互生，具短柄，叶片长椭圆形，先端长渐尖，基部圆形或宽楔形，边缘具锯齿，有时锐利略呈钩状。花单性，雌雄异株，先叶开放或与叶同时开放，单一腋生于小枝基部。雄花具柄，无花被，雄蕊 8 ～ 10 枚。花药线形，基着，药隔先端尖。雌花亦具短柄，雌蕊心皮 2，合生，1 室。子房长椭圆形而扁，无花柱，柱头 2 裂。果实为翅果，长椭圆形而扁，种子 1 枚，米黄色，具胚乳。花期 4 ～ 5 月，果期 9 月。

二、生物学特性

（一）分布与产地

杜仲是我国特产，原产于我国中部及西部地区，分布于长江中游及南部各省。药材主产于四川、陕西、湖北、河南、贵州、云南。此外，江西、甘肃、湖南、广西等地亦产。

（二）对环境的适应性

1. 对温度的适应　能耐严寒，在 –27℃的严寒条件下，能越冬生长。成年植株在 –21℃时，自然越冬率可达 100%。土壤 8.5℃时，种子即可发芽，11 ～ 17℃发芽最旺盛。生长期要求较高温度，宜选择气候温和或温暖地区栽培，一般年均气温 14 ～ 17.5℃，生长期平均气温 10 ～ 26.3℃均能良好生长。

2. 对光照的适应　阳性树种，适宜在向阳处栽培。耐阴性差，荫蔽环境不宜种植，但幼苗期宜稍阴。造林密度不宜过大。

3. 对水分的适应　以湿润气候为宜，一般年均降水量在 478.3 ～ 1401.5mm，平均相对湿度

在 70% 以上的地区，均适宜栽培杜仲。气候过于干燥，种子不能发芽，幼苗发育缓慢，植株矮小。

4. 对土壤的适应　对土壤要求不太严格，在黄泥、红泥、黑泥、大土泥、夹砂泥等土壤上均能生长。以土层深厚、肥沃、湿润、排水良好的大土泥和黄泥生长最好。喜微酸性土壤，适宜 pH 值 5.0 ～ 7.5。

（三）生长发育习性

1. 种子习性　杜仲种子实为果实，具有休眠特性，需 8 ～ 10℃低温层积 50 ～ 70 天，寿命较短，一般不超过 1 年。宜采用成熟度高、千粒重大的新鲜种子在冬季播种，可获得较高的发芽率。幼苗在 5 月以前生长缓慢，6 ～ 9 月为速生期，9 月生长减缓，10 月生长基本停止，进入休眠期。

2. 树木生长　杜仲属于速生树种，发育 5 年以上就可进入成年树阶段。一般 15 年左右成材，可以进行砍树剥皮。成材每年 3 月返青，6 ～ 8 月生长最旺，9 月生长减缓，10 月下旬～ 11 月上旬落叶，11 月下旬生长停滞进入休眠期。

3. 树皮生长　杜仲树皮的厚度、重量，随树龄增加而增厚、增重，生长规律与树干生长类似，呈“缓慢—迅速—缓慢”趋势，二十五年生为胸径生长高峰期，树皮厚度可达 1cm。

4. 开花结果　杜仲实生苗一般 8 年左右开花，花期在 4 ～ 5 月，雄花开放先于雌花，花期持续 40 ～ 50 天。果期 5 ～ 11 月，5 月中下旬果实发育定型，7 月果实长成，10 ～ 11 月种子成熟。结实盛龄在 20 ～ 30 年，30 年后渐次下降，50 年后很少结实。

三、栽培技术

（一）品种类型

根据树皮的粗糙、光滑程度，划分为粗皮杜仲、光皮杜仲和介于两者之间的中间类型。粗皮杜仲又称青冈皮，外皮粗糙，鲜树皮平均厚度约 6mm，外皮约 2.9mm，内皮约 3.1mm。光皮杜仲又名白杨皮，外皮光滑，鲜树皮平均厚度约 4.4mm，外皮约 0.8mm，内皮约 3.6mm。由于外皮死组织多，几乎无药用和工业生产价值。粗皮杜仲内皮薄而轻，光皮杜仲内皮厚而重，所以从药用或工业原料来说以光皮杜仲为佳。根据用途，我国已选育出“华仲”“京仲”“秦仲”等系列优良品种。

（二）选地与整地

1. 育苗地　选择向阳、肥沃、土质疏松、富含腐殖质、微酸性至中性的壤土或砂质壤土。精细整地，翻地 2 ～ 3 次，深 23 ～ 26cm，反复碎土 2 ～ 3 次，使土壤充分细碎。每亩施用有机肥 1500 ～ 2500kg 作基肥，最好再加菜油饼 50 ～ 100kg，混匀，耙平，做成宽 1.3m，高 16 ～ 20cm 的高畦，畦面呈弓背形，做宽约 30cm 的排水沟。

2. 种植地　可零星种植或成片种植。田边、路旁、房前、房后都可以零星种植。成片种植，以排水良好、土层深厚、疏松肥沃、微酸性土壤为宜，不宜在低洼涝地种植。种植前进行深翻，以有机肥、菜油饼肥、过磷酸钙等肥料作为基肥，耙平，挖深约 30cm，宽约 80cm 的穴。

（三）繁殖方法

有种子繁殖、扦插繁殖、压条繁殖、嫁接繁殖等方法。种子繁殖方法简单实用，是生产中常采用的方法。

1. 种子繁殖

（1）采种及种子处理　选择向阳生长、树皮光滑、无病虫害、树龄 20 ～ 40 年且未剥皮的母树所结的种子，采种时间为 10 月下旬～ 11 月，种子宜放在阴凉处晾干。冬播种子可不做处理，或用冷水浸泡 2 ～ 3 天后播种。春播种子必须进行催芽处理，催芽方法有：①湿沙催芽：在播种前 30 ～ 50 天将种子与湿沙拌匀，堆放于阴凉通风处，保持沙湿润，每隔 10 ～ 15 天检查一次，至种子开始露白即可播种；②温水浸种：用 60℃热水浸种，不断搅拌至水冷却，再用 20℃温水浸泡 2 ～ 3 天，每天换水 2 ～ 3 次，待种子软化，捞出晾干后即可播种。

（2）播种　冬播在 11 ～ 12 月，春播在 1 ～ 3 月，将处理好的种子按照行距 20 ～ 25cm 进行条播，开深 2 ～ 4cm 播种沟，均匀撒入种子，覆盖 1 ～ 2cm 厚疏松的细土。浇透水后覆盖稻草，以保持土壤湿度和温度，每亩用种量 7.5 ～ 10kg。

（3）苗期管理　播种后 3 ～ 4 个月开始发芽，当苗高 3 ～ 4cm，揭去盖草，进行第一次除草。幼苗长至 4 ～ 6 片叶时进行间苗，每行留壮苗 20 ～ 25 株，间苗后进行第二次中耕除草。苗期一般追肥 3 次，以有机肥为主，第一次在间苗与中耕除草后，第二次在幼苗长至 8 ～ 10 片叶时，第三次在幼苗长至 12 ～ 14 片叶时。旱季应注意浇水，雨季注意排水。

2. 扦插繁殖　选择当年新生、木质化程度较低的枝条进行扦插。扦插前 5 天剪去顶芽，将枝条剪成 6 ～ 8cm 长，保留 2 ～ 3 片叶，插入湿沙或珍珠岩基质 3cm，每天浇水 2 ～ 3 次，经 15 ～ 40 天长出新根后，移入苗圃地。

3. 压条繁殖　选择健壮的枝条压入土中，用土覆盖 15cm 左右，将土压实，把枝梢露出地面，适当进行水分管理，一般 15 ～ 30 天可以长出新根系，第二年可以移栽。

4. 嫁接繁殖　一般选择两年的苗木作为砧木，健壮的杜仲枝条作为接穗，在早春时进行嫁接，嫁接时要进行消毒杀菌，避免细菌感染。

5. 移栽　移栽时间从秋季至来年春季均可，一般以苗高大于 40cm、根直径大于 0.6cm 的幼苗为宜。每穴移栽 1 株幼苗，保持根系舒展，逐层填土压紧，浇足定根水，再覆盖一层细土，减少水分散失。

四、田间管理

（一）中耕除草

在每年春、夏季节进行中耕除草，中耕深度约 6 ～ 10cm，不宜过深，以免伤根。植株封林后，每隔 3 ～ 4 年，在夏季进行中耕一次。

（二）追肥

移栽后，每年或隔年春季追肥一次，每亩可施有机肥 500kg，草木灰 5kg，加氮、磷、钾肥各 10kg，在植株间挖窝施入。酸性强的土壤，可加施石灰，每亩约 30kg。

五、病虫害及其防治

（一）病害及其防治

1. 立枯病 *Rhizoctonia solani* Kuhn　幼苗常在 4 ～ 6 月发病，病株靠近地面的茎基皱缩、变褐、腐烂，以致倒伏而死。防治方法：①选择疏松、肥沃湿润、pH 值 5 ～ 7.5 的土壤，苗床应保持平整干燥、排水良好；②播种前 7 ～ 10 天，将硫酸亚铁粉末，均匀撒在苗床对土壤进行消毒，每亩用量 7.5 ～ 10kg；③催芽前种子用 1% 高锰酸钾浸种 30 分钟；④发病期可浇施 36% ～ 40% 福尔马林 1000 倍液。

2. 根腐病 *Fusarium* sp.　一般发生在 6 ～ 8 月，雨季发生较重，由镰刀菌引起，幼苗根部皮层和侧根腐烂，茎叶枯死。防治方法：同立枯病。此外，一旦发现病株，立即拔掉，并在发病处进行充分消毒。

3. 叶枯病 *Mycosphaeralla* sp.　为真菌引起的病害，成年植株多见。发病初期叶片出现褐色圆形病斑，以后不断扩大，密布全叶。病斑边缘褐色，中间白色，有时使叶片破裂穿孔，严重时叶片枯死。防治方法：①冬季清扫枯枝落叶，集中处理，用土封盖严密，使其发酵腐熟；②发病初期，及时摘除病叶，挖坑深埋；③发病后每隔 7 ～ 10 天喷 1 次波尔多液，连续喷洒 2 ～ 3 次。

（二）虫害及其防治

1. 地老虎 *Agrotis ypsilon* Rottemberg　育苗期咬食幼苗。防治方法：①清除杂草，保持苗圃干净；②晚上幼虫出土时捕杀；③堆草诱杀，在苗圃堆放用 6% 敌百虫粉拌过的新鲜杂草，草药比 50∶1；④用黑光灯诱杀成虫。

2. 刺蛾 *Cnidocampa flavescens* Walker　幼虫危害杜仲叶片，将叶蚕食成孔洞、缺口或不规则形状，严重时仅剩下叶脉。防治方法：①消灭越冬虫茧；②利用刺蛾成虫的趋光性进行灯光诱杀，避免产卵；③释放赤眼蜂；④青虫菌 500 倍液加少量 90% 敌百虫喷雾。

3. 金龟子 *Scarabaeus* sp.　主要以幼虫危害幼苗。幼苗高度 10cm 以下时根系幼嫩，幼虫把主根咬断，幼苗达到 30cm 高时，幼虫啃食根皮，呈不规则缺刻状，使地上的叶片萎蔫，顶梢下垂，最终造成幼苗死亡。防治方法：①在选择苗圃地时，调查虫情，若幼虫量大，每亩用 50% 辛硫磷颗粒剂 2 ～ 3kg 处理土壤；②成虫盛发期，用灯光诱捕；③以金龟芽孢杆菌每亩用每克含 10 亿活孢子菌粉 100g，均匀撒入土中，使幼虫感染发病而死；④幼苗期发现幼虫危害，用 50% 辛硫磷乳剂 1000 倍液灌注根际。

六、采收加工

（一）采收

移栽 15 ～ 20 年后，可以剥皮，宜在 4 ～ 6 月进行，常采用部分剥皮和环状剥皮法。

1. 部分剥皮　在离地面 34cm 以上的地方，直立或交错剥去树干外围面积 1/4 ～ 1/3 的树皮，使养分运输不中断，树皮能在 1 ～ 2 年内快速愈合至原状。

2. 环状剥皮　在树干分枝处的下面环形割一圈，再向下顺树干纵割，以割断韧皮部、不损伤木质部为度，再沿纵割刀口撬起树皮向两侧剥离，一般 3 年后树皮又能长到正常厚度。

（二）产地加工

将剥下的树皮，用开水烫后放于平地上，用稻草垫底，使树皮相互紧密重叠，上盖木板，再加上石板压平，然后用稻草覆盖使之发汗。5～6天后，检查中间树皮，若树皮内部已呈紫栗色，取出晒干，刮去粗皮，将边皮修切整齐。

七、药材质量要求

以皮厚而大，糙皮刮净，折断白丝多者为佳。干品水分不得过13%，灰分不得过10%，醇溶性浸出物不得少于11%，松脂醇二葡萄糖醇不得少于0.10%。

厚　朴

厚朴 *Magnolia officinalis* Rehd.et Wils. 为木兰科木兰属植物，主要以干燥树皮、枝皮及根皮入药，药材名厚朴，被列为国家二级保护中药材和重点保护树木之一。其性温，味苦、辛；归脾、胃、肺、大肠经；具有燥湿消痰、下气除满等功效；用于治疗湿滞伤中、脘痞吐泻、食积气滞、腹胀便秘、痰饮喘咳等症。主要化学成分包括酚类（如厚朴酚、和厚朴酚、三羟基厚朴醛）、挥发油类（油中主要含 α，β－桉油醇）以及生物碱类（木兰箭毒碱）。具有抗菌、抗肿瘤、抗病毒、抑制胃溃疡和防止应激性胃功能障碍、抑制血小板聚集、中枢神经系统保护和降血压等作用。其花蕾、果实、种子均可入药。厚朴的干燥花蕾药材名厚朴花，其性微温，味苦，具有宽中理气、开郁化滞之功效，用于治疗胸脘痞闷胀满、纳谷不香等症。厚朴果实药材名厚朴果，味甘，性温，具有消食、理气、散结之功效，主治消化不良、胸脘胀闷、鼠瘘。种子含油量35%，可榨油，供制肥皂。

同属植物凹叶厚朴 *Magnolia officinalis* Reld.et Wils var. *biloba* Reld. et Wils 与厚朴的形态相近，药用部位、性味、功效也大致相同。这里仅介绍厚朴的相关情况。

一、植物形态特征

落叶乔木，高15～20m。树皮厚，灰褐色；小枝粗大，具环状托叶痕。顶芽大，幼叶有毛，叶互生，单叶聚生于枝顶，革质，椭圆状倒卵形，先端钝圆或具极短尖头，全缘或略带波状，长20～45cm，宽10～20cm。花大，白色，与叶同时开放，单生于枝顶，直径10～15cm，具香气；雄蕊多数，螺旋状排列；雌蕊心皮多数，分离，子房长圆形。花被9～12片，肉质。聚合蓇葖果长圆状卵圆形，长9～15cm。种子三角状倒卵形，外种皮红色。花期4～5月，果期10～11月。

二、生物学特性

（一）分布与产地

主要分布于四川、湖北、湖南、陕西、贵州、云南、广西等省区，主产于四川、湖北、云南、贵州等地，习称“川朴”。目前，湖北省恩施市、五峰县种植面积大、历史悠久、种质资源较好，号称厚朴百里长廊，所产厚朴习称“紫油厚朴”，质量较佳。

（二）对环境的适应性

1. 对温度的适应　喜温暖，具一定抗寒能力。对年生长温度要求不高，最适生长温度为 25 ～ 35℃，生长期要求年平均气温 16 ～ 17℃，最低气温低于 -10℃也不易受冻害，但温度低于 5℃或高于 38℃生长缓慢。

2. 对光照的适应　为喜光树种，成年树在阳光充足、凉爽潮湿的地方生长良好，在荫蔽的地方则生长不良。但幼苗怕强光高温。因此，在苗圃育苗时应适当遮阴，以免幼苗受害。

3. 对水分的适应　为旱生植物，怕涝，在排水良好的坡地适宜种植，在低洼、积水的地方生长不良，不宜种植。目前种植主要靠自然降水，无须人工灌溉。

4. 对土壤的适应　一般土壤均可种植。因其为直根系木本植物，根系发达，故要求肥沃、疏松、土层深厚、排水良好、含腐殖质丰富的中性或微酸性土壤，pH 值 5 ～ 7。一般在山地土壤、黄红壤地均能生长。土质过于黏重、低洼积水及盐碱性强的地方不宜种植。

（三）生长发育习性

为多年生乔木，其生命周期可分为苗木生长和林木生长两个阶段。

1. 苗木生长阶段　此阶段是指从播种到生长为二年生苗的过程，苗高生长呈“慢—快—慢”的规律，地径及叶幅生长为“快—慢—快—慢”规律。可分为出苗期、幼苗生长初期、幼苗速生期和苗木生长后期 4 个时期。

（1）出苗期　3 月上旬播种，播后 50 ～ 60 天出苗，6 月幼苗出齐，出苗率约为 90%。

（2）幼苗生长初期　6 月中、下旬幼苗出现真叶，地下部分出现侧根，7 月下旬出现真叶 8 ～ 10 枚。该期幼苗生长缓慢，苗高只有年生长量的 50%，根系 30% ～ 50%。

（3）幼苗速生期　8 月上旬～ 10 月中旬，幼苗生长速度快，根系发达，叶片增加至 16 ～ 20 片，此时植株的营养器官已基本形成。

（4）苗木生长后期　10 月下旬苗木生长逐渐缓慢，11 月中旬叶片脱落，苗木停止生长，进入越冬阶段。一年生苗木高度可达 30 ～ 40cm。次年幼苗在苗圃再培育 1 年，苗高可达 1m 左右，即可出圃移栽。

2. 林木生长阶段　3 ～ 13 年为速生阶段，树高可达 10m 以上，其高度和胸径年净增长量明显高于其他年限的植株。此后生长速度缓慢，尤其是到了 20 年时，生长速度更缓，五十年生者高度不超过 20m。厚朴的生长随海拔高度不同其高度和胸径的增长有所不同，海拔低的区域植株胸径年净增长低于海拔高的区域，而高度净增长则高于海拔高的区域。厚朴生长 8 年才开始开花结果，其花孕果与否与海拔高度有着密切的关系，如生长在海拔 800 ～ 1000m 的地方能正常开花结果，海拔超过 1800m 只开花不结果，海拔 500m 左右多不开花。在适宜地区生长 100 年以上的老树，仍能开花结果。

三、栽培技术

（一）品种类型

厚朴的栽培历史已有数百年，由于种质分化形成了不同的类型，依据形态标记、分子标记及厚朴酚类成分含量可划分为厚朴及凹叶变型、中间变型 3 类。选育出的“双河紫油厚朴”新品种，药材具有皮厚、肉细、香气浓、断面棕色、内表深紫色、味带辛辣、油性重、手划见油、纤维少、嚼之无渣等特点。

（二）选地与整地

1. 育苗地 宜选地势平坦、半阴半阳、湿度较大、水源条件好、排灌方便的地块。土层要求深厚，土质疏松、富含有机质、中性或微酸性的砂质壤土。地选好后，于冬季进行深耕，除去杂草、石块。整地要求三犁三耙，结合整地，每亩施入充分腐熟的厩肥或土杂肥 3000kg，复合肥 40kg。然后做畦，畦宽 1.2m，畦与畦之间开好排水沟，沟深 15cm，深 40cm。

2. 种植地 宜选海拔 800 ～ 1200m 地势较平缓的地方，如系坡地，则需将其改成梯地，以利保持水土。地选好后，清除杂草、灌木，然后深翻土地 30cm 左右，按行株距 3m×3m 挖穴，穴长 60cm，宽 40cm，深 30 ～ 50cm。定植前每穴施入充分腐熟厩肥或土杂肥 10kg。

（三）繁殖方法

分种子繁殖、分株繁殖、压条繁殖和扦插繁殖。生产上主要采用种子繁殖和扦插繁殖。

1. 种子繁殖

（1）采种与选种 10 ～ 11 月当果实的果皮呈紫黑色并开裂露出红色种子时进行采种，选择 15 年树龄以上的种子尤宜。果实采摘后，暴晒 2 ～ 3 天，取出种子。选择色深黑，饱满，无病虫害，净度不低于 98%，含水量 22% ～ 38%，千粒重不低于 140g，发芽率不低于 75%，发芽势不低于 50% 的种子，备用。

（2）种子的处理 将选好的种子摊放于室内，层厚 10 ～ 15cm，待红色外种皮变黑后，用清水浸泡 1 ～ 2 天。将种子置于箩筐内，搓去外种皮，用清水冲洗干净，摊放于阴凉处晾干。晾干后的种子用 0.3% 高锰酸钾溶液进行消毒后湿沙贮存，贮存高度不宜超过 50cm。贮存期间每半个月检查一次，发现沙子干燥发白时，应适当补充水分，并将种子与沙子重新翻一次。如果种子发生霉变，应及时拣出处理掉。

（3）播种育苗 ①播种时间：秋播或春播。秋播于 11 月中下旬，春播于 2 月下旬～ 3 月上旬进行。②播种方法：在整好的苗床上开横沟，沟深 3cm，沟距 25 ～ 30cm，将处理好的厚朴种子按种距 6cm 播下，播种量每亩 12kg。播完覆盖细土厚 2 ～ 3cm，再盖草。③幼苗培育与管理：播种后 20 天左右即可出苗。出苗后及时揭去盖草，并予以适当遮阴。当幼苗长出 3 片真叶时进行松土除草和施肥，每亩施入充分腐熟的农家肥 1000kg 或复合肥 30kg。当苗高约 7cm 时，结合间苗进行移栽培植，间苗按株距 30 ～ 35cm 进行留苗，并将间出的苗按苗距 30 ～ 35cm 株距另行栽植培育。苗期每年追肥 2 次。高温干燥时应及时浇水，多雨季节要及时清河排水。厚朴当年生苗高 35 ～ 40cm，一般不出圃定植，需在苗圃内培育 2 年后，当苗高 1m 左右时，即可出圃定植。

2. 扦插繁殖 于 2 ～ 3 月选择生长健壮、粗约 1cm 的枝条，剪成长约 20cm 的插条，扦插于苗床中，扦插深度为 10 ～ 15cm 尤佳，然后进行浇水。苗期管理同种子育苗。

3. 移栽 为保证幼苗存活率，将以上各种繁殖方法培育的苗木，于 10 ～ 11 月落叶后至第二年 2 ～ 3 月雨水前后进行移栽定植。在整好基肥的种植地的种植穴中每穴载入 1 株，使根系舒展，扶正，边覆土边轻轻向上提苗、踏实，覆土至幼苗茎干 2/3 处，浇足定根水。

四、田间管理

（一）中耕除草

幼树期每年中耕除草 4 次，分别于 4 月中旬、5 月下旬、7 月中旬和 11 月中旬进行，避免杂草与幼苗争水、肥、气、光，影响幼苗生长。林地郁闭后一般仅在冬天中耕除草、培土 1 次，以利越冬。

（二）追肥

结合中耕除草进行追肥，肥料以腐熟农家肥为主，辅以适量复合肥。每亩每次施入农家肥 500kg、复合肥 45kg。施肥方法是在距苗木 6cm 处挖环状沟，将肥料施入沟内，施后覆土。若用专用复合肥，则氮、磷、钾的配比为 3：2：1。

（三）除萌截顶

植株萌蘖力很强，常在根际部或树干基部出现萌芽而形成多干现象。为了保证主干挺直、生长快，故应及时除去萌蘖。为促使厚朴树干加粗生长，增厚树皮，在定植 10 年后，当树干长到 10m 左右时，应将主干顶稍微截除，并修剪弱枝、下垂枝和过密枝，使养分集中供应主干和主枝迅速生长。

（四）斜割树皮

当厚朴生长 10 年后，于春季用利刃从其枝下高 15cm 处起一直到基部，围绕树干将树皮等距离地斜割 4 ～ 5 刀，并用 100ppm ABT2 号生根粉溶液向刀口处喷雾，促进树皮增厚。

五、病虫害及其防治

（一）病害及其防治

1. 根腐病 *Fusarlum oxysporum* Schlecht　6 月下旬开始发病，7 ～ 8 月为发病高发期，9 月以后随着气温降低，苗木木质化程度增加，发病基本停止。主要为害根部。发病初期须根先变褐腐烂，后逐渐蔓延至主根发黑腐烂，呈水渍状，致使茎和枝出现黑色斑纹，继而全株死亡。防治方法：①选择排水良好的砂质壤土地块育苗。②整地时进行土壤消毒。③播种时合理密植，在播种后及时清除杂草，下暴雨后要立即进行排水，降低田间土壤湿度，防止土壤硬结，增强植株的抵抗疾病能力。④增施磷、钾肥，提高植株抗病能力。⑤发现病株应及时拔除，病穴用石灰消毒，或用 50% 退菌灵 1500 ～ 2000 倍液浇灌。

2. 叶枯病 *Septoria* sp.　多在 7 月开始发病，8 ～ 9 月为发病盛期，高温、高湿季节易于发病。发病初期叶片出现病斑，病斑呈圆形，黑色，直径 0.2 ～ 0.5cm，以后逐渐扩大，布满全叶，病斑呈灰白色，潮湿时病斑上着生小黑点，最后叶子干枯死亡。防治方法：①冬季清洁林地，将枯枝病叶及杂草清除并集中烧毁。②发病初期摘除病叶，再喷洒 1：1：100 波尔多液，7 ～ 10 天 1 次，连续 2 ～ 3 次。

3. 立枯病 *Rhizoctonia solani* Kahn.　病原菌附在土壤中和病残体上越冬，在土壤黏性过重、阴雨天等情况下发生严重。主要发病期在苗期阶段，为害幼苗茎基。幼苗出土不久，靠近土面的茎基部呈现暗褐色病斑，病部缢缩腐烂。幼苗倒伏死亡。防治方法：同根腐病，还可用 50% 托布津 1000 倍液喷洒防治。

（二）虫害及其防治

1. 褐天牛 *Nadezhdiella cantori*（Hope） 雌虫在幼树树干基部咬破树皮进行产卵。刚孵出的幼虫先钻入树皮中咬食树皮，影响植株生长。初龄幼虫在树皮下穿蛀虫道，长大后，蛀入木质部，被害植株逐渐枯萎死亡。防治方法：①成虫期进行人工捕杀。②冬季刷白树干防止成虫产卵。③幼虫蛀入木质部后，用棉花浸 80% 的美曲磷脂原液塞入蛀孔，毒杀幼虫。

2. 褐边绿刺蛾 *Parasa consocia* Wallker 和褐刺蛾 *Setora postornata*（Hampson） 幼虫咬食叶下表皮及叶肉，使叶片仅存上表皮，形成圆形透明斑。4 龄后咬食全叶，仅残存叶柄，严重时可使树木枯死。防治方法：喷洒 90% 敌百虫 800 倍液或生物农药 Bt 乳剂 300 倍液毒杀。

3. 白蚁 *Macrotermes barneyi* Ligh. 蛀空根部。防治方法：可用灭蚁灵毒杀，或挖穴灭蚁。

4. 日本壶链蚧 *Asterococcus muratae* Kuwana 主要危害对象是厚朴的树枝和树干。日本壶链蚧成虫对厚朴皮层中养分的不断刺吸，导致厚朴的养分大量消耗，由此诱发了厚朴煤污病，煤污病能严重影响厚朴的光合作用和呼吸作用，对厚朴的生长产生了很大影响。防治方法：在 5 ～ 6 月用 40% 氧化乐果溶液注入树干，每株注射 1 ～ 2mL，可有效杀死日本壶链蚧。

六、采收加工

（一）采收

1. 厚朴的采收

（1）采收时间 传统的种植方法在厚朴种植 15 ～ 20 年即可采收。不同生长年限厚朴干皮多项指标检测结果显示，厚朴在种植 15 年时各项指标均达到药用要求。故厚朴应在定植 15 年以后采收为好。采收时间在每年的 4 月下旬～ 6 月下旬。

（2）采收方法 有如下两种方法：①刀割剥取法：先在树干基部离地面 5cm 处环切树皮一圈，再在上部 40cm 处复切一圈，在两环之间用利刃顺树干垂直切一刀，用竹制起皮刀剥取树皮，再将树砍倒，然后按 40cm 长度一段将干皮剥完，接着剥枝皮。采完干、枝皮，再挖取地下根茎，按 15 ～ 25cm 长度采剥根皮。②捶打剥取法：较细小的分枝和树根，不能用剥取主干树皮的方法时，可用小木槌对细小分枝和树根进行捶打，使皮木分离，然后剥取枝皮和根皮。

2. 厚朴花的采收 厚朴定植后 8 年左右开始开花，一般在 4 ～ 5 月花叶同放。宜于阴天或晴天早晨采摘含苞待放的花蕾。

（二）产地加工

1. 厚朴 微小枝皮和根皮可直接晒干或阴干；较大枝皮和干皮置沸水中烫软后，取出直立于木桶内或室内墙角处，覆盖湿草、棉絮或麻袋使其发汗处理 24 小时，待内表面和断面变得油润有光泽，皮层断面呈紫褐色和棕褐色时，取出分成单张，用木棒等物撑开在阳光下晒干，蒸软，将大的卷成双筒状，小的卷成单筒状，用利刃将两端切齐，按“井”字法堆放于通风处阴干或晒干，即成商品。

加工后的干皮习称“筒朴”，枝皮习称“枝朴”，根皮习称“根朴”，“根朴”无须经过发汗，可直接晒干而成。

2. 厚朴花　鲜花运回后，放入蒸笼中蒸5分钟左右，待花苞稍变软取出，摊开晒干或文火烘干。也可将鲜花置沸水中烫一下，随即捞出，晒干或烘干。烘干时温度控制在60℃左右，时间为16～24小时。

七、药材质量要求

厚朴以断面有点状闪光性结晶、皮粗肉细、内色深紫、油性大、香味浓、味苦辛微甜、咀嚼无残渣者为佳。干品水分含量不得过15.0%，总灰分不得过7.0%，酸不溶性灰分不得过3.0%，厚朴酚与和厚朴酚的总量不得少于2.0%。

白木香

白木香 *Aquilaria sinensis*（Lour.）Gilg 为瑞香科沉香属木本植物，其含树脂的心材即为我国传统名贵药材——沉香。性微温，味辛、苦；归脾、胃、肾经；具有行气止痛、温中止呕、纳气平喘之功效；主治胸腹胀闷疼痛、胃寒呕吐呃逆、肾虚气逆喘急等疾病。现代化学及药理研究证明，白木香结香主要部位（树干）的化学成分主要有三大类：其一是色酮类，如2-（2-苯乙基）色酮，有明显的抗炎、神经保护、抗抑郁活性、抑制乙酰胆碱酯酶活性；其二是萜类，如白木香酸、白木香醛醇、沉香螺旋醇等，有止喘、镇静、镇痛作用；其三是黄酮类，如白木香苷A1等，有抗炎等活性。

一、植物形态特征

乔木，高达15m，小枝圆柱形，具有皱纹；叶革质，椭圆形、长圆形或倒卵形，先端骤尖，基部宽楔形，上面光亮，两面无毛，被毛；花芳香，黄绿色，多朵，组成伞形花序，花梗长5～6mm，密被灰黄色短柔毛；萼筒浅钟形，5裂，裂片卵形，淡黄绿色，芳香，两面密被短柔毛；花瓣10，鳞片状，生于萼筒喉部，密被毛；雄蕊10，排成1轮，花丝长约1mm，花药长圆形；子房卵形，密被毛，花柱极短或无；蒴果卵状，长2～3cm，绿色，密被黄色柔毛；种子褐色卵球形，长1.18～1.65cm，直径0.50～0.78cm，基部有附属体，上端宽扁，下端呈柄状。花期春夏，果期夏秋。

二、生物学特性

（一）分布与产地

分布于中国广东、海南、广西、福建。喜生于低海拔的山地、丘陵以及路边阳处疏林中。药材主产于广东、海南、台湾、福建等地。

（二）对环境的适应性

1. 对温度的适应　喜温暖气候，在年平均气温19～25℃、冬季温度13～20℃、夏季温度28℃以上最为适宜。极端低温偶尔达到-1.8℃，也能适应短暂的低温霜冻。

2. 对光照的适应　弱阳生树种，其幼苗比较耐阴，不宜暴晒。在日照较短的高山环境中，适宜生长在山腰密林中，一般荫蔽度40%～50%为宜。成龄后则喜光，必须有充足的光照才能开花结果，也只有充足的光照条件才可以结出高质量的香。

3. 对水分的适应 喜潮湿，要求年降水量 1500 ～ 2400mm，空气相对湿度 80% ～ 88% 之间，在这种环境下才能长得更高更快；而在干旱瘦瘠的山坡上，虽然长势较差，但是结的香质量较好。

4. 对土壤的适应 对土壤条件要求不严格，红壤、酸性砂质壤土、山地黄壤土均能生长。在野生状态下，瘠薄的黏土中生长较慢，长势较差，但容易结香，结的香香味浓、油脂多、质量佳。在土层深厚、肥沃的土壤中其木质部和韧皮部组织疏松，结香极少，且质量差。白木香树脂的形成与所生长的土质和砂石含量有关，土壤中含石量比较高的坡地产的树脂较多，黄褐色含铁的土壤比花岗岩形成的黄赤色的含铁土壤产的树脂质量好。

（三）生长发育习性

种子没有休眠期，成熟后就开始萌发，最适宜的土壤水分含量为 40%。植株生长发育分为幼龄期和成龄期两个阶段。幼龄期比较耐阴，遮光度 87% 时仍可以存活，不耐暴晒，采用 50% ～ 60% 遮光度、温度 25 ～ 35℃、40% 含水量来培育幼苗。成龄期喜光，需要有充足的光照才能开花结果，结出高质量的香。

三、栽培技术

（一）品种类型

目前已选育出优良嫁接无性系“热科 1 号”（琼 R–ETS–AS–010–2016）和“热科 2 号”（琼 R–ETS–AS–003–2017）两个新品种。

（二）选地与整地

1. 育苗地 按设施水平分有遮阳网阴棚、塑料薄膜大棚和温室大棚 3 种育苗方式。育苗地应选择地势平坦、靠近水源、土壤肥沃、排水良好的砂质土作苗圃，河沙过筛，筑成 100cm 宽，10cm 高，畦沟宽 50cm 的苗床，待种。

2. 种植地 海拔 1000m 以下的山坡、丘陵地或退耕还林地种植，以土层深厚、有机质含量高的黄壤地为佳。对林地全面清理后采用穴状整地方法，穴规格为 50cm×50cm×50cm 或者 40cm×40cm×40cm，行株距为 2m×2m。每穴施入 2.0kg 农家肥或 0.5kg 复合肥。

（三）繁殖方法

可采用种子繁殖、组织培养、扦插繁殖和嫁接繁殖。种子繁殖是主要方式，组织培养成本高，扦插和嫁接方法成活率偏低。

1. 种子繁殖 可直播或育苗移栽。

（1）采种及种子处理 果实成熟一般在 6 ～ 8 月，果实由青绿转黄白、种子呈棕褐色时即成熟。将采回来的果实阴干，果壳开裂种子便可自行脱出。如若剥开，切忌损伤其蝌蚪尾巴状的附属物。种子没有休眠期，常温放置 5 天发芽率会直线下降，更不能放在阳光下暴晒。可用湿沙贮藏 1 周，低温（5℃）贮藏可达 135 天。

（2）种子直播 将种子均匀撒在苗床上，每亩 8kg，盖土以看不见种子为度，然后覆盖薄草，透光度 50% ～ 60%，每天淋水 1 ～ 2 次，10 ～ 15 天发芽，当长出 2 ～ 3 对叶时就要移入容器中培育。

（3）育苗　幼苗喜阴，需要控制 50% ～ 60% 的荫蔽度，并及时揭去苗床上的草，幼苗不耐旱，天气干燥时应每日早晚各淋水 1 次。移入营养袋中的小苗在透光度 50% 下进行培育，待小苗长至 30cm 时逐渐增加光照，30 ～ 40cm 高时即可移出苗圃。

2. 组织培养繁殖　选择植株嫩芽茎段、叶片或花粉小孢子作为外植体，升汞消毒后接入诱导培养基上（以 MS 基础培养基附加激素、蔗糖、琼脂等）刺激愈伤组织生成；通过增殖培养基（1/2 mS+BA 0.1mg/L）扩大芽的数量，最后移到生根培养基（1/2 mS+NAA 5.0mg/L）中诱导生根；当生根苗长到 3 ～ 4cm 高时，即可将其移到散射光较强处炼苗约 10 天；取出幼苗，洗净培养基，植入椰壳基质中，遮阴种植。

3. 移栽　白木香苗在营养袋中培育 6 个月、苗高 50cm 时，或在育床苗培育 8 个月、苗高 80cm 时，即可出圃。为提高抗逆性和成活率，出圃前 15 天一定要进行断主根处理，促使侧根发育；出圃前 1 个月进行炼苗，炼苗时要全部揭除遮阳网，并进一步扩大每个苗之间的间距，不再施肥并减少水分供应。

四、田间管理

（一）松土除草

幼龄期需要每年松土除草 2 ～ 3 次，可以在夏季伏旱前或秋末冬初季节进行，清除的杂草可以放置在根部周围，待下次松土时将杂草埋入土中增加肥力。

（二）浇水施肥

定植的前几年松土完毕后需要进行施肥，每年至少 2 ～ 3 次。第一年每次施加尿素 100g/ 株 + 复合肥 100g/ 株，第二年每次施加尿素 100g/ 株 + 复合肥 300g/ 株，第三年每次施加含有中、微量元素的复合肥 500g/ 株。可在距离根系 20cm 以外的地方沟施、穴施或撒施等。

（三）修剪枝形

白木香是主干木材结香的树种，为利于结香，需要对其枝形进行修剪整理促进主干生长，及时剪除下部侧枝、病枝、弱枝和过密枝条。第一年时不要过早、过多地修剪侧枝，随幼林的逐渐成长而向上修剪。

五、病虫害及其防治

（一）病害及其防治

1. 根结线虫病 *Meloidogyne* sp.　主要危害植株根部，形成根瘤或根结，阻碍根系吸收养分。发病初期症状不明显，只有根系发病严重时地上部分才会表现出症状。叶片黄化、掉落，叶尖枯萎，受害严重时会整株枯死。防治方法：①种植前对土壤进行撒石灰粉消毒，拔除病苗，对病死植株的土壤进行曝晒；②发病初期用 1.8% 螨克乳油 1000 倍液，或者用阿维菌素乳油 1000 倍液灌根 1 ～ 2 次，10 ～ 15 天灌根 1 次。

2. 枯萎病 *Fusarium* sp.　在苗期较常出现，一般在 8 ～ 9 月发生。开始时幼苗叶变黄，很快全株枯死，死亡率约 45%。防治方法：①种植前应消毒苗床，控制土壤含水量，合理密植；②幼苗期要及时中耕施肥，排除田间积水；③发病初期应在病穴内撒生石灰粉消毒，拔除病苗后及时移苗、补苗；④用 50% 多菌灵可湿性粉剂 500 倍液，或 40% 多菌灵胶悬剂 400 倍液，或 70% 甲基托布津可湿性粉剂 1000 倍液喷洒土壤和植株 2 ～ 3 次，每次间隔 7 ～ 10 天。

3. 炭疽病 *Anthracnose* sp. 高温多湿的雨季容易发病，主要危害叶片，发病叶片产生近圆形的褐色病斑，也可能产生轮状的黑色小粒点，严重的叶片会掉落。防治方法：①种植前对土壤进行消毒，排除积水；②发病初期剪除病叶、病枝并集中销毁；③用 1% 波尔多液，或 70% 甲基托布津可湿性粉剂 1000 倍溶液，或者 50% 多菌灵可湿性粉剂 500 倍溶液喷雾，连续 2 ～ 3 次，每次间隔 7 ～ 10 天。

（二）虫害及其防治

1. 天牛 *Nadezhdiella* sp. 幼虫钻树干，使树干易被风折断。防治方法：①成虫期用灯光诱杀，饲养其天敌赤腹姬蜂等；②向虫孔内注射 90% 敌百虫 800 ～ 1000 倍液。

2. 黄野螟 *Heortia vitessoides* moore 幼虫咬食叶片、树干，导致植株生长不良。防治方法：①冬季树冠下浅翻土，消除越冬蛹；②危害较少时可以用竹竿拨动虫害枝条，待幼虫落地后再处死；③用 90% 敌百虫 1000 倍喷洒树冠及林下地面。

3. 卷叶虫 *Archernius* sp. 夏秋季幼虫会吐丝将叶子卷叠起，并隐藏在其中嚼食叶肉。防治方法：①用黑光灯诱杀成虫；②用 1.8% 阿维菌素 5000 倍溶液，或用 90% 敌百虫 1000 倍液喷洒，连续 2 ～ 3 次，每次间隔 7 ～ 10 天。

六、采收加工

（一）采收

一年四季都可采收，质量差的沉香需要半年至两年形成，质量优的需要 3 ～ 5 年，多则 10 ～ 20 年才能生成。采收时选取凝结成黑褐色、带有芳香性树脂的树干或树根，用利刃砍去和剔除白木、腐朽部分，阴干备用。

（二）产地加工

用有半圆形刀口的小凿和刻刀雕挖、剔除不含树脂的白色轻浮部分，留下褐色坚重部分，加工成块状、片状或小块状，阴干。

七、药材质量要求

以质坚体重、含树脂多、香气淡者为佳。干品含沉香四醇不得少于 0.10%。

牡　丹

牡丹 *Peaonia suffruticosa* Andr. 为芍药科芍药属植物，以干燥根皮入药，药材名牡丹皮。其性微寒，味辛、苦；入心、肝、肾三经；具有清热凉血、活血化瘀等功效；用于热入营血、温毒发斑、吐血衄血、夜热早凉、无汗骨蒸、经闭痛经、跌仆伤痛、痈肿疮毒等症。牡丹皮主要含有酚及苷类、单萜及其苷类、三萜类、有机酸类、黄酮类、香豆素类及挥发油等成分，主要活性成分为丹皮酚、芍药苷、没食子酸、氧化芍药苷、儿茶素、牡丹皮苷 C 等，具有较强的抑菌抗炎、抗肿瘤、抗心律失常、降糖、激活机体免疫系统及保护心血管等多种药理作用。

一、植物形态特征

落叶灌木，高 0.5 ～ 1m。一至二回三出羽状复叶，小叶狭长椭圆形，缺刻少，近全缘，仅顶生小叶偶有 2 ～ 3 裂，叶面暗绿，叶背灰白。花单生枝顶；苞片 5；萼片 5；花瓣 5，或为重瓣，倒卵形，多白色；花丝、柱头及花盘紫红色，心皮 5 ～ 8，离生，聚合蓇葖果，密被黄褐色硬毛，种子黑色。花期 3 ～ 4 月，果期 5 ～ 8 月。

二、生物学特性

（一）分布与产地

分布较为广泛，在我国华北、西北、东南等地区都有分布。目前全国栽培甚广，主产于安徽、山东、湖北、河南、四川和陕西等地。

（二）对环境的适应性

1. 对温度的适应　喜温和气候，忌高温，在 15 ～ 25℃下能正常生长，年平均气温要求 12 ～ 12.5℃，气温高于 35℃或低于 -10℃生长受到影响。播种期（9 月中旬～ 10 月）温度宜在 15 ～ 20℃，分株移栽期（9 月下旬～ 10 月）温度 12 ～ 16℃较为适宜。全生育期要求无霜期天数大于 180 天，≥ 0℃积温 4000℃为宜。

2. 对光照的适应　喜阳光充足的环境，以年平均日照数大于 1700 小时、日日照数大于 6 小时左右为宜，栽培地宜选背风向阳的缓坡地。

3. 对水分的适应　喜燥忌涝，年降水量大于 500mm 即可生长，最适年降水量为 600 ～ 700mm，在生长期内怕水渍，土壤相对湿度 60% ～ 65% 较适宜，播种期（9 月中下旬）或移栽期（9 月下旬～ 10 月中旬）降水量 25 ～ 30mm 为佳，根快速变粗期（8 ～ 9 月）降水量应大于 200mm，适宜种在地势高排水良好、地下水位较低的地块。

4. 对土壤的适应　适宜在土层深厚、肥沃疏松、排水通气良好的中性或微酸性壤土、砂质壤土中生长。对土壤中铜元素颇敏感，盐碱地、黏湿地、荫蔽地不宜种植，忌连作。

（三）生长发育习性

种子千粒重 198g，寿命为 1 年。种子上胚轴休眠特性明显，当年秋冬只有胚根发育成根，上胚轴仍处于休眠状态，经 60 ～ 90 天的 0 ～ 10℃冬季低温后，才能打破休眠而于翌春发芽长出地面。为深根性植物，在春季 3 ～ 5℃时，根开始活动生长,6 ～ 8℃时开始抽茎、放叶、现蕾，12 ～ 16℃根部生长加快，17 ～ 22℃时开花；夏季 25 ～ 30℃时生长变慢，30℃以上生长呈半休眠状态；秋季气温降至 25℃以下，根部又开始生长；4 ～ 5 月开花，7 月中旬果实成熟，10 月上旬地上部分始渐枯萎；冬季气温降至 3℃以下，根部停止生长。全年生育期约 140 ～ 180 天。

三、栽培技术

（一）品种类型

牡丹栽培品系主要有下列 4 类：①凤丹，产于安徽铜陵地区凤凰山，品质最优；②瑶丹（姚丹），产于安徽南陵地区，品质亦优；③川丹，产于重庆垫江、灌县，品质较优；④东丹，产于山东菏泽等地。

（二）选地与整地

1. 育苗地　选择土壤肥沃疏松，排水及通风良好，有一定坡度的缓坡地。整地前亩施堆肥或厩肥 5000kg，深耕耙细整平。播种前反复深耕，使土壤疏松，再耙细整平做床，床宽 1.3 ～ 1.5m，高 25 ～ 30cm，沟宽 50cm，沟底要平，以利排水。

2. 种植地　选择地势高、阳光充足、排水良好、土层深厚肥沃且含石英砂粒的壤土和坡度在 15°～ 25°、地下水位较低的地块。前作最好为黄豆、花生和芝麻等豆科作物。栽种的地块，要隔 3 ～ 5 年再种，切忌连作。于前作收获后，最好在夏天深翻晒土，整平耙细，每亩施入腐熟厩肥或土杂肥 5000kg。深翻土壤 60cm 以上，做成宽 1.3m、高 30cm 以上的高畦，开畦沟宽 40cm，四周开好灌排水沟。

（三）繁殖方法

以种子繁殖为主，亦可分株繁殖。

1. 种子繁殖　多采用育苗移栽。

（1）采种与种子处理　于 8 月中、下旬果实呈蟹黄色、开裂时采收。置室内阴凉通风处，使其后熟，经常翻动、避免发热。当充分开裂，黑色光亮种子脱出时，筛出种子立即秋播。如不能随采随播，可将 1 份种子与 3 ～ 5 倍的湿沙层积沙藏，切勿暴晒，种子一经干燥发芽力丧失。

（2）播种育苗　播种前可用水选的方法选择籽粒饱满、无病虫害种子，用 25×10^{-6} 赤霉素溶液浸种 2 ～ 4 小时，也可用高锰酸钾 2500 ～ 3000 倍液浸种 10 ～ 15 分钟，然后将种子洗净，用 40 ～ 45℃温水浸种 24 小时，使种皮变软，吸水膨胀，促进萌发。

播种方式有条播、穴播和撒播 3 种。①条播：按行距 25cm、深 6cm 开横沟，播幅宽 10 ～ 20cm，将种子拌草木灰，均匀地撒入沟内，覆盖细肥土厚 3cm 左右，畦面盖草或地膜保湿。亩用种量 60 ～ 150kg。翌年早春 2 ～ 3 月出苗后，揭去覆盖物，进行中耕除草、追肥。②穴播：按行株距 30cm×20cm、呈“品”字形排列挖穴，穴深 5 ～ 10cm，穴宽 12cm 左右，施入基肥与穴土拌匀，每穴播入种子 10 ～ 20 粒，散开呈环状排列，播后覆土压紧，浇水盖草保温保湿。每亩用种量 60 ～ 150kg。翌春出苗后，揭去覆盖物，锄松表土，适时浇水，追肥。一般培育 2 年，即可移栽。③撒播：平畦播种，做畦面宽 80 ～ 100cm，畦垄高不低于 12cm 的平畦，将畦整平后亩撒施木质素菌肥 80kg，耙平耢细，墒情差的地块要小水浇透苗床，待水下浸后撒种（种子间距不少于 3cm），之后用过筛的细土覆盖，厚度为 3 ～ 4cm。亩用种量 60 ～ 90kg。

2. 分株繁殖　在 8 ～ 9 月采收时，选择三年生健壮、无病虫害植株，挖起全株，将大根切下供药用，中、小根作种。除去泥土，顺着自然生长的形状，用刀从根茎分成 2 ～ 4 株，每株须留芽头 2 ～ 3 个，尽量保留细根，可在根上伤口处涂抹硫黄粉加少量泥。于 8 月下旬～ 9 月上旬，在整好的栽植地上，按行株距（50 ～ 60）cm×（40 ～ 50）cm 挖穴，每穴栽入 1 株。栽后填土压紧，再盖细肥土至满穴。

3. 移栽　9 月中下旬～ 10 月上旬移栽，以早栽为好。在整好的种植地上，按行株距 50cm×40cm 挖穴，穴深 20 ～ 25cm，每穴施入农家肥 10kg，上盖细土 5cm 左右。栽入壮苗 1 株或细弱苗 2 株。栽时将芽头紧靠穴壁上部，理直根茎，舒展根部，覆土 3 ～ 4cm，压紧。栽植后填平踏实栽植穴，按行用土封成高 5 ～ 8cm 的土埂，也可用粉碎的玉米秸秆覆盖，以利保墒越冬。

四、田间管理

（一）中耕除草

翌年春季萌芽出土后揭去盖草，扒开根际周围泥土，亮出根蔸，接受光照，2～3天后再培上肥土，开始中耕除草；第二次在6～7月；第三次在9～10月，并结合培土。以后每年进行3～4次中耕除草。

（二）摘蕾

除留种外，于第三、四年春季将花蕾全部摘除，使养分集中于根部生长。摘蕾宜在晴天上午露水干后进行，以利伤口愈合，防止感病。

（三）追肥

植株喜肥，除施足基肥外，每年在春、秋和冬季各追肥1次。春肥每亩施用磷酸二铵复合肥48kg左右，施肥后浇1次透水，培土；秋肥每亩追加尿素15kg左右，浇水培土；冬肥在土壤封冻前每亩追施有机肥200kg左右，并配合浇封冻水，培土。施肥量视植株大小酌定，遵循“春秋少，冬腊肥多”的原则。

（四）灌溉、排水

春季返青前及夏季干旱时在早晨或傍晚灌溉。田间忌积水，雨季应及时疏沟排水，防止积水烂根。

（五）修枝

每年于11月上旬，剪除徒长枝和枯枝，摘除黄叶，促进植株生长健壮和减少病虫害发生。

五、病虫害及其防治

（一）病害及其防治

1. 叶斑病 *Cladosporium paeoniae* Pass.　4月发生，8～9月严重。感染时，叶片上可见类圆形褐色斑块，严重时叶扭曲，甚至干枯、变黑。茎和叶柄上的病斑呈长条形，花瓣感染严重时会造成边缘枯焦。防治方法：①实行3年以上的轮作；②增施磷、钾肥，提高抗病力；③清洁田园，入冬前将落叶集中清理，集中深埋；④发病初期喷50%多菌灵800～1000倍液、50%托布津1000～1500倍液或1∶1∶100波尔多液，每隔10天1次，连续2～3次。

2. 灰霉病 *Botrytis cinerea* Pers 和 *B. paeoniae* Oudem　危害叶、茎和花。感染后，幼苗基部出现褐色水渍斑，严重时幼苗枯萎并倒伏；叶面上尤其是叶缘和叶尖出现褐色、紫褐色水渍斑；叶柄和茎上出现长条形、略凹陷的暗褐色病斑，花瓣变色、干枯或腐烂。防治方法：①发现病叶、病株立即除去；②合理密植，适量施用氮肥，雨后及时排去积水；③发病初期用50%腐霉利，40～50g/亩兑水喷雾，其他方法同叶斑病。

3. 锈病 *Cronartium flaccidum*（Alb.et.Schw.）Wint.　危害叶片。初期叶片背面生有黄褐色颗粒状夏孢子堆，破裂后孢子粉如铁锈，后期叶面出现灰褐色病斑，严重时全株枯死。防治方法：

①选地势高燥、排水良好的地块种植；②发病初期喷 97% 敌锈钠 200 倍液，每 7 天 1 次，连喷 2 ～ 3 次。

4. 白绢病 *Corticium rolfsii*（Saccardo.）Curzl. 危害根、茎。初期无明显症状，后期白色菌丝从根茎部穿出土来，并迅速密布于根茎四周并形成褐色粒状菌核，最后导致植株顶端凋萎、下垂、枯死。防治方法：①不宜与根茎类药材和薯类、豆科、茄科等作物轮作；②用木霉菌防治，木霉菌在土壤中能释放出挥发性气体，使白绢病菌丝溶解，失去侵染力，同时还能寄生在白绢病菌上，使其死亡。

5. 根腐病 *Fusanium* sp. 危害根部。感染后根皮发黑，呈水渍状，继而扩散至全根而死亡。防治方法：①轻者挖开周围泥土，沿沟撒石灰粉；②挖除病株，或用 50% 托布津 1000 倍液浇灌病株；③与禾本类实行 3 年以上轮作；④种苗用托布津 1000 倍液浸 5 ～ 10 分钟；⑤增施磷、钾肥和“5406”抗生菌肥。

6. 褐斑病 *Rhizoctonia* solani 主要危害花、茎、叶，5 ～ 6 月发病严重。叶片病斑多为菱形，呈紫褐色，严重时茎秆呈软腐状倒伏。防治方法：①清洁田园，烧毁枯枝残叶；②与禾本科作物轮作；③育苗时用 50% 多菌灵或 75% 百灵清 300 倍液浸种；④发病初期用 50% 多菌灵 800 倍液或 65% 代森锰锌 500 倍液喷雾，每 10 天 1 次，连喷 2 ～ 3 次。

（二）虫害及其防治

1. 根结线虫 *Meloidogyne hapla* Chitwood. 5 ～ 6 月和 10 月多发。主要危害根部，5 ～ 10cm 深处土层发病最多，被感染后根上出现大小不等的瘤状物，黄白色，质地坚硬，切开后可发现白色有光泽的线虫虫体，同时引起叶变黄，严重时造成叶片早落。防治方法：①用 15% 涕灭威颗粒穴施，每株 5 ～ 10g，穴深 5 ～ 10cm，每年一次；②及时清除田间杂草；③发现病株后，可将病株根放在 48 ～ 49℃温水中浸泡 30 分钟，或用 0.1% 甲基异柳磷浸泡 30 分钟。

2. 钻心虫 *Xylotrechus quadripes* Chevrolat 多在春季发生，危害全株。成虫在根茎处产卵，孵化后幼虫钻入根部，逐渐向上蛀食，造成叶枯黄，甚至全株死亡。防治方法：①发现虫害后，可折断被害根茎杀死害虫；②用 80% 敌百虫 800 ～ 1000 倍液喷雾，或喷撒 2.5% 敌百虫粉剂。

3. 蛴螬 *Anomala* sp. 防治方法：发生初期用 40% 辛硫磷乳油 1000 ～ 1500 倍液或 500 亿孢子 /g 白僵菌母药 2500 ～ 3000 倍液灌根。由于这两种药剂都容易光解，因此灌根最好选择在阴天或晴天早晨和傍晚进行，灌根后用土覆盖。

4. 地老虎 *Agrotis ypsilon* Rottemberg 防治方法：①清洁田园，及时铲除种植田周边杂草；②不得施用未完全腐熟的有机肥，在施用有机肥前与 1.8% 阿维菌素乳油按 500∶1 的比例混合均匀；③毒饵诱杀，用 40% 辛硫磷乳油 50g 与炒香的麦麸 5kg 搅匀后作为毒饵，在晴天傍晚撒在幼苗四周。

六、采收加工

（一）采收

一般移栽 3 ～ 5 年后，于 8 月上旬～ 10 月上旬分两次采收，从经济效益和活性成分含量综合考虑，最佳生长年限为 4 年，凤丹在正常年份移栽 3 年采收较好。花盛开期产量低，丹皮酚含量高；枝叶枯萎期产量高，但丹皮酚含量低。以提取丹皮酚为目的时应在花盛开期采收，以生产药材为目的时在枝叶枯萎期即 9 ～ 10 月采收较佳。采收时，选晴天，先挖开四周土壤，再将根部全部刨出，除去泥土，结合分株，将大、中等粗的根齐基部剪下供药用，细根作繁殖材料。切勿在雨天采挖，否则遇水会发红变质。

（二）产地加工

将剪下的鲜根堆放 1 ～ 2 天，待失水稍变软后，摘下须根晒干即为“丹须”，再用手握紧鲜根用力捻转顶端，使根皮一侧破裂，皮心略脱离。然后，一只手捏住不裂口的一侧，另一只手捏住木心，把木心顺破裂口下拉，边分离边剥出木心，再把根条捋直，晒干即成“丹皮”。将皮色较差的根条用玻片或碗片刮去外表栓皮，除去木心，晒干即成“刮丹皮”。将不便刮皮和抽心的细根直接晒干即成“粉丹皮”。加工干燥时，严防雨淋、露宿和接触水分，否则会发红变质。

七、药材质量要求

以纵口紧闭，皮细肉厚，体粗，香气浓，粉性足，断面粉白、无木心、亮晶星多者为上。干品水分含量不得过 13.0%，总灰分不得过 5.0%，含丹皮酚不得少于 1.2%。

思考题：

1. 杜仲有哪些品种类型？其特点是什么？
2. 厚朴播种前如何进行种子处理？采收后如何进行产地加工？
3. 白木香主要有哪些虫害？如何进行防治？
4. 牡丹有哪些栽培品系？各有何特点？

第十一章 以叶或全草入药植物栽培技术

扫一扫，查阅本章数字资源，含PPT、音视频、图片等

广藿香

广藿香 *Pogostemon cablin*（Blanco.）Benth. 为唇形科多年生草本或半灌木，以干燥地上部分入药，药材名广藿香。味辛，性微温；具有芳香化浊、开胃止呕、发表解暑之功效；用于湿浊中阻、脘痞呕吐、暑湿倦怠、胸闷不舒、寒湿闭暑、腹痛吐泻、鼻渊头痛等症。广藿香是“藿香正气丸”“抗病毒口服液”等30多种中成药的主要原料，被历代医家视为暑湿时令之要药。以其提取的广藿香油是医药和轻化工业的重要原料，油中主成分为广藿香醇，α、β 和 γ 藿香萜烯，α-愈创烯，广藿香酮等，具有促进胃液分泌、助消化以及抗菌、抗螺旋体及抗病毒等药理作用。

一、植物形态特征

高30～100cm，全体被毛。茎直立，多分枝，老茎近圆形，幼枝方形，密被短小灰黄色毛茸。单叶对生，厚纸质或草质，揉之有清淡的特异香气；叶片卵形或长椭圆形，边缘具不整齐的粗钝齿。轮伞花序密集，组成顶生或腋生的穗状花序；苞片狭，椭圆形，外被绒毛，萼齿急尖；花冠淡红紫色，花冠筒伸出萼外，冠檐近二唇形，上唇3裂，下唇全缘；雄蕊4，外伸，花丝被紫色髯毛。小坚果近球形或椭圆形。花期4月。

二、生物学特性

（一）分布与产地

广藿香自然分布于东经110° 04′～114° 3′、北纬18° 10′～23° 56′的南亚热带地区。原产于马来西亚、菲律宾、印度尼西亚等国家。我国主产区为广东和海南，此外，广西、福建、台湾、四川、云南、贵州等省区也产。

（二）对环境的适应性

1. 对温度的适应　喜温暖，怕霜冻。年平均气温22～28℃最适宜生长，月平均气温30℃以上或低于17℃时，生长缓慢。能耐0℃短暂低温，低于-2℃时大部分植株死亡。

2. 对光照的适应　喜光，在阳光充足的地方比荫蔽条件下生长好，且出油率高。苗期和定植初期荫蔽度以50%左右为宜，长出新根和新叶后即可去除荫蔽。光照过强、水分不足地区，广藿香会停止生长或长势很差，叶片发红，枝条发硬，造成大量落叶。

3. 对水分的适应　喜湿润，忌干旱、积水，要求年降雨量 1600 ～ 2400mm。

4. 对土壤的适应　喜微酸性、排水良好、土质疏松肥沃、土层深厚的砂质壤土，在排水不良的黏土、石砾多、低洼积水地和干旱瘦瘠土壤上生长不良、产量很低。

（三）生长发育习性

种植后 2 个月内处于长根、发叶和萌枝初期，生长速度较慢。栽后 3 ～ 4 个月，茎、枝、叶的生长速度逐渐加快，株间枝叶开始相连。生长到 5 ～ 6 个月，生长急速加快，主茎、侧枝同时伸展，枝叶纵横交错完全封行。7 ～ 8 个月，植株的茂盛生长达到高峰期。11 ～ 12 个月，生长趋停止，至成熟老化阶段，部分叶片开始脱落。国内栽培的广藿香极少开花结果。

三、栽培技术

（一）品种类型

传统上广藿香有广州牌香、肇庆肇香或枝香、湛江湛香和海南南香之分，其中以牌香为道地药材。

（二）选地和整地

1. 育苗地　宜选平缓坡地，以排水良好、富含腐殖质的砂壤土为好。翻耕整平后做成宽 1m、高 20 ～ 30cm 的畦，畦沟宽 30cm，畦长视地形而定。

2. 种植地　宜选择阳光充足、排灌方便且避风的平缓坡地、河旁冲积地及村前村后、宅旁、田边等零星土地，水田也可种植。土壤以排水良好、富含腐殖质的砂质壤土为好。铲除地内杂草，施足农家肥及火烧土，栽植前再耕翻耙细，做成高 20 ～ 30cm、宽 80 ～ 100cm 的畦，畦沟宽 30cm 左右，周围开排水沟。如果连作，整地时还应撒施生石灰进行土壤消毒。

（三）繁殖方法

生产上主要采用扦插繁殖，也可借助组织培养技术进行无性快繁。扦插繁殖分为扦插育苗和大田直插两种方式。

1. 扦插育苗　即将广藿香新鲜插条插入苗床上，长根后再移栽至种植地。

（1）*插条选择和处理*　一般选择当年生 5 个月以上，茎秆粗壮、节密、无病虫害的枝条作插穗，其中以茎髓部呈白色、折之有响声、断面有汁液流出的枝条为好。取嫩枝顶梢，截成长 8 ～ 15cm 的小段，每段 2 ～ 3 个节，剪去下部叶片，仅留顶端 2 片叶和小的心叶。枝条下端斜剪成马蹄形切口。剪好的插条通常用生长素（生根粉）浸泡处理。已剪去顶梢的枝条待抽出新芽后或新枝条长至 15 ～ 20cm 长时，又可再剪下作插穗用。应即采即插，如不能迅速扦插的插条应置于阴凉处暂存，淋水保持湿润，存期最好不超过 2 天。

（2）*扦插季节*　春季宜 2 ～ 4 月，秋季宜 8 ～ 10 月。同类枝条，春季剪取的发根力一般要比夏秋季剪取的发根力强。

（3）*扦插方法*　扦插前夜宜先将整好的苗圃地淋湿，在畦上按行距 10cm 开横沟，将插条按 6 ～ 10cm 的株距斜倚沟壁，入土深约为插条的 1/2 ～ 2/3，覆土压实，浇透水。

2. 大田直插　在整好的种植地上，按株行距 30cm×40cm，成“品”字形将广藿香新鲜插穗直插大田。

3. 育苗地管理

（1）保湿、防旱、防涝　插条要盖稻草以保持土壤湿润，一般情况每天早晚各淋水 1 次，以浇湿畦为度。如遇干旱，每天要淋水 7 ～ 8 次。连续阴雨天则要注意排除积水。

（2）追肥　插后 10 天生根长出新叶后便可施肥。可选择腐熟的有机肥，如稀薄的人畜粪尿水等，通常选在晴天淋施。

（3）遮阴　苗期荫蔽度以 40% ～ 50% 为宜。

4. 移栽　一般在清明节前后 10 天内进行。选阴天或晴天傍晚，按 30cm×40cm 株行距挖“品”字形穴，每穴栽 1 株。起苗前要淋足水，栽后填土压实，浇水，盖草或搭设荫棚。

四、田间管理

（一）遮阴

定植初期均应适当荫蔽，用草覆盖或选用荫蔽度为 50% 的遮光网搭棚，一旦新根和新叶长出后即可去除。

（二）松土和培土

春夏期间要结合锄草进行松土。为了加速有机肥腐烂，要经常把沟内的烂泥挖起，培在植株的基部周围，从而促进植株多分枝。立秋后为了防止植株被风刮倒，应大培土 1 次。

（三）施肥

整个生长期以施氮肥和复合肥为主。一般每隔 1 ～ 2 个月施肥一次。在移栽成活后施以（1：10）～（1：20）浓度的腐熟人畜粪尿水，其后每亩可施 3000kg 的生物有机肥料。返青期和壮苗期需增施部分尿素或含氮量较高的复合肥料。施肥时不要淋在茎基部，并掌握先稀后浓、薄施勤施的原则。

（四）灌溉、排水

畦面发白时要引水灌溉，每 5 ～ 8 天 1 次，将水引入畦沟，深达畦高的 1/2 ～ 2/3 为度，让水分慢慢渗透湿润畦面为止。在雨季或遇大雨，要注意排水。

（五）防霜冻、补苗

在霜冻地区种植时，冬季应用稻草覆盖、搭棚防霜或加盖塑料薄膜，以保暖防冻。缺株时要及时补栽同龄苗。

五、病虫害及其防治

（一）病害及其防治

1. 根腐病 ***Fusarium oxysporum*** **Schl. var.** ***emend*** **Sngderet Hansen**　常发于盛夏高温多雨季节。埋于地下部分的茎与根交界处发生腐烂，逐渐蔓延至植株地上部分，植株萎蔫枯死。防治方法：①实行轮作。②栽种前对土壤进行消毒，栽时用 65% 代森锌可湿性粉剂 100 倍液，或 50% 多菌灵 1000 倍液，或 1：1：100 波尔多液浸根 10 分钟。③发病期用 50% 甲基托布津 1000 ～ 2000

倍液，或 50% 多菌灵 500 ～ 1000 倍液浇灌病株。④局部发病时，及时挖除病株烧毁，撒石灰或波尔多液对病株土壤消毒。附近植株可用 50% 多菌灵 800 ～ 1000 倍液浇灌根部，并将健壮枝条压埋入土，让它萌发新的根系。

2. 斑枯病 *Ascochyta plantaginis* Sacc et Speg.　主要危害叶片，开始时呈水渍状病斑，以后逐渐扩大成为多角形褐色病斑，严重时造成叶片干枯脱落，使植株体质衰弱，产量降低。防治方法：①加强农业综合防治措施，及时排除积水，调节光照，改善通风透光条件。不宜与红豆、粉葛、黄瓜间种。②发病初期可用 1∶1∶（100 ～ 140）波尔多液喷洒，每 7 ～ 10 天喷 1 次，连续 2 ～ 3 次，干旱天气停用；或喷 50% 多菌灵，展叶前用 500 倍液，展叶后用 1000 倍液；或喷 65% 代森锌可湿性粉剂 500 倍液。

3. 青枯病 *Pogostemon cablin bactrial* Wilt　病害初期个别枝条的叶片失水、下垂，以后逐渐扩展至全株，以致整株枯萎死亡。剖开病根，可发现根茎表皮腐烂，维管束变褐，用手挤压，见白色的菌脓溢出。防治方法：① 3 月下旬用 53.8% 可杀得 2000 倍液＋ 72% 农用链霉素，灌根 2 ～ 3 次，间隔时间为 7 ～ 10 天；②发病初期喷施可杀得或枯萎灵 500 倍液。

（二）虫害及其防治

1. 蚜虫 *Delphiniobium yezoense* miyazaki　主要危害叶片和嫩枝梢，造成叶片卷缩、变黄。防治方法：用 40% 乐果喷洒，每 7 ～ 10 天喷 1 次，连喷 2 ～ 3 次；也可用 2.5% 鱼藤精乳油 800 ～ 1000 倍液喷杀。

2. 红蜘蛛 *Brevipalpus* sp.　成虫吐丝群集于植株生长点和叶背面吸取其汁液，导致叶片皱缩卷曲、发黄，影响植株的生长发育。防治方法：用 50% 乐果乳油 800 ～ 1000 倍液或 90% 敌百虫 600 ～ 800 倍水溶液喷杀，每 7 ～ 10 天喷 1 次，连续喷 2 ～ 3 次。

3. 小地老虎 *Agrotis ypsilon* Rottemberg 和黄地老虎 *A. segetum*（Denis et schiffermiiller）　以 4 ～ 5 月为害最严重。幼虫咬食幼苗根茎，使植株倒伏而死亡。防治方法：①及时清除田间枯枝杂草，集中深埋或烧毁；②发现幼苗倒伏，扒土捕杀幼虫，或在田间悬挂马灯或黑光灯诱杀成虫；③用麦麸、豆饼等 50kg，炒香后加 90% 敌百虫 600 倍液 0.5kg 和水 50kg 做成诱饵，每亩撒入 2kg 进行诱杀。

六、采收加工

（一）采收

枝叶茂盛时采割。宜选择晴天露水刚干后采收，把植株全株挖起或拔起，除净泥土，切除根部，进行翻晒处理。

（二）产地加工

收获后，白天先晒数小时，使叶片稍呈皱缩状态，收回捆扎成把（每把 7.5 ～ 10kg），然后分层交错堆置发汗。一般堆置厚度 1.5 ～ 2m。上面用稻草，最好再加塑料薄膜覆盖。一般采用夜晚堆置发汗，翌日白天再摊晒，反复至干。堆置时注意叶的方向一致。

七、药材质量要求

以茎叶粗壮、不带须根、香气浓厚者品质为佳。杂质不得过 2%，水分不得过 14.0%，总灰分不得过 11.0%，酸不溶性灰分不得过 4.0%，叶不得少于 20%，醇溶性浸出物不得少于 2.5%，干品百秋李醇不得少于 0.10%。

荆芥

荆芥 *Schizonepeta tenuifolia* Briq. 为唇形科裂叶荆芥属植物。以干燥地上部分入药，药材名荆芥；干燥花穗入药，药材名荆芥穗。其味辛，微温；入肺、肝经；具有解表散风、透疹、消疮之功效；多用于感冒、头痛、麻疹、风疹、疮疡初起等症。现代化学及药理研究表明，荆芥茎叶主要含有挥发油，油中主含薄荷酮、胡薄荷酮等成分，具有抗炎、抗病毒等药理活性。

一、植物形态特征

一年生草本。茎高 0.3 ～ 1m，四棱形，多分枝，被灰白色疏短柔毛，茎下部的节及小枝基部通常微红色。叶通常为指状 3 裂，大小不等，先端锐尖，基部楔状渐狭，并下延至叶柄；裂片披针形，中间的较大，两侧的较小，全缘；草质；上面暗橄榄绿色，被微柔毛，下面带灰绿色，被短柔毛，脉上及边缘较密，有腺点。顶生穗状花序，通常生于主茎上的较长大而多花，生于侧枝上的较小而疏花，但均为间断的；苞片叶状，下部的较大，与叶同形，上部的渐变小，乃至与花等长，小苞片线形，极小。花萼管状钟形，被灰色疏柔毛；花冠青紫色，外被稀疏柔毛，内面无毛，冠筒向上扩展，冠檐二唇形，上唇先端 2 浅裂，下唇 3 裂，中裂片最大。小坚果长圆状三棱形。花期 7 ～ 9 月，果期在 9 月以后。

二、生物学特性

（一）分布与产地

适应性强，一般分布在海拔 1000m 以下阳光充足的山地或平原，高寒山区栽培生长不良。我国主要分布于江苏、浙江、安徽、河北、湖南、湖北等省，多系栽培。

（二）对环境的适应性

1. 对温度的适应　喜阳光充足、温和湿润气候。荆芥种子一般在 19 ～ 25℃时，6 ～ 7 天就会发芽；当土温降到 16 ～ 18℃时，则需 10 ～ 15 天才能出苗；秋播幼苗生长缓慢，能耐 0℃左右的低温，-2℃以下则会出现冻害。

2. 对光照的适应　幼苗期忌强光直射。

3. 对水分的适应　种子出苗期要求土壤湿润，切忌干旱和积水；幼苗喜湿润环境，又怕雨水过多积水；成苗喜干燥的环境，雨水多则生长不良。

4. 对土壤的适应　土壤以排水良好、疏松肥沃的砂质壤土为佳。前茬作物以玉米、小麦等为宜，忌连作。

（三）生长发育习性

生育期划分为苗期、旺盛生长期、蕾期、花期和收获期。整个生育期因播种期不同而存在差异，春播约 150 天，夏播约 120 天。枝数于蕾期达到最多，以后几乎不再增加；株高在旺盛生长期累积最快。干、鲜重 8 月初～ 9 月初为快速增长期，鲜重在 9 月上旬达到最大，干重在收获时最大。荆芥种子细小，种子寿命仅有一年，陈年种子不能发芽，种子萌发对光照无明显要求，最适温度为 20 ～ 25℃。

三、栽培技术

（一）品种类型

通过实地走访调查河北安国及周边县市种植情况，荆芥新品种有：冀荆 1 号、中荆 2 号。冀荆 1 号株高 80 ～ 100cm，生育期 85 ～ 90 天，适宜密度为 45 ～ 50 万株 / 亩，亩产荆芥穗 120 ～ 150kg，荆芥穗挥发油含量 2% ～ 4.5%，适宜的种植区域为河北省唐山市及以南地区。中荆 2 号，虽已选育成功，目前生产上还未见相关推广报道。

（二）选地与整地

选阳光充足、排灌条件好、疏松肥沃的砂壤土种植。前茬作物收获后，每亩施腐熟有机肥 1500 ～ 2000kg，深耕 25cm 后耙平做畦，土壤整平耙细，畦宽 1.2m，浇水润透，待水渗下，表土松散后播种。土壤贫瘠、黏重的闲荒地春播宜冬前耕翻冻垡，以利于改善土质，田块整成 1.3m 宽的平畦或高畦，四周开好排水沟。

（三）繁殖方法

一般多用直播，也有用育苗定植。由于入药部位不同，播种时间也不相同，采收茎叶在 4 月上旬播种，采收荆芥穗常于 6 月中、下旬播种。直播，春、秋两季均可进行，春播在 3 月下旬～ 4 月上旬，秋播于 9 ～ 10 月，以春播为好。或在 5 ～ 6 月，待小麦等作物收获后实行夏播。因种子细小，为了出苗齐、出苗快，在播种前可进行催芽，即将种子放在 35 ～ 37℃温水中，浸泡 24 小时，取出后再用火灰拌种。播种方法点播、条播、撒播均可，以条播为好。

1. 点播　株、行距 17 ～ 20cm，穴深 5cm 左右，穴内浇人畜粪尿，每亩约 1000kg。种子撒穴内，每亩用种量 250 ～ 300g，播后覆土、镇压。

2. 条播　在整好的畦内，按行距 20 ～ 25cm，开 0.5cm 深的沟，将种子均匀撒于沟内，覆盖平（或用锄推），种子以土埋住为好，切记不要过厚，否则影响出苗，干时浇水，每亩用种量 1kg 左右。最好选小雨后、土壤松软时播种。若遇干旱天气，播前应浇水或浇稀薄人、畜粪水湿润后再播，有利于出苗。

3. 撒播　要求播浅、播匀，先在平整畦面上，均匀撒入拌细沙的种子，然后用锄将种子推入地内，浇水，每亩用种量 750 ～ 1000g，约 7 ～ 10 天出苗。播后注意保持土面湿润利于出苗。

四、田间管理

（一）间苗补苗

直播田应及时间苗，以免幼苗生长过密，发育纤细柔弱。苗高 6 ～ 7cm 和 10 ～ 13cm 时，各间苗一次。第二次定苗，穴播每穴留苗 4 ～ 5 株；条播田每隔 7 ～ 10cm 交错留苗；撒播田保持株距 10 ～ 13cm。如有缺苗，以间出的苗补齐。

（二）中耕除草

点播田、条播田在间苗时结合进行中耕除草。第一次在苗高 5 ～ 7cm 时，只浅锄表土，避免压倒幼苗。第二次于苗高 10 ～ 15cm 时，可以稍深。以后视土壤是否板结和杂草多少，再中耕除草 1 ～ 2 次，并稍培土于基部，保肥固苗。撒播的只需除草，不能中耕。育苗移栽的，可中耕除草 1 ～ 2 次。移栽大田后，中耕除草 2 次，分别于幼苗成活后及苗高 30cm 左右时进行，封行后不再中耕除草。

（三）施追肥

荆芥需氮肥较多，为了使秆壮穗多，播前要施足底肥，生长期适当施用磷、钾肥。一般追肥 3 次，6 ～ 8 月于行间开沟，每亩施入三元素复合肥 10 ～ 15kg，施入后覆土。

（四）灌溉排水

幼苗期喜湿润，畦面应保持湿润，但不可放大水浇灌，定苗后结合追肥浇水。雨季应及时排涝，以防地内积水烂根。抽穗开花时一般雨量即可满足对水分的需求，不太干旱不需浇水。

五、病虫害及其防治

（一）病害及其防治

1. 立枯病 *Rhizoctonia solani* Kuhn　4 ～ 6 月低温多雨、土壤潮湿时易发病。发病初期苗的茎部产生褐色水渍状小黑点，小黑点逐渐扩大，呈褐色，茎基部变细，发病严重时，病斑扩大呈棕褐色，茎基部收缩、腐烂，在病部及株旁表土可见白色蛛丝状菌丝。最后，苗倒伏枯死。防治方法：①选良种，加强田间管理，做好排水工作；②遇到低温多雨，喷 1∶1∶100 波尔多液，每 10 天 1 次，连喷 2 ～ 3 次；③发病初期喷洒 50% 甲基托布津 1500 倍液。

2. 黑斑病 *Alternaria alternate*（Friss.）Keissler.　发病初期，叶片上产生不规则的褐色斑，随后病斑扩大，叶片呈黑褐色枯死；茎梢呈褐色，茎逐渐变细，头部下垂或拆倒。潮湿时病部可见灰色霉状物。防治方法：①拔除病株，集中处理，并在病株处撒生石灰粉消毒，防止蔓延；②发病期喷 1∶1∶10 波尔多液，每隔 10 ～ 14 天喷 1 次，或喷洒 65% 代森锌可湿性粉剂 500 倍液。

（二）虫害及其防治

1. 斑粉蝶 *Pontia daplidice* L　幼虫取食叶片，咬成洞或缺刻，严重时叶片被吃光。防治方法：①收获后清园，清掉残株老叶，消灭斑粉蝶繁殖场所和部分蛹；② 2 ～ 3 龄幼虫盛发期，施用青虫菌 80 ～ 100 倍液，或含孢子量 80 ～ 100 亿的苏云金杆菌；③施用颗粒病毒，每亩 50 ～ 60 头病死虫尸，用水 30 ～ 60kg 加入 0.1% 洗衣粉喷雾。

2. 华北蝼蛄 *Gryllotalpa unispina* Saussure　3 ～ 4 月为害，成虫和若虫咬断荆芥根。防治方法：①施用充分腐熟堆肥、厩肥；②耕翻土地时，用菜籽饼或豆饼打碎炒香后加上土农药狼毒、百部混合粉，撒施进行毒杀。

3. 银蚊夜蛾 *Plusia agnata* Staudinger　7 ～ 8 月为害，幼虫取食叶片，叶呈孔洞或缺刻状，严重时将叶片吃光。幼虫有假死性，白天潜伏在叶背，晚上、阴天时多在叶背取食，老熟幼虫在叶背结茧化蛹。防治方法：①用 90% 晶体敌百虫 1000 倍液喷雾；②利用幼虫的假死性捕捉幼虫；③烟草茎粉 500 倍液喷雾；④利用成虫的趋光性和趋化性，采用黑光灯和糖醋液诱捕。

六、采收加工

（一）采收

春播于当年 8 ～ 9 月，秋播于第二年 5 月下旬至 6 月上旬收获。植株刚开花时采收质量最好。在果穗 2/3 成熟、种 1/3 饱满时，香气浓。南方每年可收全荆芥和荆芥穗 3 次。春播每公顷产 6000 ～ 7000kg，夏播每公顷产 4500kg。

选择晴天早晨露水刚过时，用镰刀割下，边割边运，不能在烈日下晒，要在阴凉处阴干，干后捆成把为全荆芥，割下的穗为荆芥穗，余下的秆为荆芥梗。

（二）产地加工

收割后直接晒干，若遇阴雨天气时用文火烤干，温度控制在 40℃以下。干燥的荆芥打包成捆，每捆 50kg 左右。

七、药材质量要求

以身干、色淡黄绿、穗长而密、香气浓烈、无霉烂虫蛀者为佳。荆芥干品挥发油含量不得少于 0.6%（mL/g），胡薄荷酮含量不得少于 0.020%。荆芥穗干品挥发油含量不得少于 0.4%（mL/g），胡薄荷酮含量不得少于 0.080%。

铁皮石斛

铁皮石斛 *Dendrobium officinale* Kimura et Migo 为兰科石斛属多年附生草本植物，以新鲜或干燥茎入药，药材名铁皮石斛。其味甘，性微寒；具有益胃生津、滋阴清热的功效；用于热病津伤、口干烦渴、胃阴不足、食少干呕、病后虚热不退、阴虚火旺、骨蒸劳热、目暗不明、筋骨痿软等症。现代药理研究表明，铁皮石斛具有抗肿瘤、抗衰老、增强机体免疫力、扩张血管及抗血小板凝集等药理作用，在临床及中成药中被广泛应用。

一、植物形态特征

丛生。茎直立，圆柱形，不分枝，具多节。叶片二列，纸质，长圆状披针形，基部下延为抱茎的鞘；叶鞘常具紫斑，老时其上缘与茎分离而张开，在节位留下 1 个环状铁青或褐色的间隙。总状花序常从落了叶的老茎上部发出，具 2 ～ 5 朵花；花苞片干膜质，淡白色；萼片和花瓣形近相似，黄绿色；唇瓣白色，卵状披针形，基部具 1 个绿色或黄色的胼胝体，中下部两侧具紫红色条纹，边缘微波状；唇盘在中部以上有 1 个紫红色斑块；蕊柱黄绿色，基部带紫红色条纹。蒴果倒卵形。种子细小，量多，呈黄色粉末状。花期 4 ～ 6 月，果期 6 ～ 7 月。

二、生物学特性

（一）分布与产地

铁皮石斛自然分布于云南东南部、安徽西南部、浙江东部、广西西北部、福建西部，此外广东、四川等省也有分布。生长于海拔达 1600m 的山地半阴湿的岩石上。药材主产于云南、浙江、安徽、广东等地。

（二）对环境的适应性

1. 对温度的适应　喜温暖。气温过高或太低均不利于植株生长，最适生长温度为 20 ～ 28℃，低于 15℃或连续 38℃以上高温时会停止生长。

2. 对水分的适应　喜潮湿。以年降雨量 1000mm 以上、空气相对湿度 80% 以上为宜。

3. 对光照的适应　喜阴。通常生长于散射光充足的深山老林中。

4. 对土壤的适应　常附生于皮厚、槽沟多、有苔藓的树体上，或附生于林下湿润、有苔藓的岩石上。

（三）生长发育习性

根一年有两次明显的生长旺盛期，第一次在 3 月中旬～ 6 月中旬，第二次在 9 月中旬～ 11 月上旬。小苗一般在移栽后 45 天分蘖长新芽。一年或多年生的植株每年都会从去年的茎节基部抽发笋芽，常以一母带一笋或多笋的生长发育方式来形成新的个体。铁皮石斛的花序从茎上部的节上抽出，从出现花芽到花开约 40 天，一个花序从始花到末花约 10 ～ 13 天。开花后从茎基部长出新芽并发育成新茎，新茎长至秋季开始进入休眠期，老茎则逐渐皱缩，不再开花。花期为 3 ～ 6 月，种子成熟期为 11 月～翌年 2 月。

三、栽培技术

（一）品种类型

我国自然分布区的野生铁皮石斛在植株形态、化学成分及 DNA 遗传水平上均有一定的遗传分化，当前国内设施栽培及仿野生栽培基地的铁皮石斛常见种质混杂现象，生产中尚未培育出优良品种。

（二）选地与整地

1. 育苗地　用砖或石砌成高 15cm 的厢，基质采用腐殖土、细沙和碎石拌匀，填入厢内、平整，搭 100 ～ 120cm 高的荫棚。当前生产上多在组培室进行离体快繁。

2. 种植地

（1）设施栽培　建设高标准钢架结构大棚和钢架花床，棚顶设置活动天窗和双层活动遮阳网，营造铁皮石斛立地环境通、透、漏条件。将基料（树皮、碎木块等）经浸泡去除有毒、有害物质和病原菌后，铺上花床，厚约 8 ～ 10cm，上覆 1cm 厚的水苔，经常浇淋水，使基料踏实，保湿。

（2）仿野生栽培　宜选半阴半阳、空气湿度在 80% 以上、冬季气温在 0℃以上的地区。树种应以黄葛树、梨树、樟树等树皮厚、有纵沟、含水多、枝叶茂、树干粗大的活树。石块地也应在阴凉、湿润的地方，石块上应有苔藓生长及表面有少量腐殖质。

（三）繁殖方法

分为种子繁殖和无性繁殖两大类。

1. 种子繁殖　铁皮石斛种子极小，呈黄色粉末状，自然状态下发芽率极低，一般需在组培条件下进行培养，途径是：种子→原球茎→愈伤组织→丛生芽→生根苗→炼苗→移栽。

2. 无性繁殖

（1）分株繁殖　选择长势良好、无病虫害、根系发达、萌芽多的一至二年生植株作为种株，连根拔起，剪掉过长的须根，老根保留 3cm 左右，分丛，每丛茎 4 ～ 5 枝作为种茎。

（2）扦插繁殖　选取三年生生长健壮的植株，取其饱满圆润的茎段，每段保留 4 ～ 5 个节，长 15 ～ 25cm，插于蛭石或河沙中，深度以茎不倒为度，待其茎上腋芽萌发，长出白色气生根，即可移栽。一般以上部茎段为宜。

（3）高芽繁殖　三年生以上的铁皮石斛植株，每年茎上都会萌发腋芽，也叫高芽，并长出气生根，成为小苗，当其长至 5 ～ 7cm 时，即可将其割下进行移栽。

（4）试管苗快速繁殖　可用茎尖及茎节进行无菌培养。

茎尖或茎节离体培养程序：选优良单株，以无菌茎段（茎尖）作为组培外植体→愈伤组织→丛生芽→生根苗→炼苗→移栽。

3. 移栽　春季 3 ～ 4 月、秋季 8 ～ 9 月均可栽种，以春季为宜。组培苗应选择壮苗，具有 5 条以上根及 5 片以上叶，粗 0.3 ～ 0.5cm、高 4cm 以上为宜。出瓶前在自然环境下接受散射光，适当通风透气，提高瓶苗的适应性。将幼苗从玻璃瓶中取出，洗净根部的培养基，浸蘸促根液，置阴凉干爽的地方风干，待根系脱水变白变硬有韧性时即可移栽。3 ～ 5 株一丛，扒开植穴，适当舒展根系，回填基料。设施栽培株间距以（14 ～ 15）cm×13cm 为宜，每亩控制在 3.5 万丛（17 万株苗）。贴石栽植时，按 30cm 的株距在选好的石块上凿出凹穴，用牛粪拌稀泥涂一薄层于种蔸处塞入石穴或石槽，塞小石块固定。贴树栽植时，按 30 ～ 40cm 株距在选好的树上砍去一部分树皮，将种蔸涂一薄层牛粪与泥浆混合物，然后塞入破皮处或树纵裂沟处贴紧树皮，再覆一层稻草，用竹篾捆好。种植时轻轻提苗使根系向下舒展，边覆盖基质并轻轻按压，使根系与基质充分接触，淋定根水，把倒伏小苗扶正，根部覆盖基料，及时喷水保湿。

四、田间管理

（一）喷水保湿

移栽前花床基质淋透水，移栽后喷足定植水，然后每天喷淋一次。盛暑气温高达 30 ～ 35℃时，早、晚各喷水一次，以高湿度抵消高温对植株生长的危害。低温阴雨天气，则控制水分供给，防止烂根或病害。隔 3 ～ 4 天观察基料表面，干白时进行一次淋透水。用于淋洒和喷雾的水最好为泉水、河水，不能用井水，水的 pH 值以 4.4 ～ 5.5 为好。

（二）合理施肥

施肥必须采取“勤施、薄施、适时、足量”的原则，以液态肥进行床面喷雾喷施至叶面滴水为止。移栽后 7 ～ 10 天开始第一次喷施，以后每隔 7 天施肥一次。两个月后以氮、磷、钾复合肥为主。全年施肥磷、钾肥用量不能过多，以免影响新芽、叶生长，适当增施氮肥。采收前两个月适当减少氮肥，增加磷、钾肥，减缓营养生长，促进有机物质积累。

（三）除草

一般情况下，铁皮石斛种植后每年除草 2 次，第一次在 3 月中旬～ 4 月上旬，第二次在 11 月。夏季高温季节不宜除草，以免影响铁皮石斛正常生长。

（四）调节荫蔽度

应注意调节荫蔽度在 60% 左右。荫棚栽培的铁皮石斛，冬季应揭开荫棚，使其透光，利于更好生长发育。仿野生栽培时要经常对附生树进行整枝修剪，以免过于荫蔽或郁闭度不够。

（五）修枝

每年春季发芽前或采收时剪去部分老枝和枯枝，以及生长过密的茎枝，以促进新芽生长。

（六）翻蔸

铁皮石斛栽种 5 年以后，应根据生长情况进行翻蔸，除去枯朽老根，进行分株另行栽培，以促进植株生长和增产增收。

五、病虫害及其防治

（一）病害及其防治

1. 黑斑病 *Alternaria tenuissima* 常 3 ～ 5 月发生。发病初期叶片上呈现黑褐色小斑点，以后扩大成圆形黑褐色病斑，斑点周围显放射状黄色，严重时病斑相连接成片，最后叶片枯黄脱落。防治方法：①及时清理病叶、落叶，减少病害侵染源；②加强棚内通风条件；③发病初期轮换喷洒 75% 百菌清，或 50% 多菌灵 500 ～ 1000 倍液，或 70% 甲基托布津 500 倍液，每 7 ～ 10 天喷 1 次，连续 3 次。

2. 猝倒病 *Rhizoctonia* 主要发生在组培苗移栽苗床后，由于苗弱小、茎叶嫩、种植棚内温度高、湿度大、通风差而引发，初期小苗叶基糜烂，以后扩至整株糜烂断头，严重时组培苗成片糜烂致死。防治方法：发现病情后喷施 75% 百菌清 800 倍液。

（二）虫害及其防治

1. 蜗 *Achatina fulica* Ferussac 一年内可多次发生，常在日落后 2 ～ 3 小时和阴雨天出来活动。主要在夜间啃吃新芽叶肉或幼嫩根部。防治方法：①及时清除枯枝败叶；②少量时可以夜间捕杀；③大量发生时，喷洒 90% 敌百虫 1000 倍液，或用麸皮拌敌百虫撒在害虫经常活动的地方进行毒饵诱杀；④在栽培床及周边环境撒生石灰、饱和食盐水。

2. 金龟子 *Anomala corpulenta* Motsch 4 ～ 6 月发生。为害根部，成虫以嫩芽、叶为食。防治方法：①在成虫活动盛期，于早、晚人工捕杀或采用灯光诱杀；幼虫期施用毒饵诱杀。

六、采收加工

（一）采收

野生铁皮石斛全年均可采收，以秋后采收质量为佳，通常栽培周期为3年。采收时，用剪刀将茎条从茎基部剪下来，剪口位置在茎基部第二节。注意采老留嫩。

（二）产地加工

1. 鲜石斛　鲜石斛不去叶及须根即可直接供药用，或除去须根和枝叶用湿沙贮存，也可平装竹筐内盖以蒲席贮存，但均需注意空气流通，忌沾水而致腐烂变质。

2. 干石斛

（1）水烫法　将鲜石斛除去叶片及须根，在水中浸泡数日，使叶鞘质膜腐烂后，用刷子刷去茎秆上的叶鞘质膜或用糠壳搓去质膜。晾干水汽后烘烤至干，用干稻草捆绑，竹席盖好，使不透气，再进行烘烤，火力不宜过大，而且要均匀，烘至七八成干时，再行搓揉一次并烘干，取出喷少许沸水，然后顺序堆放，用草垫覆盖好，使颜色变成金黄色，再烘至全干即成。

（2）热炒法　将上述依法净制后的鲜石斛置于盛有炒热的河沙锅内，用热沙将石斛压住，经常上下翻动，炒至有微微爆裂声，叶鞘干裂而翘起时，立即取出置于木搓衣板上反复搓揉，以除尽残留叶鞘，用水洗净泥沙，在烈日下晒干，夜露之后于次日再反复搓揉，如此反复2～3次，使其色泽金黄，质地紧密，干燥即得。

（3）“枫斗”加工　有四道程序（原料整理、低温烘焙、卷曲加扎和产品干燥），具体操作为：将铁皮石斛去除枯草、杂质和叶片，分出单株，留下2条须根，然后把株茎剪成5～8cm长的段，洗净，晾干，放入干净的铁锅内炒至变软，趁热搓去叶鞘，置通风处晾1～2天，再置于有细孔眼的铝皮盘内，用炭火加热，并随手将其扭成弹簧状或螺旋形，如此多次。定型后，烘至足干即得。加工后将带有须根和不带须根的成品分开处置。习称“耳环石斛”或“枫斗”。在加工过程中，要将多余的细根除去，只留两根，称为“龙头”，并要完好地保留茎末细梢，称为“凤尾”。

七、药材质量要求

干铁皮石斛以色金黄，有光泽，质柔韧，无泡秆，无枯朽糊黑，无膜皮、根蔸者为佳。鲜铁皮石斛以有茎、叶，茎色青绿或黄绿，气清香，肥满多汁，咬之发黏者为佳。铁皮枫斗以表面黄绿色或略带金黄色，质坚实，断面平坦，灰白色至灰绿色，略角质状，嚼之发黏者为佳。干品水分含量不得过12.0%，总灰分不得过6.0%，醇溶性浸出物不得少于6.5%，石斛多糖不得少于25.0%，甘露糖应为13.0%～38.0%。

薄　荷

薄荷 *Mentha haplocalyx* Briq. 为唇形科薄荷属多年生草本，地上部分干燥后可入药，药材名薄荷。味辛，性凉；具有宣散风热、清利头目、疏肝行气、利咽、透疹等功效；主治风热感冒、风温初起、喉痹、口疮、风疹、麻疹、头痛、目赤及胸肋胀闷等症。全草含挥发油，新鲜茎叶含油量为0.8%～1%，干品含油量为1.3%～2%。

一、植物形态特征

多年生草本，茎方形直立，高 30 ～ 60cm；单叶对生，披针形；轮伞花序腋生；花萼管状钟形；花冠唇形，淡紫色；雄蕊 4 枚，雌蕊 1 枚；花丝白色无毛；花药卵圆形淡紫色；花柱先端 2 浅裂；子房上位 4 裂；小坚果卵珠形，黄褐色，具小腺窝。花期 7 ～ 9 月，果期 10 月。

二、生物学特性

（一）分布与产地

薄荷主要分布于温带地区。国内分布于长江以南的浙江、江苏、安徽、湖南、四川、广东等地，其中江苏太仓为薄荷的道地产区，称苏薄荷或仁丹草，安徽太和县是全国最大的薄荷生产基地。

（二）对环境的适应性

薄荷对环境条件的适应能力强，海拔 3500m 以下地区均可生长，300 ～ 1000m 地区最适宜。

1. 对温度的适应　对温度适应性强。初春根茎在地温 2 ～ 3℃时开始萌动，8℃时开始出苗，出土的幼苗能耐 –5℃低温。秋季气温低于 4℃时，茎叶枯萎死亡。冬季地下部分可耐 –15℃安全越冬。

2. 对光照的适应　喜阳，为长日照作物。长日照可促进开花，利于油、脑的积累。尤其在生长后期，连续晴天和强光照利于高产。通常生长后期雨水多、光照不足，是造成减产的主要原因。

3. 对水分的适应　不同生育期对水分的要求不同。头刀苗期、分枝期要保证土壤湿度；生长后期，尤其在出蕾开花期，需减少水分；收割期，越旱越好。

4. 对土壤的适应　对土壤要求不高，除过黏、过砂、过酸、过碱及排水不良的土壤外，均可种植。土质以砂质壤土、冲积土为宜；酸碱度在 pH 值 6.0 ～ 7.5 为宜。

5. 对养分的适应　氮对薄荷产量、品质影响最大。适量氮肥可促进植株生长、增加产量，但过量氮肥会导致茎叶节间变长、下部叶片脱落，严重者全株倒伏，出油量减少。缺氮会使薄荷长势不良，出现叶小色黄、叶脉和茎变紫、地下茎发育不良、产油量低等现象。钾肥对薄荷根茎影响最大，缺钾时叶边缘内卷、叶脉呈浅绿色、地下茎短而细弱，但对油和脑含量影响不大。

（三）生长发育习性

1. 根系的生长　主根和侧根只有在种子繁殖出来的实生苗上才能看到，其垂直深度较小，对植株的生长发育影响较小。田间湿度较大时，气生根会在距地面 0 ～ 20cm 高的节和节间生出，长约 2cm。气生根的生长需消耗养分，应尽量减少其产生，同时它也会因干燥自行枯死。

2. 叶的生长　薄荷叶对生，披针形、卵形或长圆形，边缘有锯齿，两面有疏柔毛及黄色腺点。幼苗期的叶片为圆形、卵圆形全缘；中期的叶片为椭圆形；后期的叶片为长椭圆形；衰老期的叶片为披针形。收割时只有 10 ～ 15 对叶，“二刀”薄荷一生只有 20 对左右的叶片。叶片数量与产油量有关，提高其质量对薄荷增产非常重要。

3. 分枝的生长　薄荷的分枝是由主茎叶腋内潜伏芽产生。当叶片内积累一定量的营养物质后，潜伏芽就开始萌发成分枝。着生在主茎上的分枝为第一次分枝，其上腋芽发育成的分枝为第二次分枝。分枝一般两侧对称，分化出对生叶片。

4. 花、果实与种子的发育　自然条件下每年开一次花，人工栽培条件下每年开两次花。从现蕾至开花需 10 天左右。晴天一天中开花高峰期一般在上午 6 ～ 9 时，阴雨天向后推迟，下午停止开放。自花传粉一般不结实，异花传粉才能结实。从开花至果实成熟需 20 天左右。果实为小坚果，长圆卵形，黄褐色，千粒重 0.1g 左右。

三、栽培技术

（一）品种类型

生产中选育出的薄荷优良品种较多，目前应用较广的主要有："409""73-8""阜油"系列，"上海（亚洲）39 号""海香"系列，"恒进高油""苏薄 1 号""苏薄 2 号"等。

（二）选地与整地

薄荷对土壤要求不高，但为了获得高产量，应选择土质肥沃，保水、保肥力强的壤土、砂壤土，土壤 pH 值为 6 ～ 7 较好。不宜选用连茬地或前茬为留兰香的地块，新产区以大豆或玉米茬为好。在前茬收获后，深翻 30cm 左右，除杂草施基肥，耙碎土块，将地整平，做畦成龟背形。

（三）繁殖方法

薄荷繁殖方法主要有根茎繁殖、扦插繁殖、种子繁殖 3 种。其中，根茎繁殖简单易行，时间限制不严且成活率较高，应用最广。

1. 种茎选择与培育　播种材料为地下根茎。种茎来源：①夏插繁殖的种茎 5 ～ 6 月选择叶面肥厚、开花早、含油量高的品种，将地上茎枝切成 10cm 长的插条，在整好的苗圃里按行、株距 20cm×10cm 扦插繁育，浇透水，并用麦秸覆盖保墒，待出芽后清除麦秸，此法培育的根茎粗壮发达、白嫩多汁、质量好；②薄荷收获后挑选黄白色或白色的幼嫩根茎作为种茎。

2. 栽种时间　常在春秋两季栽种，秋季更为普遍。10 月上中旬～ 11 月中旬播种较合适。南方也可在春季 4 月栽种。若采用覆盖地膜等措施，播种时间可提前至 3 月下旬。

3. 栽种方法　在整好的地上，按 25 ～ 33cm 的行距开沟，株距约 15cm，沟深度为 5 ～ 10cm，将切成 6 ～ 10cm 长的种根茎栽于沟内，覆土压实，浇洒稀薄人畜粪水。

四、田间管理

（一）查苗补缺

春季出苗后要及时查苗，断垄长度大于 50cm 就要进行补苗，补苗后要注意浇水确保成活。注意大小苗的匹配，防止后期苗大小不齐。"头刀"薄荷密度以每亩 2 万株较好，"二刀"薄荷密度每亩在 4 万～ 7 万株。稀植时要求高水肥和精耕细作、以肥促苗，高密度下要以肥控苗。

（二）去杂去劣

田间若混有野杂薄荷将严重影响薄荷油的品质、香味、色泽和产量。因此，必须认真除去田间混有的野杂薄荷，一般要去 2 ～ 3 次。

（三）中耕除草

苗齐后立即进行中耕除草，封行前进行 2 ～ 3 次，封行后要拔除大草，收割前拔净田间杂草。“二刀”薄荷田间中耕除草困难，应在“头刀”收割后，结合平茬清除杂草，出苗后多次拔草。

（四）追肥

1.“头刀”薄荷 追肥要点为“前控后促”，即轻施或少施苗肥与分枝肥，重施保叶肥，因薄荷早期主要培育强壮的茎秆，肥力过大会导致生长过旺，茎秆软弱，中后期易倒伏。3 月底～ 4 月上、中旬苗高 5 ～ 10cm 时，施提苗肥，每亩施尿素 1.5 ～ 2kg；5 月中旬植株分枝达 60% 时施分枝肥，每亩施尿素 3 ～ 4kg；6 月中旬前施保叶肥，每亩施尿素 7 ～ 8kg。

2.“二刀”薄荷 “二刀”薄荷生育期短，追肥要点为“前促后控”，即重施苗肥和生长期肥，生长后期轻施肥，前后期施肥比为 8∶2。在“头刀”薄荷收割后，每亩施饼肥 40kg。8 月初出苗后每亩施尿素 7.5kg，8 月中旬每亩施尿素 7.5kg，8 月底～ 9 月上旬每亩施尿素 5kg。

（五）摘心

在种植密度小或与其他作物套、间种的情况下，可采用摘心的方法促进分枝、增加鲜草产量。摘心宜在 5 月下旬～ 6 月上旬选择晴天中午进行。

（六）灌溉排水

干旱时应及时灌水，夏季以早晚或夜间灌溉为宜，收割前 3 ～ 4 周应停止灌水。在雨季应及时疏沟排水，避免田间积水。

（七）防倒伏及落叶

薄荷倒伏主要是因为茎秆弱或单株分枝过多、茎秆负重大。主要预防措施为：合理施肥，在苗期勿施大量氮肥；种植密度合适，过低会使单株个体过大，过高又会导致通风透光条件差，植株个体发育细弱；注意植株下部通风和预防黑茎病。

叶片脱落的主要原因是薄荷前、中期生长过旺，到生长后期，群体密度过大，中、下部叶片受光条件差，其次是因为蚜虫及锈病影响，因此栽培时要注意合理密植，并注重病虫害的防治。

五、病虫害及其防治

（一）病害及其防治

1. 薄荷锈病 *Puccinia menthae* Pers. 初期叶片或嫩茎上形成圆形至纺锤形的疱斑，后变肿大，内生锈色粉末状锈孢子，严重影响光合作用。后期病部长出黑褐色粉末状物（即冬孢子），叶片枯萎脱落，直至全株枯死。防治办法：①加强田间管理，改善通风条件；②降低株间湿度，以增强抗病能力；③发现病株立即拔除；④发病前喷洒 1∶1∶200 波尔多液，发病初期喷洒 25% 粉锈宁 1200 倍液、30% 绿得保 300 ～ 400 倍液或 97% 敌锈钠可湿性粉剂 250 倍液。

2. 薄荷茎枯病 *Hymenoscyphus repandus*（Pill）Dennis 病菌主要从近地面处侵染植株。初期小病斑为浅褐色，后向四周扩展。病斑绕茎一周时，表皮渐渐变黑，水分和养分输导受阻，严重时植株枯死。防治办法：①选择壮苗栽培；②实行轮作；③发病前喷施 70% 代森锌可湿性粉剂 800 倍液，每周 1 次；④发病初期用 37% 多菌灵草酸盐 1000 倍液喷雾，每周 1 次，连喷 2 ～ 3 次。

（二）虫害及其防治

1. 小地老虎 *Agratisy psilon* Rottemberg、大地老虎 *Trachea tokionis*（Butler） 白天潜伏于表土层下，夜间活动，咬断嫩茎，啃食幼苗心叶间或叶背上的叶肉。防治方法：①清除田间杂草，防止产卵；②在田间设置黑光灯诱杀成虫或采用棉籽饼、菜饼炒香后加入敌杀死拌匀后于傍晚撒于田间诱杀幼虫。

2. 蚜虫 *Aphidoidea* sp. 多群集在叶片背面吸取汁液，使叶子背向卷缩，心叶变成“龙头”状，使嫩头不能萌发新叶，植株萎缩，生长停滞，叶片大量脱落，5 月对“头刀”危害重，9 月对“二刀”危害重。防治方法：①早春清除寄主杂草，消灭越冬蚜虫；②杂草发芽时，用辛硫磷喷雾，把蚜虫消灭在寄主上；③用 3% 啶虫脒乳油 2500 ～ 3000 倍液、10% 吡虫啉 1500 倍液等喷洒。

六、采收加工

（一）采收

花期收割，挥发油含量较高。“头刀”薄荷一般在盛蕾期到初花期收割，约在 7 月下旬；“二刀”薄荷在始花期到盛花期收割，一般在 10 月下旬。应选择植株普遍现蕾，开花约占 10%，连续晴天，气温较高，地面较干燥时收割。一天中上午 10 时～下午 6 时收割为宜。采收时，用利刃将茎叶齐地面割下。

（二）产地加工

将收割的薄荷摊晒 2 日后翻动，略干后将其扎成整齐小把，然后铡去叶下 3 ～ 5cm 的无叶茎秆，再晒干或阴干。

七、药材质量要求

以叶多、色深绿、味清凉、香气浓者为佳。干品叶不得少于 30%，水分不得过 15.0%，总灰分不得过 11.0%，酸不溶性灰分不得过 3.0%，挥发油不得少于 0.80%（mL/g），薄荷脑不得少于 0.20%。

穿心莲

穿心莲 *Andrographis paniculata*（Burm.f.）Nees 为爵床科穿心莲属植物，以干燥地上部分入药，药材名穿心莲。具有清热解毒、凉血、消肿等功效；用于感冒发热咽喉肿痛、口舌生疮、顿咳劳嗽、泄泻痢疾、热淋涩痛、痈肿疮疡、毒蛇咬伤等症。现代化学及药理研究证明，穿心莲主要含二萜内酯类和黄酮类化合物，如穿心莲内酯、新穿心莲内酯、去氧穿心莲内酯、脱水穿心莲内酯及黄酮类等，具有抗菌、抗病毒、抗炎、抗癌、降血糖、降血压、抗血栓等药理作用。

一、植物形态特征

一年生草本，株高 50 ～ 100cm。茎直立，具四棱。单叶对生，近于无柄。总状花序顶生或腋生，集成大型圆锥花序，花小，花冠淡紫白色，常有淡紫色条纹，二唇形，上唇外弯，2 裂，下唇直立，3 浅裂，雄蕊 2，子房上位，2 室。蒴果扁长椭圆形，成熟时黄褐色至棕褐色，室背开裂，种子射出。花期 7 ～ 11 月，果期 8 ～ 12 月。

二、生物学特性

（一）分布与产地

我国于 20 世纪 50 年代开始从东南亚引种，主要栽培于福建、广东、海南、广西、云南等地，江苏、陕西亦有引种。我国野生穿心莲极少，主要分布在广西、海南等偏远山区海拔 500m 以下的疏林中。

（二）对环境的适应性

1. 对温度的适应性　喜温暖环境。种子发芽温度为 15 ～ 40℃，最适温度为 28 ～ 30℃，气温在 15 ～ 20℃时生长缓慢，只开花不结实或不开花；气温降至 7 ～ 8℃时生长停止，遇 0℃左右低温或霜冻，植株全部枯萎。

2. 对光照的适应性　喜光。在阳光充足的情况下生长良好。在全日照下，蕾期叶中总内酯含量较遮阴下高 10% ～ 20%。幼苗用短日照处理能促进开花，且结果、成熟时间比自然日照早，短日照处理时间以 12 小时效果显著，其开花、结果、成熟时间提早 15 ～ 20 天。

3. 对水分的适应性　喜湿怕旱，特别在幼苗生长期间更需要湿润，但不能积水。在速生期，需要充足水分。在采种季，空气湿度过低，果实容易开裂致使种子弹出损失。

4. 对土壤的适应性　宜选择肥沃、疏松、保水排水良好的砂壤土或壤土，以 pH 值 5.6 ～ 7.4 的微酸性或中性土较好。喜肥，对氮肥尤其敏感，生长期多次施氮肥，能显著增产，留种地应增施磷、钾肥。

（三）生长发育习性

生育期 160 ～ 200 天左右，从种子发芽到开花需 100 ～ 120 天，从花期到果熟需延续 60 ～ 80 天。整个生育期划分为苗期、快速生长期、现蕾期、开花期和果实成熟期。在平均地温 21℃条件下播种，15 天开始出苗；在平均地温 28℃下播种，播后 8 天即出苗。出苗初期，由于气温低，生长缓慢。苗高 10cm 后，生长加快，并长出一级分枝，6 ～ 8 月为生长旺盛期。8 月现蕾，9 月开花，10 月果实开始成熟。

三、栽培技术

（一）品种类型

广东产穿心莲分为大叶型和小叶型两种生态类型。大叶型茎叶干重及活性成分含量明显高于小叶型。有一种野生种 – 白花穿心莲 *Andrographis tenera*（Nees）O. Kuntze，分布于云南、贵州、海南等地。在实际生产中，穿心莲育种工作起步较晚，目前有人在开展辐射育种、多倍体育种研究。

（二）选地与整地

1. 育苗地　选择向阳、肥沃、平坦、排灌方便、疏松土壤，忌选择碱性土壤。整地要求精细、深翻细耙，土地深翻 2 ～ 3 次，做高畦，畦宽 1.2 ～ 1.5m，高 10 ～ 15cm，排水沟深 20cm。每亩施农家肥 1000kg 和钙镁磷肥 20kg，撒石灰 100kg 进行土壤消毒。

2. 种植地　宜选地势较平坦、背风向阳、肥沃疏松、排水良好和靠近水源的砂壤或壤土。在山区可选择缓坡地、生荒地，也可在果木林下种植。春播前结合整地，每亩施腐熟农家肥 1000 ～ 2000kg、钙镁磷肥 20kg 作基肥，做成宽 1.2 ～ 1.5m、高 15 ～ 20cm 的畦，畦四周开深 30cm 的沟，每亩可撒石灰 100kg 进行土壤消毒。

（三）繁殖方法

生产中多采用育苗移栽，也可直播。在种苗不足的情况下，也可采用扦插繁殖。

1. 种子繁殖

（1）采种及种子处理　9 ～ 10 月分批采种，到成熟盛期，可收割全株，晒至后熟，分批收集开落的种子。播种育苗前应先在装种子的袋内，放入细沙，揉磋擦伤种皮，并将种子放入 45℃的温水中，浸泡 1 ～ 2 天，捞起摊开，用纱布覆盖保湿，待少量种子萌发后播种。

（2）种子直播　一般在 4 月上中旬播种。采用条播或穴播。条播一般按 20 ～ 30cm 行距，将处理后与细沙混匀的种子播入沟内，也可开深 1 ～ 2cm 浅沟，将混匀的种子均匀地撒入沟内，并盖以少许细土，以不见种子为度，稍加压紧，畦面盖草，7 ～ 10 天即可出苗，每亩播种量 200 ～ 250g。

（3）育苗　播种苗床有冷床、温床等几种。可根据气温情况选用，也有的采用玻璃棚或塑料薄膜棚育苗。

春播在 2 月下旬～ 3 月上旬，天气较寒冷可推迟至 4 月上中旬；秋播在 7 月上旬～ 8 月下旬。每亩播种量约 2.5kg，在平均地温 20℃条件下，播后 10 天左右即出苗，出苗后应逐步揭去盖草，保证苗床湿度、温度、透气性，及时进行除草及水肥管理等，播种一周后发芽，幼苗出 2 对真叶时施一次稀薄人畜粪水，一般幼苗长出 6 ～ 8 片真叶即可定植。

2. 扦插繁殖　选排水良好、疏松肥沃的砂壤土或清洁河沙做成苗床，将穿心莲枝条剪成 10 ～ 13cm 小段，去除下部叶片，按行距 15cm、株距 6cm 斜插入苗床内，保证有 1 个以上的节埋入土中，以便生根。适当遮阴，早晚浇水，保持土壤湿润。在南方插后 13 ～ 15 天可移栽大田。

3. 移栽　移栽畦要平整，表土细碎疏松。栽时要注意使小苗根系舒展、垂直向下。定植前按株距 15 ～ 20cm、行距 20 ～ 25cm 挖小穴，小穴呈“品”字排列。每穴栽苗 1 株。移植 1 周后可浇 1 次稀粪水，覆土压紧，栽后及时浇水，保持土壤湿润疏松，以利于幼苗扎新根。

四、田间管理

（一）查缺补苗

发现缺苗断垄现象，应及时选带土壮苗补栽，每穴 1 ～ 2 株。补苗成活后，要注意水肥管理。

（二）间苗定苗

直播地小苗长至 7 ～ 10cm 时间苗，去掉过弱、过小、过密幼苗，在移栽存活 20 天后或直播苗高 10 ～ 15cm 时，按株距 15cm 左右定苗，间苗、定苗宜早不宜迟。

（三）中耕除草

直播苗高 10 ～ 15cm 时应进行第一次中耕除草，中耕宜浅，以免伤根。以后每隔 10 ～ 15 天中耕除草一次，结合中耕除草要适当培土。当株高 30 ～ 40cm 时，结合中耕进行松土。

（四）追肥

移栽一周左右可施一次薄肥，每亩施尿素 4 ～ 5kg 或人畜粪水 1500kg。以后每隔半月至 1 个月，松土锄草后施一次较浓的人粪尿，每亩 2000kg。在封行前每隔 30 天追肥一次，每亩追施含氮高的复合肥 15 ～ 20kg 或尿素 10kg。封行后，结合喷灌或灌溉再追施一次，每亩用复合肥约 20kg 或喷 0.2% 磷酸二氢钾溶液。

（五）排灌水

栽种后每天早、晚各浇水 1 次，连续 3 ～ 5 天。生长前期幼苗生长需水量较大要经常灌水，以利于枝叶生长繁茂；雨季或灌水后应及时将地内积水排除，降低土壤湿度，防止病害发生。

（六）打顶、培土

当苗高 30 ～ 40cm 时摘去顶芽，促使侧芽生长，以提高药材产量。结合中耕进行松土除草，在根部适当培土，使不定根生长，以加强吸收水、肥能力。

五、病虫害及其防治

（一）病害及其防治

1. 立枯病 ***Rhizoctonia solani*** **Kuhn**　多在 4 ～ 5 月，幼苗长出 2 对真叶时发病严重。受病幼苗在茎基部呈现黄褐色腐烂，地上部分倒伏死亡。发病较晚的，由于茎已木质化，呈立枯状死亡。防治方法：①每平方米用 65% 代森锌和 50% 多菌灵各 8g 拌 15kg 半干细土，均匀撒入苗床；②发病后用 70% 敌克松 1000 ～ 1500 倍液喷雾；③覆盖地膜时，白天揭开地膜改善通透性，降低土壤湿度，抑制蔓延。

2. 黑茎病 ***Fusarium solani*** **(Mart.) App. et Wollenw**　发病植株茎基部生黑色长条状病斑，并向上下扩展，使茎干缢缩，严重时植株死亡。7 ～ 8 月高温多湿时病重。防治方法：①及时拔除病株，用石灰消毒病穴；②发病初期喷 1∶1∶100 波尔多液或 50% 多菌灵 1000 倍液。

3. 疫病 ***Phytophthora infestans*** **(Mont.) de Bary**　在高温多雨季节发生，叶片上产生水浸状暗绿色病斑，随后萎蔫下垂。防治方法：用 1∶1∶120 波尔多液或敌克松 500 倍液喷雾。

（二）虫害及其防治

1. 非洲蝼蛄 ***Gryllotalpa africana*** **Palisot 和小地老虎** ***Agratisy psilon*** **Rottemberg**　咬断幼苗，造成植株死亡。防治方法：①粪肥要充分腐熟，最好高温堆肥；②黑光灯、马灯或电灯诱杀成虫；③发生期用 90% 敌百虫 1000 倍液或 75% 辛硫磷乳油 700 倍液浇灌。

2. 斜纹夜蛾 ***Prodenia litura*** **Fabricius**　于 9 ～ 10 月以幼虫食害叶片，咬成孔洞或缺刻。防治方法：用 90% 晶体敌百虫 1000 倍液喷雾。

3. 象鼻虫 ***Elaeidobius kamerunicus***　成虫咬食 5 ～ 6 月刚定植的幼苗叶片，被咬叶呈网状孔洞，严重时将叶片全部吃光。防治方法：①结合田间管理，及时捕捉并杀死成虫；②每亩用 90% 晶体敌百虫 0.1kg 拌小白菜、莴苣叶等蔬菜 5 ～ 7kg，于傍晚投放田间诱杀。

六、采收加工

（一）采收

一般在花蕾期和开花初期采收，晴天在离地面约 3cm 处割取地上部分，海南、广东、广西和福建等地在定植后 3 ～ 4 个月即可采收。

（二）产地加工

将采收的穿心莲植株晒至七八成干时，打成小捆，再晾晒至全干。将晒干的穿心莲以全草、穿心莲叶、穿心莲段分别包装，穿心莲段一般为 5 ～ 8cm 长。

七、药材质量要求

以干净无杂质、色绿、叶多、味苦者为佳。全草、叶干品水分含量≤ 13%，全草醇溶性浸出物含量不得少于 8.0%，叶不得少于 30%。干品含穿心莲内酯、新穿心莲内酯、14– 去氧穿心莲内酯和脱水穿心莲内酯的总量不得少于 1.5%。

艾

艾 *Artemisia argyi* Levl. et Vant. 为菊科蒿属植物，以干燥叶入药，药材名艾叶，为常用药材之一。其味辛、苦，性温；具有温经止血、散寒止痛、调经安胎等功效；用于治疗吐血、衄血、崩漏、月经过多、少腹冷痛、经寒不调、宫冷不孕等症，外治皮肤瘙痒。现代化学及药理研究证明，艾叶主要含有挥发油、黄酮类、鞣质类、甾醇、三萜类成分及多种微量元素，具有祛痰、镇咳、抗炎、抗肿瘤、镇痛、调节免疫力、抗过敏、抗突变、抗病毒、抗菌、降血压、降血脂、保肝等药理作用。

一、植物形态特征

多年生草本或略呈半灌木状，一般株高 45 ～ 120cm。茎直立，圆形有纵棱，外被灰色蛛丝状柔毛，上部分枝。叶片卵形、三角状卵形或近菱形，一至二回羽状深裂至半裂，正面灰绿色至深绿色，背面灰绿色，有灰色绒毛。头状花序椭圆形，雌花 6 ～ 10 朵，两性花 8 ～ 12 朵，花色有红色、淡黄色或淡褐色。瘦果卵形或长圆形，有毛或无毛。整株有芳香气味，揉之香气更浓。花果期 7 ～ 10 月。

二、生物学特性

（一）分布与产地

艾适应性较强，全国大部分省区均有分布，常野生于荒地、坡地、河边、路旁等阳光充足、气候湿润、土壤肥沃、排水顺畅地带。目前全国大部分地区均有栽培，主产于河南、湖北、河北、浙江、陕西、甘肃、山东、江苏、安徽、江西等地。

（二）对环境的适应性

1. 对温度的适应 喜温暖、湿润气候，最冷季均温为 0.1 ～ 15.7 ℃，最热季均温 12.1 ～ 28.5℃，年均温度 12 ～ 26℃，24 ～ 30℃时艾叶产量高，高于 30℃时茎秆易老化、抽枝、病虫害加重，冬季低温低于 –3℃时宿根生长不好。

2. 对光照的适应 喜阳，生长期内要求年日照时数 1700 ～ 1900 小时，旺盛生长期要求日均日照时数 6 ～ 8 小时。最暖季均温、年均日照对艾叶出绒率影响最为显著。

3. 对水分的适应 对水分的适应性虽强，但干旱会影响产量，积水会造成植株死亡。年均降水量 141 ～ 2081mm、年均相对湿度 45.1% ～ 74.8% 为宜。

4. 对土壤的适应 对土壤的适应性较强，以土层深厚、土壤通透性好、有机质丰富的中性土壤为好，丘陵地带也可种植。

（三）生长发育习性

3 月开始萌芽，也是生长旺盛期。4 月下旬，叶片茂盛，活性成分含量达到顶峰。5 月中旬，植株生长达到成熟期，再往后会渐渐衰退。4 月下旬、5 月初为采摘艾叶的最佳时期。

三、栽培技术

（一）品种类型

河南宛艾、湖北蕲艾、河北祁艾、浙江海艾等均是公认的道地药材。

（二）选地与整地

1. 育苗地 选择耕层厚度≥ 25cm、偏酸性（pH 值 5.1 ～ 6.8）、有机质含量≥ 1.0%、排灌条件良好、坡度小于 15°、光照良好的荒坡、丘陵、平原等区域地块。

2. 种植地 根据所处地形进行整地，清除杂草根和石块。深耕 30cm 以上，使土壤疏松，提高土壤保墒能力，适度掌握犁耙次数，整地时每亩施入腐熟农家肥 3000kg 或优质有机肥 600kg，均匀混合翻入土层，开厢整平，并开好围沟、中沟，使沟沟相通，达到雨住沟干的效果。沟间 45 ～ 50cm，沟深 30 ～ 35cm。

（三）繁殖方法

可采用种子繁殖和分株繁殖。种子繁殖出芽率仅有 5% 左右，且苗期有两年，故生产上多采用分株繁殖。

1. 种子繁殖 早春播种。整地浇足水后直播，行距 40 ～ 50cm，播后覆土 0.5cm，出苗后注意松土、除草和间苗。或整地浇足水后撒播，覆盖稻草，防止水分蒸发、保温及防止杂草生长。

2. 分株繁殖 以根状茎分株繁殖，一般在霜降之后或早春萌芽前进行。将种蔸挖出，剔除杂草树根，选取浅黄色、无病虫害、粗壮的根状茎，截成 5 ～ 8cm 长的段，以单个根茎在种植沟内以接龙形式栽种，栽植深度 10 ～ 15cm，栽后浇定根水，填土压实。

四、田间管理

（一）中耕除草

田间杂草以防控为主，尽量在出芽前或初期进行人工根除。在艾生长过程中，适时中耕，深度约10cm。每茬收割后，应及时收集田间杂草集中深埋，早春土壤解冻后根芽未出土前对艾田进行一次耙磨，打破越冬期间耕地形成的壳状表面，以利于根芽出土。

（二）追肥

追肥以农家肥、饼肥或厩肥为好。第一茬苗期，苗高20～30cm，降雨或浇水前每亩施复合肥5～7kg。第一茬采收后每亩追施20～30kg商品有机肥或复合肥。第二茬可根据土壤肥力适量施肥。秋季采收结束后，须清除杂草及残枝叶，结合中耕利用沟施方式施基肥。

（三）灌溉排水

北方干旱地区，若植株生长缓慢、生长势较弱，可通过漫灌或喷灌补充水分。南方地区，为防止浸渍危害，要使沟沟相通以便排水。根据土壤墒情和当地灌溉条件可适当浇越冬水。

五、病虫害及其防治

（一）病害及其防治

主要是白粉病，发生在叶片、茎上，以叶片受害最严重。发病初期叶片及叶柄上出现褪绿色斑点，随后病斑上着生白色粉状物，严重时叶片逐渐干枯脱落。防治方法：发病初期用15%三锉酮可湿性粉剂1500倍液，或25%嘧菌酯悬浮液1500～2500倍液，或78%波尔·锰锌可湿性粉剂500倍液，或10%苯醚甲环唑水分散粒剂3000倍液+75%百菌清可湿性粉剂600倍液等交替喷洒叶面，连续用药2～3次，间隔8～10天。

（二）虫害及其防治

根据害虫习性，采用频振式杀虫灯、粘虫胶等方法杀虫。收获后及时处理残枝败叶，可降低虫源数量。冬季深翻土壤，杀灭虫卵。

1. 蚜虫　主要为害植株新芽、嫩叶，使生长率降低，造成叶斑、卷叶、皱缩、畸形、枯萎及死亡。防治方法：用10%吡虫啉可湿性粉剂1000～2000倍液，或1%苦参碱可溶液剂500～600倍液喷雾。

2. 红蜘蛛　主要为害植株叶片，严重时叶片枯黄脱落，甚者叶片落光、植株死亡。防治方法：用20%三氯杀螨醇乳油500～600倍液喷雾。

六、采收加工

（一）采收

在我国中部地区，第一茬采收期通常在5月下旬～6月上中旬。北方地区气温持续偏低，艾生长发育相对迟缓，可适当延迟采收期。通常在枝叶繁茂、未开花时进行地上部分采收。天气宜选择晴天早晨或多云天气露水干后。每年采收 1 ～ 3 茬，一般第一茬 5 月上旬采收，第二茬 7 月上旬采收，第三茬 9 月下旬～ 10 月上旬采收，可根据天气情况在 11 ～ 12 月采收第四茬。只收割茎叶，根茎留作种株翌年再繁殖用。

（二）产地加工

将鲜叶平摊于晾架上阴干，可最大限度地保存活性成分。如采收和初加工时间紧，可晒至六七成干，收回室内，直立阴干，至水分接近 15% 即可。摘叶有两种方式，一种是收割后及时人工摘叶，另一种是整株晾晒后采用机械或人工摘叶。

七、药材质量要求

以叶厚、色青、背面灰白色、绒毛多、质柔软、香气浓郁者为佳。干品水分不得过 15.0%，总灰分不得过 12.0%，酸不溶性灰分不得过 3.0%；含桉油精不得少于 0.050%，含龙脑不得少于 0.020%。

思考题：

1. 广藿香主要采用何种方式进行繁殖?
2. 荆芥播种有哪几种方法？如何操作?
3. 铁皮石斛产地加工方法有哪些？如何操作?
4. 薄荷正常生长发育需要什么样的生态环境?
5. 穿心莲种子播前如何进行处理?
6. 艾主要采用哪种方式进行繁殖？如何操作?

第十二章
以花入药植物栽培技术

扫一扫，查阅本章数字资源，含PPT、音视频、图片等

红　花

红花 *Carthamus tinctorius* L. 为菊科一年生或二年生草本植物，又名红蓝、黄蓝、红花草等，以干燥的花冠入药，药材名红花，种子入药称白平子。红花辛，温；归心、肝经；具有活血通经、散瘀止痛等功效，是重要的活血化瘀药之一。主治经闭、痛经、恶露不行、癥瘕痞块、跌打损伤、疮疡肿痛、炎症等症。红花主要含黄酮醇及其苷类、查耳酮类、链烷双烯类、脂肪酸类、聚炔类、甾体类等化合物，具有扩张冠状动脉、改善心肌缺血、调节免疫系统等作用，临床上用于治疗冠心病、脑血栓、心肌梗死、高血压等疾病。

一、植物形态特征

红花多为一年生草本植物，株高 1 ～ 1.5m。茎直立，基部木质化，上部多分枝，白色或淡白色，光滑无毛。单叶互生，卵形或卵状披针形，基部渐狭，先端尖锐，边缘具刺齿。头状花序大，顶生。管状花，橘红色，先端 5 裂，裂片线形，花冠连成管状；雄蕊 5，雌蕊 1，花柱细长，柱头 2 裂，裂片短，舌状，子房下位，1 室。瘦果白色，倒卵形，花期 5 ～ 7 月，果期 6 ～ 8 月。

二、生物学特性

（一）分布与产地

红花有抗寒、耐旱和耐盐碱能力，适应性较强。目前我国红花生产主要集中在新疆，其次为四川、云南、河南、河北、山东、浙江、江苏等省。在世界范围内，我国首先将红花入药使用。新疆、甘肃等西北地区土壤资源丰富，适宜发展油用红花，以种子制油为主。云南等西南地区适宜发展色素红花，以提取色素为主。药用红花以四川的“川红花”和河南的“卫红花”为道地。

（二）对环境的适应性

1. 对温度的适应　温度适应范围很宽，但极端炎热和寒冷则生长不利。种子在地温 4 ～ 6℃时即可发芽，10 ～ 20℃时 6 ～ 7 天出苗。最适发芽温度在 20℃左右，最适生长温度 20 ～ 25℃。一般 5℃以上积温达 2000 ～ 2900℃，15℃以上积温达 1500 ～ 2400℃，能满足红花生长发育需要。幼苗耐寒性强，可忍受 -10℃低温，但孕蕾开花期遭遇 10℃以下低温可导致不能结实。从分枝到开花结实阶段，要求较高的温度。通常通过控制播种期来控制红花生长期间的温度范围。

2. 对水分的适应 抗旱怕涝，整个生长周期对水分都十分敏感。根系发达，能吸收土壤深层水分，同时枝叶具有很厚的蜡质层，可减少蒸腾作用消耗的水分。除萌发期和盛花期需要一定水分外，其他时期对水分要求较少。

3. 对光照的适应 红花是长日照植物，充分光照能够保障其开花结果和籽粒饱满。在一定范围内，无论播种早晚，只要处于长日照条件，就能开花，日照时间越长，开花越早。秋季或早春播种，可保障苗期处于短日照条件，根繁叶茂，积累营养，生长后期处于较长的日照条件，保障生长发育良好，实现丰产丰收。

4. 对土壤的适应 对土壤养分的要求不甚严格，相对其他作物，对养分需求较少，在不同肥力的土壤上均可生长，山坡和荒地也可种植，但以地势较高、肥力中等、排渗水良好的壤土、砂壤土为宜，在降水量大、地下水位高、土质过分黏重的地区不太适宜，以有良好的耕作层、团粒结构良好、养分含量全面的中性或偏碱性土壤为佳。忌连作重茬，应与禾本科、豆科、薯类、蔬菜等作物实行 2 ～ 3 年的轮作倒茬。

（三）生长发育习性

1. 莲座期 绝大多数红花品种在出苗以后其茎并不伸长，叶片紧贴于地面，状如荷花，该阶段称为莲座期。莲座期是红花适应低温、短日照的一个特性，温度高低和日照长短是影响莲座期长短的最根本因素。温度高、日照长，莲座期则短，甚至消失；反之，莲座期则延长。

2. 伸长期 莲座期后，植株进入快速生长的伸长阶段。伸长期的植株迅速长高，节间显著加长，对肥料和水分的需要开始增加。伸长期采用培土等措施，可以防止倒伏和避免病害发生，特别是根腐病的发生。

3. 分枝期 在伸长阶段后期，植株顶端的几个叶腋分别长出侧芽，侧芽逐渐形成Ⅰ级分枝，第Ⅰ级分枝又可形成Ⅱ级分枝，依此类推。分枝的多少除受品种、密度等因素影响外，主要受水分和肥料的影响。分枝期植株生长迅速，叶面积迅速增加，对肥料和水分的需要量增大，应及时追肥并进行培土以促植株正常生长发育。

4. 开花期 在分枝阶段后期，每一个枝条顶端均形成一个花蕾，花蕾逐渐成长为花球，在花球中的小花发育成熟后伸出内部总苞苞片，然后花瓣展开。当有 10% 的植株主茎上的花球开放时，植株即进入始花阶段。盛花期（全田 70% ～ 80% 植株开花）要求有充足的土壤水分，但空气湿度和降雨量均不能大，否则会导致多种病虫害。开花期遇雨对授粉不利，影响开花结果。

5. 种子成熟期 在完成受精作用后，花冠凋谢，进入种子成熟期。该时期对水分的需求量迅速减少，干燥的气候有利于种子发育。绝大多数红花品种的种子没有休眠期，成熟期如遇接连阴雨则会引起花球中的种子发芽、发霉，影响种子的产量和品质。

三、栽培技术

（一）品种类型

红花栽培历史悠久，种质资源非常丰富，目前栽培品种类型很多。按照形态特征将红花分为无刺红花和有刺红花两大类，无刺红花花色好、产量高，但含油量相对比有刺红花低；按主要使用目的分为药用红花和油用红花两种，药用红花以花为主要生产目标，油用红花以种子为主要生产目标，其油兼有食用、药用价值。

红花主产区新疆现已培育了具有地方特色的红花新品种新红1号、新红2号、新红3号、新红4号、新红6号、新红7号、吉红1号、裕民无刺等油用红花品种、花油兼用品种。因此，各地区应根据本地的生态环境特点和各自的生产目的选育适于本地栽培的品种类型。

（二）选地、整地

依据红花抗旱怕涝特性，宜选地势高燥、排水良好、土层深厚、中等肥沃的砂土壤或轻黏质土壤种植。忌连作，前茬以豆科、禾本科作物为好。翻耕前采用秋灌或春灌，整地时，施用农家肥2000kg/亩左右，配加过磷酸钙20kg和硫酸钾8kg作基肥，秋、春耕翻入土，耙细整平可以喷洒除草剂，做成宽1.3～1.5m的高畦，做畦时要视地势、土质及当地降雨情况确定是做高畦还是平畦。在北方种植，可不做畦，选择平整和排水良好的地块即可。播前整地要求达到地表平整，表土疏松细碎，土块直径不超过2cm。

（三）繁殖方法

红花用种子繁殖。一般坚持“北方春播宜早，南方秋播宜晚”的原则，具体时间因时因地而异。春播时间在3月中下旬～4月上旬进行播种，月平均气温达到3℃和5cm地温达5℃以上时即可播种，播种深度为5～8cm。秋播时间在10月中旬～11月上旬为好，过早幼苗长势旺，易导致越冬苗过大而冻死，且翌年抽薹早，植株高，影响产量；过晚则出苗不齐，难越冬，同时会因营养生长时间不足而导致减产。

播种方法分条播、穴播、点播和撒播。根据土壤墒情可以直接播种或播前用50℃温水浸种10分钟，转入冷水中冷却后，取出晾干待播。条播行距为20～30cm，沟深5cm，播后覆土2～3cm。穴播行距同条播，穴距15～20cm，穴深5cm，穴径10cm，穴底平坦，每穴播种5～6粒，播后覆土，耧平畦面。点播行距为20～30cm，株距8～10cm，采用精量点播机进行播种。撒播要均匀撒播，撒播后运用机械镇压耧平或耙子耧平。干旱地区播种后可覆盖塑料膜。

四、田间管理

（一）间苗与定苗

春播红花，苗高10cm左右间苗，苗高20cm左右定苗。秋播红花，入冬前间苗，次年春天定苗。淘汰有病虫害和生长发育不良的幼苗，选择高矮相当、叶数一致、粗细一致的壮苗进行定苗。具体定苗数量根据土壤肥力、品种等因素而定，一般控制在1万～1.5万株/亩。红花分枝特性随环境而变化，密植时，分枝少，头状花序少；稀植时，分枝增多，头状花序增加。

（二）中耕除草

春播红花一般要进行3次中耕除草，分别在莲座期、伸长期的初期和植株封垄前进行。秋播红花的苗期较长，应适当增加中耕除草的次数。

（三）追肥培土

苗期追肥应前轻后重，通常结合中耕除草进行，植株封垄后一般不再追肥。成株花序位于枝顶，重量较大，易倒伏，结合中耕除草进行培土。

（四）摘尖打顶

土壤肥沃、植株密度较小的地块，苗高 1m 左右时，可摘除顶尖，促进分枝增多，增加花蕾数量，提高红花生产能力。土壤瘠薄、植株过密的地块，不宜打顶。

五、病虫害防治

（一）病害及其防治

1. 锈病 *Uromyces oribi*　是红花最常见病害和普遍发生的较为严重的一种病害，主要危害叶片，也可危害苞叶等其他部位。防治方法：①收获后及时清除田间病株残体，并集中烧毁。②选择地势高燥、排水良好的地块种植。③进行秋耕冬灌减少菌源，轮作倒茬或选用抗病早熟品种。④播种前用 25% 粉锈宁按种子重量 0.3% ～ 0.5% 拌种或选用隔年陈种子，还可采用 50 ～ 60℃温水进行浸种。⑤初期用 25% 粉锈宁 800 ～ 1000 倍液喷雾防治或 25% 百理通 1000 倍液连喷 2 ～ 3 次，间隔 7 ～ 10 天喷 1 次。

2. 根腐病 *Fusarium* sp.　多在 5 ～ 6 月发生，在红花伸长期和分枝期发病较重，尤其以积水地块较重。主要危害根和茎基部。防治方法：①播种前用 50% 多菌灵 300 倍液浸种 20 ～ 30 分钟。②选择地势高燥、排水良好的田块种植，花期追施 1 次复合肥，促使花蕾生长，灌溉不积水或雨季及时排水。③发病初期清洁田园，拔除病株集中烧毁，并用石灰撒施处理或 1∶1∶120 波尔多液或用 50% 多菌灵或 70% 甲基托布津灌根。

（二）虫害及其防治

1. 花指管蚜 *Macroisphum gobonis* Matsumura　苗期至孕蕾期，危害最严重，主要危害幼叶、嫩茎、花轴。防治方法：①选用抗蚜品种，充分利用天敌。②孕蕾前是药剂防治的关键时期，可选用 10% 吡虫啉 1000 ～ 1500 倍液或 50% 抗蚜威 1000 倍液，喷施效果明显。

2. 红花潜叶蝇 *Phytomyza atricornis* Meigen　在红花开花前危害最重，主要是幼虫潜入红花叶片，吃食叶肉，形成弯曲的不规则的由小到大的虫道。防治方法：5 月初喷 1.8% 阿维菌素乳油 3000 倍液、2.5% 溴氰菊酯乳油 3000 倍液、90% 敌百虫 1000 ～ 1500 倍液防治。前两次连续喷，以后可隔 7 ～ 10 天再喷一次，共防治 3 ～ 4 次。

六、采收与加工

（一）采收

1. 药材红花采收　以人工采收为主，目前尚未机械化采收。花冠开放、雄蕊开始枯萎、花色鲜红、油润时即可采摘，以盛花期清晨采摘为好。采收时间过早不易采摘，且严重影响产量和品质，花丝色泽暗淡、重量轻、油分含量少；采收过晚，花丝粘在一起，色黑无光泽，跑油严重，品质差。红花花期在 15 ～ 20 天，药材采收时间紧迫。

2. 红花种子收获　采收花丝 2 ～ 3 周后，植株秆变黄、表皮稍微萎缩，叶片大部分干枯，呈褐色，籽粒变硬，即可收获种子。可采用普通谷物联合收割机收获种子，防止遇雨霉变。

（二）产地加工

红花采收后，不能暴晒，也不能堆放，应在阴凉通风处摊开晒干，并防潮防虫蛀。红花种子晴天割取、脱粒后晒干，如遇阴雨天，应及时在 40 ～ 60℃烘房或烘箱内烘干。干燥贮藏，并防潮防虫蛀。

七、药材质量要求

花色红黄色或红色、花冠筒细长、质柔软、气微香、味微苦、无杂质者为佳。干品水分不得过 13%，总灰分不得过 15%，酸不溶性灰分不得过 5%，水溶性浸出物（冷浸法）不得少于 30.0%，羟基红花黄色素 A 含量不得少于 1%，山柰素含量不得少于 0.05%。

忍　冬

忍冬 *Lonicera japonica* Thunb. 为忍冬科忍冬属植物，以干燥花蕾或带初开的花入药，药材名为金银花，亦名双花、二花、银花，为我国常用中药材之一，始载于《名医别录》，被列为上品。其味甘，性寒；归肺、心、胃经。具有清热解毒、疏散风热的功效。用于治疗痈肿疔疮、喉痹、丹毒、热毒血痢、风热感冒、温病发热。现代研究证明，金银花主要含有绿原酸、异绿原酸、马钱酸、木犀草苷等成分，具有抗菌消炎、解热、保肝利胆、降血脂等药理活性。

一、植物形态特征

半常绿藤木。幼枝绿色至暗红褐色，上部多缠绕，中空。单叶对生，总花梗通常单生于小枝上部叶腋，着花 1 对，苞片大；花冠白色，后变黄色，唇形，筒稍长于唇瓣；雄蕊和花柱均高出花冠。果实圆形，熟时蓝黑色，有光泽；种子卵圆形或椭圆形，褐色，中部有一凸起的脊。花期 5 ～ 10 月（秋季亦常开花），果期 7 ～ 11 月。

二、生物学特性

（一）分布与产地

忍冬分布区域很广，北起辽、吉，西至陕、甘，南达湘、赣，西南至云、贵，在北纬 22°～ 43°、东经 98°～ 130°之间均有分布。在上述范围内，又以山东、河南两省的低山丘陵、平原滩地、沿海淤沙轻盐地带分布较广而集中。山东平邑、费县，河南封丘、新密，为主要道地产区。此外，河北巨鹿、陕西商洛等地也有大面积种植。

（二）对环境的适应性

1. 对温度的适应　喜温暖湿润气候，耐寒性强，能抗 -30℃低温。3℃以下植株生理活动微弱，生长缓慢。5℃以上萌芽抽枝，16℃以上新梢生长快，20℃左右花蕾分化发育。生长适温为 20 ～ 30℃，40℃以上只要有一定湿度也能存活。

2. 对光照的适应　喜光，光照不足会影响植株的光合作用，花蕾分化减少，且花多着生在植株外围阳光充足的枝条上。

3. 对水分的适应　耐旱性强。但干旱会引起植株枝条生长缓慢，药材产量降低，因此栽培时要适时灌溉。忍冬植株怕涝，尤忌根际积水，不宜在低洼积水处种植。

4. 对土壤的适应　一般土壤均能种植。耐盐碱，在土壤含盐量 0.3% 以下时，稍加管理可以正常生长；耐瘠薄，可以种植在山区丘陵、沙滩地带，但在肥沃深厚的砂壤土中生长最好。

（三）生长发育习性

忍冬植株年生长发育大体可分为 6 个阶段，即萌芽期、新梢生长期、现蕾期、开花期、缓慢生长期和越冬期。在萌芽期，枝条茎节处出现米粒状芽体，逐渐膨大、伸长，芽尖端松弛，叶片伸展。日平均气温达到 16℃时进入新梢生长旺期，新梢叶腋露出总花梗和苞片，花蕾似米粒状。在显蕾期，花枝随着总花梗伸长，花蕾膨大。在人工栽培条件下，一年中从 5 月中旬～ 9 月中旬能开 4 茬花，花期相对集中，第一、二茬花占总产花量的 70%，第三、四茬花花量较少。秋季进入缓慢生长期后，叶片逐渐脱落不再形成新枝，但在主干茎或主枝分节处出现大量的越冬芽，此期为贮藏营养回流期，当气温降至 5℃时，生长处于极缓慢状态，越冬芽变为红褐色，但部分叶片冬季不脱落。

三、栽培技术

（一）品种类型

忍冬种植历史悠久，经长期种植形成了不同的农家品种，大体上可以划分为墩花系、中间系及秧花系三大品系。①墩花系植株枝条相对较短，比较直立，上端不相互缠绕，整个植株呈矮小丛生灌木状，枝条上的花芽分化可达枝条顶部，花蕾比较集中；②中间系植株枝条相对较长，上端相互缠绕，整个植株株丛较为疏松，花芽分化一般在枝条的中上部，不到达枝条顶端，顶端可以继续进行生长，花蕾较为肥大；③秧花系植株枝条粗壮稀疏，不能直立生长，多匍匐地面或依附他物缠绕，整个植株不呈墩状，花蕾稀疏、细长，枝条顶端不着生花蕾。墩花系具有较好的丰产性能。目前已经选育出“亚特”“亚特立本”“亚特红”“九丰一号”等林木良种及“华金 2 号”“华金 3 号”等中草药良种，“华金 6 号”已获国家林业局植物新品种证书。上述品种的推广应用，使金银花药材产量与质量有了大幅度提高。

（二）选地与整地

1. 育苗地　常采取扦插育苗。宜选择背风向阳、光照良好的缓坡地或平地。以土层深厚、疏松、肥沃、湿润、排水良好的砂质壤土，中性或微酸性和有水源灌溉方便的地块为好。选好地后，在入冬前深耕，结合整地每亩施充分腐熟厩肥 2500 ～ 3000kg 作基肥。在扦插前整地，做平畦，畦面宽 1.5m。

2. 种植地　宜选择平地或海拔 200 ～ 500m、背风向阳的山坡种植。光照不足、土壤黏重、排水不良等处不宜种植。在平地或坡度小的地块按常规进行全面耕翻；如荒山、荒地坡度大，在改成梯地后再整地。在深翻土地的基础上，按株行距（1.2 ～ 1.4）m×（1.5 ～ 1.7）m 挖穴，穴径 50cm 左右，深 30 ～ 50cm。挖松底土，每穴施土杂肥 5 ～ 7kg，与底土混匀，待种。

（三）繁殖方法

采用播种、扦插、分株、压条等方式繁殖，在实际生产中多采用扦插。此处仅介绍扦插法。

1. 扦插时间　春、夏、秋季均可扦插，但以春、秋季为宜。春插宜在新芽萌发前进行，秋插于 8 月上旬～ 10 月上旬进行。扦插时宜选择雨后阴天进行，扦插后成活率较高，小苗生长发育良好。

2. 扦插方法　于整好的育苗地上，按行距 20cm 开沟，沟深 25cm 左右，每隔 3cm 左右斜插入 1 根插条，插条长 30cm 左右，露出地面约 15cm，然后填土盖平压实，栽后浇一遍透水。畦上可搭荫棚，或盖草遮阴，待插条生根后撤除遮盖物。若天气干旱，要适时浇水，保持土壤湿润，半月左右即可生根发芽。

3. 定植　插条在育苗地扦插成活后，属春季育苗的可于当年秋季移栽，秋季育苗的可于翌年早春移栽。移栽时，将种苗 3 ～ 5 棵栽于种植地上挖好的穴内，覆土压实，浇水，待水渗下后，培土保墒。

四、田间管理

（一）中耕除草

在定植后的前 2 年，每年中耕除草 3 ～ 4 次，第一次在植株春季萌芽展叶时，第二次在 6 月，第三次在 7 ～ 8 月，第四次于秋末冬初。中耕时，在植株根际周围宜浅，其他地方宜深，避免伤根。第三年以后，视杂草生长情况，可适当减少中耕除草的次数。

（二）追肥

冬季宜土壤追施，以有机肥料为主，配合施用无机肥料，在植株基部周围 40cm 处，开宽 30cm、深 30cm 的环状沟，将肥料施入沟内与土混匀，然后覆土；每茬花蕾孕育之前宜叶面追肥，以无机肥料为主，将肥料溶解于水，稀释至适宜浓度，喷洒于植株叶面。一般每年追肥 4 次，分别在春季植株发芽后及一、二、三茬花采收后。

（三）灌溉、排水

忍冬植株较为耐旱，一般情况下不需浇水，但天气过于干旱时要适当浇水。特别是在早春萌芽期间和初冬季节，适当浇水可有效地促进植株生长发育，提高药材产量。植株怕水淹，雨季要注意及时排水。

（四）整形与修剪

依据植株生长年限，分为幼龄植株修剪、壮龄植株修剪和老龄植株修剪。①幼龄植株修剪：一年至三年生为幼龄植株，修剪要在休眠期进行，以整形为主，重点培养好一、二、三级骨干枝。②壮龄期植株修剪：三年至十年生为壮龄植株，选留健壮结花母枝及调整更新二、三级骨干枝，达到去弱留强、复壮株势、丰产稳产的目的。壮龄期植株修剪亦分为休眠期修剪和生长期修剪。休眠期修剪主要是疏除交叉枝、下垂枝、枯弱枝、病虫枝及不能结花的营养枝，对所有结花母枝进行短截，壮旺者要轻截，保留 4 ～ 5 节，中等者要重截，保留 2 ～ 3 节，做到枝枝均截，使结花母枝分布均匀。生长期修剪在每茬花的盛花期后进行，第一次在 5 月下旬修剪春梢，第二次在 7 月中旬修剪夏梢，第三次在 8 月中旬修剪秋梢。剪除全部无效枝，壮旺枝条留 4 ～ 5 节，中等枝条留 2 ～ 3 节短截。③老龄植株修剪：树龄 10 年以上的植株逐渐衰老，修剪时除留下足够结花母枝外，重在骨干枝更新复壮，以多生新枝。原则是疏截并重、抑前促后。

五、病虫害及其防治

（一）病害及其防治

1. 忍冬褐斑病 *Cercospora rhamni* Fack. 主要危害植株叶片，严重时叶片提早枯黄脱落。防治方法：①发病初期及时摘除病叶，将病枝落叶集中烧毁或深埋土中；②及时排出积水，清除杂草，保证通风透光；③增施有机肥料，提高植株抗病能力；④从 6 月下旬开始，每 10 ～ 15 天喷洒 1 次 1：1.5：300 的波尔多液或 50% 多菌灵 800 ～ 1000 倍液，连喷 2 ～ 3 次。

2. 叶斑病 *Alternaria tenuis* Nees 主要危害植株叶片，严重时叶片脱落。防治方法：①清除病枝落叶，减少病源；②及时排出积水；③增施有机肥料，增强植株抗病能力；④选用无病种苗；⑤发病初期喷洒 50% 多菌灵可湿性粉剂 800 倍液，或 1：1：150 的波尔多液，连喷 2 ～ 3 次。

（二）虫害及其防治

1. 胡萝卜微管蚜 *Semiaphis heraclei* Takahashi 以成虫和若虫密集于新梢和嫩叶的叶背吸取汁液，造成叶片与花蕾畸形，并导致煤烟病发生。防治方法：①及时清理杂草与枯枝落叶；②悬挂刷有不干胶的黄板进行诱蚜粘杀；③在植株树干下部刮环涂药；④发生期间喷洒 40% 乐果乳油 800 ～ 1000 倍液。

2. 金银花尺蠖 *Heterolocha jinyinhuaphaga* Chu 蚕食叶片，严重时将整株叶片和花蕾吃光。防治方法：①合理修剪消灭越冬蛹，人工捕杀幼虫；②于 1 ～ 3 代产卵期间，田间释放松毛虫赤眼蜂（*Trichogramma dendrolimi* Mat-sumura）；③ 5 ～ 10 月，用青虫菌或苏云金杆菌 100 倍液喷雾；利用性信息素进行防治；④在幼虫大量发生时，喷洒 80% 敌敌畏乳剂 2000 倍液，或 90% 敌百虫 800 ～ 1000 倍液。

3. 咖啡虎天牛 *Xylotrechus grayii* White 与中华锯花天牛 *Apatophysis sinica* Semenov-Tian-Shanskij 前者为蛀茎性害虫，后者为蛀根性害虫。二者均严重影响植株生长发育，并常导致植株死亡。防治方法：①结合冬剪将枝干老皮剥除，造成不利于成虫产卵的条件；② 7 ～ 8 月，发现虫蛀枯枝及时清除、烧毁，并注意捕捉幼虫；③在 5 月上旬和 6 月下旬，在初孵幼虫尚未蛀入木质部之前，各喷洒 1 次 1500 倍的敌敌畏乳油液；④人工饲养赤腹姬蜂与天牛肿腿蜂等天敌释放至大田。

六、采收加工

（一）采收

5 ～ 10 月均可采收，宜选择晴天早晨进行。传统上以采摘含苞待放的大白期花蕾为宜，但根据金银花药材外观性状与活性成分收率进行评价，以花蕾由青转白的二白期采收最为适宜。

（二）产地加工

采收后的金银花需要及时干燥，不同干燥方法加工出的金银花药材质量有较大差异。山东产区多晒干，河南、河北产区多烘干。

七、药材质量要求

以花未开放、色黄白、肥大者为佳。干品水分含量不得过12.0%，总灰分不得过10.0%，酸不溶性灰分不得过3.0%，绿原酸不得少于1.5%，含酚酸类以绿原酸、3，5–二–O–咖啡酰奎宁酸和4，5–二–O–咖啡酰奎宁酸的总量计不得少于3.8%，木犀草苷不得少于0.050%。

菊

菊 *Chrysanthemum morifolium* Ramat. 为菊科菊属植物，以干燥头状花序药用，药材名为菊花。其味甘、苦，性微寒。具有散风清热、平肝明目和清热解毒的功效。用于风热感冒、头痛眩晕、目赤肿痛、眼目昏花、疮痈肿毒。菊花主要化学成分为黄酮类、有机酸和挥发油，黄酮类成分中含有木犀草素、芹菜素、刺槐树素等化合物，有机酸中含有绿原酸和咖啡酰基奎宁酸等化合物，挥发油中含有白菊醇、白菊酮、dl–樟脑、β–3–蒈烯、桧烯及香草醇等化合物。

菊种植历史悠久，药材按产地和加工方法不同有多种商品。亳菊主产安徽亳州；滁菊主产安徽滁州；贡菊主产安徽歙县；杭菊主产浙江桐乡和江苏射阳，有白菊和黄菊之分；祁菊主产河北安国。此外，还有产自河南的怀菊、四川中江的川菊、浙江德清的德菊等。菊花作为我国大宗和重要出口药材之一，社会需求量较大。

一、植物形态特征

多年生草本，全体被白色绒毛。叶卵形至披针形，叶缘有粗大锯齿或羽裂。头状花序直径2.5～20cm，总苞片多层，外层外面被柔毛；舌状花着生花序边缘，舌片白色、淡红色或淡紫色；管状花位于花序中央，黄色。瘦果柱状，无冠毛，一般不发育。花期10～11月，果期11～12月。

二、生物学特性

（一）分布与产地

适应性强，全国除干旱、高寒区域外，均可栽种生长，遍布中国各城镇与农村。

地下根茎耐旱，最忌积涝，喜地势高、土层深厚、富含腐殖质、疏松肥沃、排水良好的壤土。在微酸性至微碱性土壤中皆能生长。全国大部分地区均有栽培，主产于安徽、浙江、河南、河北等地。

（二）对环境的适应性

1. 对温度的适应　菊喜温暖，能耐寒。植株在0～10℃下能生长，并能忍受霜冻，最适宜生长温度为20～25℃，幼苗期、分枝至孕蕾期要求较高气温。花能经受微霜，而不致受害，花期能忍耐–4℃的低温。降霜后地上部停止生长。根茎能在地下越冬，能忍受–17℃的低温。但在–23℃时，根将受冻害。若气温过低，并且持续时间比较长，部分幼苗的顶芽和叶片就容易遭受冻害，而后又会刺激下部幼芽大量簇生萌发，并多数成为无效苗，徒长而消耗地下茎的营养储备。

2. 对光照的适应　菊为短日照植物，花期每日光照小于10小时花芽才能分化。在菊的不同生育阶段，对光照有不同的需求。幼苗阶段，光照不足易造成弱苗。栽后至花芽分化前，一般不需要强烈的直射光，每天日照时数 6 ～ 9 小时即可满足其生长需求。进入花芽分化阶段，对日照时数与光照强度的要求较为严格。这一时期如果日照时数过长，容易引起植株无限伸长，碍及花芽的分化和花蕾的形成；日照弱，则易徒长、倒伏，减弱抗逆能力，发生病害，并造成花期推迟，泥花增多，品质下降。

3. 对水分的适应　喜湿润，能耐旱，忌涝。生长发育期的不同阶段对水分的要求各异。在苗期至孕蕾前，是植株发育最旺盛时期，适宜较湿润的条件，若遇到干旱，则发育慢。花期以稍干燥的条件为好，如雨水过多，花序就会因灌水而腐烂，造成减产；但太旱，花蕾数量大大减少。

4. 对土壤的适应　对土壤盐分的要求比较严格，以中性偏碱富含有机质的砂壤土最为适宜，在肥沃、疏松、排水良好、富含腐殖质的砂壤土中生长良好，黏土或低洼、盐碱地不宜种植。忌连作。

（三）生长发育习性

1. 休眠期　在低温、短日照及弱光条件下，菊花的地上部分枯死，进入休眠，形成冬芽。冬芽不经过一定的低温，节间不能伸长。从生理休眠开始到节间伸长的这段时间称为休眠期。

2. 幼苗期　气温达到一定的高度，长日照条件促进幼苗打破休眠，开始生长发育，自休眠期打破到花芽分化这段时期为幼苗期。这一时期内只进行营养生长，花芽不分化。

3. 感光期　从花芽开始发育到花芽不再受日照影响的这段时间称为感光期。部分夏菊品种属于中性类型，不受光照长短的影响。

4. 成熟期　从花蕾着色到种子成熟叫成熟期，也叫开花期。这一时期内，过高或过低的温度都是开花的障碍因素。

三、栽培技术

（一）品种类型

菊栽培类型很多，以产地和商品名称分就有亳菊、滁菊、杭菊（杭白菊、杭黄菊）、怀菊、贡菊、川菊、祁菊、福白菊等。以花的颜色分则有白菊和黄菊二大类。以栽培品种分则有 20 多个，如主产于浙江桐乡的大洋菊和小洋菊、江苏射阳的小白菊和红心菊、安徽歙县的早贡菊和晚贡菊、湖北麻城的红心大白菊、河南武陟的怀小白菊和怀小黄菊等，均为当地的优良品种。

（二）选地与整地

1. 育苗地　菊为浅根性植物。育苗地，应选择地势平坦、土层深厚、疏松肥沃和有灌溉条件的地块。施入腐熟的厩肥或堆肥作基肥，做宽 1.3m 的高畦，畦面整细耙平。

2. 种植地　宜选择地势高、阳光充足、土质疏松、排水良好的砂壤土。深翻土壤 25cm 左右，每亩施入腐熟堆肥或厩肥 2000kg。做高 20cm，宽 1.3m 的畦，开畦沟宽 40cm，四周开好大小排水沟，以利排水。北方多做成平畦。

（三）繁殖方法

有营养繁殖与种子繁殖两法。营养繁殖包括扦插、分株、嫁接、压条及组织培养等。通常以扦插繁殖为主，其中又分芽插、嫩枝插、叶芽插。

1. 营养繁殖

（1）扦插　多于 4 ～ 5 月进行。截取嫩枝 8 ～ 10cm 作为插穗，直接扦插或扦插育苗。扦插后加强管理，在 18 ～ 21℃温度下，3 周左右生根，育苗者约 4 周即可移栽。

（2）分株　一般在清明前后，把植株掘出，依根的自然形态带根分开，另行栽植。

（3）嫁接　为使植株生长强健，可用黄花蒿 *Artemisia annua* Linn. 或青蒿 *A. apiacea* Hance 作砧木进行嫁接。秋末采蒿种，冬季在温室播种，或 3 月间在温床育苗，4 月下旬苗高 3 ～ 4cm 时移于盆中或田间，在晴天进行劈接。

（4）组织培养　培养基为 MS+6BA=（6- 苄基嘌呤）1mg/L+NAA（萘乙酸）0.2mg/L，pH 值 5.8。将茎尖、嫩茎切成 2mm 小块接种。室温（26±1）℃，每日加光 8 小时（1000 ～ 1500Lx）。经 1 ～ 2 个月可诱导出愈伤组织，再过 1 ～ 2 个月分化出绿色枝芽。

2. 种子繁殖　春季室内播种，种子发芽的适宜温度为 20 ～ 25℃，播种后 15 ～ 20 天出芽，播种苗当年可开花，但变异性较大，若要保证亲本的优良特征还是选择扦插、分株、嫁接、组织培养等方法繁殖。

四、田间管理

（一）中耕除草

菊苗成活后至现蕾前要进行 4 ～ 5 次中耕除草：第一次在立夏后，宜浅松土，勿伤根系，除净杂草，避免草荒；第二次在芒种前后，此时杂草滋生，应及时除净，以免与药菊争夺养分；第三次在立秋前后；第四次在白露前；第五次在秋分前后进行。前两次宜浅不宜深，后三次宜深不宜浅。在后两次中耕除草后，应进行培土壅根，防止植株倒伏。

（二）摘蕾与疏蕾

当苗高 15 ～ 20cm 时，进行第一次摘心，选晴天露水干后摘去顶心 2 ～ 3cm。以后每隔半个月摘心 1 次，共分 3 次完成。在大暑后必须停止，否则分枝过多，花头细小，影响产量和质量。对生长不良的植株，应少摘心。此外，还要摘除徒长枝条。

（三）追肥

菊根系较为发达，需肥量大，为喜肥作物。生长期应进行 3 次追肥。第一次于移栽后半个月（促根肥），每亩追施稀薄人畜粪水 1000kg 或尿素 8 ～ 10kg 兑水浇施；第二次在植株开始分枝时（发棵肥），每亩施入稍浓的人畜粪水 1500kg 或腐熟饼肥 50kg 兑水浇施；第三次在孕蕾前（促花肥），追施一次较浓的人畜粪水，每亩施 2000kg 或尿素 10kg 加过磷酸钙 25kg 兑水浇施。此外，可在花蕾期给叶面喷施 0.2% 的磷酸二氢钾。

（四）灌溉、排水

春季菊苗幼小，浇水宜少；夏季菊苗长大，天气炎热，蒸发量大，浇水要充足，可在清晨浇一次，傍晚再补浇一次，并要用喷水壶向菊花枝叶及周围地面喷水，以增加环境湿度；立秋前要适当控水、控肥，以防止植株窜高疯长。立秋后开花前，要加大浇水量并开始施肥，肥水逐渐加浓；冬季花枝基本停止生长，植株水分消耗量明显减少，蒸发量也小，须严格控制浇水。

五、病虫害及其防治

（一）病害及其防治

1. 霜霉病 ***Peronospora danica*** **Cröumann**　危害叶片和嫩茎。于3月中旬菊出芽后发生，到6月上、中旬结束；第二次发病在10月上旬。染病植株枯死，不能开花，影响产量和品质。防治方法：①选育抗病品种，在未曾发生霜霉病的田块种植菊花。②用75%百菌清500～600倍液浸苗5～10分钟后栽种。③春季发病时，喷75%百菌清500～600倍液，每隔7～10天1次，共喷2次；秋季发病时，喷50%多菌灵800～1000倍液或50%瑞毒霉300倍液，每10天1次，连喷3次。

2. 枯斑病 ***Septoria chrysanthemella*** **Sacc.**　危害叶片。一般于4月中、下旬发生，一直为害到菊花收获，雨水较多时，发病严重。植株下部叶片首先发病，出现圆形或椭圆形紫褐色病斑，大小不一，中心呈灰白色，周围褪绿，有一块褐色圈。后期叶片病斑上生小黑点，严重时病斑汇合，叶片变黑干枯，悬挂在茎秆上。防治方法：①给叶面喷施磷酸二氢钾，提高抗病能力。②发病初期喷50%多菌灵800～1000倍液或50%托布津1000～1500倍液，在梅雨季节喷1次1：1：100波尔多液，在9月上旬和中旬再喷上述农药2次。每次相隔10天。

3. 花叶病毒 ***Chrysanthemum*** **virus B.**　危害叶片，呈黄绿相间的花叶，对光有透明感。病株矮小或丛枝，枝条细小，开花少，花朵小，产量低，品质差。防治方法：①选择健壮的种株栽植。②增施磷、钾肥，增强抗病力。③喷洒5%菌毒清可湿性粉剂400倍液或20%病毒宁水溶性粉剂500倍液，隔7～10天1次，连续3次。

（二）虫害及其防治

1. 叶枯线虫病 ***Aphelenchiodes ritzemabosi*** **（Schwartz）Steiner&Buhrer**　主要侵染叶片、花芽及花。线虫由叶表皮气孔钻入内部组织，受害叶子变为淡绿色，常带有淡黄色斑点，并逐渐变成黄褐色，叶片干枯变黑，引起早期脱落。受害严重时，花器呈畸形，常在花营期即枯萎。防治方法：①实行轮作或选用无线虫土壤；②发现病株立即拔除，集中处理，然后用1000倍40%乐果乳剂灌注土壤。

2. 菊天牛 ***Phytoecia cufuantris*** **Gautier**　危害茎。成虫将菊茎梢咬出一圈小孔并在圈下1～2cm处产卵于茎髓部，致使茎梢部失水下垂，容易折断。卵孵化后幼虫在茎内向下取食。有时在被咬的茎秆分枝处折裂，愈合后长成微肿大的结节，被害枝不能开花或整枝枯死。一年发生一代，以成虫在根部潜伏越冬，寄主达14种菊科植物。防治方法：①5～7月在清晨露水未干前捕杀成虫。②成虫发生期于晴天上午在植株和地面喷5%西维因粉，5天喷1次，连喷2次。③也可在7月间释放肿腿蜂进行生物防治。

3. 菊小长管蚜 ***Macrosi phoniella*** **Sanborni（Gillette）**　9～10月间聚集于菊嫩梢、花蕾和叶背，吸取汁液，使叶片皱缩，花朵减少或变小。菊蚜一年发生20多代。防治方法：①清除杂草，忌与菊科植物连作和间套作。②发生期喷40%乐果1000～1500倍液，每隔7天喷1次，连续喷2～3次。

其他尚有蛴螬 *Hocotrichia gaeberi* Faldermann、菊花瘿蚊 *Epimgia* sp.、斜纹夜蛾 *Prodenia litura*（Fabricius）等危害，按常规防治。

六、采收加工

（一）采收

霜降至立冬为采收适期。一般以管状花（即花心）散开 2/3 时采收为宜。采菊花宜在晴天露水干后采收，不采露水花，否则容易腐烂、变质，加工后色逊，质量差。一般产干品 100 ～ 150kg/ 亩。

（二）产地加工

菊品种繁多，各地加工方法不一，现介绍 5 种传统加工方法。

1. 亳菊　在花盛开齐放、花瓣普遍洁白时连茎秆一起割取，然后扎成小把，倒挂在通风干燥处晾干。不能暴晒，否则香气差。当晾到八成干时，即可将花摘下干燥。干后装入木箱，内衬牛皮纸防潮，一层亳菊一层白纸相间压实贮藏。

2. 滁菊　采后先薄薄地摊晾，使花略收水分，用微量硫黄或微波杀青（否则氧化变色），而后再晒至全干。晒时切忌用手翻动，可用竹筷轻轻翻晒，同样须用防潮箱篓贮藏。

3. 贡菊　先将菊花薄摊于竹床上，置烘房内用无烟煤或木炭作燃料，初烘时温度控制在 40 ～ 50℃之间，烘至九成干时，降低温度至 30 ～ 40℃。当花色烘至象牙白时取出，置通风干燥处晾至全干即成商品，再用几层牛皮纸防潮包装，装入木箱或竹篓内。

4. 杭菊　将花置竹帘上晒 2 小时，放入蒸笼内蒸 3 ～ 5 分钟，至笼有气冒出即可。然后摊在竹帘上在太阳下晒干。初晒时不能翻动，收花时平放在室内不能压，晒 2 天后翻一次，再晒 3 ～ 4 天，基本干燥后收起放数天回潮，再晒 1 ～ 2 天，至花心完全变硬即成。

5. 怀菊　将花置架子上经 1 ～ 2 个月阴干，下架时轻拿轻放，防止散花。

七、药材质量要求

以身干、花朵完整不散瓣、香气浓郁、无杂质者为佳。干品水分含量不得过 15.0%，总灰分不得过 10.0%，绿原酸含量不得少于 0.20%，木犀草苷含量不得少于 0.080%，3，5-O- 二咖啡酰基奎宁酸含量不得少于 0.70%。

款　冬

款冬 *Tussilago farfara* L. 为菊科款冬属植物，以干燥花蕾入药，称为款冬花，为润肺下气、止咳化痰的常用药。辛、微苦，温。归肺经。具有润肺下气、止咳化痰的功效，常用于新久咳嗽、喘咳痰多、劳嗽咳血等症。现代化学及药理研究证明，款冬花主要含黄酮、生物碱、萜类、倍半萜类等化合物，具有抗氧化、止咳平喘、抗肿瘤、抗炎等作用。

一、植物形态特征

多年生草本。根状茎横生地下，褐色。早春花叶抽出数个花葶，高 5 ～ 10cm，密被白色茸毛，互生的苞叶，苞叶淡紫色。头状花序单生顶端，直径 2.5 ～ 3cm，初时直立，花后下垂；总苞片线形，顶端钝，常带紫色；边缘有多层雌花，花冠舌状，黄色，子房下位；柱头 2 裂；花冠管状，顶端 5 裂；花药基部尾状；头状柱头，通常不结实。瘦果圆柱形，长 3 ～ 4mm；冠毛白色，长 10 ～ 15mm。花期 2 ～ 3 月，果期 4 月。

二、生物学特性

（一）分布与产地

野生资源主要分布于山西、甘肃、宁夏、新疆、陕西、内蒙古准格尔旗等地，多生长于海拔 1000m 左右的山谷河溪及渠沟畔沙地或林缘，海拔 2000m 左右高山阳坡及 800m 左右阴坡亦有。家种药材主产于山西、四川、陕西、湖北、河南等省。

（二）对环境的适应性

1. 对温度的适应 喜凉爽潮湿环境，9℃以上就能出苗，冬、春季 9 ～ 12℃时花蕾出土盛开，适宜生长温度为 15 ～ 25℃。忌高温，7、8 月气温超过 35℃以上时，茎叶萎蔫，甚至会导致植株死亡。能耐 -40℃低温。

2. 对光照的适应 喜半阴半阳环境，较耐阴，不喜强烈直射阳光。

3. 对水分的适应 喜湿润环境，怕干旱和积水。

4. 对土壤的适应 对土壤要求不严格，但以疏松、湿润、肥沃、腐殖质多或微酸性的砂质壤土为好，重黏土、涝洼积水地不宜种植。忌重茬，否则植株矮小、根系不发达，在生长后期（8 月以后）易罹病害。

（三）生长发育习性

1. 幼苗期 3 ～ 5 月，从出苗至长出 5 片叶。此时植株生长缓慢。

2. 盛叶期 6 ～ 8 月，从有 6 片叶开始至叶丛长齐、外叶分散呈平伏状态。此时植株根系发达，根横向伸展 30 ～ 70cm，地上茎叶生长迅速。

3. 花芽分化期 9 ～ 10 月，地上部分逐渐停止生长，除心叶外，一般茎叶下垂平伏，变为黄褐色。

4. 孕蕾期 9 月开始花芽分化，10 月～翌年 2 月花蕾逐渐形成。

5. 开花结果期 2 ～ 4 月，抽出花梗，长出紫红色花蕾并逐渐开放，头状花呈黄色，花谢结子。

三、栽培技术

（一）品种类型

据调研，目前市场流通的款冬多为家种品种，野生资源已很少，生产中尚未选育出优质品种。国内款冬种植产区主要集中在甘肃、陕西、内蒙古，河北省张家口市亦有零星散户种植。

（二）选地与整地

适宜生长于东南坡的水渠两侧和下湿的红胶泥地带，下湿的砂土亦可，但药材色泽不太好。春分前整地，需每亩均匀撒施腐熟厩肥 1000 ～ 1500kg，再深耕一遍，待播种备用。

（三）繁殖方法

1. 根茎的采收与储藏　以未萌芽的根茎繁殖。

根茎采集方法有两种：一是在采收冬花时，同时将具萌芽的根茎收集起来，保管好到第二年再种；二是在播种季节随采随种。

储藏方法也有两种（指与冬花同时采集而到第二年播种的）：一种是存放地窖内；另一种是地下挖 100cm 左右的深坑，将根茎和土拌匀后放入坑内，上面用土拌好，土厚达 50cm 左右，以防冻坏。储藏期间应注意根茎萌芽、土层失水干燥等问题。

2. 根茎繁殖　在春分至清明间下种。根茎繁殖：早春解冻后进行春栽，先将根茎刨出，剪成 15 ～ 18cm 长段，每段有 2 ～ 3 个芽苞，每亩需种根 35kg 左右。生产上多采用条栽或穴栽。条栽：按 30cm 行距开沟，沟深 10cm 左右，每隔 22 ～ 25cm 摆放种根，随即覆土耙平。也可在秋季栽种，结合采收，随采随种。

四、田间管理

（一）中耕培土

款冬在出苗后，整个生长过程中需锄草 2 ～ 3 次。最后 1 次锄草时，可在款冬花根部垒起小土堆，以防花蕾长出土外，色泽变绿。

（二）追肥

结合中耕除草进行追肥，要求先追肥后中耕，每次每亩施人畜粪尿、厩肥、堆肥或草木灰 1000 ～ 1200kg；为防止徒长和不抗病，一般生育前期不追肥，多在秋季孕育前追施 1 ～ 2 次复合肥，每亩追施氮肥 10 ～ 15kg，磷肥 7 ～ 8kg。

（三）疏叶

于 7 ～ 9 月高温季节，将过密的叶片剪去，用剪刀从叶柄基部将枯萎的叶片和病叶片剪掉，切勿用手掰扯，以免伤害基部。同时要清理舒展重叠的叶片，以利通风透光，促进花蕾生长，提高产量。

五、病虫害及其防治

（一）病害及其防治

1. 褐斑病 *Cercospora edgeworthiae* Hori　危害叶片，病斑圆形或近圆形，中央褐色，边紫红色，上生褐色小点，发病期多在高温季节。防治方法：①植株枯萎后进行清园，或烧或深埋，减少病原菌；②合理施肥、灌水，雨天做好排水；③发病前或发病初期，用 1 : 1 : 200 波尔多液 7 ～ 10 天 1 次，连续 3 次；④发病后喷洒 40% 代森铵 800 倍液喷雾、50% 多菌灵 600 倍液等进行防治，2 ～ 3 次，每次间隔 7 ～ 10 天。

2. 萎缩性叶枯病　病斑由叶缘向内延伸，黑褐色不规则，致使局部或全叶枯干，严重时可蔓延至叶柄。防治方法：剪除病枯叶，其他方法同褐斑病。

（二）虫害及其防治

蚜虫 主要是棉蚜 *Aphis gossypii* Glover. 和桃蚜 *Myzuspersicae* Sulz.，多危害茎梢，常密集成堆吸食内部汁液。防治方法：①清除田间周围菊科植物等越冬寄主，消灭越冬卵；②冬季清园，将残株深埋或烧掉；③发生期用 40% 乐果乳油 1500 ～ 2000 倍液，每隔 7 ～ 10 天喷 1 次，连续 2 ～ 3 次。

六、采收加工

（一）采收

栽培 1 年地下根状茎即可长出花蕾。于冬初花蕾未出土苞片显紫色时采收。采收时用锹将全株刨出，将花蕾摘下放入筐内，将根部继续埋地下，来年再收。

（二）产地加工

花蕾上有泥土，切勿用水冲洗，遇水色则变黑，可装入筐内，一并带回（注意切勿装入布袋内背回，因装在布袋内，花蕾容易出水，若出水，色则变黑）。运回后，选择阴凉通风、干燥之处，摊开晾晒；待 3 ～ 4 天后，花蕾外层已晾干时，可用木板轻轻地搓去泥土，过筛后，即可在太阳下晾晒。晾晒期间，可用木耙翻动，白天在室外晾晒，晚间应收回室内，以防受潮、霜打和雨淋，否则易变色霉烂。一般每亩产款冬干花 20 ～ 30kg。

七、药材质量要求

以蕾大、肥壮、色紫红鲜艳、花梗短者为佳。干品浸出物不得少于 22.0%，含款冬酮不得少于 0.070%。

番红花

番红花 *Crocus sativus* L. 为鸢尾科番红花属多年生草本植物，别名藏红花，以柱头入药，药材名西红花。性平、味甘，有活血养血、化瘀生新、解郁等功效，主治月经不调、瘀血作痛、腹部肿块、胸胁胀满、跌打损伤、冠心病、脑血栓等病症。本品不仅药用广泛，疗效显著，且大量应用于日用化工、食品和染料工业，是美容化妆品和香料制品的重要原料。主要含有西红花苷Ⅰ～Ⅳ、西红花苦苷、西红花单甲酯、西红花二甲酯、α－胡萝卜素、挥发油等化学成分，具有保护肝肾、调节血脂、降低血压、抗肿瘤、预防骨质疏松等药理作用。

一、植物形态特征

多年生草本。植株高 15 ～ 40cm。球茎扁圆球形，直径约 3cm，外有黄褐色的膜质包被。叶基生，条形，基部被膜质鳞苞片；花 1 ～ 3 朵，淡蓝色、红紫色或白色，花被裂片 6；雄蕊 3；花柱细长，橙红色，长约 4cm，上部 3 分枝，分枝弯曲而下垂，柱头 3，略扁，顶端有浅齿，较雄蕊长，橙红色，气味芳香。蒴果椭圆形。花期 10 月中旬～ 11 月上旬。

二、生物学特性

（一）分布与产地

番红花原产于欧洲南部，早期主要栽培中心是西里西亚和小亚细亚，后传入西班牙、德国、法国、奥地利、意大利等欧洲地中海沿岸国家。日本于18世纪末开始栽培。在我国，番红花首先经由印度传入西藏，因此又称藏红花，现已在上海、江苏、浙江等地引种成功。此外，辽宁、北京、安徽、河南、山东等地有零星栽培。主产于上海宝山、崇明、南汇，江苏苏州、海门，浙江建德，山东即墨等地。

（二）对环境的适应性

1. 对温度的适应　番红花属亚热带药用植物，喜温和、凉爽，怕炎热，较耐寒。在大田栽培期，最适温度为2～19℃，如遇 –15℃的低温情况，必须采取防寒措施，以确保安全越冬；春末夏初如遇23℃以上的高温，则要采取遮阳措施，以延长生长时间，增加球茎重量；花芽分化期最适温度为24～27℃之间，过高或过低均不利于花芽的分化；开花期的最适温度是15～18℃，环境温度在5℃以下时花朵不容易开放，过高的温度会抑制幼花的生长。

2. 对水分的适应　番红花在移栽到大田后，需要保持土壤湿润，有利于球茎的根系和叶片的生长；在次年3～4月新球茎膨大期，对水分的要求更大，此阶段如土壤水分不充足，新球茎的增大增重将会受到严重影响。番红花球茎在室内开花时，要求室内空气的相对湿度保持在80%左右。如果湿度太低，开花数量减少；如果湿度过大又会使球茎发根，造成根的枯黄损伤。

3. 对光照的适应　充足的光照是番红花生长发育不可缺少的条件，在长光照和适宜的温度下，能促进新球茎的形成和种球的发育生长，因此，尽可能选择向阳坡地和农田种植番红花，以保证种球健壮发育。

4. 对土壤的适应　宜选择土质疏松、排水良好、腐殖质丰富的砂质壤土种植，过于黏重和阴湿的地方则生长不良。

（三）生长发育习性

番红花生长期是从秋季到翌年春季，3～4月后即枯萎，全生育期约210天。于9月上旬萌芽。芽有花芽与侧芽之分，花芽先于侧芽萌发。叶与芽鞘同步生长。10月下旬开花，由花芽芽鞘内抽出淡紫色花，每个花芽开1～8朵。球茎大小决定花芽数、花朵数及产量。球茎越大花芽数越多，开花数越多。花期约20天，朵花期2～5天，株花期2～8天。花期集中，盛花期10天的产量占总产量的60%。花期受气候影响会提早或推迟。11月中、下旬，球茎生根，叶片自叶鞘内抽出。次年1月上旬，子球茎形成，老球茎逐渐萎缩，有时在子球茎与老球茎之间形成白色脆嫩的圆锥状营养转换根，由输导组织与薄壁细胞构成。输导组织发达，起营养物质贮藏和转换作用。2月为子球茎生长旺期，营养转换根逐渐萎缩。3月下旬，叶片停止生长。4月上旬，叶片自上而下枯黄。5月上旬，地上部分全部枯黄，球茎更新。5月下旬，为生殖生长期，花芽分化，前期缓慢，8月加快，9月初花芽明显突出。

三、栽培技术

（一）品种类型

番红1号是采用建德地方种的变异株经系统选育而成的西红花新品种，具有丰产性好、品质优、抗病性强等优良特性。该品种于2015年2月通过浙江省非主要农作物品种审定委员会审定。

（二）选地与整地

选择向阳、光照充足、土质肥沃、排灌方便、富含腐殖质的砂质中性壤土，pH值5.5～6.5，过酸或过碱、排水不畅均不适宜栽种。忌连作，前作应避免使用甲磺隆、苄磺隆等除草剂，以免引起种球腐烂。翻地，一般深耕20cm以上，细耕两次，使土壤充分细碎、疏松，每亩施腐熟堆肥3000～5000kg。做宽1.3m，高15cm低畦，畦沟宽30～40cm，以利排水，横竖沟配套，横沟深30cm，待种。

（三）繁殖方法

用球茎繁殖。有大田栽种法和室内开花培育法。

1. 大田栽种法

（1）*选种分级* 在4～5月西红花叶片枯黄时挖取球茎，按照大小分级，25g以上为一级，8～25g为二级，8g以下为三级。8g以下的小球茎不开花，只能做繁殖用，须经倒栽培育一年，再选其中的大球作开花种源用。在种源充足的情况下，5g以下的球茎不宜留用。球茎选好后，放在通风干燥处或用沙层积贮藏越夏。

（2）*栽种方法* 番红花的产量和种植密度、深度有一定的关系。如果种植过浅（3cm），则新球茎数量多，个体小，能开花的球茎数也要减少；种植过深（10cm），新球茎虽然大些，但能开花的球茎数也要减少。为此，番红花的种植密度与深度要根据球茎大小而定。一般一级球茎以行距14cm、株距11cm、深6cm为宜；二级球茎以行距12cm、株距8cm、深6cm为宜；三级球茎以行距10cm、株距5cm、深4cm为宜。下种时，在整好的畦上横向开沟，将球茎摆入沟内，主芽向上，轻压入土，上面覆盖3cm左右火土灰，让顶芽露出土面。

（3）*栽种时期* 一般在8月下旬～9月上旬为播种适期，最迟不得超过9月下旬。早下种，则球茎先发根，后发芽，早出苗，有利于植株的健壮生长；迟下种，则先发芽后发根，迟出苗，不利于植株的生长。

2. 室内开花培育法 我国南方地区夏季雨水多、高温高湿，冬季则寒冷干燥，不利于番红花球茎在田间露地越夏或过冬。因此，可采用先于室内培育开花后，再于野外土栽繁殖球茎，其优点是能排除气候异常，避开田间发病高峰期，便于管理，产量、质量高，又可在种植前较为方便地摘掉侧芽，从而减少小球茎数量，促进大球茎的发育生长。

（1）*球茎的选择、放置和管理* 选13g以上的大球茎，于9月或10月上旬（开花前约10天）放入收花室。收花室宜选阳光充足的泥土地面房屋，室内设架，将球茎摊放密置于长方形竹篮或木匾内，芽嘴朝上。一般每平方米可摆放25g以上的球茎7.5～10kg以上，为了提高空间利用率，可做成多层支架，架子一般高140～190cm，5～6层，底层离地15cm，每层间隔30cm。

（2）*收花* 室内开花比野外露天土栽的晚几天，采花时将竹篮或木匾抽出，采后放回原位，注意不要使球茎倒伏。

（3）除去侧芽与种植　番红花球茎各节上着生多数侧芽，均能形成子球茎。以主芽所生成的子球茎最大。为了使养分集中于主芽生长，促使形成大球茎，必须除净四周的侧芽，只留 1 ～ 2 个主芽再行栽种。一般于 11 月中、下旬采花结束后，立即将除净侧芽的球茎拿到地里栽种。

四、田间管理

（一）大田管理

1. 灌溉　番红花的种植期与生长期正值雨少干燥的秋末冬旱季节，应特别注意浇灌。种植 20 天左右出苗前浇灌 1 次，以利出苗。入冬前浇 1 次防冻水。若春季遇旱，还应及时浇灌。但若遇到久雨大水，则要及时排水，以防田内积水，造成球茎腐烂。

2. 中耕除草　1 ～ 3 月为番红花子球茎膨大盛期，应及时松土、除草，防止土壤板结，促进球茎肥大。

3. 追肥　除重施基肥外，还应在 12 月施土杂肥 2000 ～ 2500kg，撒于畦面，次年 2 月前再追施人畜粪水或尿素、硫酸铵 1 次。

4. 除侧芽　在球茎开花采收后和植株出苗后分别进行。采用小竹刀插入土内，轻轻剔除植株外围的小侧芽，每株只留下 2 ～ 4 个较大的叶丛。这样可以增大球茎，为第二年增产打下基础。

（二）室内培养管理

5 月中旬室内贮藏时，球茎表面鳞片未干，含水量比较高，又值梅雨季节，门窗应该日夜敞开，保持室内空气的通畅，以防球茎发霉。门窗装上铁纱网或者具有网眼的铁皮，以防鼠害。夏季，在培养室南、北两间屋檐前搭凉棚，向外伸出 2m；前后门窗拉上草帘，避免阳光直射入室内，东西两面应堆放物品隔温。如瓦房屋顶应铺盖稻草降温；若室内空气湿度偏低，可在地面洒水或喷湿墙壁，以增加湿度，保证室内湿度在 80% 左右，温度在 31℃以下。秋季，球茎上架后，对湿度温度要求更高，需要做好降温保湿工作。白天关闭门窗，夜晚或者阴天及时打开门窗，使空气流通。经常交换上下竹篮，以利于花芽生长。5 ～ 9 月，室内应保持阴暗，当花芽长到 3cm 后，室内光照要充足，以防花芽徒长，但阳光不能直射球茎。

五、病虫害及其防治

（一）病害及其防治

1. 腐败病 *Pseudomonas* sp.　受害球茎不能正常抽生，叶鞘呈红褐色至紫红色的病斑。重者叶片腐烂，芽头不久即变黄褐色呈水渍样腐烂死亡。防治方法：①下种前用 5% 的石灰乳剂浸种 10 分钟，再用水冲洗后下种。②用 1∶1∶50 波尔多液浸种 15 分钟，略晾干后下种。③种植前进行土壤消毒，在整地时每亩用 90% 敌克松 5kg 拌细土，均匀撒于土表，再进行整地做畦。④加强田间管理，及时排除田间积水，发现病株及时拔除，病穴撒石灰消毒。

2. 腐烂病 *Fusarium* sp.　危害球茎，被害后叶片发黄，球茎发黑腐烂，留下空壳。防治方法：①选择地势稍高、排水良好的土地种植。②播种前用 5% 石灰液或 1% 波尔多液浸种 20 分钟。③种植前用 50% 多菌灵可湿性粉剂 300 ～ 500 倍液浸泡 1 ～ 2 小时。

3. 花叶病　病原是番红花花叶病毒。受害植株明显矮小，出现黄斑，提早枯萎，球茎逐渐退化，无花芽。防治方法：①选无病株的球茎繁殖。②拔除病株，剔除受害球茎。

（二）虫害及其防治

1. 螨类 春末发生，危害球茎，引起腐烂。防治方法：可用 20% 三氯杀螨砜稀释 1000 倍浸种或浇治。

2. 蚜虫 春秋季发生，危害叶片及芽头。防治方法：可用 40% 乐果乳剂稀释 1000 倍喷洒防治。但球茎遇水易发根，所以不能在球茎架上喷药，需搬到室外逐盘喷药，切勿将球茎萌根处喷湿，待鳞叶上的药液吹干后，再搬回室内。

3. 蛞蝓 ***Agriolimanagrestis*** **Linnaeus** 于 9 月中、下旬危害幼芽，以阴暗潮湿的培养室较常见。防治方法：人工捕杀或在架子的基部放少量石灰。

此外，在生育过程中，易受鼠、兔危害。防治方法：用毒饵诱杀或堵塞通外孔道。

六、采收加工

（一）采收

1. 花的采收 番红花于 10 月中旬～ 11 月中旬开花，开花后，以花开当天或第二天采收为宜，宜在上午 8 ～ 11 时采花。选盛开的花，将柱头和红色花柱部分摘下。

2. 种茎的采收 收花次年后，在 4 ～ 5 月，地上部分植株全部枯萎后，选择晴天将球茎挖起，摊于阴凉通风处。

（二）产地加工

将采摘的番红花鲜品集中送至烘房。目前，常用电热干燥箱烘干，温度 50℃以下烘干。上海地区有的利用孵鸡房烘干，调温排湿设备齐全，效果好。也可用太阳晒干和真空冷冻干燥法。加工方法不同，商品质量相差悬殊，用太阳晒干，色泽暗，质量差；真空冷冻干燥，质量佳，但成本高。

七、药材质量要求

以柱头色棕红、黄色花柱少者为佳。干品干燥失重不得过 12.0%，总灰分不得过 7.5%，30% 乙醇浸出物不得少于 55%，西红花苷 –I 和西红花苷 –II 的总量不得少于 10.0%，苦番红花素不得少于 5.0%。

思考题：

1. 红花有几种播种方法？
2. 忍冬常用的繁殖方法有哪些？
3. 菊的传统加工方法有哪几种？
4. 款冬病害、虫害有哪些，如何防治？
5. 番红花室内开花培育法关键环节有哪些？

第十三章 以果实或种子入药植物栽培技术

扫一扫，查阅本章数字资源，含PPT、音视频、图片等

宁夏枸杞

宁夏枸杞 *Lycium barbarum* L. 为茄科枸杞属植物，以干燥成熟果实药用，药材名枸杞子，为最常用药材之一。其味甘，性平；具有滋补肝肾、益精明目等功效；用于虚劳精亏、腰膝酸痛、眩晕耳鸣、阳痿遗精、内热消渴、血虚萎黄、目昏不明等症。现代化学及药理研究证明，枸杞子主要含有枸杞多糖、黄酮类、生物碱类、萜类、甾醇等成分，具有免疫调节、抗氧化、抗衰老、抗肿瘤、抗菌、抗病毒、降血糖、降血脂、降血压、保护肝肾及生精细胞、神经保护等药理活性。

一、植物形态特征

落叶灌木，高 1 ～ 2m。茎多分枝；叶纸质，单叶互生或 2 ～ 3 枚簇生；花单生或 2 ～ 8 朵簇生于叶腋；花萼钟状，花冠淡紫红色或粉红色，呈漏斗状；雄蕊 4 ～ 5；子房上位，2 心皮，2 室，中轴胎座。果实为肉质浆果，长椭圆形，熟时红色或橘红色。种子扁肾形，长 2.5 ～ 3mm。花期 5 ～ 9 月，果期 6 ～ 10 月。

二、生物学特性

（一）分布与产地

宁夏枸杞原产我国北部，在北纬 31°～ 44°、东经 80°～ 120°范围内均有分布，常生于土层深厚的沟岸、山坡、田埂和宅旁。主产于宁夏、青海、新疆、内蒙古、甘肃、河北、陕西等省区，以宁夏中宁为道地产区，所产枸杞子称为中宁枸杞。此外，天津市亦为主产区之一，所产枸杞子称为津枸杞。

（二）对环境的适应性

1. 对温度的适应 耐寒，能在 –30℃低温环境下安全越冬，秋霜后地上部停止生长。在年均气温 5.4 ～ 12.7℃地区均可种植，植株生长和分枝孕蕾期最适温度为 12 ～ 22℃，果实成熟期最适温度为 20 ～ 25℃，如气温持续达 25℃以上时叶片开始脱落。

2. 对光照的适应 喜光，属强阳性树种，全年需日照时数在 2600 ～ 3100 小时范围内。忌荫蔽，栽培时应保持通风透光。

3. 对水分的适应 耐旱，在降水量 110 ～ 180mm 范围内适宜生长。喜湿润，怕涝，不宜种植于低洼积水处，土壤含水量保持在 18% ～ 22% 为宜。

4. 对土壤的适应 耐盐碱，在含钙量高、含盐量 0.3% 以上、pH 值 8.5 以上、有机质少的砂壤和轻壤土上均能栽植。以中性偏碱并富含有机质的壤土最为适宜。

（三）生长发育习性

1. 生长发育特点 根系、枝条、叶片和开花结果在一年中随着气温变化均有一定的生长发育规律。根系一年中有两次生长高峰，在开春土层温度达到 0℃时根系开始活动，8 ～ 14℃新生吸收根生长出现第一次高峰，秋季地温达 20 ～ 23℃时出现第二次高峰，10 月下旬地温低于 10℃时基本停止生长。枝条和叶也有两次生长的习性，每年 4 月上旬根系出现第一次生长高峰时，休眠芽萌动放叶，4 月中下旬春枝开始生长，到 6 月中旬春梢生长停止，8 月上旬枝条再次放叶并抽生秋梢，9 月中旬秋梢停止生长。开花结果也有两次高峰，气温达 6℃以上时冬芽开始萌动，花芽在一年生和二年生的长枝及在其上分生的短枝上均有分化。春夏开花期以 16 ～ 23℃为最适温度，秋季花果期一般为 11 ～ 20℃，以 18℃时有利于开花。宁夏枸杞是连续花果植物，从开花到果实成熟约 35 天左右。

2. 生长周期 植株生命年限 30 年以上，根据其生长特点可分为 3 个生长时期。

（1）*幼龄期* 树龄 4 年以内，此期年株高生长量为 20 ～ 30cm，树冠增幅 20 ～ 40cm。

（2）*壮龄期* 树龄 5 ～ 20 年，此期植株营养生长与生殖生长同时进行，为树体扩张及大量结果期。

（3）*老龄期* 树龄 20 年以上，此期植株生长势逐渐减弱，结果量减少，生产价值降低，生产中需要进行更新。

三、栽培技术

（一）品种类型

宁夏中卫、新疆精河等地均已开展宁夏枸杞优良品种选育工作，目前选育出的优良品种有宁杞 1 号、宁杞 2 号、宁杞 3 号、宁杞 7 号、宁杞 9 号、精杞 1 号、精杞 2 号、蒙杞 1 号、蒙杞 2 号、菜果子、绿洲 1 号、白条、麻叶 1 号、麻叶 2 号等，在我国北方多个省份均有推广种植。

（二）选地与整地

1. 育苗地 宜选择背风向阳，光照充足的平地或缓坡地。以土层 30cm 以上、有机质含量 1% 以上、含盐量 0.5% 以下、中性或微碱性、有良好排灌条件、地下水位 1.0 ～ 1.5m、较肥沃的砂壤、轻壤或中壤为好。每亩施充分腐熟厩肥 1500 ～ 2000kg 作基肥，于入冬前深耕 25cm，再灌水冻垡。育苗前再细耙整平。

2. 种植地 宜选择土层深厚的砂壤土、壤土或冲积土，含盐量低于 0.5%，灌溉水源充足。一般要先进行秋耕 25cm 左右，翌春耙平后，按 170 ～ 230cm 行、株距挖穴，穴径 4 ～ 50cm、深 40cm，每穴施腐熟有机肥 1kg，与土拌匀后栽苗。前茬以豆科作物或蔬菜为好。

（三）繁殖方法

主要有种子繁殖和扦插繁殖，生产中多采用扦插繁殖。

1. 种子繁殖　3月下旬～4月上旬播种，以行距30cm开10cm宽的浅沟，将种子条播。用种量300～500g/亩。播种后适当灌水，保持土壤湿度，促使种子发芽。苗高3～6cm时间苗，以株距12～15cm定苗。

2. 硬枝扦插繁殖　3月下旬～4月上旬，选择向阳地，于冬前深翻冻垡，施充分腐熟厩肥1500～2000kg/亩作基肥，深翻25cm，育苗前细耙整平。春季树液流动至萌芽前采集树冠中、上部一、二年生徒长枝和中间枝，直径为0.5～0.8cm，截成15～18cm长的插条，上端留好饱满芽，经生根剂处理后按宽窄行距40cm和20cm、株距10cm插入苗圃踏实，地上部留1cm外露一个饱满芽，上面覆一层细土。苗圃注意除草保墒，待幼苗长至15cm以上时灌第一水。苗高20cm以上时，选一健壮枝作主干，将其余萌生的枝条剪除。苗高40cm以上时剪顶，促发侧枝。次年出圃。

3. 绿枝扦插繁殖

（1）苗床准备　选择向阳地，施充分腐熟厩肥3000～4000kg/亩作基肥，深翻25cm，育苗前细耙整平，铺3～5cm厚细沙，做成宽1.0～1.5m、长4～10m苗床并消毒处理。

（2）扦插方法　5～6月进行。选无病斑、无虫口、无破伤、无冻害、壮实、直径在0.3～0.4cm的春发半木质化嫩茎作为种茎，切取10cm长、去除下部1/2叶片、保证上部留有2～3片叶的嫩茎作为扦插穗，经生根剂处理，按3cm×10cm行株距插入土3cm，插后立即浇水。

（3）苗床管理　扦插后，在苗床上搭建40cm高的荫棚，保持苗床湿润，10～15天插枝生根后拆去荫棚。苗高40cm以上时剪顶，促发侧枝。次年出圃。

4. 移栽　秋末落叶后至第二年春季萌芽前进行，以春季3月下旬～4月上旬为宜。按行、株距70cm×70cm挖穴，将苗圃中幼苗连土挖起，带土移栽。定植时施腐熟厩肥与土拌匀，再放入苗木并舒展根系，填土踏实，盖土保墒。

四、田间管理

（一）中耕除草

在5月和8月中旬各进行一次中耕，做到均匀不漏耕，根际周围宜浅，其他地方宜深，以免伤根。及时清除杂草保持园地干净，减少病虫害滋生。9月中旬～10月上旬翻晒园地。

（二）施肥

定植后每年施肥2～3次。9月下旬～10月中旬施基肥，将饼肥、腐熟厩肥或枸杞专用肥沿树冠外缘开沟施入，覆土略高于地面。4月中旬～6月上旬追施枸杞专用肥，方法同基肥。5～7月叶面喷施枸杞专用营养液肥，每月两次。

（三）灌溉、排水

每年4月下旬～5月上旬植株大量萌芽时要及时灌溉；5～6月生育高峰期也需灌水；7～8月采果期是需水关键期，一般每15天灌水一次；9月上旬灌白露水，11月上旬灌冬水。每次灌水不得漫灌、串灌，低洼地不能积水，年灌水量控制在每亩350m^{3}之内。

（四）整形与修剪

1. 整形　原则是巩固充实半圆形树型，冠层结果枝更新，控制冠顶优势，注意树冠的偏冠补正和冠层补空，调整生长与结果的关系。

2. 修剪　春季修剪于 4 月下旬～ 5 月上旬进行，主要是抹芽剪干枝。沿树冠由下而上将植株根茎、主干、膛内、冠顶（需偏冠补正的萌芽、枝条除外）所萌发和抽生的新芽、嫩枝抹掉或剪除，同时剪除冠层结果枝梢部的风干枝。夏季修剪于 5 月中旬～ 7 月上旬进行，剪除徒长枝、短截中间枝、摘心二次枝，沿树冠自下而上、由里向外，剪除植株根茎、主干、膛内、冠顶处萌发的徒长枝，每 15 天修剪一次，对树冠上层萌发的中间枝，将直立强壮者隔枝剪除或留 20cm 打顶或短截，对树冠中层萌发的斜生或平展生长的中间枝于枝长 25cm 处短截。6 月中旬以后，对短截枝条所萌发的二次枝有斜生者达 20cm 时摘心，促发分枝结秋果。秋季修剪于 9 月下旬～ 10 月上旬剪除植株冠层徒长枝。总之，树冠总枝量“剪、截、留”各 1/3。

五、病虫害及其防治

（一）病害及其防治

1. 炭疽病（黑果病）*Glomerella cingulata*（Stonem.）Spauld et Schrenk　危害枝、叶、花、果，6 ～ 9 月雨水较多时发病严重。防治方法：①连续阴雨时，提前喷施 50% 甲基托布津 1000 倍液预防；②雨后开沟排水，降低田间湿度；③发病初期，摘除病叶、病果，再喷洒百菌清或绿得保 800 倍液。

2. 根腐病 *Fusarium solani*（Mart.）App. et Wr., *F. oxysporum* Schl., *F. concolor* Reinking, *F. moniliforme* Sheldon　危害根茎部或枝干。根朽型多发生在春季，腐烂型多发生在夏季高温季节。田间积水是加重发病的重要原因。防治方法：①避免耕作时伤根，减少根际积水；②发病初期立即用灭病威 500 倍液灌根，同时用三唑酮涂抹病斑。

3. 枸杞流胶病　树干被害处皮层呈黑色，同木质部分离，树体生长逐渐衰弱，然后死亡。一般发病率 1% 左右。目前病因不详，但在流出胶液中发现有镰刀菌。防治方法：发现病害先将有流胶及污染部位的树皮用刀刮干净，然后涂上多菌灵原液或 2% 石硫合剂。

（二）虫害及其防治

1. 枸杞蚜虫 *Aphis* sp.　4 ～ 10 月上旬发生，危害嫩枝叶。防治方法：①在展叶、抽梢期喷雾 2.5% 扑虱蚜 3500 倍液；②开花坐果期喷雾 1.5% 苦参素 1200 倍液。

2. 枸杞木虱 *Bactericera gobica* Loginova　6 ～ 7 月间盛发，危害枝、叶。防治方法：①在成虫出蛰期，使用 40% 辛硫磷乳油 500 倍液喷洒园地后浅耙，喷洒时连同园地周围沟渠路一并喷洒；②若虫发生期用 1.5% 苦参素 1200 倍液喷雾；③秋末冬初及春季 4 月以前，灌水翻土消灭越冬成虫。

3. 枸杞瘿螨 *Aceria macrodonis* Keifer　6 月上旬和 8 月下旬～9 月间危害叶片，使树势衰弱，早期脱果落叶，严重影响产量。防治方法：①越冬前用石硫合剂防治枝条缝隙内的越冬成螨；②成虫转移期虫体暴露，选用 1% 阿维菌素 2000 ～ 3000 倍液喷洒树冠及地面；③及时摘除带虫瘿枝条并带出园外销毁。

4. 枸杞红瘿蚊 *Jaapiella* sp.　危害幼蕾、子房，造成花蕾和幼果脱落。防治方法：4 月中旬羽化期，结合灌水用 40% 辛硫磷微胶囊 500 倍液拌毒土，均匀撒入树冠下及园地后耙地，然后灌水。

5. 枸杞负泥虫 *Lema decempunctata* Cebler　危害叶片，以 3 龄以上幼虫为害最为严重。防治方法：①冬季成虫和老熟幼虫越冬后清理树下的枯枝落叶及杂草，翻耕树下土壤以灭越冬成虫，降低越冬虫口数量；②在幼虫始发期喷洒 1.8% 阿维菌素 1000 倍液。

六、采收加工

（一）采收

果皮红色、发亮、果蒂松时即可采摘。春果 9 ～ 10 天采一次，夏果 5 ～ 6 天采一次，秋果 10 ～ 12 天采一次。鲜果皮薄多汁，为防止压破，采摘所用果筐不宜过大，容量以（10±3）kg 为宜。

（二）产地加工

鲜果含水量达 78% ～ 82%，营养丰富，在高温季节容易发霉变质，采收后应及时脱水制干。传统的鲜果制干方式多采用日光晒干，将采收后的鲜果均匀地摊在架空的竹帘或芦席上，厚 2 ～ 3cm，进行晾晒，晴朗天气需 5 ～ 6 天，脱水果实含水量 13% 左右。现代热风烘干是将采收后的鲜果经冷浸液处理 1 ～ 2 分钟后以 2 ～ 3cm 厚度均匀摊在果栈上，送入烘道在 45 ～ 65℃递变的流动热风下经过 55 ～ 60 小时脱水至含水量达 13% 以下，然后装入布袋来回轻揉数次，脱去果柄，倒出用风车扬去果柄即可。

七、药材质量要求

以粒大、皮薄、肉厚、种子少、色红、质柔软者为佳。干品水分含量不得过 13.0%，总灰分不得过 5.0%，浸出物不得少于 55.0%，枸杞多糖以葡萄糖计不得少于 1.8%，甜菜碱不得少于 0.30%。

栀　子

栀子 *Gardenia jasminoides* Ellis 为茜草科栀子属植物，主要以干燥成熟果实入药，药材名栀子，其叶、花、根也可供药用。栀子性寒、味苦；具有泻火除烦、清热利尿、凉血解毒等功效；主治热病心烦、黄疸尿赤、血淋涩痛、血热吐衄、目赤肿痛、火毒疮疡，外治扭挫伤痛等。除果实全体入药外，还有果皮、种子分开用者。栀子皮（果皮）偏于达表而去肌肤之热；栀子仁（种子）偏于走里而清内热。生栀子走气分而泻火，焦栀子入血分而止血。根具有泻火解毒、清热利湿、凉血散瘀等功效，主治传染性肝炎、跌打损伤、风火牙痛等。栀子的主要活性成分有栀子苷、绿原酸、果胶、鞣质、藏红花素、藏红花酸等。

一、植物形态特征

常绿灌木或小乔木，株高 50 ～ 250cm，叶对生或三叶轮生，叶片革质，叶形椭圆形、倒卵圆形等。花冠裂片通常 6 枚，花白色、肉质，有浓郁香气；果实倒卵形、长椭圆形或椭圆形，表面有翅状纵棱 5 ～ 8 条，成熟后呈黄色或黄红色，为肉质或带革质的浆果，种子多数，一般 250

粒左右，扁椭圆形或扁长圆形，聚成椭圆形团块，棕红色。花期 5 ～ 7 月，果期 8 ～ 11 月。

二、生物学特性

（一）分布与产地

南方各地有野生栀子，主要分布于湖南、江西、江苏、安徽、浙江、福建、四川、台湾等地，生于山坡、路旁。全国大部分均有栽培，大面积栽培区域主要集中在湖南和江西等地，江西为道地产区。

（二）对环境的适应性

1. 对温度的适应　在年度生长周期中，日均气温＞ 10℃时开始萌芽，14℃时开始展叶，18℃以上时花蕾开放，低于 15℃或高于 30℃时，均可促使落花落果。11 月中旬，气温下降到 12℃以下，地上部分停止生长，进入休眠。

2. 对光照的适应　生长期内要求日照时数 1600 ～ 1900 小时，年辐射量多年平均 86 ～ 109kcal/cm^2。幼龄植株较耐阴，在 30% 荫蔽条件下生长良好，进入结果年龄后（四年生以上）则喜光，如过阴，生长纤弱，花芽减少，落果率提高，果实成熟期推迟，单株产量可下降 30% 左右。

3. 对水分的适应　喜湿润气候，适宜在年降水量 1100 ～ 1300mm、降水分布较均匀的地方生长。忌积水，较耐旱，5 ～ 7 月开花坐果期间，如降雨较多，落花落果现象明显。

4. 对土壤的适应　对土壤的适应范围较广，紫色土、红壤、黄壤、黏土上均能生长，但以土层深厚、质地疏松、排水透气良好的冲积土及砂质壤土为好。盐碱地、低洼积水地不宜栽培。土壤酸碱度以 pH 值 5.1 ～ 8.3 为宜。低山、丘陵、平原均可种植。

（三）生长发育习性

种子较小，长 3.1 ～ 3.8mm，宽 2.0 ～ 2.3mm，厚 0.9 ～ 1.2mm，千粒重 3.36 ～ 3.54g，平均为 3.45g。种子萌发最适温度为 30℃；黑暗条件比光照条件下萌发速度更快；浸种 6 ～ 10 小时可极显著地提高发芽指数。4 月中旬～ 5 月上旬孕蕾，5 月下旬～ 6 月中旬开花，果期 7 ～ 11 月。落果多在花谢后的幼果期（6 月下旬），落果率可达 24% ～ 41%；果实膨大期在 7 ～ 8 月；果实着色期始于 9 月上旬，至 11 月上旬果实成熟。每果含种子多达 340 粒。一年萌芽抽枝 3 次，即春梢、夏梢和秋梢。春梢抽生于 3 月下旬～ 5 月下旬；夏梢在 6 月上旬～ 8 月上旬，抽生于春梢顶端；秋梢于 8 月～ 9 月抽生，春梢、秋梢群体抽生较夏梢整齐，但夏梢是扩大树冠的主要枝条，秋梢则是主要的结果母枝。叶片对生或互生，表面光滑，温度和水分适宜则生长旺盛，是药材产量形成的基础。

三、栽培技术

（一）品种类型

在湖南、江西等道地产区，经长期种植，因有性繁殖的使用与枝芽的自然变异，植株生长发育习性、外部形态特征等均发生了明显变化，形成了数量众多的种质资源，如黄栀子、红栀子、赣栀 1 号、赣栀 2 号等。

（二）选地与整地

1. 育苗地　宜选东南向的山脚处或半阳的丘陵地，以疏松、肥沃、透水通气良好的砂壤土为宜。播前深翻土地，每亩施腐熟厩肥或土杂肥 4000kg，耙细整平，做宽 1.2m、高 17cm 左右的苗床，以待播种。

2. 种植地　应选地形起伏不大的缓坡，如坡度较大应做梯田，以利保水保土。9 月下旬开始整地，全面深翻。

（三）繁殖方法

可用种子、扦插、分株、压条等方法繁殖，生产上常用种子繁殖和扦插繁殖。

1. 种子繁殖

（1）采种及种子处理　选树势健壮、结果多且果实饱满、色泽鲜艳的植株，待果实充分成熟时采摘作种。将果实晒至半干再浸入 40℃左右温水浸泡，待果壳软化后用手揉搓，将籽揉散，捞出沉于水底的饱满种子，晒干贮藏，也可用细沙拌匀覆盖贮藏备播。播种前用 45℃温汤浸种 12 小时。

（2）播种育苗　春季 3 ～ 4 月或秋季 9 ～ 10 月播种，在整好的苗床上，按行距 15cm，开深 1cm 左右的播种沟，将处理后的种子均匀撒入沟内，盖火土灰至畦面，再盖上稻草或薄膜，保持土壤湿润。用种量 2 ～ 3kg/ 亩。出苗后除去薄膜或揭去盖草，进行常规苗期管理。育苗一年即可移栽。

2. 扦插繁殖　3 月上旬～ 4 月中旬进行，成活率高。从树势健壮的中幼龄树上选择生长健壮、无病虫害的一至二年生枝条，剪成 10 ～ 15cm 长的插穗，按株行距 10cm×15cm，将插穗长度的 2/3 斜插入苗床，成活后加强管理，培育一年即可定植。

3. 移栽定植　在秋季寒露至立冬间或春季雨水至惊蛰间定植。选择苗干通直、完全木质化、高度在 30cm 以上，根系发达、健壮无病虫害的苗木，按株行距 1m×1.5m，450 株 / 亩定点挖穴，穴径、深均 50cm，穴内施磷肥和生物有机肥各 0.25kg 左右与土拌匀，每穴栽苗 1 株，根系尽量带土，主根过长可剪除部分，做到苗正根舒土实，并浇定根水。定植 1 个月内，应定期浇水保苗。

四、田间管理

（一）中耕除草

栽后当年，生长缓慢，要及时中耕除草，全年中耕 3 ～ 4 次，冬季锄草结合根际培土。

（二）追肥

定植后，每年追肥 2 次。第一年春季浇稀熟人畜粪 2 ～ 3 次，冬季挖穴埋肥一次，施生物有机肥 50kg/ 亩；第二年 4 ～ 5 月追肥一次，施生物有机肥 50kg/ 亩，12 月施厩肥 1000 ～ 2000kg 和生物有机肥 50kg/ 亩。随着植株长大，每年可增加磷肥和有机肥施用量。

（三）整形修剪

整形在定植的第一年进行。当植株高 40cm 左右时就要摘心定干，使之发枝。选 3 个生长发育良好、分枝角度大的发枝作主枝，使其成为自然开心形树形。当主枝长到 15cm 时，再行摘心，培养副主枝和侧枝。树高和冠幅均保持在 1m 左右。

修剪一般在冬季或早春进行，先除去主干根茎部的萌蘖和主干、主枝上的萌芽，然后剪去病虫枝、枯枝、交叉枝和徒长枝。对树冠内部生长过密或细弱的枝条，应行疏删，使枝条分布均匀。对 7 月中旬以前抽生的夏梢应进行摘心，促进多抽秋梢。须将定植后的第二、第三年的花蕾及时摘除，以减少养分消耗。从第四年起，应加强保花保果工作，以提高产量。

（四）保花保果

第二、三年就能开花，应及时把花摘除，减少养分消耗，使树体健壮。第四年起不再摘花，需进行保花保果，开花期用 0.15% 硼砂加 0.2% 磷酸二氢钾喷施叶面，谢花 3/4 时喷洒 50mg/L 赤霉酸加 0.3% 尿素和 0.2% 磷酸二氢钾混合液，每隔 10 ～ 15 日喷 1 次，连续 2 次，可提高坐果率。

五、病虫害及其防治

（一）病害及其防治

1. 褐斑病 *Mlcosphear Bliatheae* Hara　主要危害叶片和嫩果。多发生在植株的中、下部叶片，从叶尖和叶缘处发生，病斑呈不规则形，褐色或中央淡褐色，有显著同心轮纹，后期病斑上散生小黑点，严重时叶片枯萎脱落。3 ～ 11 月都可发生，特别是当气温在 25℃以上，湿度大、通风不良的多年生园地发病重。防治方法：①修剪后集中烧毁枯枝病叶，减少越冬病源；②发病初期喷洒 50% 多菌灵 800 ～ 1000 倍液或 1：2：100 波尔多液。

2. 炭疽病 *Colletotrichum gloeosporioides* Penz　主要危害叶片，从叶尖或叶缘上形成不规则形或近圆形褐色病斑，严重时造成枝枯或全株枯死。湿度大时病斑上产生黑色小颗粒，为分生孢子盘。以菌丝体潜伏在病叶上越冬。高温、高湿、通风不良的园区发病重，4 ～ 10 月均可发生。防治方法：①提高植株抗病力，减轻危害；加强栽培管理，冬季做好清园工作，以减少侵染源。②发病初期喷施 1：2：200 波尔多液或 50% 多菌灵可湿性粉剂 800 倍液。

3. 黄化病　多因缺乏铁元素，发生量大，危害严重。轻则生长迟缓，重则枝条焦梢，甚至死亡。受害初期叶片发黄，后呈现黄白色，尤以新叶表现得最为明显。防治方法：①增施生物有机肥，改善土壤性状，提高根系吸收铁元素的能力；②增施硫酸亚铁、硼砂、硫酸锌等，或叶面喷施 0.2% ～ 0.3% 硫酸亚铁溶液，每周 1 次，连喷 3 次。

（二）虫害及其防治

1. 栀子卷叶蛾 *Homona magnanima* Diakonoff　幼虫危害枝梢、嫩叶。防治方法：喷洒 90% 敌百虫 1000 倍液或杀虫螟杆菌 1：100 倍液。

2. 日本龟蜡蚧 *Ceroplastes japonicus* Green　危害枝梢、叶片及主干。防治方法：喷洒 25% 吡蚜酮 1000 倍液或 20% 灭扫利乳油 2500 倍液。

3. 咖啡透翅蛾 *Cephonodes hylas* L.　幼虫危害树梢、嫩叶和花蕾，通常 1 ～ 2 条幼虫即可将整株大部分嫩梢全部吃掉。防治方法：喷洒每克含活孢子数 100 亿的苏云金杆菌 500 ～ 800 倍液，或 20% 氰戊菊酯 EC1500 ～ 2000 倍液，连用 1 ～ 2 次，距离 7 ～ 10 天。

4. 茶小蓑蛾 *Acanthopsyche* sp.　幼虫危害叶片和嫩梢，被害叶片造成很多圆形小孔，影响光合作用。成虫一般在 3 月以后气温转暖开始活动，7 ～ 8 月间危害严重。防治方法：用 90% 敌百虫 1000 倍液喷杀，也可以人工摘除幼虫护囊。

六、采收加工

（一）采收

11 月中旬前后，果皮由青转黄即青中透黄、黄中带青时为最佳采收期。采收要分批进行，成熟一批采摘一批，置竹篓或竹筐中带回加工地。

（二）产地加工

将刚摘下的鲜果置通风处摊开，防霉变，及时用沸水烫或蒸至半熟后取出晒干或烘干。晒时要日晒夜露，至七成干时，堆沤回潮 2 ～ 3 日，再摊开晒干即成，这样可确保果实内外干燥一致，成色佳，品质好；若采用烘干应注意温度不能过高，一般不超过 60℃，应随时轻轻翻动，火势先大后小，白天烘，晚上回潮，反复数次即成干果。折干率为（3 ～ 3.1）：1。

七、药材质量要求

以皮薄、饱满、色红黄者为佳。干品水分不得过 8.5%，总灰分不得过 6.0%，栀子苷不得少于 1.8%。

山茱萸

山茱萸 *Cornus officinalis* Sieb. et Zucc. 为山茱萸科植物，以成熟干燥的果肉入药，药材名山茱萸，别名枣皮、药枣等，为常用药材之一。山茱萸性微温，味酸、涩；具有补益肝肾、收敛固涩之功效；用于治疗肝肾亏虚、头晕目眩、腰膝酸软、阳痿等病症。现代化学及药理研究证明，山茱萸含有环烯醚萜苷、黄酮、有机酸、多糖等成分，具有抗肿瘤、保护心肌、降血糖、抗衰老等多种药理作用。

一、植物形态特征

落叶灌木或乔木，高 4 ～ 10m。树皮淡褐色，条状剥落；小枝圆柱形或带四棱。叶对生，卵形至长椭圆形，长 5 ～ 12cm，宽 2 ～ 7cm，顶端渐尖，基部宽楔形或近圆形，全缘，幼时疏生平贴毛，后脱落，背面被白色丁字形毛，侧脉 5 ～ 7 对，弧曲，脉腋被褐色簇生毛。花 20 ～ 30 朵簇生于小枝顶端，呈伞形花序状，先叶开放；总苞片 4 枚，黄绿色；花萼 4 裂，裂片宽三角形；花瓣 4，黄色，卵状披针形；雄蕊 4；花盘环状，肉质；子房下位。核果长椭圆形，长 1.2 ～ 2cm，熟时深红色，中果皮骨质，核内种子 1 枚（偶有 2 枚）。花期 3 ～ 4 月，果期 4 ～ 11 月。

二、生物学特性

（一）分布与产地

自然分布于北纬 30°～ 40°、东经 100°～ 140°之间的亚热带与温带交接地带，国内主要分布于秦岭、伏牛山和浙江天目山区的中低丘陵山区。海拔 200 ～ 1400m，以海拔 600 ～ 1200m 最佳。主产于河南、陕西、浙江、安徽、四川等省区。

（二）对环境的适应性

1. 对温度的适应 适宜在温暖、湿润地区生长，畏严寒。正常生长发育、开花结实要求10℃以上的有效积温为4500～5000℃，全年无霜期190～280天。花芽萌动需气温在5℃以上，最适宜温度为10℃左右，如果温度低于4℃则会受害。花期遇冻害是山茱萸减产的主要原因。

2. 对光照的适应 山茱萸为中性植物，既耐阴又喜光。光照好，透光好的植株坐果率高。

3. 对水分的适应 生长要求年降雨量为700～1400mm为宜，年平均相对湿度应在70%～80%，生长季节湿度应在80%左右。

4. 对土壤的适应 对土壤要求不严，能耐瘠薄，但在肥沃、湿润、深厚、疏松、排水良好的砂质土壤中生长良好。冬季严寒、土质黏重、低洼积水及盐碱性强的地方不宜种植。

（三）生长发育习性

从种子播种出苗到开花结果一般需要7～10年。若采用嫁接苗繁殖，2～3年就能开花结果。根据树龄可将山茱萸生长发育分为幼龄期（实生苗长出至第一次结果，一般为7～10年）、结果初期（第一次结果至大量结果，一般延续10年左右）、盛果期（大量结果至衰老以前，一般持续百年左右）、衰老期（植株衰老到死亡）。

山茱萸属于近浅根性树种，根系较大，果枝有长果枝（30cm以上）、中果枝（10～30cm）、短果枝（10cm以下）3种类型。在不同树龄的结果树中，均以短果枝结果为主。山茱萸的花芽为混合芽，在5月底～6月初开始分化，到8月花序基本分化完成。花蕾越冬后于翌年春季开放，初花期一般在3月初。整个花期约1个月左右，此时日均气温应高于5℃。若在开花期遇到低温或雨雪天，则坐果率极低。植株先花后叶，花期过后，叶一般在3月上旬展开，4月下旬初步形成，4月底叶的生长速度减慢，5月上旬停止生长。果实生长期在4月上旬～10月中下旬，历时200余天。

三、栽培技术

（一）品种类型

实际生产中尚未选育出真正的优良品种。但由于长期栽培，出现了种内变异现象，在产区形成了较多的栽培类型，按照果实形状可分为圆柱形果型（石磙枣）、椭圆形果型（正青头枣）、长梨形果型（大米枣）、短梨形果型、长圆柱形果型（马牙枣）、短圆柱形果型（珍珠红）、纺锤形果型（小米枣）等，一般认为圆柱形果型（石磙枣）、短圆柱形果型（珍珠红）为优质类型，长圆柱形果型（马牙枣）、长梨形果型（大米枣）等为中产保留型，纺锤形果型（小米枣）、笨米枣等为低产劣质型。

（二）选地与整地

1. 育苗地 山茱萸栽培大多在山区，育苗地宜选择背风向阳、光照良好的缓坡地或平地。以土层深厚、疏松、肥沃、湿润、排水良好的砂质壤土，中性或微酸性，有水源、灌溉方便的地块为好。地选好后，在入冬前深耕30～40cm，整细耙平。结合整地每亩可施充分腐熟厩肥2500～3000kg作为基肥。播种前，再进行一次整地做畦。北方地区多做平畦，南方多做高畦，一般畦面宽1.5m。

2. 栽植地　山茱萸对土壤要求不严，以中性和偏酸性、具团粒结构、透气性佳、排水良好、富含腐殖质、较肥沃的土壤为佳。选择海拔 200 ～ 1200m、坡度不超过 20°～ 30°、背风向阳的山坡及二荒地、村旁、水沟旁、房前屋后等空隙地，高山、阴坡、光照不足、土壤黏重、排水不良等处不宜。坡度小的地块按常规进行全面耕翻，坡度在 25°左右的地段实行带垦，坡度大、地形破碎的山地或石山区采用穴垦。全面垦复后挖穴定植，穴径 50cm 左右，深 30 ～ 50cm。挖松底土，每穴施土杂肥 5 ～ 7kg，与底土混匀。在土壤肥沃、水肥好、阳光充足条件下种植，结果早、寿命长、单产高。

（三）繁殖方法

以种子繁殖为主，少数地区采用压条繁殖和嫁接繁殖。

1. 种子繁殖

（1）采种及种子处理　选择树势健壮、冠形丰满、生长旺盛、抗逆性强的中龄树作为采种树，在果实成熟季节，采集果大、核饱满、无病虫害的果实，晒 3 ～ 4 天，待果皮柔软去皮肉后作种。由于种皮坚硬、内含透明的黏液树脂，影响种子萌发，且存在后熟现象。因此，在育苗前必须进行种子处理，否则需经 2 ～ 3 年才能萌发。种子处理方法有：①浸沤法：用温水（50℃左右）浸泡种子 2 天后，挖坑闷沤，沤坑选向阳潮湿处，挖好后将沙、粪（牛、马粪）混合均匀铺坑底约 5cm 厚，再放 3cm 厚种子，如此层层铺之，一般铺 5 ～ 6 层，最后盖土粪约 7cm 厚，使呈馒头状。4 个月后开始检查，如发现粪有白毛、发热、种子破头应立即晾坑或提前育苗，防止芽大无法播种。若没有破头，则继续沤制。②腐蚀法：每千克种子用漂白粉 15g，先将漂白粉放入清水内溶化拌匀，再放入种子，使水面高出种子 12cm 左右，每日用棍搅拌 4 ～ 5 次，浸泡至第三天，捞出种子拌入草木灰，即可育苗或直播。

（2）播种育苗　①播种：在春分前后，将已处理好的种子播入整好的育苗地。按 25 ～ 30cm 的行距开沟，沟深为 3 ～ 5cm，把种子均匀撒播，覆土耧平，稍镇压，浇水、覆膜或覆草。10 天左右即可出苗，亩用种量 30 ～ 40kg。②苗期管理：出苗后除膜或除去盖草，进行松土除草、追肥、灌溉、间苗、定苗等常规管理。间苗保留株距 7cm。6 ～ 7 月追肥 2 次，结合中耕每亩施尿素 4kg 或棉籽饼 100kg，翻入土中浇水。苗高 10 ～ 20cm 时如遇干旱、强光天气要注意防旱遮阴。入冬前浇一次封冻水，在根部培施土杂肥，保证幼苗安全越冬。幼苗培育 2 年，当苗高 80cm 时，在春分前后移栽定植。③移栽定植：3 ～ 4 月，在备好的栽植地上，按行株距 3m×2m、每亩 111 株或行株距 2m×2m、每亩 145 株，挖穴定植，穴径 50cm 左右，深 30 ～ 50cm。挖松底土，每穴施土杂肥 5 ～ 7kg，与底土混匀。阴天起苗，苗根带土，栽植前进行根系修剪并蘸泥浆，保护苗木不受损伤，根系不能曝晒和风吹，栽穴稍大，以利展根，埋土至苗株根际原有土痕时轻提苗木一下，使根系舒展，扶正填土踏实，浇定根水。

2. 压条繁殖　秋季采果后或春天萌芽前，选择生长健壮、病虫害少、结果又大又多、树龄 10 年左右的优良植株进行压条，在植株旁挖坑，坑深 15cm 左右，将近地面处二至三年生枝条压入坑中，用木桩固定，在枝条入坑处用刀切割至木质部，然后盖土肥，压紧，枝条先端伸出地面，保持土壤湿润，压条成活两年后即可与母株分离定植。

3. 嫁接繁殖　通常采用芽接法和切接法。

（1）芽接法　通常用“T”形盾芽嵌接法。7 ～ 9 月进行，砧木采用优良种质实生苗，接穗采用已经开花结果且生长健壮、果大肉厚、无病虫害、壮龄母树上的枝条。方法是：在接穗芽的上方约 0.5cm 处横切一刀，深入木质部，然后在芽的下方约 1cm 处向上削芽（稍带木质部），接在砧木的嫁接部位。砧木嫁接部位选择光面，最好在北面，横切一刀，然后在切口往下纵切一刀，使成“T”形，深至木质部，轻剥开树皮，将芽皮插入“T”形切口内，最后用薄膜自下而上包扎，露出芽眼，打活结，到第二年萌芽时解扎。

（2）切接法　每年9月下旬～10月上旬，在砧木5～10cm高处剪去上端，选光滑挺直一面向下纵切长3～5cm，再把接穗削成3cm左右的斜面，另一面削成45°的斜面，随即插入砧木切缝中，使接穗与砧木一侧的形成层对齐，用弹性好的塑料薄膜缚紧。

四、田间管理

（一）树盘覆草

山茱萸根系较浅，最怕荒芜，通过垦复可使植株生长健壮、达到高产的目的。每年秋季果实采收后或早春解冻后至萌芽前进行冬挖、深翻，夏季6～8月浅锄园地。垦复深度一般为18～25cm，掌握“冬季宜深，夏季宜浅；平地宜深，陡坡宜浅”的原则，适当调节。

（二）追肥

分为土壤追肥和根外追肥（叶面喷肥）。

1. 土壤追肥　在树盘土壤中施入，前期追施以氮素为主的速效性肥料，后期追肥则以氮、磷、钾或氮、磷为主的复合肥为宜。幼树施肥一般在4～6月，结果树在9月下旬～11月中旬采果前后，注意有机肥与化肥配合施用。采用环状施肥和放射状施肥。

2. 根外追肥　在4～7月，每月对树体弱、结果量大的植株进行1～2次叶面喷肥，用0.5%～1%尿素和0.3%～0.5%磷酸二氢钾混合液喷洒叶片，以叶片的正反面都被溶液小滴沾湿为宜。

（三）整形与修剪

根据山茱萸以短果枝及短果枝群结果为主，萌发力强、成枝力弱的特性和其自然生长习性，栽植后通过整形修剪形成自然开心形、主干分层形及丛状形等丰产树形，起到提高光能利用率、调节营养生长与生殖生长、更新衰老枝条及平衡树体的作用，达到早结果、多结果、稳产优质、延长经济收益的目的。

（四）疏花与灌溉

1. 疏花　根据树冠大小、树势强弱、花量多少确定疏除量，一般逐枝疏除30%的花序，即在果树上按7～10cm距离留1～2个花序，可达到连年丰产结果的目的。在小年则采取保果措施，即在3月盛花期喷0.4%硼砂和0.4%尿素溶液。

2. 灌溉　在定植后和成树开花及幼果期，或夏、秋两季遭遇天气干旱时，要及时浇水保持土壤湿润，保证幼苗成活和防止落花落果造成减产。

五、病虫害防治

（一）病害及其防治

1. 炭疽病 ***Colletotrichum gloeosporioides* Penz.**　又名黑斑病、黑疤痢。主要危害果实和叶片。

果实病斑初为棕红色小点，逐渐扩大成圆形或椭圆形黑色凹陷病斑，病斑边缘红褐色，外围有红色晕圈。叶片病斑初为红褐色小点，以后扩展成褐色圆形病斑。果炭疽病发病盛期为 6 ～ 8 月，叶炭疽病发病盛期为 5 ～ 6 月。多雨年份发病重，少雨年份发病轻。防治方法：①病期少施氮肥多施磷、钾肥，促进植株健壮、提高抗病力；②选育优良品种；③清除落叶、病僵果；④发病初期喷施 1：2：200 波尔多液或 50% 多菌灵可湿性粉剂 800 倍液，10 天左右喷 1 次，共喷 3 ～ 4 次。

2. 角斑病 *Ramularia* sp.　危害叶片和果实。叶初期发病正面出现暗紫红色小斑，中期扩展成棕红色角斑，后期病部呈褐色角斑、组织枯死。果实初期发病为锈褐色圆形小点，直径在 1mm 左右，病斑数量多时连接成片，使果顶部分呈锈褐色，仅侵害果皮，病斑不深入果肉，多在 5 月初开始发病，7 月为发病高峰期，湿度较大时易发生。防治方法：①增施磷、钾肥和农家肥，提高抗病力；②发病初期喷洒 1：2：200 波尔多液或 50% 可湿性多菌灵 800 ～ 1000 倍液，每隔 10 ～ 15 天喷 1 次，连续 3 次，或喷洒 75% 百菌清可湿性粉剂 500 ～ 800 倍液，每隔 7 ～ 10 天喷 1 次，连续 2 ～ 3 次。

3. 灰色膏药病 *Septobasidium bogoriense* Pat.　一般发生在 20 年以上老树的树干或枝条上，病斑贴在枝干上形成不规则厚膜，像膏药一样，故称膏药病。通常以介壳虫为传播媒介，当土壤贫瘠、排水不良、土壤湿度大、通风透光差、植株长势较弱时发病严重。防治方法：①调节光照条件，提高抗病力；②冬季在树干上涂石灰乳；③发病初期喷洒 1：1：100 波尔多液，每隔 10 ～ 14 天喷 1 次，连续多次。

此外，还有白粉病 *Phyllactinia corylea*（Pers）Karst.、叶枯病 *Septoria chrysanthemella* Sacc. 等，但实际危害不大。

（二）虫害及其防治

虫害主要是蛀果蛾 *Asiacarposina cornusyvora* Yang.，又名食枣虫、萸肉虫、药枣虫，浙江叫“米虫”，河南叫“麦蛾虫”。一年发生一代，8 月下旬～ 9 月初危害果实，一般一果一虫，少数一果二虫。以老熟幼虫入土结茧越冬，成虫具趋化性。防治方法：①及时清除早期落果，果实成熟时适时采收；②在蛀果蛾化蛹、羽化集中发生的 8 月中旬，喷洒 40% 乐果乳剂 1000 倍液，或 25% 溴氰菊酯、20% 杀灭菊酯 2500 ～ 5000 倍液，每隔 7 天喷 1 次，连续喷 2 ～ 3 次。此外，还发现有大蓑蛾 *Crytothelea variegata* Snellen 和尺蠖 *Boarmia eosarla* Leech 等虫害。

六、采收与加工

（一）采收

当果皮呈鲜红色时便可采收。因各地自然条件和品种类型不同，采收时期也有所不同，一般为 10 ～ 11 月。果实采摘的早迟对药材产量和质量都有很大影响，因此要适时采收。果实成熟时，枝条上已着生许多花芽，因此采收时应动作轻巧，避免碰伤花芽影响来年产量。

（二）产地加工

目前产地加工一般要经过净选、软化、去核、干燥四个步骤。

1. 净选　将采摘的果实除去枝梗、果柄、虫蛀果等杂质。

2. 软化　各产区由于习惯不同采取的软化方法也不同，常见方法有：①水煮法：将果实倒入沸水中，上下翻动 10 分钟左右至果实膨胀，用手挤压果核能很快滑出为好，捞出去核。②水蒸法：将果实放入蒸笼，上汽后蒸 5 分钟左右，以用手挤压果核能很快滑出为好，取下去核。③火烘法：果实放入竹笼，用文火烘至果膨胀变柔软时，以用手挤压果核能很快滑出为好，取出摊晾，去核。

3. 去核　将软化好的山茱萸果实趁热挤去果核，一般采用人工挤去果核或用山萸肉脱皮机去核。

4. 干燥　采用自然晒干或烘干。

七、药材质量要求

以色红或紫红、肉肥厚、质柔润不易碎、果皮较完整、无残留果核者为佳。干品杂质（果核、果梗）不得过 3%，水分不得过 16.0%，总灰分不得过 6.0%，水溶性浸出物不得少于 50.0%，含莫诺苷和马钱苷的总量不得少于 1.2%。

五味子

五味子 *Schisandra chinensis*（Turcz.）Baill. 为木兰科五味子属植物，以干燥成熟果实入药，药材名五味子。其味酸、性温；具有敛肺滋肾、止泻、生津、止汗、涩精等功能；用于喘咳、自汗、遗精、失眠、久泻、津亏口渴等症。现代化学及药理研究证明，五味子含有木脂素、挥发油、有机酸、多糖等多种成分，具有抗肝损伤、抗氧化、抗肿瘤、抗 HIV、保护中枢神经系统等药理作用。

一、植物形态特征

多年生落叶木质藤本，茎长 4 ～ 8m。幼枝红棕色，老枝灰褐色。幼枝上单叶互生，老茎上叶丛生于短枝，叶柄细长，叶广椭圆形或倒卵形。花单性，雌雄同株或异株；雄花花被 6 ～ 9 片，雄蕊 5 枚；雌花花被 6 ～ 9 片，心皮多数。浆果球形，熟时深红色，内含种子 1 ～ 2 粒，种子肾形，种皮光滑，黄褐色或红褐色，坚硬。花期 5 ～ 6 月，果期 8 ～ 9 月。

二、生物学特性

（一）分布与产地

分布于北纬 40°～ 50°、东经 125°～ 135°的广阔山林地带。国内主要分布于辽宁、吉林、黑龙江三省，河北、山西、陕西、宁夏、山东、内蒙古等省区也有分布；国外主要分布于朝鲜、日本、俄罗斯远东地区等地。五味子为东北地区名贵道地药材。

（二）对环境的适应性

1. 对温度的适应　极耐寒，枝蔓可耐 -40℃低温，冬季不加任何覆盖即可自然越冬，东北地区可露地栽培。春季日均温 5℃以上时开始萌动，适宜生长温度为 25 ～ 28℃，生育期在 110 天以上，日平均气温≥ 10℃，年有效活动积温 2300℃。

2. 对光照的适应　不同生长发育阶段对光照的需求不同。幼苗在营养生长前期需要阴湿环境、忌烈日照射，长出 5 ～ 6 片真叶后逐渐需要充足的光照。成龄植株营养生长时期需要比较充足的光照，开花结实时期需要更多光照和通风透光条件。

3. 对水分的适应　根系分布较浅，水分条件对其生长和产量具有较大影响，因此建园时需有充足水源以满足一年内多次灌水的要求。另外，五味子亦不耐涝，夏季应注意排水，以免植株遭受涝害或因湿度过大造成病害蔓延。

4. 对土壤的适应　常生长于腐殖层深厚、土质疏松肥沃、湿润而无积水的林缘、林下及山谷溪流两岸和灌木丛间。人工栽培可选择15℃以下缓坡及水位在1m以下的平地，要求土壤微酸性，以疏松肥厚、富含腐殖质，透气性、保水性及排水良好的壤土、砂壤土为宜，不适于涝洼地和重盐碱地栽植。

（三）生长发育习性

野生植株种子千粒重约17～26g，栽培植株种子千粒重约30g。种胚具有后熟特性，需要秋播或低温沙藏。以吉林地区为例，日平均气温在-2℃，3月中旬枝条开始返青，4月下旬～5月上旬展叶，当年生新枝从4月末开始生长，6月末生长变得迟缓，基生枝于5月末或6月初开始从根部生长，8月接近成熟、开始木质化。4月下旬～5月中下旬开花，花期约15天左右。野生植株需五年生才能结果，人工栽培植株二年生就有零星开花结果，三年生即大量开花结果。5月下旬坐果，9月上中旬果实成熟。

三、栽培技术

（一）品种类型

五味子野生资源有较为丰富的种质变异，为育种工作奠定了良好基础。目前已选育出的优良品种有红珍珠、红珍珠2号及早红、优红、巨红等优良品系。辽宁凤城也筛选出了凤选1号、凤选2号、凤选3号和凤选4号4个优良株系。

（二）选地与整地

选择中性或微酸性、土层深厚、排水良好的壤土或砂壤土，结合整地每亩施入腐熟厩肥2000～3000kg，深翻20～30cm，整平耙细，育苗地做成宽1.2m、高15cm左右的高畦。种植地实行穴栽。

（三）繁殖方法

野生五味子除了种子繁殖外，主要靠地下横走根茎繁殖。人工栽培主要用种子繁殖，亦可采用压条和扦插繁殖，但成活率低。

1. 种子繁殖

（1）采种与种子处理　在六年生留种植株上选留果粒大、形态均匀的果穗，晾干后置通风干燥处贮藏。在种植之前先用清水充分浸泡，之后搓去果肉，洗出种子。再将种子在室温下用水浸泡3～6昼夜，每日换水，控干表面水分后，与2～3倍量湿沙混匀，进行低温处理，约经3～4个月后，种子裂口露出胚根，即可进行播种。

（2）播种育苗　通常于晚秋或早春进行条播育苗，每亩用种5kg左右，行距10cm，覆土1～2cm。播后浇透水并盖草。出苗后立即撤去盖草，并搭架遮阳，第二或第三年春或秋季即可定植。

2. 压条繁殖　早春植株萌动前，选生长健壮茎蔓埋入土中，保持土壤湿润，待枝条生出新根后，于晚秋或翌春剪断枝条与母枝分离，进行移栽定植。

3. 扦插繁殖　于早春植株萌动前或花后，剪取健壮枝条，截成长 12 ～ 15cm 插条，斜插于苗床，搭棚遮阴，并经常浇水，促进生根成活。

4. 根茎繁殖　地下根茎横走，可发出不定芽和须根。于早春萌动前，将母株周围横走根茎刨出，截成小段，每段保留 1 ～ 2 个芽，按行距 12 ～ 15cm、株距 10 ～ 12cm 栽于苗床，第二年春天萌动前移栽定植。

5. 移栽　春秋均可移栽定植。春季在萌芽前，秋季在落叶后。选择根茎直径 0.35cm 以上、芽眼饱满的健壮幼苗，修剪根系，保留 15 ～ 20cm 以促发新根。按行株距 120cm×50cm 挖穴或沟栽。栽时要使根系舒展，以防止窝根与倒根。栽后踏实，灌足水，待水渗完后用土封穴。春栽约 15 天后、秋栽第二年春返青时查苗补苗。

四、田间管理

（一）中耕除草

除草是田间管理的一项重要内容，每年 2 ～ 5 次，保持表土层疏松、田间无杂草。春季幼苗出土后松土应浅，以免损伤根系；夏季杂草丛生，应及时除尽，松土可比幼苗期稍深。秋末冬初，视杂草情况可再除草一次。

人工除草工作量大，费用高。在地面覆盖除草布，不仅可抑制杂草生长，还能起到保湿增温作用。

（二）追肥

五味子植株喜肥，每年可追肥 2 ～ 3 次。第一次在花前展叶期，第二次在果实膨大期，第三次为秋季施肥，在采果后至落叶前进行。每次每株施有机肥 5 ～ 10kg，加过磷酸钙 50g。在距根部 30cm 处开深 15 ～ 20cm 环形沟，施入肥料后覆土、培垄、覆回除草布。

现代化五味子园可采用水肥一体化技术，实行测土配方施肥、多次少施、水溶肥滴灌等。

（三）搭架

秋栽定植后第二年 5 月或春栽定植后当年 5 月搭架。架柱可选用圆木杆或水泥柱，直径 8 ～ 10cm，长 2.5m，埋入地下 0.5m，地上 2m，间隔 2 ～ 6m，间隔大的需在两柱之间补插竹竿。用 8 号铁线在立柱上拉 3 ～ 4 横线。将藤蔓用绑绳固定在横线上。

（四）整形修剪

整形修剪是人工栽培五味子获得稳产丰产的关键。合理修剪可改善架面通风透光条件，调节植株体内营养平衡，提高药材产量和质量。

1. 整形　常采用保留两组主蔓的无主干树形。定植当年将实生苗主茎剪掉，使之萌发主蔓。当年夏季主蔓生长旺盛，每株距地面 30cm 处选留 3 ～ 4 个生长势强、芽眼饱满健壮主蔓，引蔓上杆，形成一株苗立两根杆，每杆爬 1 ～ 2 个主蔓的树形。当主蔓生长到 50cm 时摘心，促使剪口下抽生新梢。新梢长至 20 ～ 30cm 时留近顶端粗壮枝不摘心作为延长枝，其余均在约 20cm 处摘心以使枝条粗壮。第二年冬剪在上年各延长枝 30cm 处短截，使其再抽生延长枝，副梢短截保留 20cm 左右，没有副梢的也要将主蔓延长枝在距地面 50cm 处剪掉定干。延长枝长到 50cm 左右时再次进行摘心处理，如上年一样，选留新的延长枝，爬到架顶后摘心。

2. 修剪　分为休眠期修剪（冬剪）和生长期修剪（夏剪）。

（1）休眠期修剪　植株落叶后2～3周至翌年伤流开始前均可进行。主要是将上年各主蔓延长枝留30cm短截，各副梢全部短截，剪去四年生以上结果枝及多年生短果枝；中、长果枝按间距10～20cm左右疏剪；基生枝除留结果枝和更新枝外，其余全部剪除。

（2）生长期修剪　在树体萌动到落叶休眠之间进行，包括定梢、摘心、副梢处理、枝蔓绑缚、剪除基生枝等。

（五）灌溉排水

五味子喜湿润，应根据气候条件及时灌溉。化冻后至萌芽前、花前及花后至浆果着色前灌溉，有利于药材产量和品质提高。越冬前灌水有利于越冬。植株不耐涝，夏季应做好排水工作，尤其是苗圃幼苗和幼树易徒长贪青，更应注意排水。

五、病虫害及其防治

（一）病害及其防治

1. 根腐病 *Fusarium* sp.　7月初～8月中旬雨季时发病。根茎部皮层腐烂，叶片萎蔫，几天后整株死亡。防治方法：①雨季及时排除田间积水；②发病期用50%多菌灵500～1000倍液根际浇灌。

2. 叶枯病 *Alternaria tenuissima*（Fr.）Wiltshire　5月下旬～8月上旬高温多雨不通风时易发病。先由叶尖或叶缘干枯，逐步扩大到整个叶面，最后叶片干枯脱落，导致果实萎缩、早期落果。防治方法：①发病前用1∶1∶120波尔多液喷雾，每7天1次；②发病初期用50%的甲基托布津1000倍液喷雾，喷药次数视病情而定。

3. 白粉病 *Microsphaera schizandrae* Sawada　夏季闷热多湿、温度25～28℃时易于发病。在叶片、果实和新梢表面形成一层白粉状霉层，使植株长势衰弱。防治方法：在5月上、中旬喷洒20%粉锈宁乳油1500倍液，或50%甲基托布津700～800倍液，每隔7～10天喷洒1次。

（二）虫害及其防治

1. 卷叶虫 *Cnaphalocrocis medinalis* Guenee　6～8月发生。以幼虫为害，造成卷叶。防治方法：用50%锌硫磷乳油1∶500倍液喷雾。

2. 柳蝙蛾 *Phassus excrescens* Butler　以幼虫蛀食枝条，严重时引起地上部死亡。防治方法：采用药浸棉塞堵虫蛀孔道，以80%敌敌畏200倍液浸的药浸棉塞防治效果最佳。

六、采收加工

（一）采收

移栽3年后即进入盛果期，9～10月果实变软呈紫红色时采收，随熟随采。采时应轻拿轻放，防止挤压。

（二）产地加工

主要是干燥，可阴干、晒干或烘干。

1. 阴干　将鲜果放在干燥、阴凉、通风处摊开，厚度不能超过 3cm，经常翻动，直至干燥即可。

2. 晒干　将鲜果平铺在席上晾晒，摊放厚度不超过 5cm，经常翻动，直至干燥为止。切忌暴晒。

3. 烘干　采用机械设备低温烘干，温度一般不超过 50℃，以防挥发油损失。

七、药材质量要求

以紫红色、粒大、肉厚、有油性及光泽者为佳。干品杂质含量不得过 1%，水分不得过 16.0%，总灰分不得过 7.0%，五味子醇甲含量不得少于 0.40%。

吴茱萸

吴茱萸 *Euodia rutaecarpa*（Juss.）Benth. 是芸香科吴茱萸属植物，又名吴萸、米辣子，以干燥近成熟果实入药，药材名为吴茱萸。味辛、苦，性热；有小毒；归肝、脾、胃、肾经；具有散寒止痛、降逆止呕、助阳止泻等功效；用于治疗厥阴头痛、寒疝腹痛、寒湿脚气、经行腹痛、脘腹胀痛、呕吐吞酸、五更泄泻等病症。现代研究证明，吴茱萸含有喹诺酮类、吲哚类和呋喃喹啉类等多种生物碱，柠檬苦素、吴茱萸苦素和吴茱萸内酯醇等苦味素类成分，吴茱萸烃和吴茱萸内酯等挥发油成分，美立弗林甲、美立弗林乙和多花茱萸羟基内酯等萜类成分，其中生物碱和苦味素类成分为主要活性物质。

我国现行药典规定，吴茱萸药材原植物有吴茱萸 *Euodia rutaecarpa*（Juss.）Benth.、石虎 *Euodia rutaecarpa*（Juss.）Benth. var. *officinalis* Huang 或疏毛吴茱萸 *Euodia rutaecarpa*（Juss.）Benth. var. *bodinieri*（Dode）Huang 等多个物种。全国各地有较为广泛的栽培，但不同地区栽培的物种有差异。两广地区及云南南部栽培的主要是吴茱萸，江苏、浙江和江西栽培的多为石虎，湖南西南部、广东北部和广西东北部等地栽培的多为疏毛吴茱萸，重庆和贵州产区栽培的以石虎和疏毛吴茱萸为主。此处仅介绍吴茱萸的栽培技术。

一、植物形态特征

多年生小乔木或灌木，高 3 ～ 5m，嫩枝暗紫红色，与嫩芽同被灰黄、红锈色绒毛或疏短毛。叶有小叶 5 ～ 11 片，小叶薄至厚纸质，卵形、椭圆形或披针形，边全缘或浅波浪状；小叶两面及叶轴被长柔毛，油点大且多。聚伞圆锥花序顶生；萼片及花瓣均 5 片，镊合排列。果暗紫红色，有大油点，每分果瓣有 1 粒种子；种子近圆球形，一端钝尖，腹面略平坦，褐黑色，有光泽。花期 4 ～ 6 月，果期 8 ～ 11 月。

二、生物学特性

（一）分布与产地

主要分布于秦岭以南的广西、江西、湖南、贵州、重庆、四川、浙江、湖北、陕西、广东等地，生长于平地至海拔 1500m 山地疏林或灌木丛中，多见于向阳坡地。湖北阳新、江西樟树、贵州余庆等地建有生产基地，贵州药材产量大。

（二）对环境的适应性

1. 对温度的适应　喜温暖气候，对低温天气比较敏感，日均气温 0℃以下停止生长，-5℃时植株将受到冻害。幼苗萌动最低温度为 10℃，叶片生长最低温度为 13℃，生长最适温度为 20 ～ 30℃。

2. 对光照的适应　植株不同生长时期对光照条件要求不同。幼苗喜阴，在透光率 30% 的光照条件下，植株的株高、冠面积和地径生长量最大。成年植株喜阳，光照不足影响生长与开花结实。

3. 对水分的适应　喜湿润，能耐短时强降水，月降雨量在 100 ～ 200mm 时生长良好。怕土壤积水，若土壤滞水，根系生长将受到影响，甚至造成根腐烂及植株死亡。怕干旱，花果期干旱对药材产量影响较大。

4. 对土壤的适应　对土壤要求不严，中性、微酸或微碱性土壤均可栽培，以土质疏松、肥沃、排水良好的砂质壤土为好。

（三）生长发育习性

主根发达，主根上发多数支根。春季 3 月开始长出新根，6 ～ 7 月根系生长旺盛。3 月气温升高时萌发新梢，6 月中下旬叶片生长量达到最大，一年生枝条年生长量 30 ～ 50cm。栽种后 2 ～ 3 年开始开花结果，5 月下旬～ 6 月上旬于枝条顶端长出聚伞圆锥花序，6 月中下旬陆续开花，8 月逐渐停止开花、形成果实，9 ～ 11 月为果实成熟期。同一花序中雄花先开放，且开放时间很短，很快便枯萎脱落，导致多数不能形成种子。秋季果实由青红色转为紫红色，有少量果实开裂露出种子。

三、栽培技术

（一）品种类型

吴茱萸药材的法定原植物有吴茱萸、石虎、疏毛吴茱萸三种，不同地区种植的物种不同。虽然生产中各植物物种的种质出现了分化现象，但尚未选育出优良品种。

（二）选地与整地

1. 育苗地　苗圃地宜选地势较平坦、湿度较大、避风向阳、光照适中、排灌方便且没有种植或培育过林果苗木的地块，最好为土层深厚、土质疏松、肥沃的中性、微酸或微碱性砂质土壤。冬季深翻，除去石块和杂草。秋季或春季育苗时，结合整地每亩施入腐熟厩肥 1500 ～ 2000kg 或土杂肥 3000kg、复合肥 30kg 作基肥。整地时，将土壤耙平整细，然后做畦，畦宽 1.2m、长 15m，行道宽 50cm。

2. 种植地　宜选海拔 300 ～ 800m 地块。地选好后，清除灌木和杂草，集中沤制作基肥用，然后全面翻耕地块，深度为 30cm 左右。坡地以东南坡向缓坡地段为宜，沿等高线进行带状整地。

（三）繁殖方法

主要采用无性繁殖，常用伤根分株繁殖、扦插繁殖。扦插繁殖又分为枝插和根插两种方式。

1. 伤根分株繁殖 植株分蘖能力较强，人工损伤母株根部可促使多生幼苗。选四年生以上母株，于冬季或早春将树脚周围泥土挖开，在较粗的侧根上每隔 7 ～ 9cm 用刀砍伤至木质部，然后施人畜粪水，再盖一层薄土。1 ～ 2 个月后，自伤口处长出幼苗，生长迅速，一年生长到 50cm 以上，即可定植。

2. 扦插繁殖

（1）做床 插条生根缓慢，不耐高温和干旱，需选半阴半阳且湿度较大的地块。苗床土壤要求疏松肥沃、排水良好。扦插前深翻土地，整平整细，做成宽 1.3m 的高畦。

（2）扦插 有枝插或根插两种方式：①枝插：在 11 月～翌年 2 月，采集一至二年生枝条，剪成长 20 ～ 25cm 的插条，每段需有 3 ～ 4 个芽。每隔 10cm 左右竖放插条 1 根，芽朝上，插入土中的一头要剪成平的斜面，插条先端露出土面约占其长度的 1/3，覆盖细土，踏紧。雨后扦插可不浇水，晴天扦插要及时浇透水。②根插：选四年生以上且生长旺盛的植株作母树，在 1 ～ 2 月将树脚周围泥土挖开，取出径粗约 0.5cm 侧根，剪成长约 20cm 插条，扦插方法与枝插相同。

3. 苗期管理 扦插后需经常浇水，但不能过多，以免引起插条腐烂。枝插和根插的吴茱萸在春季新芽萌动时，在畦上要搭设活动荫棚，晚上和阴雨天揭开，晴天盖上，7 月以后方可揭除。在苗高 20 ～ 25cm 时，每亩施人畜粪水 500 ～ 700kg 或尿素 8 ～ 10kg。及时拔除杂草。

4. 移栽 幼苗高 50cm 以上时，从落叶到春季萌芽前均可移栽，以冬季移栽（12 月左右）较好。栽后应立即浇透定根水，若干旱应再浇水 2 ～ 3 次。

四、田间管理

（一）中耕除草

植株不耐荒芜，应及时中耕除草。春夏季以松土除草为主；秋季落叶后，清洁田园，除草培土。中耕时松土宜浅不宜深，以免伤根。

（二）施肥

植株成林前每年分别于春、夏、秋分别施肥 1 次，成林后分别于春季和秋季各施肥 1 次，每次施肥均环施于植株根际周围后培土。

（三）排水

根据地形及降雨情况采取相应的排水措施。坡度小、土壤质地偏重的地块需开沟排水，雨季及时清理排水沟，防止田间积水。

（四）修剪整形

整枝可保持一定株型，有利于开花结果、减少病虫害发生，同时还可增加繁殖材料。整形应在 3 ～ 4 年内基本完成，形成枝级错开有序、骨架稳定、树冠张开、内外通透、低干矮冠的自然开心形。

吴茱萸生长到一定年限后，长势逐渐衰退，产量下降，宜老树更新，可将老树砍去，保留株旁根生幼苗并适时进行修剪整形。

（五）间套作

刚移栽 1 ～ 2 年的吴茱萸林地，株间距离大，可在行株间间作其他农作物或药用植物，如花生、大豆、丹参、益母草、桔梗、紫云英和广金钱草等。

五、病虫害及其防治

（一）病害及其防治

1. 锈病 *Coleosporium euodiae* Diet.　多发生于植株生长旺盛的 5 ～ 7 月。发病初期叶片上出现黄绿色小点，后期叶背面有橙黄色微突起的小疮斑，之后病斑增多，叶片枯死。防治方法：发病初期喷洒 25% 粉锈宁 1500 ～ 2000 倍液，每 10 天喷 1 次，连续喷 2 ～ 3 次。

2. 煤污病 *Fumago vagans* Pers.　多在 5 月上旬～ 6 月中旬植株叶片受到叶蝉和蚜虫危害时发生。被害处常出现黑褐色煤状斑，后期叶片或枝干上覆盖一层煤状物。防治方法：用 10% 吡虫啉可湿性粉剂 3000 倍液，或 5% 啶虫脒乳油 3000 倍液，或 80% 烯啶吡蚜酮 3000 倍液，叶面喷杀蚜虫及叶蝉。

（二）虫害及其防治

1. 褐天牛 *Nadezhdiella cantori*（Hope）　幼虫蛀入树干，咬食木质部，常发生于 7 ～ 10 月。受害轻则树势衰弱，重则全枝或全株死亡。防治方法：用少量棉花浸 80% 敌敌畏乳油塞入虫孔深处，再以泥或薄膜封口，杀灭幼虫。

2. 红蜡介壳虫 *Ceroplastes rubens*（Maskell）　四季都有可能发生。吸食植株汁液，使叶片变黄，造成落叶、落花、落果，并分泌露蜜诱发煤污病。防治方法：盛孵期用 25% 扑虱灵可湿性粉剂 800 ～ 1000 倍液喷雾，每 15 天喷 1 次，连喷 2 ～ 3 次。

3. 柑橘凤蝶 *Papilio xuthus* Linne　幼虫咬食幼芽及嫩叶，最终影响植株生长发育及开花结果。防治方法：在幼虫低龄期喷洒含菌量 100 亿 /g 的青虫菌 300 倍液或 25% 高效氟氯菊酯乳油 3000 倍液，每 10 ～ 15 天喷药 1 次，连喷 2 ～ 3 次。

六、采收加工

（一）采收

移栽后 2 ～ 3 年开始结果。7 ～ 9 月当果实由绿色变为黄绿色时即可采收。采收时应选晴天，以早晨露水未干时为佳。采时用手掐住果序，将果穗成串剪下，注意不要折断果枝，以免影响第二年开花结果。

（二）产地加工

果实采摘完成后应立即干燥。将果实均匀地薄摊在竹簸箕上晾晒，时常翻动，晚上收回室内。连晒 5 ～ 7 天可全干。如遇雨天，需进行烘烤，但温度不能超过 60℃。干后用手搓揉，使果实与果柄分离，然后筛去果柄。贮藏期间应密封包装，保持干燥凉爽。

七、药材质量要求

以呈球形或类五角状扁球形、表面暗黄绿色至褐色、有多数点状突起或凹下的油点、顶端有五角星状的裂隙、质硬而脆、气芳香浓郁者为佳。干品杂质不得过7%，水分不得过15.0%，总灰分不得过10.0%，吴茱萸碱和吴茱萸次碱总量不得少于0.15%，柠檬苦素含量不得少于0.20%。

栝　楼

栝楼 *Trichosanthes kirilowii* Maxim. 为葫芦科栝楼属植物，以干燥成熟果实、果皮、种子和根入药，药材名分别为瓜蒌、瓜蒌皮、瓜蒌子、天花粉。瓜蒌味甘、微苦，性寒；具有清热涤痰、宽胸散结、润燥滑肠等功效；用于肺热咳嗽、痰浊黄稠、胸痹心痛、结胸痞满等症。瓜蒌皮味甘，性寒；具有清热化痰、利气宽胸等功效；用于痰热咳嗽、胸闷胁痛等症。瓜蒌子味甘，性寒；具有润肺化痰、滑肠通便等功效；用于燥咳痰黏、肠燥便秘等症。天花粉味甘、微苦，性微寒；具有清热泻火、生津止渴、消肿排脓等功效；用于热病烦渴、肺热燥咳、内热消渴、疮疡肿毒等症。现代化学及药理研究证明，瓜蒌主要含有挥发油、油脂、甾醇、三萜皂苷、生物碱、黄酮等成分，具有改善心血管、祛痰止咳、抗肿瘤、降血脂、降血糖等药理作用。

一、植物形态特征

多年生攀缘草质藤本，长达10m。块根圆柱状，粗大肥厚。茎较粗，多分枝，具纵棱及槽，被白色伸展柔毛。叶片纸质，轮廓近圆形，常3～5（～7）浅裂至中裂。花雌雄异株，雄花总状花序单生，花冠白色，裂片倒卵形；雌花单生，被短柔毛。果实椭圆形或圆形，成熟时黄褐色或橙黄色。种子卵状扁椭圆形，淡黄褐色。花期5～8月，果期8～10月。

二、生物学特性

（一）分布与产地

栝楼主要分布于辽宁、华北、华东、中南、陕西、甘肃、四川、贵州和云南等地，生于海拔200～1800m的山坡林下、灌丛、草地和村旁田边。瓜蒌药材主产于山东、山西、河北、浙江、江苏等地。山东长清为瓜蒌的道地产区，质量最佳，销往全国。

（二）对环境的适应性

1. 对温度的适应　喜温暖气候，对温度适应性较强。当早春气温升到10℃时，多年生老根开始萌芽生长；气温升到25～35℃时，进入生长旺盛时期并开始开花挂果；气温超过38℃时，开花挂果锐减，秧蔓基本停止生长。当气温回落到25℃时又重新抽茎开花挂果。9月气温下降到约20℃时，开花挂果基本结束，仅少量雄花开放。

2. 对光照的适应　喜阳耐阴，日光照为6小时左右时植株生长就可以基本正常，但果实糖化程度低。充足的阳光可促进果实籽粒饱满、正常成熟。盛花期如遇阴雨天气、光照不足时，瓜蒌药材将会大幅减产。

3. 对水分的适应　喜湿润气候，不耐旱，怕涝。主根粗壮，须根极少，吸收水分几乎完全靠主根，因此需要土壤始终保持潮湿。

4. 对土壤的适应　适宜种植区为丘陵、半丘陵和平原地区，以土质肥沃疏松、透水通气良好、含细砂比率为 50% 以上的砂质壤土为好，土层深度要求在 50cm 以上，忌黏性较大土壤。

（三）生长发育习性

用种子繁殖时，当年多数植株不能开花挂果。采用根段繁殖时，当年就能开花结果。年生长发育可分为 4 个时期：一般于每年 4 月上、中旬出苗，至 6 月初，为生长前期，该时期茎叶生长缓慢；6 月初～ 8 月底为生长中期，地上部生长加速，6 月后陆续开花挂果；8 月底～ 11 月为生长后期，茎叶生长趋势缓慢至停止，养分向果实或地下部运转，10 月上旬果熟；从茎叶枯死至次春发芽为休眠期，地下部分休眠越冬。年生育期为 170 ～ 200 天。

三、栽培技术

（一）品种类型

经长期种植，生产中形成了数量众多的农家品种，可根据目标器官的不同选择种植。如收获果实时，常选用的品种有糖瓜蒌、仁瓜蒌、牛心瓜蒌、小光蛋等；收获根部时，常选用短藤品种等。优良品种选育工作有待加强。

（二）选地与整地

1. 选地　选择通风透光、土层深厚、疏松肥沃、排水良好、水源方便的砂质壤土地块种植。

2. 整地　①育苗田：施足农家肥，于秋末冬初进行深翻、耙细，翌年春季整平。②种植大田：根据藤的长短及搭架与否，确定行距为 1 ～ 5m。冬前深翻耙平，开深 50cm 以上、宽 40cm 的壕，以南北方向为宜。第二年解冻后，施足农家肥，再顺沟放水灌透，待 2 ～ 3 天地皮略干，松土耧平，即可下种。

（三）繁殖方法

可采用种子繁殖、分根繁殖和压条繁殖。

1. 种子繁殖　一般 3 月上、中旬播种，早播可以覆盖地膜。直播或育苗移栽。

（1）种子处理　取当年新种子与 3 倍细沙混拌均匀，置室内催芽 25 ～ 30 天，待大部分种子裂口时即可播种。

（2）直播　按株距 40 ～ 50cm、行距 1 ～ 1.5m，挖穴深 5 ～ 8cm，为保证出苗率，每穴播种子 4 ～ 5 粒。覆土后浇水，覆土不宜过实，应保持疏松。播种后第一个月，视天气情况，每周浇水一次。如果种植地区气温较低，可覆盖地膜保温。

（3）育苗移栽　按行距 15cm，间隔 5cm 左右播 1 粒种子，待幼苗长出 2 ～ 3 片真叶时，即可移栽。

2. 分根繁殖　选取直径 3 ～ 5cm、断面白色（断面有黄筋者为病根）的新鲜块根，切成 5 ～ 7cm 长小段，切口蘸取草木灰（拌入 50% 钙镁磷肥），再喷 0.5 ～ 1mg/L 植物激素 GA，稍干后栽种。按上述种子直播方法挖穴施肥，每穴平放种根一段，浇透水后再盖细土，厚 2 ～ 4cm，用脚踏实。

3. 压条繁殖　于 5 ～ 7 月间，将三至四年生植株的健壮藤蔓拉于地下，在茎节上压土，2 个月左右被埋的节长出须根，将节剪断，加强管理，促发新枝，第二年统一进行移栽。

四、田间管理

（一）中耕除草

春秋季节中耕既可提高地温、加速根部生长，又可除去杂草、节省肥力。中耕宜浅不宜深，以免损伤种根。

（二）追肥

每年追肥 3 次。第一次在移栽当年苗高 50cm 左右或在以后每年茎蔓开始生长时，在距植株约 30cm 处开沟环施腐熟人粪尿、厩肥和饼肥，每亩用量为 2000kg；第二次追肥在 6 月上中旬开花初期，用肥种类和施肥方法同第一次；第三次在冬前与越冬培土同时进行，每亩用农家肥 1500 ～ 2000kg。

（三）搭架

为使繁茂的茎蔓分布均匀、通风透光，需在茎蔓 30 ～ 40cm 时搭设棚架，棚架高 1.8m 左右，用长 2m 左右的水泥预制柱或竹竿、木杆作立柱，下埋 20 ～ 30cm，一行栝楼一行立柱，每隔 2 ～ 2.5m 立一根柱，2 ～ 3 行间搭一横架。架子上面、两头、中间、四角拉上铁丝，以保持牢固。在每株栝楼旁边插两根小竹竿，上端捆在架子顶部铁丝上，将茎蔓牵引到竹竿上，用细绳轻轻捆住即可。

（四）整枝

疏芽应在上架前进行，每株留 2 ～ 3 根粗壮茎蔓，去掉其余分枝和腋芽。上架后要及时摘除分叉、腋芽，剪去瘦弱和过密分枝，使茎蔓分布均匀，不重叠挤压。

（五）灌溉排水

栽后如遇干旱，可在离种根 10 ～ 15cm 处开沟浇水，地皮略干时划锄松土。每次施肥后在距植株 30cm 处做畦埂，放水浇灌。整个生长期要保持土壤湿润。雨后及时排涝，防止积水。

（六）剪藤打顶

9 月是栝楼植株顶端优势比较显著的时期，此时剪藤打顶，使果实能够获得充足的营养和足够光照，促进果实成熟，提高瓜蒌产量。

（七）培土越冬

北方寒冷地区，上冻前在植株周围中耕，施入农家肥，并从离地面 1m 处剪断茎蔓，把留下的部分盘好，放在根上，用土埋好，形成高 30cm 左右的土堆。亦可覆盖玉米秆保暖过冬。南方应在冬季追肥后培土护根，以利植株下一年生长旺盛。

（八）授粉

栝楼为雌雄异株植物，为提高果实和种子产量，开花期间选择天气较好的上午，用毛笔蘸取花粉逐朵涂抹到柱头上。通过人工授粉能大幅度提高结果率，是一项重要的增产措施。

五、病虫害及其防治

（一）病害及其防治

1. 根腐病 *Fusarium* sp.　只侵染根部，病株出苗偏晚，幼苗长势较弱，成株茎蔓纤细、叶片小、花少、结果率低、果实小、产量降低。防治方法：①撒施生石灰或草木灰改良土壤，及时去除病株；②用 50% 菌多灵可湿性粉剂 500 倍液或 70% 敌磺钠（根腐灵）可湿性粉剂 600 倍液灌根，每株浇药液 250mL 左右，每次间隔 7 天，连浇 2 ～ 3 次。

2. 炭疽病 *Colletotrichum* sp.　常年发生，8 ～ 9 月是主要危害时期。叶片发病首先出现水渍状斑点，逐渐扩大成不规则枯斑，病斑多时会互相融合形成不规则大斑，病斑中部出现同心轮纹，严重时叶片全部枯死。果实发病病斑首先出现水渍状斑点，后扩大成圆形凹陷，后期出现龟裂，重发病果失水缩成黑色僵果。果柄发病可迅速导致果实死亡，损失最大。防治方法：①发现早期病株及时将病残体清理出园深埋销毁；②喷洒 80% 多菌灵可湿性粉剂 600 倍液或炭疽福美 800 倍液，连喷 2 ～ 3 次。

（二）虫害及其防治

栝楼透翅蛾 *Melittia bombyliformis* Cramer　7 月下旬幼虫孵化后，在茎表面蛀食，并在离地面 1m 左右侵入，其分泌的白色透明胶状物和排泄的粪便混在一起，黏附在虫体表面，蛀入茎后，逐步将茎吃空，并使茎部逐步膨大，形成虫瘿。防治方法：①入冬前或早春刨栝盘，破坏虫茧的生存环境，降低越冬虫茧存活率；②成虫羽化高峰期以 80% 敌敌畏乳油 1000 倍液喷雾；③幼虫孵化前或幼虫钻蛀茎蔓前，用 50% 辛硫磷乳油 1500 倍液喷洒茎叶，连喷 2 ～ 3 次。

六、采收加工

（一）采收

1. 果实　栽后 1 ～ 2 年开始结果。10 月上旬当果实表皮有白粉并变成浅黄色时即可采摘。采摘时用剪刀在果柄与茎连接处连茎剪下。因成熟时间不一致，需分批采摘。

2. 块根　栽后 3 年即可采挖块根，以三至五年生雄株块根质量为佳。雄株于 10 月下旬采挖，雌株在果实采摘完后挖取，挖时沿根的方向深刨细挖，避免损伤根部。

（二）产地加工

1. 果实　将带茎蔓果实编成辫子挂起阴干，或将采摘的瓜蒌用纸包好悬挂于通风处晾干，即为全瓜蒌，禁止暴晒和烘干。将成熟瓜蒌剖开，取出瓜蒌瓤和种子，将果皮晒干或烘干，即为瓜蒌皮；将种子加入草木灰反复揉搓，至种子干净，去除杂质，是为瓜蒌子。

2. 块根　挖取块根后，去掉芦头，洗净，及时用竹片刮去粗皮，切成长 20cm 左右的段，粗根可再纵剖成 2 ～ 4 块，晒干或烘干。

七、药材质量要求

瓜蒌以完整、皱缩、皮厚、糖性足者为佳；瓜蒌皮以外表面色橙红、内表面色黄白、皮厚者为佳。瓜蒌干品水分不得过 16.0%，总灰分不得过 7.0%，水溶性浸出物（热）不得少于 31.0%。

瓜蒌子以饱满、肥厚、富油性者为佳。干品水分不得过 10.0%，总灰分不得过 3.0%，醇溶性浸出物不得少于 4.0%，3，29– 二苯甲酰基栝楼仁三醇不得少于 0.080%。

天花粉以条均匀（或块大）、色粉白、质坚实、粉性足、味微苦者为佳。干品水分不得过 15.0%，总灰分不得过 5.0%，水溶性浸出物（冷）不得少于 15.0%，二氧化硫残留量不得过 400mg/kg。

蛇 床

蛇床 *Cnidium monnieri*（L.）Cuss. 为伞形科蛇床属植物，以干燥果实药用，药材名蛇床子，为常用药材之一。其味辛、苦，性温，有小毒；具有燥湿祛风、杀虫止痒、温肾壮阳等功效；用于阴痒带下，湿疹瘙痒，湿痹腰痛，肾虚阳痿，宫冷不孕等症。现代化学及药理研究证明，蛇床子主要含有香豆素类成分，包括蛇床子素、欧前胡素、异虎耳草素、花椒毒素、佛手柑内酯和异欧前胡素等，对心血管系统、中枢神经系统、生殖系统、神经内分泌系统等均具有显著影响，有降血压、抗心律失常、镇静、抗菌、杀虫、抗病毒、抗诱变、抗肿瘤、抗炎等药理活性。

一、植物形态特征

一年生草本，高 30 ～ 80cm。茎直立，有分枝，表面有纵沟纹。叶互生，卵形，2 ～ 3 回羽状分裂，最终裂片线状披针形，先端尖锐；基生叶有长柄，柄基部扩大成鞘状。复伞形花序顶生或腋生；总苞片 8 ～ 10，线形；萼齿不明显，花瓣 5，白色，倒卵形，先端凹；雄蕊 5，与花瓣互生，花丝细长；子房下位，花柱 2 枚，花柱基部圆锥形，花柱细长，反折。双悬果宽椭圆形，果棱具翅。花期 4 ～ 7 月，果期 6 ～ 8 月。

二、生物学特性

（一）分布与产地

我国大部分地区均有分布，生于原野、田间、路旁、溪沟边等潮湿处。蛇床子药材主产于河北、浙江、江苏、四川等地。

（二）对环境的适应性

1. 对温度的适应 喜温暖环境，耐寒，对温度适应性强，北自黑龙江南至广东均可生长。

2. 对光照的适应 喜光，光照充足有利于光合产物形成，可促进植株生长和果实成熟。

3. 对水分的适应 喜湿润环境，常分布于低海拔河谷、湿地、草地等处，但也有一定耐旱性。

4. 对土壤的适应 对土壤要求不严，一般土壤均可生长，但以土层深厚、疏松肥沃的壤土为宜。

土壤湿润、日照充足和气候温暖有利于蛇床子素的积累。

（三）生长发育习性

生长发育期因地理位置不同而有所差异。在江苏、浙江一带，10 月播种，11 月为出苗期，翌年 4 月为生长旺盛期，4 月中旬～ 5 月上旬为开花期，5 月中旬为果熟期，5 月下旬～ 6 月上旬为枯萎期。

三、栽培技术

（一）品种类型

目前生产上未见有栽培品种形成，但产地不同蛇床子性状及成分有较大差异。根据果实大小和化学特征可将不同产区的蛇床分为 3 种类型：分布于黑龙江、内蒙古、辽宁北部等地的为肇东型蛇床，果实较小，直径 1.6 ～ 1.85mm，主要含角型呋喃香豆素；分布于陕西、河北、河南等地的为大荔型蛇床，果实中等大小，直径 1.85 ～ 2.1mm，含蛇床子素、线型呋喃香豆素和角型呋喃香豆素成分；分布于福建、浙江、江苏等地的为句容型蛇床，果实较大，直径 2.1 ～ 2.55mm，主要含有蛇床子素和线型呋喃香豆素。种质多样性为蛇床优良品种选育奠定了基础。

（二）选地与整地

宜选土层深厚、排水良好、疏松肥沃的地块种植。前茬一般为水稻、玉米、高粱、棉花等。前茬作物收获后，结合翻耕整地施足基肥，每亩施腐熟堆肥或土杂肥 3000kg、尿素 20kg、磷钾肥 50kg 作基肥，深翻约 30cm，整平耙细后做高畦，通常畦宽 1.20m、高 15cm。

（三）繁殖方法

采用种子繁殖。

1. 采种及种子处理　当蛇床果穗中 90% 果实的果皮变黄时，剪下果穗，由于成熟期不一致，要分批采果，采后置通风处晾干，脱粒，除去杂质，置阴凉、干燥处保存。

2. 播种　秋播、春播及立冬后播种均可，以秋播为好。秋播在 9 ～ 10 月；春播在清明前后。多采用条播，行距 25cm，开沟深约 2cm，将种子均匀地撒入沟内，然后覆土约 1cm，浇水，盖一薄层稻草保墒。每亩播种量 2 ～ 3kg。播后约 2 周出苗，当苗高 10cm 时，间苗并按株距 15cm 定苗。也可采用穴播，行距 25cm，穴距 10cm，每亩播种量 1.5kg。

四、田间管理

（一）松土除草

结合间苗进行除草，苗期除草要用手拔，以后可进行中耕除草，使田间土壤疏松、无杂草，以利蛇床植株生长。

（二）追肥

一般追肥 3 ～ 4 次。前两次在间苗和中耕后进行，每次每亩施稀人畜粪水 500kg；第三次在定苗后进行，每亩施人畜粪水 1000kg、尿素 20kg。植株现蕾后应追肥一次，每亩追施尿素 5kg、磷酸二氢钾 5kg。

（三）排灌水

播种后如土壤干旱应及时浇水，促持土壤湿润利于出苗。生长期如遇天气干旱，也应及时灌溉，以满足植株生长需要。雨水过多或田间积水时，应及时排水，以防发生病害或烂根。

五、病虫害及其防治

（一）病害及其防治

白粉病 叶片、茎和花梗上产生白色粉状斑，严重时病斑连片，使全株布满白粉，秋季病斑上产生黑色小点，即病原菌的闭囊壳。病菌以闭囊壳在病株残体上越冬，翌春气温适合时，子囊孢子借气流扩散引起侵染。防治措施：①彻底清除病株残体，减少病菌来源；②发病前喷波美 0.3 ～ 0.5 度石硫合剂，生长期喷 15% 粉锈宁 800 倍液或 50% 苯来特 1000 倍液。

（二）虫害及其防治

1. 红蜘蛛 *Tetranychus cinnabarinus*（Boisduval） 成、若虫吸食叶片汁液。防治方法：发生期用 50% 三氯杀螨砜 1500 倍液喷雾。

2. 黄凤蝶 *Papilio machaon* Linnaeus 幼虫危害叶、花蕾。防治方法：采用人工捕杀或在幼龄期喷洒 90% 敌百虫 800 倍液。

六、采收加工

（一）采收

因产地和播种时间不同采收期各异。立冬前后播种的 6 月中旬采收，春播的 7 月中旬采收，夏播的 9 月中旬采收。采收应选晴天进行，待其果实 90% 成熟时采收。

（二）产地加工

用镰刀割下有果实的茎梢，晒干，搓下果实，除去枝梗、碎叶、果柄等杂质，再晒至全干即可。

七、药材质量要求

以色黄、粒饱、香浓者为佳品。干品水分含量不得过 13.0%，总灰分不得过 13.0%，酸不溶性灰分不得过 6.0%，醇溶性浸出物不得少于 7.0%，蛇床子素不得少于 1.0%。

单叶蔓荆

单叶蔓荆 *Vitex trifolia* L. var. *simplicifolia* Cham. 为马鞭草科牡荆属植物，以干燥成熟果实药用，药材名蔓荆子。其性辛、味苦，微寒；具有疏散风热、清利头目等功效；用于风热感冒头痛、齿龈肿痛、目赤多泪、目暗不明、头晕目眩。现代研究表明，蔓荆子含有萜类、黄酮类、蒽醌类、木脂素类及挥发油类等成分，有抗炎、抗氧化、解热镇痛等药理活性。

一、植物形态特征

落叶灌木，罕为小乔木，高 1.5 ～ 5m，茎匍匐，小枝四棱形。单叶对生，通常三出复叶。圆锥花序顶生，花萼钟形，外面有绒毛；花冠淡紫色或蓝紫色，外面及喉部有毛，花冠管内有较密的长柔毛，二唇形，下唇中间裂片较大；雄蕊 4，伸出花冠外；子房无毛，密生腺点；花柱无毛，柱头 2 裂。核果近圆形，径约 5mm，成熟时黑色；果萼宿存，外被灰白色绒毛。花期 7 月，果期 9 ～ 11 月。

二、生物学特性

（一）分布与产地

适应性较强，全国大部分省区均有分布，常野生于沙滩、海边及湖畔。产于辽宁、河北、山东、江苏、安徽、浙江、江西、福建、台湾、广东等地，山东、江西、福建等地是主要产区。

（二）对环境的适应性

1. 对温度的适应　喜温暖环境，较耐高温和短期霜冻。当气温升至 8℃以上时，茎叶开始萌动，适于生长的温度为 25 ～ 28℃，可以耐受 -10℃低温，又能耐受 40℃以上高温。

2. 对光照的适应　喜阳光充足，不耐荫蔽，生长期间需要充足阳光，在避风向阳处生长良好，在荫蔽处生长瘦弱，开花结实少。

3. 对水分的适应　耐旱怕涝，排水不良、低洼易积水地不宜种植。生长期相对湿度 80% 左右。除幼苗期外其耐旱能力很强，在育苗期和定植初期，要注意水分管理、保持湿润，成年植株耐旱能力很强。在较长时间干旱的情况下，仍能正常生长，但在开花结果盛期，如遇严重干旱就会造成大量落花落果。

4. 对土壤的适应　对土壤要求不严，耐碱怕酸，凡土质疏松、不积水的沙滩荒地、盐碱地均可栽种，在酸性土壤中生长不良，以土壤疏松、肥沃的砂质壤土较好。

（三）生长发育习性

种子较大，千粒重 58.6g，4 月上、中旬播种，发芽适温为 20 ～ 25℃，发芽率为 60% 左右，经 30 ～ 40 天出苗。12 月开始落叶，植株停止生长。

三、栽培技术

（一）品种类型

山东、江西、浙江和福建等地均有不同规模的种植基地，不同产地种内变异分析发现，国产单叶蔓荆居群分为 3 种类型，即低纬度型、混杂型Ⅰ和混杂型Ⅱ。居群种内变异呈现出与纬度的相关性，而部分居群变异较为复杂。优良品种选育工作尚待深入。

（二）选地与整地

1. 育苗地　选择向阳、不易积水的疏松砂土作苗床，3 月以前每亩施腐熟堆肥约 2000 kg 作基肥，深翻 25 ～ 30cm，使土肥混合均匀，耙细整平，做宽约 1.3m 的苗床。

2. 种植地　宜选温暖、湿润、疏松、肥沃、排水良好的砂质土壤。大穴整地，穴大 40cm×40cm×40cm。陡坡上一般挖鱼鳞坑防止水土流失，林地上的灌木、杂草要清除干净。每穴用 50g 尿素拌土填穴，或每穴施放 50kg 堆肥、腐熟火土灰 12.5 ～ 25kg、过磷酸钙 1 ～ 1.5kg。填土比穴高 10 ～ 15cm，呈龟背形，以防止松土下陷积水，影响苗木生长。

（三）繁殖方法

以扦插繁殖为主，也可用种子、压条及分株等方法繁殖。

1. 种子繁殖　秋季采收将成熟果实，与2倍湿砂拌匀，堆放在室内阴凉通风处，翌年4月上、中旬取出待播。条播，行距30cm，沟深5～7cm，播幅10～13cm，并充分淋湿播种沟。播前将果实轻轻搓去外壳，置于35～40℃温水中浸泡24小时，捞出稍晾后，与混有粪肥的草木灰拌匀后播种。播后盖一层草木灰或土杂肥，再盖一层细砂土，最后盖草，保持土壤湿润。经30～40天出苗。每亩用种量6～8kg。苗期适当追施稀人畜粪水，促进幼苗健壮生长。

2. 扦插繁殖　春、秋两季均可进行，但以春季阴雨天气扦插为好。选取健壮、无病虫害的一至二年生枝条，剪成20cm长、具2～3个节的插穗，按株行距6cm×15cm插入苗床，入土深约为插穗的2/3，踏实泥土，浇透水，覆草，半个月即可发根。春季扦插者当年秋季定植，秋季扦插者翌春4月上旬移栽。亦可将枝条剪成40～50cm的插穗直接插入大田。

3. 压条繁殖　在5～6月植株生长旺盛期，选择一至二年生健壮枝条，用波状压条法，将枝条每40～50cm埋入土中，深约15cm，压实。待枝条与土壤接触处长出不定根后分段截断，与母株分离后带根定植。

4. 分株繁殖　在4月上旬或7月上旬，选阴雨天，将老蔸周围的萌芽连根挖出，随挖随栽。

5. 移栽　在秋季或春季、植株落叶后至萌芽前，选择雨后或阴雨天栽植在选好的地段，按株行距1.5m×1m开穴，穴长、宽、深各30cm，穴内适施有机肥，与土壤混匀，将苗栽入穴内，每穴栽1株，填土压实，浇透水。

四、田间管理

（一）中耕除草

定植后1～2年，植株矮小尚未封行，应注意中耕除草。一般在春季萌芽前、6月和冬季落叶后进行，冬季中耕结合培土进行。

（二）追肥

定植后以施人畜粪水为主，一般结合中耕除草进行。植株开始开花结果后，应增施磷肥，每年2次，第一次于开花前，第二次在修剪后，每株施有机肥10kg、三元复合肥1kg，环状沟施。在花期还可喷施1%过磷酸钙溶液1～2次，有明显增产效果。

（三）排灌

怕水淹，积水易造成严重落花落果，并导致病害发生，故雨季应及时排除积水。干旱年份和季节及时灌水。

（四）整枝打顶

生长5、6个月后，枝条密集丛生，应在冬眠期，将老枝、弱枝、枯枝和病枝剪掉，促其多发新枝，新枝长到1m左右时应打顶，以利开花结果。对生长多年而长势较弱的植株，要进行更新修剪。

五、病虫害及其防治

（一）病害及其防治

1. 叶斑病 ***Alternaria* sp.**　7～9月发生，危害叶片。防治方法：①选地势高燥处种植；②秋季收果后，清洁田园；③发病前用1∶1∶100波尔多液喷雾；④发病初期用65%代森锌500倍液、75%百菌清800倍液、50%腐霉利1000～1500倍液喷雾。

2. 菟丝子 ***Cuscuta chinensis* Lam.**　一般于每年5月开始发生，至5月下旬迅速蔓延，6月为危害严重期，植株被菟丝子缠绕后，生长衰弱，茎蔓短小，叶片变黄，结果减少，严重的全株枯死。防治方法：①播种时，注意净选种子，清除菟丝子种子以减少病害；②加强田间检查，发现菟丝子随即摘除，并集中烧毁；③发生时喷洒生物农药“鲁保一号”，药液浓度为每毫升含5000万个孢子，选择阴天或傍晚每7天左右喷1次，连喷2～3次即可。

（二）虫害及其防治

吹棉介壳虫 ***Icerya purchase***　以雌虫在植株上越冬，每年2～3月开始出现若虫。一年发生2～3代。以若虫和雌虫群集在幼枝和嫩叶、幼果上为害，使叶片变黄、茎秆干裂、果实干缩，严重时全株枯死。防治方法：①冬季清园，烧毁枯枝落叶；②加强整枝修剪，改善田间通风透光条件；③注意保护大红瓢虫、黑缘瓢虫等天敌；④发生初期喷洒80%敌敌畏1000倍液。

六、采收加工

（一）采收

9月中下旬果实由绿色变成黄褐色时即可采收。

（二）产地加工

果实采收后，先在室内通风干燥处堆放发汗3～4天，然后晒干，扬净枝叶，筛去泥沙。

七、药材质量要求

以粒大、饱满、体轻、果皮外被白膜、质坚韧、不易破碎、气芳香而辣者为佳。干品杂质不得过2%，水分不得过7.0%，总灰分不得过7.0%，浸出物不得少于8.0%，蔓荆子黄素不得少于0.030%。

阳春砂

阳春砂 *Amomum villosum* Lour. 为姜科多年生草本植物，以干燥成熟果实入药，药材名砂仁，为我国特产药材，属于四大“南药”之一。阳春砂在我国具有悠久的种植历史，使用历史有1300多年。性温，味辛；归脾、胃、肾经；具有化湿开胃、温脾止泻、理气安胎等功效；用于湿浊中阻、脘痞不饥、脾胃虚寒、呕吐泄泻、妊娠恶阻、胎动不安等病症。果实中主含挥发油，含量约3%，尚含有儿茶素类、黄酮类、有机酸等化合物。

阳春砂作为我国重要的“南药”之一，市场需求量较大，但由于结果率低、产量低，目前仍供不应求，如何提高产量是今后生产中需要重点解决的关键问题。

一、植物形态特征

多年生常绿草本，高达 1.5 ～ 2.5m。根状茎圆柱形，横走，有节。茎直立。叶 2 列，披针形。花茎由根茎上抽出，穗状花序呈球形。花冠管细长，先端 3 裂，白色；发育雄蕊 1，药隔顶端有宽阔的花瓣状附属物；雌蕊花柱细长，先端嵌生两药室之中，柱头漏斗状高于花药，子房下位，3 室。蒴果近球形，不开裂，直径约 1.5cm，具软刺，熟时棕红色。花期 3 ～ 6 月，果期 6 ～ 8 月。

二、生物学特性

（一）分布与产地

分布于东经 99° 56′～ 112° 26′、北纬 21° 27′～ 23° 27′的热带、亚热带季风气候地区。主要分布于广东、云南，广西、贵州、四川、福建亦有分布，多为栽培。广东阳春、新兴、高州、信宜等地为道地产区。

（二）对环境的适应性

1. 对温度的适应　在年平均气温 22 ～ 28℃生长良好，花果期对温度要求严格，22℃以下开花不正常，25℃以上有利于授粉、结果率高。对冬季短时期低温有较强耐受力，直立茎比叶耐寒，根茎又比直立茎耐寒。2℃低温对秋季幼苗影响最大，死亡率达 50% ～ 100%。若冬季出现反复霜冻，花芽分化缓慢，开花期推迟。

2. 对光照的适应　是半阴生植物，喜漫射光线，强光直射对生长发育不利。若过于荫蔽，生长虽旺盛但开花结果少。最适宜的荫蔽度为 50% ～ 70%。

3. 对水分的适应　属中性植物，土壤和空气湿度过大或过小都会影响植株的生长发育。年降雨量在 2500mm 左右、年平均空气相对湿度在 80% 以上为好。花期多雾、土壤湿度大（土壤含水量 22% ～ 27%）结果较多，连续阴雨会造成烂花，久旱会使花干枯、果实不饱满、降低结果率。果实发育阶段雨水不宜过多，如遇积水应及时排水。

4. 对土壤的适应　是嗜肥植物，丰产地多分布在土壤腐殖质丰富、表土厚达 20cm 的肥沃土壤上，以疏松肥沃、保水力强、pH 值 4.8 ～ 5.6 的黑色砂泥并夹有小石砾的土壤为佳。

（三）生长发育习性

1. 根茎的生长　种子春播后约 20 天出苗，出苗后随着茎叶生长，茎基部萌发出 1 ～ 2 条根状茎。根状茎顶芽萌发生长形成幼笋，幼笋基部产生新的根状茎，继续横向生长。不断生出新的笋苗、根状茎，如此繁殖生长形成植株群体。以 4 ～ 9 月分蘖生长最盛。若管理良好，一年内平均每株有 35 ～ 40 个以上的分蘖。

2. 茎、叶的生长　每年 1 ～ 2 月植株萌芽，2 月下旬开始抽苗。一般情况下，每年春季 2 ～ 4 月、秋季 8 ～ 10 月抽笋 2 次。由于营养与管理水平不同、根状茎生长发育不一致，抽笋有先后之分，大田中有笋苗、幼苗、健苗、老苗、枯苗并存的情况，控制田间各种苗的比例，是稳产、高产的关键。健苗的根状茎抽出的花序多，幼苗、枯苗抽出的花序少。一年生的分蘖株，一般只有 5 ～ 6 片叶，茎挺直，二年生以上的则有 6 ～ 18 片叶，茎端略弯曲。地上植株从出苗到枯死约 160 ～ 240 天。

3. 花的发育　实生苗第三年开始开花结实，分株繁殖苗二年即可开花结实。花序的分化及其数量随海拔高度、环境条件、管理状况和植株发育阶段（年龄）的不同而有明显差异。3 月中旬现蕾，开花期连续阴雨，花往往腐烂不结果。如干旱过久，花会干枯。广州地区 4 月中旬～ 5 月上旬气温一般在 22℃左右，开花数量不多，约占总开花数的 5% ～ 20%，为初花期（约 15 天）。5 月上旬～ 5 月中旬气温升到 24℃左右，开花数量骤然增多，占总开花数的 50% ～ 80%，为盛花期（10 ～ 15 天）。5 月下旬～ 6 月上旬开花数量逐渐减少，占总开花数的 10% ～ 20%，为末花期。

花序上的花从上往下逐步开放，早开早谢，因而在花序轴上经常见到几个不同发育阶段的花。一般自第一朵开放到最后一朵开完需要 7 ～ 19 天，通常是 12 天。气温高时也有 4 ～ 5 天开完的。每天开 1 ～ 3 朵或 4 ～ 5 朵，随气温上升，开花数量逐渐增多，随后又逐渐减少。花瓣开放时间多在凌晨 5 ～ 6 时，上午 9 时花粉囊开裂，花粉散出。花粉依靠昆虫传粉，如果不借助昆虫授粉或人工辅助授粉，结实率仅有 5% ～ 8%。

4. 果实的发育　小花授粉 3 天后子房开始膨大形成幼果，授粉 50 天内果实生长迅速，此后基本不再膨大，逐渐开始成熟。再经过 50 天左右，果实完全成熟，呈深紫色。

阳春砂结果率很低，结果率与环境条件及施肥管理有密切关系。花期雨水的分布情况对砂仁产量影响很大，通风透光情况也显著影响产量，适当的通风透光可避免花期气湿太大从而提高结果率。幼果期果径在 0.31cm 时落果较多。笋苗、幼苗的生长发育对种群更新和第二年的开花结实有重要作用。

三、栽培技术

（一）品种类型

目前阳春砂的栽培品种有长果、圆果、仲华、锦秋 4 个类型。遗传聚类分析表明，长果类型和圆果类型遗传距离最小，可聚为一类，仲华类型和锦秋类型聚为一类。锦秋类型株高明显大于其他 3 个栽培类型，其叶舌长度介于长果类型、圆果类型之间，锦秋类型叶缘具有双边波状和单边波状两种现象，而长果类型、圆果类型都是双边波状叶片，锦秋类型果实形状为胖圆形，与圆果类型相似，颜色为黑褐色，与长果类型、圆果类型相区别，果实上的果刺形状则与长果类型、圆果类型相似。长果类型果实形状近橄榄球形、顶端较尖，而圆果类型果实形状近圆球形、顶端较平。果实纵横径比、果穗柄长和干果皮厚度是长果类型和圆果类型的极显著差异性状，其中圆果类型干果皮平均厚度是长果类型的近 3 倍，2 个栽培类型在果实纵、横径，每果穗果实数，干果种子团质量方面也有显著差异。

（二）选地和整地

1. 育苗地　宜选择背北向南、通风透光、土壤湿润、排灌方便、荫蔽条件良好、疏松肥沃的砂质壤土为好。播种前翻耕，细致整地，每亩施过磷酸钙 20 ～ 25kg、厩肥或土杂肥 1250 ～ 1500kg 作底肥。整平耙细做床，宽 1m、高 15 ～ 20cm。苗床要求平坦、疏松，中间略呈龟背形，以防积水。苗床最好东西向，便于搭棚防晒；如果是老苗圃，则要进行土壤消毒。在苗床距离地面 1m 高度搭荫棚。

2. 种植地　宜选肥沃、疏松、保水保肥能力强、避风、排灌方便、空气湿度大，长有荫蔽林木的缓坡或平地。土质以中性或微酸性的壤土、砂壤土为宜。荫蔽树以常绿阔叶乔木最好，如白饭树、鸭脚木、柿、重阳木、龙眼及其他杂木树等均可。清除地内杂草、灌木，砍去过密树木，深翻 25cm 以上，为防止水土流失可行带状耕作。平地栽种时则应注意排涝，畦面做成拱形。

（三）繁殖方法

采用种子和分株繁殖。

1. 种子繁殖

（1）选种　8 月初果实成熟时采收，选择无病虫害的丰产地段作为选种地块，或再进行穗选、粒选。挑选果粒大、种子饱满、无病虫害的成熟果穗或果实作种。

（2）采种及种子处理　7 ～ 8 月初，当果实由鲜红转为紫红色，种子由白色变为褐色和黑色、质地坚硬、有浓烈辛辣味时采收，堆沤 35 天，除去果皮，放在清水里，加入油砂或谷壳，用手擦去果肉，换水多次，洗去胶质糖分，放在阴凉处晾干，立即进行秋播。若要春播，可将处理好的种子藏于湿沙中或阴干贮藏，次年惊蛰至清明节播种。

（3）播种方法　播种前，先将种子在 35 ～ 45 ℃温水中浸 1 ～ 2 天，播种时按行距 13 ～ 17cm 开沟条播或在沟内按株距 5 ～ 7cm 点播，沟深 1 ～ 1.5cm，播后均匀地、薄薄地撒上一层细碎火烧土或覆盖一薄层腐熟干粪，以树叶遮阴。每亩播种湿籽 2.5 ～ 3kg，相当于鲜果 4 ～ 5kg。在日平均气温 28℃左右时，播后 20 天左右便可出苗。

2. 分株繁殖

（1）分株苗选择　选择当年生具有 1 ～ 2 条带有鲜红色嫩芽的地下根茎、茎秆粗壮、具 5 ～ 10 片叶的植株作为繁殖母株，在连接母株地下茎的 4 ～ 5 寸处割断分出新株，分出的新植株视天气和苗高情况适当剪去部分叶。最好当天挖苗，当天种植，以提高成活率。

（2）栽种季节　春秋两季均可种植，但以春季 3 ～ 5 月为好，秋季 8 ～ 9 月亦可定植。

（3）栽种方法　每亩栽种 1500 ～ 2000 株。分株苗一般不经育苗而直接种植，定植前挖穴，植穴挖成人字形或长三角形，深约 15 ～ 20cm，覆土约 4 ～ 7cm，以仅仅将颈部盖住为佳；根茎嫩芽要用薄细土盖好，不要露出土面，以免干枯。植后要立即淋水。生长后每半月施肥一次，以氮肥为主。

四、田间管理

（一）育苗地管理

1. 遮阴　幼苗怕阳光直射，荫蔽度以 80% ～ 90% 为好。待幼苗长出 7 ～ 8 片叶时，荫蔽度应控制在 70% 左右。

2. 间苗　当苗高 3 ～ 5cm 时间苗，去弱留强，使株间相隔 3cm。

3. 施肥　分别在幼苗长有 2 片、5 片和 8 ～ 10 片叶时各施稀薄水肥 1 次，施肥以腐熟的人粪尿为主，开始宜稀，以后逐渐增大浓度。施肥前先拔除杂草，以免争夺肥料。

4. 灌溉　幼苗根浅，遇旱易死，需要根据天气情况浇灌，以保持土壤湿润。如土壤干旱则出苗率低或根本不出苗。次年春天，如雨水多，则应注意排水。

5. 防寒　在冬季和早春可增施腐熟的牛粪、火烧土和草木灰等，以保温并增强抗寒力。寒潮来时，也可用尼龙薄膜覆盖以防寒，风口处应搭设挡风棚。

（二）种植地管理

1. 除草　定植后 1 ～ 2 年，每年除草 2 ～ 3 次。第三年开始进入开花结果期，一般每年除草 1 ～ 2 次，由于阳春砂的根茎沿地匍匐，故不能用锄头除草，只能用手拔。

2. 施肥培土　施肥应以农家和有机肥为主。新种植株每年施肥 2 ～ 3 次，除施堆肥、牛栏肥、火烧土、过磷酸钙和猪粪水沤制的肥料外，还要适当增施氮肥。开花结实后，以磷、钾肥为主，一般施沤制的火烧土、牛粪和过磷酸钙。

秋季摘果后，用含有机质的表土，火烧土均匀地撒在阳春砂地上，其厚度以盖没裸露的根状茎为度，促进植株多分蘖，株粗芽壮，还可增强抵抗力，使植株安全过冬。

3. 防旱排涝　新种植株要经常灌水或淋水，保持土壤湿润。进入开花结果年龄时，在冬春花芽分化期要求水分少些，开花期和幼果形成期要求土壤湿润，空气的相对湿度在 90% 以上。如雨水过多，土壤过湿，则易造成烂果。

4. 调整荫蔽度　种植后 1 ～ 2 年就进入分株繁殖阶段，要求 70% ～ 80% 的荫蔽度；进入开花结实年龄，荫蔽度可适当减少，以 50% ～ 60% 为宜。

5. 人工辅助授粉　由于阳春砂的花器构造较特殊，不能自花授粉，须进行人工辅助授粉。生产上常用如下两种方法：①推拉法：正向推拉，以大拇指与食指夹住雄蕊与唇瓣，拇指将雄蕊向下轻拉，再将雄蕊向上推，使花粉擦在柱头上；反向推拉，方向与正向不同点是先推后拉。操作时用力要适当，太轻，则授粉效果差；太重，则伤害花朵。②抹粉法：用左手的拇指和中指夹住花冠下部，右手的食指（或用小竹片）挑起雄蕊，并将花粉抹在柱头上。人工授粉最佳时期是盛花期，最佳时间是早上 8 ～ 10 时。

6. 保护和引诱传粉昆虫　昆虫是最好的传粉媒介。据产区调查，传粉昆虫多的地段，自然结实率可高达 50% ～ 60%。传粉昆虫以彩带蜂效果最好，排蜂、小酸蜂是授粉的野生蜂，小酸蜂比排蜂易于驯养，可选为阳春砂理想的授粉蜂。

7. 预防落果　在花末期和幼果期，喷 5mg/L 的 2，4–D 水溶液，或者 5mg/L 的 2，4–D 加 0.5% 磷酸二氢钾，保果率可提高 14% ～ 40%；用 0.5% 尿素喷施花、果、叶，或 0.5% 尿素加 3% 过磷酸钙溶液喷施花、果，保果率可提高 52% ～ 55%。

8. 补苗与割苗　定植后，发现缺苗及时补种，收果后要进行适当修剪，除割去枯、弱、病残苗外，在苗过密的地方，还应割除部分“春笋”，保留 40 ～ 50 株 /m^2，即一般山区每亩留苗 2.5 万株以下，丘陵平原地区 3 万株以下，而且分布要均匀。

9. 衰退苗群更新　阳春砂连续几年开花结果后，苗群明显衰退，老苗多、壮苗少，产量低。为了恢复苗群长势，收果后将老苗离地面 5cm 处刈去，施经沤制过的混合肥，春季出苗后，再追施适量的氮肥，一般经过 2 ～ 3 年的精心管理，苗群复壮，产量提高。

五、病虫害及其防治

（一）病害及其防治

1. 炭疽病 *Colleto trichumzingiberi*（Sundar.）Butler et Bisby　主要危害幼苗、嫩叶。发病初期嫩叶尖或叶缘出现暗绿色不规则病斑，随后扩大，颜色变深，病部变软，叶片似开水烫过，呈半透明状干枯或水渍状下垂，严重时迅速蔓延到叶鞘和下层叶片，最后全株叶片软腐或干枯而死。低温、高温及土壤排水不良情况下易发病。防治方法：①选择适宜生境，注意排水，及时去除老、弱、病、残、枯苗；②及时清洁田园；③育苗地用2%福尔马林溶液喷洒畦面消毒；④增施火烧土、草木灰、石灰；⑤发病初期及时剪除病叶集中烧毁，然后喷洒1∶1∶300波尔多液，每10天喷1次。

2. 叶斑病 *Phyllosticta zingiberi* Hori 主要危害叶片和叶鞘。在缺少遮阴、干旱地区发病率高。初时叶片出现水渍状、不规则暗绿色病斑，后迅速扩大变成褐色，边缘棕褐色，中间灰白色；潮湿时病斑上布满黑霉层，叶片上常有数个或数十个病斑，扩大后相互融合，使叶片干枯。防治方法：①收果后结合割枯老苗清除病株集中烧毁；②保持适宜荫蔽度；③冬旱期要适时喷水，使植株生长健壮；④发病初期用50%托布津1000倍液喷洒，每隔10天喷1次，至控制为止。

3. 果疫病 *Rhizoctonia solani* Kühn. 主要危害近成熟果实。一般在7～9月发生，初期果皮出现淡棕色病斑，后扩大至整个果实，使之变黑、变软、腐烂，果梗受害后呈褐色软腐状。在潮湿环境下，患部表面生有白色绵毛状菌丝。防治方法：①及时把病果收获加工，减少病原菌传播；②春季注意排水，增施草木灰、石灰，增强果实抗病力；③幼果期，把苗群分隔出通风道，改善通风条件；④喷施1∶1∶150波尔多液，每10天喷1次，连喷2～3次，收果前停止喷药。

（二）虫害及其防治

黄潜蝇 *Epinotia leucantha* Meyrick 又名钻心虫，幼虫蛀食幼笋生长点，使生长停止或腐烂，造成枯心，俗称“枯心病”。被害“幼笋”先端干枯，直至死亡。在管理粗放、长势衰弱地段，受害率可达40%～60%。防治方法：①加强水肥管理，促进植株生长健壮；②及时割除被害幼笋，集中烧毁；③成虫产卵盛期喷洒40%乐果乳剂1000倍液，每隔5～7天喷1次，连喷2～3次。

另外，老鼠、果子狸或其他动物偷吃果实，可通过人工捕杀或毒饵诱杀防治。

六、采收加工

（一）采收

种植后2～3年收获。一般在8月中旬～9月中旬果实成熟，由鲜红色变成紫红色、有浓烈辛辣味时及时抢收。采收期对活性成分含量有影响，见表13-1。采收时，山区自下而上进行，平原则分畦采摘。用小刀或剪刀将果序剪下，不宜用手摘，以防伤害匍匐茎影响次年开花结果，同时应尽量避免践踏根茎。

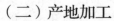

表13-1 阳春砂不同生长期中挥发油及醋酸龙脑酯含量

不同生长期	挥发油 mL/100g	醋酸龙脑酯 mg/g
幼果	1.50 ± 0.098	6.57 ± 2.76
未成熟果	3.50 ± 0.145	23.43 ± 3.21
成熟果	3.17 ± 0.248	20.15 ± 2.14

（二）产地加工

采收后的果实应及时干燥，以免腐烂。多用炉火焙干，温度控制在40℃左右。每隔2小时左右翻动1次，焙至5～7成干，剥去果壳，在35℃下完全焙干。保存条件以温度25℃以下、相对湿度小于70%为宜。商品安全水分含量为10%～12%。

七、药材质量要求

以果实均匀、果皮紧贴种子团、种子团饱满棕褐色，具有润性、气香浓、味辛凉浓厚者为佳。干品水分含量不得超过15.0%，含乙酸龙脑酯不得少于0.90%，种子团挥发油含量不得少于3%。

酸　橙

酸橙 *Citrus aurantium* L. 为芸香科柑橘属植物，以干燥未成熟果实药用，药材名枳壳。自然脱落的幼果亦可药用，药材名枳实。枳壳与枳实均为常用中药。枳壳性微寒，味苦、辛、酸；具有理气宽中、行气消胀等功效；用于治疗胸胁气滞、胀满疼痛、食积不化、痰饮内停、脏器下垂等症。枳实性微寒，味苦、辛、酸；具有破气消积、化痰散痞等功效；用于治疗积滞内停、痞满胀痛、泻痢后重、大便不通、痰滞气阻、胸痹、结胸、脏器下垂等症。现代化学及药理研究证明，枳壳、枳实含有黄酮、生物碱、挥发油、香豆素等成分，具有多种药理作用。如新橙皮苷、柚皮苷等黄酮类成分，具有抗氧化、抗炎、抗肿瘤、抗微生物、解毒、抑制毛细血管脆性、护肝等作用；辛弗林、N–甲基酪胺等生物碱类成分，有升血压、抗休克、扩张气管以及促进胃肠动力、提高新陈代谢、利尿、镇咳、祛痰、抗菌等作用；柠檬烯、芳樟醇等挥发油成分，具有理气、镇咳、祛痰、抗菌、抗病毒、镇静等作用；马尔敏、伞形花内酯等香豆素类成分，具有镇痛、抗炎、抗肿瘤、抗心律失常等作用。

一、植物形态特征

常绿小乔木，幼枝三棱状，枝叶茂密，刺多。叶色浓绿，质地颇厚，翼叶倒卵形，基部狭尖，叶柄有倒心形叶翼。总状花序有花少数，花白色，花蕾椭圆形或近圆球形，花瓣5，单生或数朵簇生于叶腋，气芳香。果球形或略扁，果皮稍厚至甚厚，难剥离，橙黄至朱红色，果心实或半充实，果肉味酸，有时有苦味或兼有特异气味，种子多且大。花期4～5月，果期9～12月。

二、生物学特性

（一）分布与产地

主要分布于在我国长江流域及其以南的江西、四川、湖南等省区，多生长于丘陵、低山地带及江河湖泊沿岸等阳光充足、温暖、湿润的地方。主产于江西、湖南、四川、重庆、江苏、福建等省区。

（二）对环境的适应性

1. 对温度的适应　喜温暖气候，年平均气温要求在15℃以上，10℃以上可发芽，生长最适温度为20～25℃，可忍受的最低温度为–5℃左右，在水分充足条件下，40℃左右也不落叶，能正常生长。

2. 对光照的适应　喜光，耐阴性亦强，但仍以向阳为好。尤其在开花及幼果生长期间，光照不足易发生落花落果现象。但光照不宜太强，太强温度太高，常引起日灼，且会引起叶绿素分解，导致果实碳水化合物含量降低。

3. 对水分的适应 喜湿润环境，宜在年降水量 1000 ～ 2000mm 且降雨分布均匀的地方生长。相对湿度 75% 左右为好，若湿度太小果实发育不良，形小皮薄，色泽不鲜，影响产量和质量；若湿度太大则根系生长不良，叶片黄薄，且易脱落。

4. 对土壤的适应 以土层深厚、质地疏松、排水良好、肥沃的壤土或砂壤土或砾质土为宜。过于黏重、排水不良、盐碱性大的土壤不宜栽种。土壤 pH 值 6.5 ～ 7.5 为宜。

（三）生长发育习性

1. 根的生长 根为直根系，多分布在 25 ～ 90cm 土层内。在生长期中，根生长的消长常与地上部分交互发生。二十年生的实生树，根系分布直径可达 6 ～ 8.5m，根深 2.4 ～ 3m。须根则多在 8 ～ 30cm 的表土中生长，5 月下旬～ 8 月生长速度最快。

2. 茎的生长 每年 3 ～ 4 月萌芽长出新枝。嫩枝表皮呈绿色，能进行光合作用。树梢在一年中可发生 3 ～ 4 次，有春梢、夏梢、秋梢和冬梢之分。其中春、夏、秋梢发生最多，均可形成结果母枝。

3. 叶的生长 在一年四季均可发生新叶，以春季最多，夏、秋、冬季依次减少。随着叶片数量的增加，果实的收获量也随之增加。

4. 花、果实的发育 4 月为现蕾期，4 ～ 5 月为花期，花期过后形成幼果，果实成熟期 11 ～ 12 月。酸橙结果年龄与种苗来源有关，一般无性繁殖苗 4 ～ 5 年可结果，种子实生苗需 8 ～ 10 年才能结果。结果期长达 50 年以上。花、果的发育，与着花数、授粉、天气及栽培管理等因素有关，生理上常发生落花落果和大小年结果的现象。

三、栽培技术

（一）品种类型

酸橙的栽培品有臭橙、香橙、勒橙、柚子橙等。目前生产上常用的品系以臭橙和香橙为主，臭橙的质量好，香橙的产量大。

（二）选地与整地

1. 育苗地 宜选土层深厚、质地疏松、排水良好的砂壤土或壤土，且 2 ～ 3 年内尚未培育过柑橘类苗木的地块。施足基肥，深耕 25 ～ 30cm，于播种前耙细整平，做成宽 1.3m、高 20cm 的畦。整地后用硫酸亚铁、生石灰等于播种前或移栽后的 7 ～ 10 天进行土壤消毒。

2. 种植地 选择阳光充足、排水良好、湿润、疏松、土层深厚的砂壤土和冲积土为好。丘陵和缓坡山地应在定植前一年进行全面垦复。地块选好后，整细耙平，挖大穴，栽植前施基肥，成片栽植。

（三）繁殖方法

可采用嫁接繁殖、种子繁殖和压条繁殖。生产上以嫁接繁殖为主。

1. 嫁接繁殖 多采用芽接和枝接。可采用本砧或者柑橘 *Poncirus trifolia* J. 作砧木。选用生长旺盛、无病虫害、已开花结果的酸橙优良品种臭橙植株，剪取树冠外围中上部向阳处的一年生健壮枝梢作接穗。芽接以 7 ～ 9 月为好，枝接以 2 ～ 3 月为好。嫁接成活后，在苗圃培育一年，苗高 40 ～ 50cm、干粗 0.8cm 以上时即可出苗定植。

2. 种子繁殖

（1）采种及种子处理　选树龄 20 年以上、生长健壮、连年结果、优质高产、无病虫害的单株作为母株，于 11 ～ 12 月收集自然落地果实，将其剖开取种，或将果实堆积待开始腐烂时淘取种子。取出种子后，清水淘净果皮、果肉等杂质，再用草木灰将种子轻轻搓洗干净，或用温水洗涤 2 ～ 3 次，用清水漂洗干净，以种子上无黏度为度，然后摊放阴凉通风处晾干，便可播种或贮藏。

（2）播种育苗　可冬播或春播，冬播在当年采种后随即播种，春播在翌年 3 月下旬～ 4 月上旬进行。播种时将优良种子先用 1% 高锰酸钾浸泡 5 ～ 10 分钟，再用清水洗净后播种。多采用条播，在苗床上按行距 20cm 横向开沟，沟深 4 ～ 5cm，将种子按株距 4 ～ 6cm 播入沟内。播后用火土灰或肥土盖种，以不见种子为度，床面盖草。出苗前保持土壤湿润。出苗后及时揭去盖草。苗高 10 ～ 15cm 时，结合中耕除草，追施腐熟人畜粪尿或尿素。培育一年即可出圃定植。

3. 压条繁殖　4 ～ 5 月，在丰产、稳产、上年坐果适中的树上选粗壮充实且无虫害的枝条，在基部环切一条宽约 1cm 的缝，剥去树皮，用塑料薄膜包上湿泥（营养土或菜园土），每天或隔 1 ～ 2 天浇水 1 次，半个多月可生根，壮树每树可接 6 ～ 10 枝，约 2 ～ 3 个月后，移栽于种植地，5 ～ 6 月后可定植。

4. 移栽　3 月中旬或 10 月下旬～ 11 月上旬进行。起苗后苗木用钙镁磷肥拌黄泥浆沾根，也可在调泥浆时加 30mg/mL 的 GGR 生根粉溶液以利生根。移栽时将苗木栽入种植地的穴中，每穴一株，填土至一半时将苗木向上稍提，使根系舒展，然后填土至满穴，踏实，浇透定根水，表面再覆土。

四、田间管理

（一）中耕除草

幼树栽种后于每年春、夏、秋各中耕除草一次，亦可结合间作物管理进行；成林后每年在春夏两季各进行一次，避免草荒。以除杂草、土不板结为原则，做到株行中间宜深，根际周围宜浅。

（二）追肥

幼树在定植后苗芽出、翌年春季萌芽前、第三至第四年春萌芽前结合中耕除草追肥 3 次，以施腐熟粪水为主，亦可用河塘泥、堆肥、草木灰、过磷酸钙及硫胺等，以促使抽发新梢。结果树在每年 10 ～ 11 月，春季萌芽前，花蕾期、谢花后和第一次生理落果后施肥 3 次，以氮、磷、钾肥配合，农家肥与化肥相结合为原则。

（三）排灌

4 ～ 6 月雨季应及时排水，以防烂根，引起落叶落果，植株死亡；7 ～ 10 月气温高，雨水少，应灌水防旱。

（四）整形修剪

1. 幼年树的整形 枝梢长到 40cm 左右长时摘心，可促枝粗壮和充实。不用的徒长枝、弱枝、内膛枝、交叉枝等要尽早剪除。使树冠成自然半圆形和主干圆筒形等丰产树型。

2. 成年结果树的修剪 应掌握强疏删、少短截、疏密留稀、去弱留强的原则。每年进行冬剪和夏剪，剪去枯枝、病虫枝、丛生枝、下垂枝、衰老枝和徒长枝培养预备枝。当夏梢生长 15cm 左右时摘心。

3. 衰老树的修剪 以更新复壮为主，进行强度短截，删去细弱、弯曲的大枝，培育新梢，同时勤施肥松土，促使当年能抽生充实新梢，翌年可少量结果，第三年可逐渐恢复树势。

（五）保花保果

在花谢 3/4 时和幼果期，以 50mg/L 赤霉素加 0.5% 尿素溶液进行根外追肥，还可喷施 10mg/L 的 GCR 生长调节剂加 0.2% 的磷酸氢钾。

五、病虫害及其防治

（一）病害及其防治

1. 溃疡病 *Xanthomonas chinensis*（Hasse）Domson 危害嫩叶、幼果及新梢。防治方法：①严格检疫，选用无病苗木、接穗和种子；②修剪病枯枝叶，集中烧毁，改善通风透光度；③抽春梢或花蕾将现白时及谢花后，喷 1∶1∶200 波尔多液，每隔 7 天 1 次，连续喷 2 ～ 3 次；④冬季至早春喷波美 0.5 ～ 1 度石硫合剂 1 ～ 2 次。

2. 疮痂病 *Sphaceloma fawcetti* Jank 危害新梢、叶片、花果等幼嫩器官。防治方法基本同溃疡病，在春芽刚萌发时喷 0.5∶1∶100 波尔多液 1 次，生理落花 2/3 或停止时或花谢后再喷 1 次。

3. 烟煤病 *Capnodium citri* Berk.et Desm 危害枝、叶和果实。防治方法：①修剪树枝，改善透性；②及时彻底防治介壳虫等害虫；③注意排水，降低湿度。

（二）虫害及其防治

1. 星天牛 *Anoplophora chinensis* Forst 危害树干。防治方法：①羽化期及时捕杀；②用铁丝钩杀幼虫；③以 80% 敌敌畏等浸湿药棉塞入蛀孔，用泥封口熏杀幼虫；④用白僵菌液（每毫升含活孢子 1 亿）从虫孔注入；⑤树干涂石硫合剂或刷白剂，防止成虫产卵及幼虫蛀食。

2. 介壳虫 *Scale insect* 危害果实及枝叶，诱发烟煤病。防治方法：①剪除密枝、荫蔽枝及虫口过多的枝叶；②发生期喷 90% 敌百虫 500 ～ 1000 倍液或 25% 亚胺硫磷 500 ～ 800 倍液。

3. 潜叶蛾 *Phyllocnistis citrella* Stainton 危害春梢叶片。防治方法：①冬季清理枯枝落叶，消灭越冬蛹；②夏、秋梢芽出现时，喷 90% 敌百虫 500 倍液或喷阿维菌素 500 ～ 800 倍液，每 7 天 1 次，连喷 2 ～ 3 次。

六、采收加工

（一）采收

枳壳采收在 7 ～ 8 月，选择晴天露水干后，用带网罩钩杆分批采收果皮尚绿近成熟果实，亦可此时收集同规格落果；枳实采收在 5 ～ 6 月，采摘幼果或待其自然脱落后拾其幼果。

（二）产地加工

1. 枳壳　较大鲜果，传统切制采用手工从中部横切成两半，现代切制采用机械化把果实落入自动切药机空穴中会自动被横切为两半。外果皮向上晒 1 ～ 2 天以固定皮色，再翻转仰晒至 6 ～ 7 成干时，收回堆放一夜，使之发汗，再晒至全干。较小鲜果整个晒干，也可烘干。

2. 枳实　收集的幼果，大的横切对开，小的保持完整，晒干或炕干。

七、药材质量要求

1. 枳壳　以外皮绿色、果肉厚、皮细、质坚硬、香气浓者为最佳。干品水分不得过 12.0%，总灰分不得过 7.0%，柚皮苷含量不得少于 4.0%，新橙皮苷不得少于 3.0%。

2. 枳实　以肉厚、果心小、皮肉细嫩、紧密、气香者为佳。干品水分不得过 15.0%，总灰分不得过 7.0%，醇溶性浸出物（热浸法）不得少于 12.0%，辛弗林含量不得少于 0.30%。

连　翘

连翘 *Forsythia suspensa*（Thunb.）Vahl 为木犀科连翘属植物，以干燥果实药用，药材名连翘，是常用药材之一。果实初熟尚带绿色时采收，蒸熟，晒干，称“青翘”；果实熟透时采收，晒干，称“老翘”。其味苦，性微寒；具有清热解毒、消肿散结、疏散风热等功效；用于痈疽、瘰疬、乳痈、丹毒、风热感冒、温病初起、温热入营、高热烦渴、神昏发斑、热淋涩痛等症。现代化学及药理研究表明，连翘果实含有苯乙醇苷类（如连翘酯苷 A）、木脂素类（如连翘苷、连翘脂素）、萜类（如齐墩果酸、熊果酸）、生物碱类、黄酮类等多种活性成分，具有抗菌、抗氧化、抗肿瘤、保肝、免疫调节等药理作用。

一、植物形态特征

落叶灌木，株高 2 ～ 3m。茎丛生，节间中空，节部具实心髓。单叶对生，不裂或 3 全裂，卵形至长圆状卵形。花先叶开放，腋生；花冠钟状，黄色，深 4 裂；雄蕊 2 枚，子房上位，2 心皮，柱头 2 裂。蒴果狭卵形，木质，成熟时 2 瓣裂，先端喙状渐尖，表面疏生皮孔。种子多数，黄褐色，具翅。花期 3 ～ 4 月，果期 7 ～ 9 月。

二、生物学特性

（一）分布与产地

我国山西、陕西、山东、河北、安徽西部、河南、湖北、四川、宁夏、甘肃等地均有分布，野生于海拔 250 ～ 2200m 的山坡灌丛、林下、草丛或山谷、山沟疏林。除华南地区外，全国各地均有栽培，主产于山西、河南、陕西等地。

（二）对环境的适应性

1. 对温度的适应　耐寒，根部可耐 −20℃低温，在年平均气温 8 ～ 12℃环境中生长良好。生长最适温度为 20℃左右，高于 35℃或低于 −15℃生长发育受阻。

2. 对光照的适应 幼龄植株耐阴，成年植株喜光。成年植株叶片光饱和点为 863 ～ 1529$\mu mol \cdot m^{-2} \cdot s^{-1}$，光补偿点为 20.1 ～ 26.3$\mu mol \cdot m^{-2} \cdot s^{-1}$，无光合“午休”现象。生长期内年日照时数大于 1500 小时为宜，荫蔽环境下茎枝纤弱瘦长、开花少，甚至不开花。

3. 对水分的适应 耐旱，怕涝。年降水量 600 ～ 1200mm，空气相对湿度 65% ～ 75% 为宜。降水过多，湿度过大，易出现枝叶徒长、枝干倒伏和果实霉变等现象；过度干旱也不利于植株正常生长和开花结果，影响产量。

4. 对土壤的适应 耐瘠薄，对土壤要求不严。除盐碱地外，一般土壤均能生长，但以酸碱度适中、深厚、疏松肥沃的砂壤土为宜。

（三）生长发育习性

种子无休眠特性，在 15 ～ 20℃条件下播种后 4 ～ 5 天开始出苗。苗期生长慢，生育期较长，移栽后 3 ～ 4 年开花结果。植株萌蘖力强，每年基部均长出大量新枝条。小枝一般 2 月下旬～ 3 月上旬萌动，3 月中旬～ 4 月中、下旬先开花、后展叶，8 ～ 10 月果实成熟，11 月开始落叶，进入越冬期。7 ～ 8 月果实生长旺盛期，如遇伏旱会造成严重落果或果实萎蔫。

三、栽培技术

（一）品种类型

连翘有长花柱花和短花柱花两种类型。长花柱花类型柱头高于花药，短花柱花类型柱头低于花药。自然生长情况下，两种花柱类型的植株自花授粉，结实率极低，而将两者混栽，异花授粉可有效提高结实率。

（二）选地与整地

1. 育苗地 宜选择背风向阳、靠近水源、排水良好、土层深厚、疏松肥沃、微酸性至微碱性的砂质壤土地块。入冬前深耕 25cm 左右，结合整地每亩施腐熟农家肥 5000kg 及氮、磷、钾复合肥 40kg 作基肥。耙细整平，做成宽 1 ～ 1.2m 平畦。雨水多、易积水之地做高畦，开好排水沟，待播。

2. 种植地 宜选择土层深厚、土质疏松、背风向阳的缓坡地。一般秋后整地。坡度小的地块，全面耕翻，按株行距 1.5m×2m，挖长 80cm、宽 80cm、深 70cm 的穴，挖松底土，每穴施腐熟农家肥 10 ～ 15kg，与底土混匀，待种。如地块坡度较大，可沿等高线做成梯地或鱼鳞坑。

（三）繁殖方法

可采用种子、扦插、压条和分株繁殖。生产上以种子、扦插繁殖为主。

1. 种子繁殖

（1）采种及种子处理 选择生长健壮、枝条节间短而粗壮、花果着生紧密而饱满、无病虫害的优良单株作采种母株，按不同花型分别做标记。9 月中、下旬～ 10 月上旬采集成熟果实，阴干，脱粒，得到纯净种子。选取籽粒饱满种子作种。因种皮较坚硬，春播前用 25 ～ 30℃温水浸泡种子 4 ～ 6 小时，捞出与湿沙以 1∶3 的比例充分混合（沙的湿度以手握成团不滴水，手松即散为宜），用容器装好，置于背风向阳处，每天翻动 2 次，保持湿润，待种子 1/3 露白后（约 10

天左右）即可播种。秋播的种子可直接播种。

（2）播种　南方于3月上、中旬，北方于4月上旬播种。在整好的畦面按行距20～25cm开横沟条播，沟深3～4cm，将种子均匀撒入沟内，每亩用种量2～3kg。播后覆细土1～2cm，再盖草保湿，10～15天即可出苗。也可于9月下旬播种，翌春出苗。

（3）育苗　种苗出土后揭去盖草，苗高5～7cm时间苗，高15cm左右时定苗。苗期应及时除草，做好松土和排灌管理。勤施薄肥，6、8、10月中耕除草后各追肥1次，每亩施硫酸铵10～15kg。当年秋季或翌年春可出圃定植。

2. 扦插繁殖　在优良母株上选择一至二年生健壮无病枝条，截成长20～30cm插穗，保留2～4个芽，在形态学上端节的上方1～1.5cm处平剪，下端在节的下方lcm处剪成斜面。将下端用生根粉（ABT）500mg/kg或吲哚丁酸（IBA）500～1000mg/kg溶液浸泡10秒钟，取出，晾干后扦插。

春、夏、秋季均可扦插。春季在3～4月萌芽前，夏季在6～7月，秋季在枝条落叶后。按株行距10cm×20cm将插穗斜插入苗床，露出插穗最上一节。插后立即浇透水，保持床面湿润，30天可生根。成活15天后追肥、松土除草，适当遮阴，雨季及时排水，秋后可出圃定植。

3. 压条繁殖　3～4月间，将植株下垂枝条向下弯曲埋入土内，露出梢端，在入土处刻伤，覆盖3～4cm厚的细土，灌足水，保持土壤湿润，刻伤处可生根成苗。如用当年生嫩枝，在5～6月间压条，不用刻伤也能生根。当年或翌年春季，可截离母体，连根挖取移栽定植。

4. 分株繁殖　植株萌蘖力强，秋季落叶后或春季萌芽前可挖取三年生以上植株根际周围的根蘖苗移栽定植，亦可将整株挖出进行分株移栽，一般每株可分成3～5株带有根的移栽苗。

5. 移栽　苗高50cm左右即可出圃定植。秋季落叶后到早春萌发前均可栽植，按株行距1.5m×2m开穴，每穴施有机肥30～40kg。栽植时要使根系舒展，分层踏实，定植点覆土要高于穴面。栽后及时浇透水。定植时将长花柱花和短花柱花两种类型植株行间混栽，可提高结实率。

四、田间管理

（一）中耕除草

从定植到郁闭一般需要5～6年。郁闭前应及时中耕除草，前两年每年中耕除草2～3次，以后可适当减少。

（二）追肥

郁闭前，每年4月下旬、6月上旬结合中耕除草各施肥1次，每亩施腐熟人粪尿2000～2500kg或尿素15kg、过磷酸钙38kg、氯化钾18kg，在根际周围沟施，施后覆土浇水。每年冬季结合松土除草施入腐熟有机肥，幼树每株2kg，结果树每株10kg，株旁挖穴或开沟施入，施后盖土，壅根培土。

郁闭后，每隔4年深翻林地1次，每年5月和10月各施肥1次。5月以复合肥为主，每株300g；10月以腐熟厩肥为主，每株30kg。根际周围沟施。

（三）灌溉、排水

植株耐旱，但幼苗期和移栽后缓苗期需保持土壤湿润。遇干旱需适当浇水，萌芽前、花期前、果实膨大期前注意及时浇水，雨季及时排除田间积水。

（四）整形与修剪

1. 整形 定植后，幼树株高 1m 左右时，于冬季落叶后，在主干离地面 70 ～ 80cm 处剪去顶梢，再于夏季 5 ～ 7 月摘心，以促多发分枝。在主干不同方向选择 3 ～ 4 个发育充实的侧枝，培育成为主枝。以后在各主枝上再选留 3 ～ 4 个壮枝，培育成为副主枝。把副主枝上抽出的侧枝培育成结果短枝。通过几年整形修剪，形成低干矮冠、内空外圆、通风透光、能提早结果的自然开心形树型。

2. 修剪 冬季以疏剪为主，除保留主干外，其余的基生枝条都应剪去，同时剪除过老枝、枯枝、重叠枝、交叉枝、纤弱枝、徒长枝和病虫枝。夏季修剪主要进行打顶摘心，并及时疏除病虫枝、徒长枝、基生枝。此外，对已开花多年、开始衰老的结果枝进行适当短截或重剪（剪去枝条的 2/3），促使抽生壮枝、恢复树势，提高结果率。

五、病虫害及其防治

（一）病害及其防治

叶枯病 *Alternaria* sp. 5 月下旬发病，7、8 月为发病高峰期。主要危害叶片，病菌首先侵染叶缘，逐步蔓延至叶片中部，发病后期整个叶片枯萎死亡。防治方法：①剪除病害枝条，疏剪冗杂枝和过密枝，使植株通风透光；②加强水肥管理，不宜偏施氮肥；③发病期可喷 75% 百菌清可湿性颗粒 1200 倍液或 50% 多菌灵可湿性颗粒 800 倍液，每 10 天 1 次，连续 3 ～ 4 次。

（二）虫害及其防治

1. 钻心虫 *Epinotia leucantha* Mey. 幼虫钻入枝干木质部髓心为害，严重时不能开花结果，甚至整株死亡。防治方法：①冬季清除枯枝落叶和杂草，消灭越冬虫卵；②及时剪除受害枝条；③钻心虫卵孵盛期喷施 50% 敌敌畏乳油 1500 倍液，每 5 ～ 7 天 1 次，连续 2 ～ 3 次。

2. 蜗牛 *Fruticicolidae* sp. 主要危害花及幼果。防治方法：①清晨撒石灰粉或人工捕捉；②密度达 3 ～ 5 头 /m^2 时，用 90% 敌百虫 800 ～ 1000 倍液喷雾，或用 50% 锌硫磷拌细土撒施。

六、采收加工

（一）采收

定植后 3 ～ 4 年开花结果。每年 8 月下旬～ 9 月上旬果实初熟尚带绿色时采收，加工成青翘；9 月下旬～ 10 月上旬果实熟透变黄，即将开裂时采收，加工成老翘。

（二）产地加工

将初熟尚带绿色果实除去杂质，用笼蒸 0.5 小时或置沸水中煮片刻，晒干即为青翘。将熟透变黄果实直接晒干，筛出种子和杂质，即为老翘。

七、药材质量要求

青翘以色较绿、身干、不开裂者为佳；老翘以色较黄、身干、瓣大、壳厚者为佳。干品水分含量不得过 10.0%，总灰分不得过 4.0%，连翘苷不得少于 0.15%，青翘含挥发油不得少于 2.0%（mL/g）、连翘酯苷 A 不得少于 3.5%，老翘含连翘酯苷 A 不得少于 0.25%。

罗汉果

罗汉果 *Siraitia grosvenorii*（Swingle）C.Jeffrey ex A.M.Lu et Z.Y.Zhang 为葫芦科罗汉果属植物，以干燥的成熟果实药用，药材名罗汉果。其味甘，性凉；归肺、大肠经；具有清热润肺、利咽开音、滑肠通便等功效；用于治疗肺热燥咳、咽痛失音、肠燥便秘等症。现代研究表明，罗汉果主要活性成分为罗汉果皂苷、葡萄糖、果糖、黄酮苷、蛋白质、脂类等，具有止咳祛痰、泻下、保肝、增强免疫、降血糖血脂、抗肿瘤、抗氧化及抑菌等药理作用。

一、植物形态特征

多年生攀缘草本。茎有棱沟。叶片膜质，心状卵形、三角状卵形或阔卵状心形，先端渐尖或长渐尖，基部心形、弯缺半圆形或近圆形，边缘微波状；卷须 2 歧。雌雄异株。雄花序总状，6 ～ 10 朵花生于花序轴上部，花萼筒宽钟状，花冠黄色，裂片 5，雄蕊 5，插生于筒的近基部。雌花单生或 2 ～ 5 朵集生于总梗顶端，花萼和花冠比雄花大，退化雄蕊 5 枚，柱头 3。瓠果球形或长圆形，被黄色绒毛；种子多数，扁压状。花期 5 ～ 7 月，果期 7 ～ 9 月。

二、生物学特性

（一）分布与产地

分布在海拔 400 ～ 1400m 亚热带山坡林下、河边湿地或灌木丛中，喜多雾、湿润及昼夜温差大的环境，分布于广西、广东、海南、江西、湖南、贵州、福建等地，广西桂林市临桂区、永福县、龙胜县及周边地区是主要道地产区。

（二）对环境的适应性

1. 对温度的适应　喜温暖，不耐高温，怕霜冻。适宜年均气温 16.4 ～ 19.2℃地区种植，适宜生长温度 18 ～ 32℃；气温 22 ～ 28℃藤蔓迅速生长，高于 34℃生长不良，15℃以下植株停止生长。

2. 对光照的适应　喜光而不耐强光，属短日照植物，适宜年均日照时数为 1412 ～ 1700 小时。每天有 6 ～ 8 小时的光照就能满足生长发育需要。光照不足，植株生长发育受阻，影响开花结实。散射光更适合罗汉果生长。幼苗忌强光，在半荫蔽环境中生长良好。

3. 对水分的适应　喜湿润而忌涝，整个生育期间，要求雨量充沛，空气湿度大，适宜年均降雨量为 1900 ～ 2600mm，年均空气相对湿度为 75%～ 84%的环境。

4. 对土壤的适应　对土壤适应性较强。除砂土、黏土外，红壤、砖红壤、黄壤等酸性土壤均可。以表土深厚肥沃、富含腐殖质、疏松湿润的壤土或砂壤土为佳。忌连作，避免与葫芦科、茄科及豆科作物轮作。可水旱轮作，或与禾本科、菊科等植物轮作。

（三）生长发育习性

多年生草质藤本，植株年生长分为幼苗、抽蔓现蕾和开花结实 3 个时期。3 ～ 4 月气温 15℃

以上时，块茎颈部休眠芽开始萌动，4 月中下旬抽梢，新蔓在 5 ～ 8 月生长迅速；6 ～ 9 月中旬，结果蔓陆续现蕾、开花，7 月为盛花期，9 月下旬后的花为无效花，不结果。8 ～ 11 月果实分批成熟，果实生长期 60 ～ 85 天。11 月中旬后，温度降至 15℃，地上部分逐渐枯萎，从块茎以上 10 ～ 15cm 处剪断，将地下块茎培土越冬。全年生长期 240 ～ 262 天。

三、栽培技术

（一）品种类型

栽培历史悠久，品种类型很多，有长果型和圆果型两类。主要有青皮果、长滩果、拉江果、红毛果、冬瓜果、茶山果 6 个栽培品种。生产上种植青皮果（圆果型）为主，该品种具有抗逆性强，适应性广和产量高等特点。

（二）选地与整地

选择排灌方便，土层深厚，疏松、湿润、肥沃的丘陵、缓坡地（坡向南或东南）、旱地、梯田等作为果园地。以生荒地为佳。秋末冬初，烧荒、深翻晒土。翌年 2 ～ 3 月，翻垦松土，打碎土块，均匀撒施生石灰（100 ～ 150kg/ 亩），耙平，起宽 140 ～ 160cm，高 25 ～ 30cm 的畦，四周开排水沟。按行株距 250cm×180cm 挖定植坑（60cm×60cm×30cm）。每坑施入腐熟有机肥 8 ～ 10kg，钾肥 250 ～ 300g，50%多菌灵可湿性粉剂 3 ～ 5g，将肥料与表土按 1∶5 的配比拌匀，回土做成高于畦面 15 ～ 20cm 的龟背状土堆，覆上一层表土，待种。

（三）繁殖方法

有种子繁殖、压蔓繁殖、嫁接繁殖、组织培养繁殖、扦插繁殖等。目前生产上主要用组织培养和扦插繁殖，其他的繁殖方法基本不用。

1. 组织培养繁殖　组培苗具有无病毒、生长旺盛、抗性强、当年挂果、结果多、产量高等优势。在种源基地选择健壮、无病虫害、高产优质、性状遗传稳定的现蕾期植株，采集带腋芽的茎段进行组培，或用茎尖离体培养获得无病毒苗。

2 月上旬将瓶苗移进大棚，炼苗 7 ～ 15 天。移栽前 3 天将瓶盖打开，用杀菌剂对小苗喷雾。将小苗根部的培养基洗净后种在营养杯中，基质由经过消毒的泥炭和园土按 3∶1 混合配制，淋透定根水。苗床上用塑料薄膜搭建小拱棚，避免光照过强灼伤幼苗，光照强时需要遮阴。种植组培苗一般采用一年一种。

2. 扦插繁殖　在育苗棚内进行。选取叶片完整、腋芽饱满、无病虫害且未现蕾的罗汉果组培苗藤蔓，剪成 12 ～ 15cm 的插条，保留叶片 1 ～ 2 片，留芽 2 ～ 4 个。将插条用植物生长调节剂处理后斜插入营养杯内，用细河沙压实，浇足定根水。25℃为组培苗插穗最佳成活温度。

3. 移栽　4 月上旬，土温稳定且不低于 15℃时，选择阴天或晴天下午定植。在定植坑中央挖比营养杯稍大同深的定植穴，将幼苗连同营养土放入穴中，覆土压实，淋足定根水。在每株幼苗四周插上 4 根长 40 ～ 50cm 的小竹扦或小木条，套上长宽高为 40cm×40cm×35cm 两端不封口的塑料袋，压实底部。待幼苗与袋同高时，取走塑料袋。每亩种植密度控制在 100 株左右，每株行距为 2 ～ 3m。雌雄株配置比例为 100∶（3 ～ 5）。

四、田间管理

（一）搭棚

以竹竿、木头、水泥柱等为支柱，柱长 2.2 ～ 2.3m，径粗 5 ～ 8cm，横竖成行，间距 2.5 ～ 3.0m，入土深度 40 ～ 50cm，地面高 1.7 ～ 1.8m；用 10 或 12 号铁线拉直固定于支柱顶部，并以铁线斜拉加固边柱；将 15 ～ 20cm 孔径的塑料网覆于棚面，拉紧，固定于铁线平面上。

（二）整形修剪

藤蔓整形修剪是提高产量的关键。当苗高 25cm 时，在根旁插一根高达棚面的小竹竿，引主蔓上棚，并将棚下主蔓上萌发的腋芽全部抹除，以利主蔓生长健壮。二、三级侧蔓是主要的结果蔓。主蔓上棚后留 5 ～ 6 节顶端摘心，促使抽出一级侧蔓，当一级侧蔓长至 5 ～ 6 节时打顶，促使抽生二级侧蔓，二级侧蔓长至 6 ～ 10 节且未现蕾时摘心，促发三级侧蔓（结果蔓），各级侧蔓均匀分布在棚架上。注意及时清理病、弱蔓及老叶等，保证棚架的透光通风。

（三）追肥

结合中耕除草，及时追肥。整个生育期需追肥 5 ～ 6 次：苗高 30 ～ 40cm 时施提苗肥，每株淋腐熟的有机肥水 0.5 ～ 1kg，每隔 10 天施 1 次，连施 2 ～ 3 次；主蔓上棚时施壮苗肥，距根 30cm 处开半环状浅沟，每株施腐熟有机肥 2.5kg+ 磷钾肥 100 ～ 150g；现蕾期施促花保果肥，距根 40 ～ 50cm 处开半环状浅沟，每株施有机肥 2.5kg+ 复合肥 200 ～ 250g；盛果期施壮果肥，距根 50 ～ 60cm 处开与畦平行的双条沟，每株施腐熟有机肥 5kg+ 高钾复合肥 400 ～ 500g。

（四）人工授粉

罗汉果为雌雄异株植物，花粉呈黏状且味道较苦，风力和昆虫传播困难，人工授粉是提高产量的重要方法。上午 5 ～ 9 时，采摘发育良好、微开或含苞待放的雄花，置于阴凉处。待雌花开放，将雄花花瓣压至果柄处，露出雄蕊，将侧面花粉密集处轻轻触碰雌花柱头即成。授粉宜在上午 11 时前完成，此时雄花散粉旺盛，雌花柱头黏着力强。一朵雄花可授粉 20 ～ 30 朵雌花。

（五）疏花疏果

单株授粉 100 ～ 140 朵花时，剪除其后面的藤蔓，以集中营养供应果实的生长。授粉后 7 天，摘除子房不膨大、有病虫、畸形的果实。

五、病虫害及其防治

（一）病害及其防治

1. 根结线虫病　主要是南方根结线虫 *Meloidogyne incognita*。主要症状是根表面产生瘤状突起（虫瘿），导致植株腐烂死亡。防治方法：①选生荒地建园；②种植无病毒的组培苗；③每亩用 10% 苯线磷颗粒剂 2 ～ 3kg，与细土拌匀，分别于春季种植前和夏季根结线虫侵染高峰期坑施或沟施。

2. 花叶病毒病　病原为西瓜花叶病毒 –2（WMV–2）、马铃薯 Y 病毒（PVY）组多种病毒。主要症状是叶片出现褪绿、花叶，呈斑驳状，产生皱缩畸形，全株矮化、黄化落叶、枯萎，开花结果少，果小。防治方法：①冬季在园地使用甲基硫菌灵 600 倍液加 1.5% 植病灵 800 倍液消毒。②关键在 7 ～ 9 月控制蚜虫。③发病初期叶面喷施病毒必克 1500 倍液 +10% 吡虫啉可湿性粉剂 2500 倍液 + 叶面肥，每隔 7 天喷 1 次，连喷 4 ～ 5 次。

（二）虫害及其防治

1. 果实蝇　主要有南亚果实蝇 *Bactrocera tau*、瓜实蝇 *B. cucurbitae*、桔小实蝇 *B. dorsalis* 等。8 ～ 9 月是危害高峰期，成虫产卵于果实内，幼虫蛀食果瓤，受害果发黄、腐烂、脱落。防治方法：成虫盛发期，中午或傍晚用灭杀毙 6000 倍液，或 80% 敌敌畏乳油 1000 倍液，或 2.5% 溴氰菊酯 3000 倍液喷雾，3 ～ 5 天喷 1 次，连喷 2 ～ 3 次。还可用毒饵诱杀成虫，用诱蝇酮等性诱剂诱杀雄虫等。

2. 蚜虫　主要是棉蚜 *Aphis gossypii*，传播病毒病。7 月蚜虫危害最严重。防治方法：①与病毒病一起防治；②用杀虫灯、粘虫黄板诱杀有翅蚜；③饲养以蚜虫为食的七星瓢虫捕食。

3. 黄守瓜 *Aulacophora femoralis chinensis* Weise　4 ～ 5 月成虫咬食叶片，6 ～ 8 月幼虫危害根。防治方法：①成虫用 2.5% 敌百虫粉剂 1.5 ～ 2kg/ 亩喷粉；②防治幼虫用烟草水（烟叶 500g+ 水 15kg 浸泡 24 小时）灌根。

六、采收加工

（一）采收

8 ～ 11 月分批采收。雌花授粉后 60 ～ 85 天，果柄变为黄褐色，果皮转呈淡黄色或深绿色，间有黄色斑块，用手轻轻捏果实坚硬并富有弹性时采收。选择晴天或阴天，用剪刀平表面将果柄剪断，避免互相刺伤果皮，轻放入竹筐内，防止挤压损伤造成破果。

（二）产地加工

1. 后熟　将鲜果小心堆放于木质或竹质的晾果架上，在室内通风干爽处自然后熟 10 ～ 15 天。每天翻动一次，使果内水分均匀蒸发，促进果实内糖分初步转化。果实变为黄褐色则可烘烤。

2. 烘烤　一般烤果温度两头低、中间高，烘烤 4 ～ 7 天。按果实大小分好等级，装入烘果箱放入烘烤炉，慢慢升温至 50 ～ 55℃，维持 8 ～ 12 小时，使果实内外温度一致；逐渐升高温度至 70℃左右，不超过 75℃，以防“焦果”“爆果”；2 ～ 3 天后，蒸发出的水汽明显减少，果实重量显著减轻；然后逐渐降低温度至 60℃左右，越接近干燥，温度越要降低。烤果期间，每天换箱翻果 1 ～ 2 次，使果实受热均匀，不出现“响果”。烘干后，冷却至室温，即可出炉。高温出炉，易引起果实凹陷破裂。干果壳富有弹性，相互碰撞有清脆音。

七、药材质量要求

以果形端正、果大干爽、果皮黄褐色、果干而不焦、壳不破、摇不响、味甜而不苦者为佳。干品水分含量不得过 15.0%，总灰分不得过 5.0%，水溶性浸出物不得少于 30.0%，罗汉果皂苷 V 不得少于 0.50%。

贴梗海棠

贴梗海棠 *Chaenomeles speciosa*（Sweet）Nakai 为蔷薇科木瓜属植物，以干燥近成熟果实药用，药材名为木瓜。其味酸，性温；具有舒筋活络、和胃化湿等功效；用于湿痹拘挛、腰膝关节酸重疼痛、暑湿吐泻、转筋挛痛、脚气水肿等症。现代化学及药理学研究表明，木瓜含有萜类、有机酸类和黄酮类等活性成分，其中有机酸类成分具有很好的抗肿瘤及治疗腹泻作用，三萜类成分如齐墩果酸、熊果酸和桦木酸等具有保肝作用，总黄酮类具有镇痛作用等。

一、植物形态特征

落叶灌木，高 1 ～ 3m。枝条直立开展，有刺；小枝圆柱形，无毛，紫褐色或黑褐色。单叶互生，革质，有柄；托叶大，长卵形。花先叶开放，3 ～ 5 朵簇生于二年生老枝上；花梗短粗；花猩红色或稀淡红色；雄蕊 45 ～ 50；花柱 5，基部合生，无毛或稍有毛，柱头头状，有不明显分裂，约与雄蕊等长。果实球形至椭圆形，黄色或带黄绿色，味芳香；萼片脱落，果梗短或近于无梗。花期 2 ～ 4 月，果期 7 ～ 9 月。

二、生物学特性

（一）分布与产地

分布于湖北、湖南、安徽、浙江、福建、山东、广东、四川、贵州、云南等省，野生于山坡、林边、路旁。商品药材来源于栽培，主产于湖北、安徽、湖南、重庆、四川、云南、浙江等省，安徽宣城、湖北长阳与重庆綦江是木瓜的三大主要产区。以湖北长阳产量大，所产木瓜称为资丘木瓜，安徽宣城所产木瓜又称宣木瓜，重庆綦江所产木瓜称为川木瓜。

（二）对环境的适应性

1. 对温度的适应　木瓜耐高温、耐寒，气温高于 38℃或低于 -15℃生长受到影响。主要分布地年平均气温 10 ～ 26℃，年均气温 10 ～ 18℃较为适宜。

2. 对光照的适应　木瓜为喜光植物，主要分布地年平均日照时数 1100 ～ 2600 小时，适宜年平均日照时数为 1100 ～ 1800 小时。

3. 对水分的适应　木瓜耐旱，忌涝。主要分布地年降水量在 550 ～ 2500mm，年降水量 800 ～ 1400mm 较为适宜。在雨量充沛季节，必须疏沟排水，田间积水会造成根部腐烂。

4. 对土壤的适应　对土壤适应性强，一般应选择低山、丘陵、土层深厚、湿润肥沃、排水良好的微酸性土壤种植，以土层深厚、富含有机质的壤土或砂壤土最好，不宜选用积水地、阴坡和瘠薄土壤。

（三）生长发育习性

为先花后叶植物，偶见花叶同时展开。现蕾期一般在 2 月中旬～ 3 月上旬，发生早晚与冬末春初的气温高低有关，有可能提前或推迟 15 天；开花展叶期在 3 月中旬～ 4 月上旬，据观测树势弱的先花后叶、树势强的花叶几乎同时展开；4 月为幼果形成期，营养器官生长迅速，表现为新枝形成、叶片快速生长。以上几个生长期对温度要求极高，如果遭遇大的寒流，落花严重，落果率可高达70%以上。果实膨大有两个高峰期：5月上中旬，叶片近乎停止生长，养分优势主要转向果实，单果日鲜重增长可达1.5g以上；6月中下旬，单果日鲜重增长可达1.8g以上。落叶休眠期从9月初～11月底，随着气温逐渐下降，叶片功能变弱、相继脱落，从而进入休眠期。

三、栽培技术

（一）品种类型

经过长期栽培种质出现了分化，形成了一些农家品种，如宣木瓜分化出了药木瓜、罗汉脐与苹果型等3个农家品种。药木瓜花鲜红色，果实较小；罗汉脐、苹果型花均为粉红色，前者果实似苹果状椭圆形，后者果实长椭圆形且顶端有脐状突起。目前生产中苹果型最多，罗汉脐次之，而药木瓜面临濒危。

（二）选地与整地

1. 育苗地 育苗地应选择在通风、向阳、土层深厚、排灌方便、地势较平的砂壤土，一般选择3°～5°的缓坡地，对排水有利。先年秋天进行预整地，整地时施入腐熟有机肥40000kg/hm^2、硫酸亚铁粉末750kg/hm^2，耕作深度不得低于30cm，耙平后，整成高床，宽1m，长视地形而定，床间留40cm宽步道，也可兼用排水。

2. 种植地 一般应选择低山、丘陵、土层深厚、湿润肥沃、排水良好的微酸性土壤，土层厚且富含有机质的壤土或砂壤土最好，尽量不在易积水地块、阴坡和瘠薄地块栽植。对栽植林地进行全面清理，在秋冬季采用全垦或带状整地方式整地，要求深度达25～50cm，整成梯田时宽度为1.5～2.5m。定植穴规格为40cm×40cm×35cm。

（三）繁殖方法

可采用种子繁殖、分蘖繁殖、扦插繁殖和嫁接繁殖，传统种植不采用种子繁殖。

1. 种子繁殖 可直播或育苗移栽。

（1）*采种及种子处理* 8月中旬果皮呈黄红色时采收。母树要求处于壮龄且无病虫害。在幼果期至果膨大期疏去并蒂果和弱小果，使果实在母树上分布均匀，总果量在30～40个。冬春季施足农家肥，生长期不施化肥。种果采摘后及时剖开取籽，去净瓤杂和瘪籽粒。种子属于大粒种子，一旦失水易失去活力，因而要及时储藏。11月下旬或12月初用0.5%高锰酸钾溶液浸种消毒2小时后沙藏催芽，次年春天当40%左右的种子裂嘴吐白时播种。

（2）*种子直播* 早春开沟条播，沟深4cm，播幅6cm，行距35cm，播后及时镇压，用消毒的腐殖质土覆盖2cm，下种量控制在150～165kg/hm^2。

（3）*育苗* 一般在11月育苗。苗床均匀撒施鸡粪30t/hm^2或饼肥3750kg/hm^2，深翻，整细土壤，做1.2m宽畦。将种子淘洗后浸种（1∶1000高锰酸钾溶液）10分钟，然后捞起晾干。用种量225～300kg/hm^2，条距25cm，条深5cm，籽距12～15cm。播后覆2cm细土，盖稻草，浇1次透水，外加小拱棚保温。冬季每隔10～15天揭膜通风、补湿。2月中旬小拱棚温度稳定在10℃以上时，种子即开始破土，此时应揭去稻草，保持苗床湿润，促其出苗。

2. 分蘖繁殖 在根部每年都会分蘖出大量新植株，可分离培育后移入大田栽培。采挖萌蘖苗的时间为当年10月至次年2月，对采挖回来的苗木进行修剪，剪掉枯枝、细弱枝、小刺，用生根剂和多菌灵浸泡10分钟后定植，定植规格为行距40cm，株距20cm。每亩定植萌蘖苗10000

根左右，边定植边浇定根水。

3. 扦插繁殖　一般在秋季10月或春季3月进行。苗圃地要求较为平整、土质肥沃、中壤，亩施200kg商品有机肥，精细整地，以2m宽开箱，选用一至二年生健康枝条，剪成长15～20cm插条，按行距30cm在箱面开3～4cm深的沟，按株距10～15cm将枝条扦插到苗圃园，随后覆土压实，地上留1～2节，浇水至足墒，然后盖草保持湿润，到枝条长出叶片、气温回升无霜冻时除去盖草，生长2年后，在春季定植大田。

4. 嫁接繁殖　于9月底生长缓慢期采用芽接方式嫁接。选用母树上当年萌发的芽体饱满新枝作为接穗，随采随接。砧苗在地径0.5cm以上都可以嫁接；嫁接部位在砧苗离地面5cm处为佳。2月底嫁接芽开始萌发，当新枝长至10cm时，在离接口2cm以上处剪去砧苗，让新枝独立成株。

5. 移栽定植　当年10月至次年3月均可定植，最佳时间是10～11月。适用密度有3种：行株距2m×2m，每亩160株；2m×2.5m，每亩140株；2m×3m，每亩120株。穴栽，每穴用腐熟农家肥垫底，分层踏实，土壤干燥时需浇定根水。栽植应选择雨前、雨后或阴天进行。

四、田间管理

（一）中耕除草

移栽当年7～9月除草培蔸1次，避免松动苗木周边土壤；之后2～3年每年抚育除草2次，第一次在5～6月雨季结束时，第二次在8月下旬～9月杂草停止生长且草籽成熟前。

（二）追肥

除施足基肥外，分别在花开后新梢抽生期4月下旬～5月上旬及生理落果后9月下旬～10月中旬2次追施尿素、复合肥或果树专用肥，也可施腐熟的人畜粪。第一次生理落果后至果实膨大期结束进行叶面喷肥，于晴天早晚进行施肥，全年3～4次，每次间隔15～20天，叶面喷肥的肥料种类可选用0.3%～0.5%硫酸钾。

（三）灌溉、排水

5月和入冬前各灌水1次。在雨量充沛季节，必须疏沟排水，田间积水会造成根部腐烂，甚至落果，长期淹水会导致整树死亡。

（四）整形修剪

①幼株修剪：定植后第三年开始，秋冬季为佳。选部位、角度合适的枝条分别留作主枝、侧枝，疏除过密枝，适时摘心。②成株修剪：6～7月初在各级骨干枝延长枝的1/3处短截以扩树冠，同时采用支撑、接干方式促其开张，采取先放后缩的方法培养结果枝组。盛果期要保持树体健壮，秋冬季疏除过密枝、直立枝和冗长枝、弱结果枝，保留能替补的侧发枝或萌条，培育成新的结果枝干。

五、病虫害及其防治

（一）病害及其防治

1. 叶枯病 *Alternaria* sp.　绿叶期间都可能发生，6～9月发病严重。主要危害叶片，在受害叶片上出现多角形黑褐色病斑。防治措施：①清除枯枝落叶并集中烧掉；②用 1：1：100 的波尔多液叶面喷雾。

2. 锈病 *Ggmnosporangium haraeanum* Syd 主要危害叶片及果实。叶片起初产生橙黄色细点，后成圆斑，易造成落叶落果。防治措施：①清除附近 2 ～ 3km 的圆柏，阻断病源；②每年 3 月底雨后天晴用 15% 粉锈宁喷雾 1 ～ 2 次。

3. 轮纹病 *Macrophoma kuwatsukai* Hara 危害枝干、果实和叶。起初枝干受害后为红褐色，水渍状斑点并扩大成斑，最终整干枯死。在果实和叶上，病斑水渍状形成同心纹并有黑色小点。防治方法：①冬季修剪病枝，清除病果、病叶，集中烧毁；②喷洒 70% 甲基硫菌灵可湿性粉剂 1000 倍液、65% 代森锌可湿性粉剂 500 ～ 800 倍液、75% 百菌清可湿性粉剂 800 ～ 1000 倍液，每隔 10 天 1 次，连续喷 3 ～ 4 次。

（二）虫害及其防治

1. 蚜虫 3 ～ 4 月植株抽梢期受害最重。防治措施：用 10% 吡虫啉 5000 ～ 6000 倍液或 50% 辛硫磷 1000 倍液喷雾，15 天 1 次，连续 2 ～ 3 次。

2. 食心虫 有桃小食心虫 *Carposina niponensis* Walsingham 和梨小食心虫 *Grapholitha molesta* Busck。主要危害果实。防治措施：①在 5 ～ 6 月全园地面喷施辛硫磷，封锁地面，防止成虫出土；② 6 ～ 7 月喷功夫菊酯、速灭杀丁。

3. 天牛 *Cerambycidae* sp. 幼虫蛀食树干。防治方法：用药棉蘸敌敌畏原液塞入蛀孔内，用黄泥封实洞口毒杀幼虫。

六、采收加工

（一）采收

植株定植后 3 ～ 5 年开始挂果，7 ～ 15 年为挂果盛期。安徽宣城产区习于小暑附近（7 月上旬）采收，湖北长阳产区在二伏天至立秋期间（7 ～ 8 月）采收，此时果实主要为青绿色，向阳面露少许浅红色或浅黄色。

（二）产地加工

生晒法。将木瓜纵切成 2 半，晒 15 ～ 20 天，开始 2 ～ 3 天切面向上，待切面无水分外渗、颜色变红时再翻晒至干。阴雨天可用文火烘干。

熟晒法。将切成 2 半的木瓜放入锅中煮 7 分钟左右，以刚熟过心为宜。煮好捞起沥干，晒 8 ～ 10 天，日晒夜露，直至晒干。

七、药材质量要求

以外皮皱缩、质坚、肉厚、色紫红、味酸者为佳。干品水分不得过 15.0%，总灰分不得过 5.0%，含齐墩果酸和熊果酸的总量不得少于 0.50%。

思考题：

1. 宁夏枸杞主要病虫害有哪些？如何防治？
2. 栀子主要病虫害有哪些？如何防治？

3. 简述单叶蔓荆田间管理技术。
4. 如何克服山茱萸大小年问题?
5. 简述五味子田间管理与采收加工技术。
6. 简述吴茱萸主要繁殖方法与技术要点。
7. 栝楼为何需要人工授粉?
8. 简述蛇床子的类型及其特点。
9. 如何进行阳春砂人工辅助授粉?
10. 简述酸橙果实加工方法。
11. 简述连翘田间管理及采收加工技术。
12. 简述罗汉果田间管理技术。
13. 简述贴梗海棠病虫害及其防治方法。

第十四章

真菌类药用植物栽培技术

扫一扫，查阅本章数字资源，含PPT、音视频、图片等

茯 苓

茯苓 *Poria cocos*（Schw.）Wolf. 为多孔菌科真菌类植物，以干燥菌核入药，药材名茯苓。其味甘、淡，性平；可利水渗湿、健脾和中、宁心安神；用于水肿尿少、痰饮眩悸、脾虚食少、便溏泄泻、心神不安、惊悸失眠等病症。现代研究证明，茯苓主要含有 β－茯苓聚糖、戊聚糖、茯苓糖、茯苓酸及多种氨基酸和微量元素等，具有镇静、利水、降血糖、抑菌、预防胃溃疡、抗肿瘤及增强免疫等药理作用。

一、形态特征

大型真菌。菌丝体白色绒毛状，由多数分枝菌丝组成，菌丝内由横膈膜分成多个线性细胞，菌丝宽 2 ～ 5μm，每个细胞内有多个细胞核。单核菌丝在担孢子萌发后不久才能见到。菌核由多数菌丝体聚集扭结形成，内部贮藏有大量营养物质，生长在土壤中的松根或松木上，呈球形、椭圆形、扇圆形及不规则块状，大小不一，质量不等。表皮多粗糙呈瘤状皱缩，新鲜时淡棕或棕褐色，干后深褐至黑褐色。皮内为茯苓肉，菌丝白色，呈藕节状或团块状，近皮处由较细长且排列致密的棕色菌丝组成。鲜时质软，干后坚硬。子实体着生在孔管内壁表面，由数量众多的担子组成，无囊状体。担子棍棒状，大小为（19 ～ 22）μm×（5 ～ 7）μm，每个成熟的担子上各生有 4 个担孢子。担孢子长椭球形或近圆柱形，有时略弯曲，有一歪尖，大小为（6 ～ 11）μm×（2.5 ～ 4）μm，灰白色。

二、生物学特性

（一）分布与产地

主要分布于我国以及美洲、大洋洲和亚洲的日本、东南亚的一些地区。国内除东北、西北西部、内蒙古、西藏外，其他省区均有分布。主产于云南、安徽、湖北，福建、广西、广东、湖南、浙江、四川及贵州也有一定规模种植。

（二）对环境的适应性

喜温暖、干燥、阳光充足、雨量充沛环境。野生茯苓在海拔 50 ～ 2800m 均可生长，但以海拔 600 ～ 900m 的松林中分布最广，喜生于地下 20 ～ 30cm 深的腐朽松根或松枝、段木之上。主

产区多在海拔 600 ～ 1000m 山地，适宜坡度 10°～ 35°、寄主含水量 50% ～ 60%、土壤含水量 25% ～ 30%，在疏松通气、土层深厚并上松下实、pH 值 5 ～ 6 的微酸性砂质壤土中生长良好，忌碱性土。

（三）生长发育习性

茯苓的生活史在自然条件下可经过担孢子、菌丝体、菌核、子实体 4 个阶段。在栽培条件下主要经过菌丝体和菌核两个阶段。菌丝生长温度为 18 ～ 35℃，以 25 ～ 30℃生长最快且健壮；＜ 5℃或＞ 30℃，生长受到抑制；0℃以下处于休眠状态，能短期忍受 -5 ～ -1℃的低温。子实体在 24 ～ 26℃、空气相对湿度为 70% ～ 85% 时发育最快，并能产生大量孢子；20℃以下孢子不能散发。

三、培育技术

（一）菌种类型

现报道的茯苓优良品种有抗逆性强、萌发性好、丰产性好的“闽苓 A5”，结苓早、苓体均匀结实、优质高产的“湘靖 28”。

（二）菌种制备

1. 母种（一级菌种）培养　①培养基：多采用马铃薯琼脂（PDA）培养基。②纯菌种的分离与接种：选择新鲜皮薄、红褐色、肉白、质地紧密、具特殊香气的成熟茯苓菌核，先用清水冲洗干净，并进行表面消毒，然后移入接种箱或接种室内，用 0.1% 升汞液或 75% 酒精冲洗，再用蒸馏水冲洗数次，稍干后，用手掰开，用镊子挑取中央白色菌肉一小块（黄豆大小）接种于斜面培养基上，塞上棉塞，置 25 ～ 30℃恒温箱中培养 5 ～ 7 天，当白色绒毛状菌丝布满培养基的斜面时，即得纯菌种。

2. 原种（二级菌种）培养　在无菌条件下，从上述母种中挑取黄豆大小的小块，放入原种培养基的中央，置 25 ～ 30℃恒温箱中培养 20 ～ 30 天，待菌丝长满全瓶，即得原种；培养好的原种，可供进一步扩大培养用，若暂时不用，必须移至 5 ～ 10℃的冰箱内保存，但保存时间一般不得超过 10 天。

3. 栽培菌种（三级菌种）培养　在无菌条件下，用镊子将上述原种瓶中长满菌丝的松木块夹取 1 ～ 2 片和少量松木屑、米糠等混合料，接种于瓶内培养基的中央，然后将接种的培养瓶移至培养室中进行培养 30 天，前 15 天温度调至 25 ～ 28℃，后 15 天温度调至 22 ～ 24℃，当乳白色的菌丝长满全瓶，闻之有特殊香气时，即可供生产用。在菌种整个培养过程中，要勤检查，如发现有杂菌污染，则应及时淘汰，防止蔓延。

（三）培育方法

多采用段木培育，具体方法如下。

1. 选地与挖窖　选择土层深厚、疏松、排水良好、pH 值 5 ～ 6 的砂质壤土（含砂量在 60% ～ 70%）、25°左右的向阳坡地种植为宜。含砂量少的黏土，光照不足的北坡、陡坡以及低洼谷地均不宜选用。地选好后，一般于冬至前后进窖，先清除杂草灌木、树蔸、石块等物，然后顺山坡挖窖，窖长 65 ～ 80cm、宽 25 ～ 45cm、深 20 ～ 30cm，窖距 15 ～ 30cm，将挖起的土，堆放于一侧，窖底按坡度倾斜，清除窖内杂物。窖场沿坡两侧筑坝拦水，以免水土流失。

2. 伐木备料 10月底～翌年2月，选择生长20年左右、胸径10～20cm的松树进行砍伐。削皮留筋（筋即不削皮的部分），宽度视松木粗细而定，一般为3～5cm，使树干呈六方形或八方形。然后按其长短分别就地堆叠成“井”字形，放置约40天。当敲之发出清脆响声，两端无树脂分泌时，即可供栽培用。在堆放过程中，要上下翻晒1～2次，使木材干燥一致。

3. 下窖与接种 ①段木下窖：4～6月选晴天进行，通常直径4～6cm小段木每窖放入5根，下3根、上2根，呈“品”字形排列，排放时将两根段木的留筋面贴在一起，使中间呈“V”字形，以利传引和提供菌丝生长发育养料。②接种：先用消过毒的镊子将栽培菌种内长满菌丝的松木块取出，顺段木“V”字形缝中一块接一块地平铺在上面，放3～6片，再撒上木屑等培养料，然后将一根段木削皮处向下，紧压在松木块上，使成“品”字形。接种后，立即覆土，厚约7cm，最后使窖顶呈龟背形，以利排水。

四、田间管理

（一）护场、补引

接种后应保护好苓场，防止人畜践踏，以免菌丝脱落，影响生长。10天后检查，如发现菌丝延伸到段木上表明已“上引”，若发现感染杂菌而使菌丝发黄、变黑、软腐等现象说明接种失败，则应选晴天进行补引。补引是将原菌种取出，重新接种。1个月后再检查1遍，若段木侧面有菌丝缠绕延伸生长，表明生长正常。2个月左右菌丝应长到段木底部或开始结苓。

（二）除草、排水

苓场保持无杂草。雨季应及时疏沟排水、松土，否则水分过多，土壤板结，影响空气流动，菌丝生长发育受到抑制。

（三）培土、浇水

在下窖接种时，一般覆土较浅，以利菌丝快速生长。当8月开始结苓后应进行培土，厚度由原来的7cm左右增至10cm左右，不宜过厚或过薄，否则均不利于菌核生长。每逢大雨过后，须及时检查，如发现土壤有裂缝，应培土填塞。随着茯苓菌核增大，常使窖面泥土龟裂，甚至菌核裸露，此时应培土，并喷水抗旱。

五、病虫害及其防治

（一）病害及其防治

主要为菌核软腐病，病原主要为绿色木霉 *Frichoderma viride*（Pers.）Fr.、根霉 *Rhizopus* spp.、曲霉 *Aspergillus* spp.、毛霉 *Mucor* spp.、青霉 *Penicillium* spp. 等，导致茯苓菌核皮色变黑，菌肉疏松软腐，严重者渗出黄棕色黏液。防治方法：①接种前、栽培场要翻晒多次；②段木要清洁干净，发现有少量杂菌污染，应铲除掉或用70%酒精杀灭，若污染严重则予以淘汰；③选择晴天栽培接种；④保持苓场通风、干燥，经常清沟排渍，防止窖内积水；⑤发现菌核发生软腐等现象，应提前采收或剔除，苓窖用石灰消毒。

（二）虫害及其防治

1. 白蚁　主要是黑翅土白蚁 *Odontotermes formosanus* Shiraki 及黄翅大白蚁 *Macrotermes barneyi* Light。蛀食段木，干扰茯苓正常生长发育，造成减产，严重时有种无收。防治方法：①苓场要选南或西南向，段木和树蔸要干燥，最好冬季备料，春季下种；②下窖接种后，苓场附近挖几个诱蚁坑，坑内放置松木、松毛，用石板盖好，经常检查，发现白蚁时，用 60% 亚砷酸、40% 滑石粉配成药粉，沿着蚁路寻找蚁窝，撒粉杀灭；③引进白蚁新天敌——蚀蚁菌，此菌对啮齿类和热血动物及人类均无感染力，但灭蚁率达 100%；④ 5 ～ 6 月接苓前在苓场附近挖几个诱集坑，每隔 1 个月检查 1 次，发现白蚁时用煤油或开水灌水蚁穴，并加盖砂土，灭除蚁源；⑤在 5 ～ 6 月白啮齿类和热血蚁分群时，悬挂黑光灯诱杀。

2. 茯苓虱　为茯苓喙扁蝽 *Mezira*（*zemira*）*poriaicola* Liu。以成虫、若虫群集潜栖在茯苓栽培窖内，刺吸蛀蚀菌种、菌丝层及菌核内的汁液，受害部位出现变色斑块，并携带霉菌导致病害，影响菌种成活及菌核生长。防治方法：①茯苓虱多潜匿于栽种过茯苓的“返场”中，新栽茯苓切忌使用“返场”，尽量远离、回避茯苓虱越冬繁衍的场地；②接种后，立即用尼龙网纱片（网眼大小为 1.5mm×1.5mm）将栽培窖面掩罩，然后覆土；③茯苓虱多群聚于培养料菌丝层附近，采收季节，可在采收菌核的同时，用桶收集虫群，然后用水溺杀，减少虫源；④菌核成熟后要全部挖起，采收干净，并将栽培后的培养料全部搬离栽培场，做燃料焚烧，切忌将腐朽的培养料堆弃在原栽培场内，使茯苓虱继续滋生、蔓延。

六、采收与加工

（一）采收

接种后经 6 ～ 8 个月生长，菌核便已成熟，段木颜色由淡黄色变为黄褐色、材质呈腐朽状，茯苓菌核外皮由淡棕色变为褐色、裂纹渐趋弥合（俗称“封顶”）。一般于 10 月下旬～ 12 月初陆续采收。采收时先将窖面泥土挖去，掀起段木，轻轻取出菌核，放入箩筐。有的菌核一部分长在段木上（俗称“扒料”），若用手掰，菌核易破碎，可将长有菌核的段木放在窖边，用锄头背轻轻敲打段木，将菌核完整地震下来，然后拣入箩筐。采收后的茯苓，及时运回加工。

（二）产地加工

先将鲜苓除去泥土及小石块等杂质，然后按大小分开，堆放于通风干燥室内离地面 15cm 高的架子上，一般放 2 ～ 3 层，使其发汗，每隔 2 ～ 3 天翻动 1 次。半个月后，当菌核表面长出白色绒毛状菌丝时，取出刷拭干净，至表皮皱缩呈褐色时，置凉爽干燥处阴干即成“茯苓个”，然后按商品规格要求加工。削下的外皮为“茯苓皮”；切取近表皮处呈淡棕红色的部分，加工成块状或片状，为“赤茯苓”；内部白色部分切成块状或片状，为“白茯苓”，其中切片称“茯苓片”，切块称“茯苓块”；若白茯苓中心夹有松木的，则称“茯神”。然后将各部分分别摊于晒席上晒干，即成商品。

七、药材质量要求

以体重，质坚实，外皮色棕褐、纹细、无裂隙，断面白色细腻，黏牙力强者为佳。干品水分含量不得过 18.0%，总灰分含量不得过 2.0%，浸出物含量不得少于 2.5%。

猪　苓

猪苓 *Polyporus umbellatus*（Pers.）Fries. 为多孔菌科真菌类植物，以干燥菌核入药，药材名猪苓。其味甘、淡，性平；可利水渗湿；主治小便不利、泄泻、水肿、淋浊、带下等症。现代研究证明，猪苓主要含有多糖、麦角甾醇、氨基酸、蛋白质、维生素及微量元素等成分，具有抗肿瘤、抗辐射、抗突变、保肝、提高免疫力和抗诱变等药理作用。

一、形态特征

菌核为多年生休眠体，由大量菌丝体组成，形状多样，多呈长条形、块状和片状。表面有褶皱或凸起，直径约 3 ～ 15cm。不同发育阶段菌核表面颜色不同，分为白苓、灰苓和黑苓 3 种。白苓色白皮薄、无弹性、质地软、含水分较多，内含物较少，用手捏易烂，烘干后呈米黄色。灰苓表皮灰黄色，有的可看到一些黄色斑块，光泽暗，质地松，有一定的韧性和弹性，断面菌丝白色。黑苓表皮黑褐色，有光泽，质地密有韧性和弹性，断面菌丝白色或淡黄色。猪苓子实体由生殖菌丝、骨架菌丝和联络菌丝组成，多发生于夏秋季（7 ～ 9 月）。菌盖白色圆形，直径 1 ～ 5cm，中部脐状，有淡黄色的纤维层鳞片状，呈放射状，无环纹，触摸有软毛绒感觉。菌管长 2 ～ 3cm，管口圆形或多角形，管口面白色或浅黄色。子实体的大小与隐生在地下的菌核大小有关。猪苓的生殖菌丝具有繁殖和分化菌丝、组织、聚合菌丝的功能，在子实体各部位均有分布。骨架菌丝不分枝，连续的厚壁菌丝由 3 层组成，多分布于菌盖中。联络菌丝在子实体中最多，液泡化，产生新生物。生殖菌丝产生担子，担子产生小梗，小梗上形成担孢子。脱离小梗的担孢子呈椭圆形，脐部扁平，基部仍附有部分小梗的胞壁，弹射孢子后的小梗顶端隆起。担子短棒状，（17.0 ～ 21.5）μm×（5.6 ～ 8.0）μm，光滑透明无色，顶生四孢子。孢子卵圆形，（7.0 ～ 10.0）μm×（3.0 ～ 4.2）μm，光滑无色。

二、生物学特性

（一）分布与产地

野生猪苓多分布于海拔 1000 ～ 2000m 山区，以 1200 ～ 1600m 半阴半阳的二阳坡地带生长较多。全国大部分省区均有分布，国外主要分布在欧洲和北美洲国家。云南、陕西、河北和四川为猪苓主要产地，且以云南产量最大，陕西质量最佳。

（二）对环境的适应性

1. 对温度的适应　在地温 5 ～ 25℃时正常生长，华北地区平均地温达 9.5℃时萌发，约 12℃时新苓生长膨大，约 14℃新苓萌发多、个体增长快，而超过 28℃时菌核生长受到抑制，低于 8℃时进入冬季休眠期。

2. 对水分的适应　最适土壤含水量为 30% ～ 50%，<30% 时停止生长，若长期处于饱和状态，菌核可能腐烂。空气相对湿度 60% ～ 75% 最适宜生长。

3. 对土壤的适应　猪苓是好气性真菌，在湿润、疏松透气、腐殖质含量高的土壤中生长最好，忌选砂土。研究发现，土壤肥力高有助于提高猪苓产量，在火烧迹地处生长的猪苓菌核粗壮且个体大，这与富含有机质、富矿质养分的土壤有直接关系。

4. 对光照的适应　猪苓菌丝见光易老，但必要的阳光还是需要的，以利于提高地温、延长生长期，同时也有利于子实体形成。尤其是人工栽培选择地要格外注意。自然林区，在一定区域内，随着林区郁闭度增加，猪苓生长面积增大。但郁闭度过大会导致林内温度过低，影响枯枝落叶分解，导致潮湿透气效果差，进而生长速度缓慢、单位面积产量降低。

5. 伴生植物　猪苓生长的关键是猪苓与蜜环菌的共生关系。猪苓主要生长在阔叶林、针阔混交林、灌木林及竹林的林木树根周围，并以次生小灌木薪炭林最适宜。这种林地粗细树根纵横交错、落叶叠加、透气性好，有利于蜜环菌生长。一般针阔叶林都可用来培养蜜环菌，寄生的树种主要有柞、桦、榆、杨、柳、枫等，但以木质坚实的壳斗科植物最好，这些树种皮厚质良，根深叶茂，能供给蜜环菌生长的营养。

（三）生长发育习性

猪苓菌的生长发育要经过担孢子、菌丝体、菌核和子实体4个阶段，期间猪苓生长所需要的营养物质主要依靠蜜环菌供给。通过蜜环菌的供养，担孢子成熟后萌发成初级菌丝，然后逐步发育形成菌核。菌核贮存的营养主要用于休眠期养分供给，春天地表温度升高，土壤含水量充足时，依靠蜜环菌代谢物和侵染菌丝就能释放猪苓菌菌丝。猪苓菌菌丝突破菌核表皮，不断增多形成菌球，长成白苓。进入秋冬季温度逐渐降低，白苓表皮变成中灰黄色，即成灰苓。在休眠期只是菌核内部营养供给白苓，猪苓菌表面逐渐炭化或氧化，形成一层保护膜，变成黑色，即黑苓。白苓、灰苓和黑苓实际上为生长年限不同的猪苓菌核。只要条件允许，春、夏、秋三季，母苓随时可以释放出新生白苓。猪苓菌子实体不常见，通常埋藏较深的猪苓在适宜的条件下才会长出子实体，再次产生担孢子。

三、培育技术

（一）菌种类型

猪苓野生产量日渐匮乏，人工栽培种采用菌核进行无性繁殖且只选不种，造成种植退化与产量不稳。现报道的有用野生种源驯化种植的优良菌种“秦苓1号”。

（二）菌种制备

目前生产中，人工栽培猪苓的主要方式是无性繁殖，即用小的猪苓做种，与蜜环菌伴栽。种苓应选择表面凹凸不平多疤状、色泽鲜艳、手捏有弹性、重100g以下、生命力强、出芽快而多的灰苓或黑苓做种。灰苓的菌丝幼嫩可全部做种，黑苓应选菌丝为白色或浅黄色、手捏菌核有弹性，菌龄短的做种。白苓做种易腐烂。菌核肉质变为褐色、手捏无弹性、中空坏死的不能做苓种。较大的种苓也可以从细腰或离层处掰开分栽。严禁将老化的、机械损伤的、病毒和病菌感染的、保藏不当的、失去生活力的猪苓菌核做种，尽量采用野生猪苓菌核做种，提倡异地引种。如果选种不严或使用退化苓种均可能导致空窝。

若种源取自人工栽培的新鲜猪苓，一般在3～4月或7～8月栽培，此时猪苓刚度过休眠期进入生长期，蜜环菌也处在生长期，两者可相互建立良好共生关系。若是种源取自采挖的野生新鲜猪苓，在生长期内一般随采随栽。

（三）培育方法

1. 选地与挖窖 栽培场地以湿润、通气和渗透性良好、微酸性、含水量 3% ～ 50%、富含有机质的壤土或砂壤土为好；坡向西南、西北或阴坡，坡度 20°～ 25°。

栽培地点选择好以后，除去表面杂草，清理石块，顺坡挖窝，窝长 50 ～ 100cm 或依地形长度而定，窝宽 60cm、深 20cm，窝距 50cm。床底铺一层树叶，为蜜环菌生长提供足够的养料。把挖出的腐叶土堆放在边上备用。

2. 伐木备料 培育菌材时，凡是无芳香、油脂味的多种阔叶树木均可作为培养蜜环菌的菌材，但以壳斗科和桦木科树种最好，如板栗、茅栗、栓皮栎、麻栎、槲栎、桦树等。选直径为 10cm 左右的干枝，截成长为 60cm 的木段，砍 3 ～ 4 排鱼鳞口至木质部，然后接种蜜环菌种，搭成“井”字形架，在 15℃左右温度下培养 2 ～ 3 个月，蜜环菌即在段木上生长并形成菌索。有条件时，将木段用 0.25% 硝酸铵水溶液浸泡 30 分钟，捞出后培育菌材效果更好。这时的段木，可作为猪苓下坑插种的菌材。以后可用老菌材和新段木混放于挖好的窖中来制作，也可用人工培育的优质密环菌菌种或菌枝直接栽培。

蜜环菌菌种宜选用经过人工分离纯化并培育的生活力强、适合猪苓生长的优质菌种或新培育的优质蜜环菌菌枝，才能保证猪苓栽培成功。同等条件下蜜环菌菌种纯度和生活力决定着猪苓药材产量的高低。

3. 下窖与接种 依据高山阳、低山阴的原则选址。高山浅坑，深 15 ～ 20cm；低山深坑，深 20 ～ 30cm、宽 40 ～ 50cm、长 60 ～ 70cm。坑底挖松整平，每平方米可栽培 2 窝，每窝放 5 根段木，段木间距 8 ～ 10cm。

在段木间隙处回填腐殖土至段木高度一半，在段木两边均匀放入种苓，将蜜环菌菌种放入种苓两边。使用蜜环菌种加段木直接进行栽培，每窝用种苓 350 ～ 500g，段木 5 根，树枝 2 ～ 2.5kg，蜜环菌种 1.5 ～ 2 瓶，或者菌枝 4 ～ 5kg，树枝 4 ～ 6kg，段木 10 根。

每两根段木间隙处放 5 ～ 6 节树枝，用 1 ～ 2cm 厚腐殖土将段木盖严，再放一层 1 ～ 1.5kg 湿树枝，树枝不重叠。

最后覆土 10 ～ 15cm，盖成平顶，上用枯枝落叶覆盖。

四、田间管理

（一）温度管理

猪苓菌和蜜环菌菌种下种后除观察外一般不翻动，确保猪苓菌和蜜环菌菌索密切接触。夏季将猪苓生长的土层温度控制在 26℃以下，通过洒水、搭建荫棚、种植长蔓型植物遮阴等方式降温。冬季土层温度在 12℃以上，采取适当覆盖草苫、柴草、秸秆类进行增温，确保猪苓及蜜环菌的正常生长。

（二）水分管理

苓种在运输中不可避免地会受到某些外力的撞击、揉搓等，导致其带伤播种。正常条件下，伤口愈合需要 5 天左右。因此，播种后不要即时用水，约 7 天后方可浇透水；此后，根据土质状况及气候状况，保持土壤含水量在 35% ～ 55%。春夏之交季节，如有干热风、大旱天气等，通过适量泼水或表面覆盖秸秆、杂草、遮阳网等遮阴措施以减少地表水分蒸发等，预防因过度干燥使蜜环菌菌索生长缓慢、活力降低或死亡。当汛期雨水频繁且雨量较大时，则将栽培坑稍加垕高或对地势低洼的窖挖沟排水。

五、病虫害及其防治

猪苓病害较少，较常见的病害是杂菌污染影响蜜环菌生长及积水造成生理性腐烂。生产中危害严重的是虫害，主要为蚂蚁、蛴螬、蝼蛄、金针虫等。防治方法：①种植前对段木进行有效晾晒，杀死段木上的虫卵；②栽培点选择生态环境良好的区域，经常清除杂草、断绝虫源；③在蛴螬等虫害发生期用3%辛硫磷和少量腐殖土1∶（1500～2000）搅拌成毒土撒在坑底或用90%敌百虫稀释成1000倍液窝内喷洒，蚂蚁等用3%呋喃丹或白蚁粉拌土诱杀。

六、采收加工

（一）采收

一年四季均可采收，可分批采挖，也可随用随挖。在12月～翌年2月期间采收时，应选择晴好天气并采取保温措施以防冻伤。2～11月，除雨天外均可安排采收。采收时开穴检查，发现黑苓上不再分生小（白）苓或分生量很少甚至猪苓已散架时要及时采挖，若蜜环菌菌材较硬，只收获老苓、黑苓及灰苓，留下白苓继续生长，如菌材已被充分腐解，不能继续为蜜环菌提供营养，则必须全部取出，重新进行栽培。

（二）产地加工

收获后先进行分级，灰苓可直接用于栽培播种，老苓、黑苓则按其个体大小分级。将黑苓用清水冲洗，将不慎采挖破损的黑苓用作分离菌种或切块后作为无性苓种，个体完整无损的用于加工药材，一般晒5～10天干燥即可，也可烘干。

七、药材质量要求

以个大、皮黑、肉白、体较重者为佳。干品水分含量不得过14.0%，总灰分不得过12.0%，酸不溶性灰分不得过5.0%，麦角甾醇含量不得少于0.070%。

赤　芝

赤芝 *Ganoderma lucidum*（Leyss.ex Fr.）为多孔菌科真菌类植物，以其干燥子实体药用，药材名灵芝。其味甘、苦涩，性温平；归心、肺、肝、肾经；具有补气安神、止咳平喘等功效；用于心神不宁、失眠心悸、肺虚咳喘、虚劳短气、不思饮食等病症。灵芝孢子也是重要的药材。现代研究证明，灵芝主要含有灵芝多糖、灵芝酸、内酯、麦角甾醇、灵芝碱、三萜类等成分，其中灵芝多糖具有免疫调节、降血糖、降血脂、抗氧化、抗衰老及抗肿瘤作用，三萜类成分能净化血液、保护肝功能。此外，灵芝还有抗凝血、抑制血小板聚集及抗过敏作用。灵芝多种制剂分别具有镇静、抗惊厥、强心、抗心律失常、降压、镇咳平喘作用。

一、形态特征

子实体一年生，木栓质，有柄。菌盖肾形、半圆形或近圆形，长4～12cm，宽3～20cm，厚可达 2cm；盖面黄褐色至红褐色，表面有油漆状光泽；盖缘钝或锐，有时内卷。菌肉淡白色，近菌管部分常呈淡褐色或近褐色，木栓质，厚约 1cm。菌管淡白色、淡褐色至褐色，菌管长约 1cm。菌柄侧生或偏生，近圆柱形或扁圆柱形，表面与盖面同色，或呈紫红色至紫褐色。孢子呈淡褐色至黄褐色，卵形，一端平截，外壁光滑，内壁粗糙。

二、生物学特性

（一）分布与产地

生于多种阔叶树朽木干基及其周围，主要分布于我国黄河流域以南。药材主产于华东、西南及吉林、河北、山西、江西、广东、广西等地，也有人工栽培。

（二）对环境的适应性

1. 对水分的适应　菌丝生长培养基适宜含水量为 55% ～ 60%，空气相对湿度为 70% ～ 75%。子实体生长期间空气相对湿度宜 85% ～ 90%，低于 60% 时子实体生长较慢，低于 45% 时菌丝生长停止不再形成子实体，高于 95% 时子实体会因缺氧而死亡。

2. 对温度的适应　属中高温型菌类，菌丝在 10 ～ 35℃均能生长，前期在 24 ～ 26℃生长较快，后期以 25 ～ 28℃为好；子实体在 10 ～ 35℃均能生长，但基分化和子实体发育最适温度为 25 ～ 28℃。温度低，长出的子实体品质较好，菌肉致密，光泽度好；温度高，子实体生长较快，但品质稍差。

3. 对空气的适应　为好气性真菌，要求有足够的氧气供应。在自然条件下菌丝可正常生长，适当增加二氧化碳浓度可促进菌丝生长。子实体发育过程中对二氧化碳浓度很敏感，二氧化碳浓度低于 0.1% 时子实体开片，高于 0.1% 时子实体会形成鹿角状的畸形芝。

4. 对光照的适应　是喜光性真菌。菌丝生长不需要光，光对其生长有抑制作用。子实体分化和发育要求散射光，在黑暗或弱光条件下只长菌柄不能形成菌盖。

5. 对酸碱度的适应　喜弱酸性。菌丝在 pH 值 3 ～ 9 均能生长，但在 pH 值 4 ～ 6 生长较好。

（三）生长发育习性

灵芝的担孢子在适宜条件下萌发成芽管，经过质配、核配、减数分裂等过程，形成单核菌丝（初生菌丝），两个不同极的单核菌丝经过锁状联合，形成双核菌丝（次生菌丝）；双核菌丝生长到一定阶段，形成子实体原基，生长发育形成子实体；当生理成熟后，从菌盖下的子实层菌管中散发出担孢子，又开始新的发育周期。

三、培育技术

（一）菌种类型

赤芝良种较多，现报道的有利用野生驯化方法选育获得的“仙芝 1 号”，具有子实体、孢子粉产量以及子实体多糖、三萜含量高的特点。将优选的“仙芝 1 号”通过航天诱变，获得品质更优良的新品种“仙芝 2 号”。此外还有“荣宝灵芝 1 号”“辽灵芝 2 号”“龙芝 2 号”等优良品种。

（二）菌种制备

灵芝菌种培养包括纯菌种的分离与母种培养、原种及栽培种生产。各级菌种的培养或生产均包括培养基（料）的制备、灭菌、消毒、接种、培养及保存等环节；所用器具均需消毒，并在无菌条件下操作。

1. 菌种的分离与母种培养　采用组织分离法或孢子分离法得到原始菌种，再接种到培养基上培养得到母种（一级种）。培养基的配方及制备：马铃薯 200g，葡萄糖 20g，琼脂 15 ～ 20g，磷酸二氢钾 3g，硫酸镁 1.5g，维生素 B_{12} 10 ～ 20mg，水 1000mL。配制好的培养基，分别装入试管，灭菌，取出并摆成斜面，冷却后即为试管斜面培养基。

（1）组织分离法　选无病虫害、菌蕾大、未木栓化的灵芝子实体，先用清水洗净，再用 75% 乙醇进行表面消毒，在无菌条件下，取菌盖及近菌柄处菌管上方的组织，再切成多个 3 ～ 5mm 的小块，接入试管斜面培养基中央。在 25 ～ 28℃温度下避光培养 3 ～ 4 日，当小块组织的周围有白色菌丝长出时，挑选纯白无杂的菌丝转接到新的斜面培养基上，继续培养 5 日左右，即为灵芝母种。

（2）孢子分离法　选生长良好并已开始释放孢子的灵芝子实体，消毒备用。在无菌条件下，收集孢子，取孢子接种在培养基上。经过培养可获得一层薄薄的菌苔状的菌丝。挑取白色无杂的菌丝接种到新的斜面培养基上，继续培养，得到灵芝母种。

2. 原种或栽培种的培养　将母种接种到培养料上，扩大培养成原种（二级种），由原种再扩大培养为栽培种（三级种）。培养料配方及制备：①杂木粒 78%，麸皮 20%，石膏 1%，黄豆粉 1%。②木屑 73%，麸皮 25%，石膏 1%，蔗糖 1%。③棉籽壳 80%，麸皮 16%，蔗糖 1%，生石灰 3%。④麦粒 99%，石膏 1%。可根据实际情况选用配方，将料按规定比例混合均匀，把蔗糖等可溶性的辅料用清水溶化后播洒均匀，喷水、使培养料含水量为 60% ～ 65%。用手紧握一把料，手指尖有水印但水不往下滴为适宜。将料拌匀，装入菌种瓶内，至瓶高的 2/3 处，中间打一孔至近瓶底，封口，灭菌，冷却后备用。

在无菌条件下接种，1 支试管母种接种 5 瓶原种，1 瓶原种再扩大为 50 ～ 60 瓶栽培种。接种后放入培养室，25 ～ 30 日后菌丝长满瓶，可用作接种栽培。

（三）培育方法

多采用段木栽培和袋料栽培法，具体方法如下。

1. 段木栽培法

（1）选料与制料　多选用板栗、柞、楸、柳、杨、刺槐、枫等阔叶树作段木，直径 8 ～ 20cm，锯成长为 15 ～ 20cm 的段木。

（2）装袋灭菌与接种　将段木装入塑料袋内，袋口扎紧，常压灭菌（100℃，保持 12 小时以上）。选择室温 20℃，晴朗天气，并在无菌条件下将栽培种均匀地涂在两段木间及上方段木表面，袋口塞一团无菌棉花，扎紧。

（3）菌丝培养　将接好种的段木菌袋放在通风、洁净的室内干燥暗处培养，前期温度控制在 22 ～ 28℃，后期室温 22 ～ 24℃，室内相对湿度 60% ～ 65%，保持氧气充足，以利于菌丝快速生长、粗壮。同时注意防杂菌污染。培养 60 ～ 70 天，长满菌丝体后，移出室外埋土。

（4）子实体培养　当菌材出现少数原基，气温回升到 20℃以上，选择晴天，将整好的畦进行消毒。先开沟，留作业道。将菌材以 4 ～ 6cm 间距直立排于沟内，接种面朝上，用细土填满间隙。周围做好排水，防止雨水倒灌。

（5）出芝管理　埋土后，保持温度在 24 ～ 28℃，相对湿度 85% ～ 90%。通过控制好喷水、通气、遮阴、保温等措施，埋土后 15 ～ 20 天可出现芝蕾，菌柄长到一定长度，菌蕾即分化出菌盖。要注意采取去细存粗，去弱留强，去密留疏的方法，摘去过多的个体，每段只留 1 ～ 2 个。

2. 袋栽法

（1）培养料配方　见“原种或栽培种的培养”中的培养料配方①②。

（2）装袋与接种　常选用厚约 0.04mm 的聚氯乙烯或聚丙烯塑料袋，常见规格为长 36cm，宽 18cm。将配好的培养料装至离袋口约 8cm，装料量合干料约 500g。料要装实，袋口扎紧，灭菌。在无菌条件下进行接种，菌种与培养料要接触紧密，把袋口及时扎好。

（3）菌丝培养　把接种好的菌袋放在 24 ～ 28℃条件下，避光培养，注意通风降温。

（4）出芝管理　菌丝生长到 30 日左右，其表面会形成白色疙瘩或突起物，即子实体原基，又称芝蕾或菌蕾。这时要解开袋口，使芝蕾向外延伸形成菌柄，约 15 日菌柄上长出菌盖，30 ～ 50 日后成熟，菌盖开始散出孢子，可以采收。

子实体培养也可以埋于土中进行，称室外栽培、露地栽培、埋土栽培或脱袋栽培。挖宽 80 ～ 100cm、深 20 ～ 40cm 的菌床，长度视地块条件和培养量而定。将培养好菌丝的菌袋脱去塑料袋，竖放在菌床上，间距 6cm 左右，覆盖富含腐殖质细土 1cm 厚，浇足水分。床上搭建塑料棚并遮阴，避免直射光，保持温度在 22 ～ 28℃，空气新鲜，相对湿度 85% ～ 95%。10 日后床面出现子实体原基，再经 25 日后陆续成熟，可以采收。

四、田间管理

（一）光照控制

光线控制应为前阴后阳，前期光照度低有利于菌丝的恢复和子实体的形成，后期应提高光照度，有利于灵芝菌盖的增厚和干物质的积累。

（二）温度控制

灵芝子实体形成为恒温结实型，最适范围为 26 ～ 28℃。当菌柄生长到一定程度后，温度、湿度、光照度适宜时，即可分化菌盖。

（三）湿度调控

从菌蕾发生到菌盖分化未成熟前的过程中，要经常保持空气相对湿度在 85% ～ 95% 之间，以促进菌蕾表面细胞分化。

（四）氧浓度调控

灵芝子实体的生长需要充足的氧气。在良好的通气条件下，可形成正常肾形菌盖。

（五）菌体数量控制

埋土段木要有一定间隔以防止联体子实体的发生。要控制短段木上灵芝的朵数，一般直径 15cm 以上的灵芝以 3 朵为宜，15cm 以下的以 1 ～ 2 朵为宜。

五、病虫害及其防治

（一）病害及其防治

灵芝栽培过程中主要易受绿色木霉病、青霉菌、褐腐病等杂菌感染为害。防治方法：轻度感染，可用烧过的刀片将局部杂菌及周围刮除，再涂抹浓石灰乳防治或用蘸 75% 酒精的脱脂棉填入孔穴中，严重污染的应及时淘汰。

（二）虫害及其防治

白蚁防治采用诱杀为主。即在芝场四围，每隔数米挖坑。将芒萁枯枝叶埋于坑中，外加灭蚁药粉，然后再覆薄土。投药后 5 ～ 15 天可见白蚁中毒死亡。

其他害虫防治，用菊酯类或石硫合剂对芝场周围进行多次喷施。发现蜗牛类可人工捕杀。

六、采收加工

（一）采收

1. 孢子粉采收　孢子粉的采集根据栽培方式不同而异。代料栽培方式采用套袋法，采收时取下纸袋，轻轻刷下纸袋内的孢子粉。而段木栽培方式采用套筒法，采粉时先将盖板和套筒上的粉刷下，然后小心提起地上接粉薄膜套筒，把粉刷下，最后再一手握住灵芝柄，将灵芝剪下，刷下菌盖上的积粉。

2. 子实体采收　在子实体达到：有大量褐色孢子弹散；菌盖表面色泽一致，边缘有卷边圈；菌盖不再增大转为增厚；菌盖下方色泽鲜黄一致时，即可采收。将芝体从柄基部摘下，不要用剪，留下老柄，以免老柄上方剪口长出朵形很小或畸形芝体。

（二）产地加工

将采收回的孢子粉或子实体放在太阳光下晒干，或置于烤房内及时烘干。子实体采收后要求在 2 ～ 3 天内晒干再烘干。否则腹面菌孔会变成黑褐色。晒干时将单个子实体排在竹筛上，腹面向下，一个个摊开。再烘干至含水量 10% 以下。若阴雨天则直接烘干，烤房温度控制在 40 ～ 50℃，不能超过 60℃，烘至灵芝菌盖碰撞有响声，再烘干也不再减重时为止。

七、药材质量要求

以个大、菌盖厚、完整、色紫红、有漆样光泽者为佳。干品水分含量不得过 17.0%，总灰分不得过 3.2%，水溶性浸出物（热浸法）不得少于 3.0%，灵芝多糖（无水葡萄糖）不得少于 0.90%，三萜及甾醇（齐墩果酸）不得少于 0.50%。

思考题：

1. 茯苓的主要病虫害有哪些？如何防治？
2. 简述猪苓的生长发育习性。
3. 灵芝的栽培方法有哪些？如何操作？

全国中医药行业高等教育“十四五”规划教材

全国高等中医药院校规划教材（第十一版）

教材目录（第一批）

注：凡标☆号者为“核心示范教材”。

（一）中医学类专业

序号	书 名	主 编		主编所在单位	
1	中国医学史	郭宏伟	徐江雁	黑龙江中医药大学	河南中医药大学
2	医古文	王育林	李亚军	北京中医药大学	陕西中医药大学
3	大学语文	黄作阵		北京中医药大学	
4	中医基础理论☆	郑洪新	杨 柱	辽宁中医药大学	贵州中医药大学
5	中医诊断学☆	李灿东	方朝义	福建中医药大学	河北中医学院
6	中药学☆	钟赣生	杨柏灿	北京中医药大学	上海中医药大学
7	方剂学☆	李 冀	左铮云	黑龙江中医药大学	江西中医药大学
8	内经选读☆	翟双庆	黎敬波	北京中医药大学	广州中医药大学
9	伤寒论选读☆	王庆国	周春祥	北京中医药大学	南京中医药大学
10	金匮要略☆	范永升	姜德友	浙江中医药大学	黑龙江中医药大学
11	温病学☆	谷晓红	马 健	北京中医药大学	南京中医药大学
12	中医内科学☆	吴勉华	石 岩	南京中医药大学	辽宁中医药大学
13	中医外科学☆	陈红风		上海中医药大学	
14	中医妇科学☆	冯晓玲	张婷婷	黑龙江中医药大学	上海中医药大学
15	中医儿科学☆	赵 霞	李新民	南京中医药大学	天津中医药大学
16	中医骨伤科学☆	黄桂成	王拥军	南京中医药大学	上海中医药大学
17	中医眼科学	彭清华		湖南中医药大学	
18	中医耳鼻咽喉科学	刘 蓬		广州中医药大学	
19	中医急诊学☆	刘清泉	方邦江	首都医科大学	上海中医药大学
20	中医各家学说☆	尚 力	戴 铭	上海中医药大学	广西中医药大学
21	针灸学☆	梁繁荣	王 华	成都中医药大学	湖北中医药大学
22	推拿学☆	房 敏	王金贵	上海中医药大学	天津中医药大学
23	中医养生学	马烈光	章德林	成都中医药大学	江西中医药大学
24	中医药膳学	谢梦洲	朱天民	湖南中医药大学	成都中医药大学
25	中医食疗学	施洪飞	方 泓	南京中医药大学	上海中医药大学
26	中医气功学	章文春	魏玉龙	江西中医药大学	北京中医药大学
27	细胞生物学	赵宗江	高碧珍	北京中医药大学	福建中医药大学

序号	书　名	主　编	主编所在单位	
28	人体解剖学	邵水金	上海中医药大学	
29	组织学与胚胎学	周忠光　汪　涛	黑龙江中医药大学	天津中医药大学
30	生物化学	唐炳华	北京中医药大学	
31	生理学	赵铁建　朱大诚	广西中医药大学	江西中医药大学
32	病理学	刘春英　高维娟	辽宁中医药大学	河北中医学院
33	免疫学基础与病原生物学	袁嘉丽　刘永琦	云南中医药大学	甘肃中医药大学
34	预防医学	史周华	山东中医药大学	
35	药理学	张硕峰　方晓艳	北京中医药大学	河南中医药大学
36	诊断学	詹华奎	成都中医药大学	
37	医学影像学	侯　键　许茂盛	成都中医药大学	浙江中医药大学
38	内科学	潘　涛　戴爱国	南京中医药大学	湖南中医药大学
39	外科学	谢建兴	广州中医药大学	
40	中西医文献检索	林丹红　孙　玲	福建中医药大学	湖北中医药大学
41	中医疫病学	张伯礼　吕文亮	天津中医药大学	湖北中医药大学
42	中医文化学	张其成　臧守虎	北京中医药大学	山东中医药大学

（二）针灸推拿学专业

序号	书　名	主　编	主编所在单位	
43	局部解剖学	姜国华　李义凯	黑龙江中医药大学	南方医科大学
44	经络腧穴学☆	沈雪勇　刘存志	上海中医药大学	北京中医药大学
45	刺法灸法学☆	王富春　岳增辉	长春中医药大学	湖南中医药大学
46	针灸治疗学☆	高树中　冀来喜	山东中医药大学	山西中医药大学
47	各家针灸学说	高希言　王　威	河南中医药大学	辽宁中医药大学
48	针灸医籍选读	常小荣　张建斌	湖南中医药大学	南京中医药大学
49	实验针灸学	郭　义	天津中医药大学	
50	推拿手法学☆	周运峰	河南中医药大学	
51	推拿功法学☆	吕立江	浙江中医药大学	
52	推拿治疗学☆	井夫杰　杨永刚	山东中医药大学	长春中医药大学
53	小儿推拿学	刘明军　邰先桃	长春中医药大学	云南中医药大学

（三）中西医临床医学专业

序号	书　名	主　编	主编所在单位	
54	中外医学史	王振国　徐建云	山东中医药大学	南京中医药大学
55	中西医结合内科学	陈志强　杨文明	河北中医学院	安徽中医药大学
56	中西医结合外科学	何清湖	湖南中医药大学	
57	中西医结合妇产科学	杜惠兰	河北中医学院	
58	中西医结合儿科学	王雪峰　郑　健	辽宁中医药大学	福建中医药大学
59	中西医结合骨伤科学	詹红生　刘　军	上海中医药大学	广州中医药大学
60	中西医结合眼科学	段俊国　毕宏生	成都中医药大学	山东中医药大学
61	中西医结合耳鼻咽喉科学	张勤修　陈文勇	成都中医药大学	广州中医药大学
62	中西医结合口腔科学	谭　劲	湖南中医药大学	

（四）中药学类专业

序号	书　名	主　编	主编所在单位	
63	中医学基础	陈　晶　程海波	黑龙江中医药大学	南京中医药大学
64	高等数学	李秀昌　邵建华	长春中医药大学	上海中医药大学
65	中医药统计学	何　雁	江西中医药大学	
66	物理学	章新友　侯俊玲	江西中医药大学	北京中医药大学
67	无机化学	杨怀霞　吴培云	河南中医药大学	安徽中医药大学
68	有机化学	林　辉	广州中医药大学	
69	分析化学（上）（化学分析）	张　凌	江西中医药大学	
70	分析化学（下）（仪器分析）	王淑美	广东药科大学	
71	物理化学	刘　雄　王颖莉	甘肃中医药大学	山西中医药大学
72	临床中药学☆	周祯祥　唐德才	湖北中医药大学	南京中医药大学
73	方剂学	贾　波　许二平	成都中医药大学	河南中医药大学
74	中药药剂学☆	杨　明	江西中医药大学	
75	中药鉴定学☆	康廷国　闫永红	辽宁中医药大学	北京中医药大学
76	中药药理学☆	彭　成	成都中医药大学	
77	中药拉丁语	李　峰　马　琳	山东中医药大学	天津中医药大学
78	药用植物学☆	刘春生　谷　巍	北京中医药大学	南京中医药大学
79	中药炮制学☆	钟凌云	江西中医药大学	
80	中药分析学☆	梁生旺　张　彤	广东药科大学	上海中医药大学
81	中药化学☆	匡海学　冯卫生	黑龙江中医药大学	河南中医药大学
82	中药制药工程原理与设备	周长征	山东中医药大学	
83	药事管理学☆	刘红宁	江西中医药大学	
84	本草典籍选读	彭代银　陈仁寿	安徽中医药大学	南京中医药大学
85	中药制药分离工程	朱卫丰	江西中医药大学	
86	中药制药设备与车间设计	李　正	天津中医药大学	
87	药用植物栽培学	张永清	山东中医药大学	
88	中药资源学	马云桐	成都中医药大学	
89	中药产品与开发	孟宪生	辽宁中医药大学	
90	中药加工与炮制学	王秋红	广东药科大学	
91	人体形态学	武煜明　游言文	云南中医药大学	河南中医药大学
92	生理学基础	于远望	陕西中医药大学	
93	病理学基础	王　谦	北京中医药大学	

（五）护理学专业

序号	书　名	主　编	主编所在单位	
94	中医护理学基础	徐桂华　胡　慧	南京中医药大学	湖北中医药大学
95	护理学导论	穆　欣　马小琴	黑龙江中医药大学	浙江中医药大学
96	护理学基础	杨巧菊	河南中医药大学	
97	护理专业英语	刘红霞　刘　娅	北京中医药大学	湖北中医药大学
98	护理美学	余雨枫	成都中医药大学	
99	健康评估	阚丽君　张玉芳	黑龙江中医药大学	山东中医药大学

序号	书　名	主　编		主编所在单位	
100	护理心理学	郝玉芳		北京中医药大学	
101	护理伦理学	崔瑞兰		山东中医药大学	
102	内科护理学	陈　燕	孙志岭	湖南中医药大学	南京中医药大学
103	外科护理学	陆静波	蔡恩丽	上海中医药大学	云南中医药大学
104	妇产科护理学	冯　进	王丽芹	湖南中医药大学	黑龙江中医药大学
105	儿科护理学	肖洪玲	陈偶英	安徽中医药大学	湖南中医药大学
106	五官科护理学	喻京生		湖南中医药大学	
107	老年护理学	王　燕	高　静	天津中医药大学	成都中医药大学
108	急救护理学	吕　静	卢根娣	长春中医药大学	上海中医药大学
109	康复护理学	陈锦秀	汤继芹	福建中医药大学	山东中医药大学
110	社区护理学	沈翠珍	王诗源	浙江中医药大学	山东中医药大学
111	中医临床护理学	裘秀月	刘建军	浙江中医药大学	江西中医药大学
112	护理管理学	全小明	柏亚妹	广州中医药大学	南京中医药大学
113	医学营养学	聂　宏	李艳玲	黑龙江中医药大学	天津中医药大学

（六）公共课

序号	书　名	主　编		主编所在单位	
114	中医学概论	储全根	胡志希	安徽中医药大学	湖南中医药大学
115	传统体育	吴志坤	邵玉萍	上海中医药大学	湖北中医药大学
116	科研思路与方法	刘　涛	商洪才	南京中医药大学	北京中医药大学

（七）中医骨伤科学专业

序号	书　名	主　编		主编所在单位	
117	中医骨伤科学基础	李　楠	李　刚	福建中医药大学	山东中医药大学
118	骨伤解剖学	侯德才	姜国华	辽宁中医药大学	黑龙江中医药大学
119	骨伤影像学	栾金红	郭会利	黑龙江中医药大学	河南中医药大学洛阳平乐正骨学院
120	中医正骨学	冷向阳	马　勇	长春中医药大学	南京中医药大学
121	中医筋伤学	周红海	于　栋	广西中医药大学	北京中医药大学
122	中医骨病学	徐展望	郑福增	山东中医药大学	河南中医药大学
123	创伤急救学	毕荣修	李无阴	山东中医药大学	河南中医药大学洛阳平乐正骨学院
124	骨伤手术学	童培建	曾意荣	浙江中医药大学	广州中医药大学

（八）中医养生学专业

序号	书　名	主　编		主编所在单位	
125	中医养生文献学	蒋力生	王　平	江西中医药大学	湖北中医药大学
126	中医治未病学概论	陈涤平		南京中医药大学	